EUROPA-FACHBUCHREIHE
für Kraftfahrzeugtechnik

Fachwissen E-Bike

Technik der Leicht-Elektrofahrzeuge

5. Auflage

Verlag Europa-Lehrmittel · Nourney, Vollmer GmbH & Co. KG
Düsselberger Straße 23 · 42781 Haan-Gruiten

Europa-Nr.: 24015

Autoren

Dipl.-Ing. Michael Gressmann Borken (He)

Dipl.-Ing. Ludwig Retzbach Riederich

Bildbearbeitung

Zeichenbüro des Verlags Europa-Lehrmittel, 73760 Ostfildern

Grafische Produktionen Jürgen Neumann, 97222 Rimpar

Das vorliegende Buch richtet sich selbstverständlich an Mechanikerinnen und Mechaniker – allerdings haben die Autoren aus Gründen der besseren Lesbarkeit die männliche Form gewählt.

Der Verlag und die Autoren bedanken sich bei Herrn Eberhard Müller, dem Lektor und Mitautor der ersten und zweiten Auflage „Fachwissen E-Bike“. Weiterer Dank für Text- und Bildbeiträge gebührt Herrn Ernst Brust (velotech.de Schweinfurt).

5. Auflage 2023, korrigierter Nachdruck 2025

Druck 5 4 3 2

Alle Drucke derselben Auflage sind parallel einsetzbar, da sie bis auf die Korrektur von Druckfehlern identisch sind.

ISBN 978-3-7585-2292-5

Bei Fragen zur Produktsicherheit wenden Sie sich bitte an produktsicherheit@europa-lehrmittel.de.

Satz und Layout: Grafische Produktionen Jürgen Neumann, 97222 Rimpar

Umschlag: braunwerbeagentur, 42477 Radevormwald

Umschlagfoto: © Markus Mainka – Stock.adobe.com, Brose Antriebstechnik GmbH und Co., Berlin

Druck: Akontext s.r.o., 141 00 Prag 4 (CZ)

Das **Fachwissen E-Bike** vermittelt alle Fachkenntnisse, die im Ausbildungsrahmenplan für die betriebliche Ausbildung und im Rahmenlehrplan für die Fachstufe der Berufsschule aufgeführt sind. Der Ausbildungsberuf „Zweiradmechatroniker/-in – Fachrichtung Fahrradtechnik“ ist innerhalb des Berufsfeldes Fahrzeugtechnik ein Ausbildungsberufe mit hohen fachspezifischen Anforderungen. Hier soll das Buch eine Hilfe beim Verstehen von technischen Vorgängen und Systemzusammenhängen sein.

Zielgruppe: Auszubildende Zweiradmechatroniker/-in, Dozierende, Ausbildende, Meister/-in und Techniker sowie den Studierenden der Fahrzeugtechnik soll der Titel als Nachschlagewerk, zur Informationsbeschaffung und zur Ergänzung der fachlichen Kenntnisse dienen. Und nicht zuletzt soll es allen an der E-Fahrrad-Technik Interessierten eine Quelle von nützlichen Informationen sein.

Im Vergleich zu Autos und Motorrädern bedient sich das Fahrrad einer überschaubaren Technik. Das Elektrofahrrad verändert die Situation grundlegend. Mit ihm halten komplizierte Steuerungselektroniken, neuzeitliche Energiespeicher und modernste Antriebstechniken Einzug.

Neu in der 5. Auflage
Die Kurzzeichen für elektrische Größen sind an die Schreibweise des Tabellenbuchs Fahrradtechnik angepasst und vereinheitlicht. Eine Überarbeitung und Ergänzung des Kapitels „Fachbegriffe“, eine Zusammenfassung von Kommutatormotoren und eine Gegenüberstellung „Synchronmotor/Asynchronmotor“ erweitern dessen Umfang. Im Kapitel „Effizienzverbesserung“ wird die Wicklungstechnologie „Hairpin“ beschrieben.

Die 5. Auflage wurde komplett überarbeitet sowie dem aktuell technischen und gesetzlichen Stand angepasst.

Rechenbeispiele mit den Themen „interne und externe Getriebeübersetzung, Bremstechnik und Radgröße“ ergänzen die einzelnen Sachgebiete. Ein Rechenbeispiel mit aktuellen technischen Motordaten ergänzt die überarbeitete Formelsammlung.

Die Autoren des Buches, ein Maschinenbau- und ein Elektroingenieur, haben sich bemüht, die Materie leicht und verständlich darzustellen. Der Schwerpunkt des Buches behandelt die elektrischen und mechanischen Komponenten des Zusatz-Antriebes und ihr Zusammenwirken. Nabenmotoren, Mittel- und Tretlagerantriebe, Controller, Bedien- und Steuerelemente und natürlich auch die Akkus, die einen wesentlichen Teil eines Elektrorades ausmachen, werden ausgiebig beschrieben.

Im Buch werden Themen wie „verwendungsgerechtes“ Elektrofahrrad, optimale Fahrweise, gesetzliche Vorschriften, Produktsicherheit und Einheitsstandards nicht vernachlässigt.

Als ein Vertreter der Elektro-Kleinstfahrzeuge ist der E-Scooter (Elektro-Tretroller) ausführlich beschrieben.

Die Erarbeitung von geeigneten Lehrmitteln für die junge E-Bike-Branche steht noch am Anfang. Änderungs- und Ergänzungswünsche sowie konstruktive Kritik nehmen wir gerne per E-Mail an *lektorat@europa-lehrmittel.de* entgegen.

Sommer 2023 — Verlag und Autoren

1 Geschichte der Elektrofahrräder

Ende des 19. Jahrhunderts kamen die ersten einsatzfähigen Verbrennungsmotoren auf den Markt. Später wurden Verbrennungsmotoren in allen Varianten als Zusatzantrieb ins Fahrrad eingebaut. Es gab sie als Vorder- oder Hinterradantrieb. Die Kraftübertragung erfolgte mittels Reibrad, Kette oder Kardanwelle. Es gab auch Versuche, die Dampfmaschine als Fahrradantrieb zu nutzen. Doch der erste brauchbare Veloantrieb erfolgte durch einen batteriebetriebenen Elektromotor. Die Amerikaner wurden auf diesem Gebiet Vorreiter.

Am Ende des Jahres 1895 wurde für das erste Elektrofahrrad ein U.S.-Patent erteilt **(Bild 1)**. Der Erfinder hieß *Odgen Bolton*. Aus heutiger Sicht betrachtet war dieser Radantrieb recht fortschrittlich. Er bestand aus einem getriebelosen 6-poligen Nabenmotor im Hinterrad. Den Antrieb lieferte ein Gleichstrommotor mit Kommutator und Kohlebürsten. Der 10-Volt-Akku hing am Oberrohr zwischen Steuerkopf- und Sitzrohr.

Der Akku konnte bis zu 100 Ampere abgeben. Damit gab die Batterie eine Leistung von 1 kW ab. Die Steuerung erfolgte über einen Schalter am Lenkrad, der über einen Griffhebel betätigt wurde.

Der Elektromotor wurde damit je nach Bedarf ein- und ausgeschaltet. Eigentlich war dieses Gefährt kein Fahrrad, denn es fehlten die Pedale. Es war eher eine motorisierte Laufmaschine oder eine Kreuzung aus Fahrrad und Roller. Wenn auch das fortschrittliche Antriebskonzept für Jahrzehnte wieder in der Versenkung verschwand, so sollte die Idee dennoch nicht verloren gehen. Das Gefährt selbst feierte im Jahr 2010 in Stuttgart seine Auferstehung **(Bild 1, Seite 8)**.

Heute ist der Nabenmotor Standard im Elektrofahrrad. Er treibt unmittelbar das Rad an und ist daher vom Wirkungsgrad her unübertroffen.

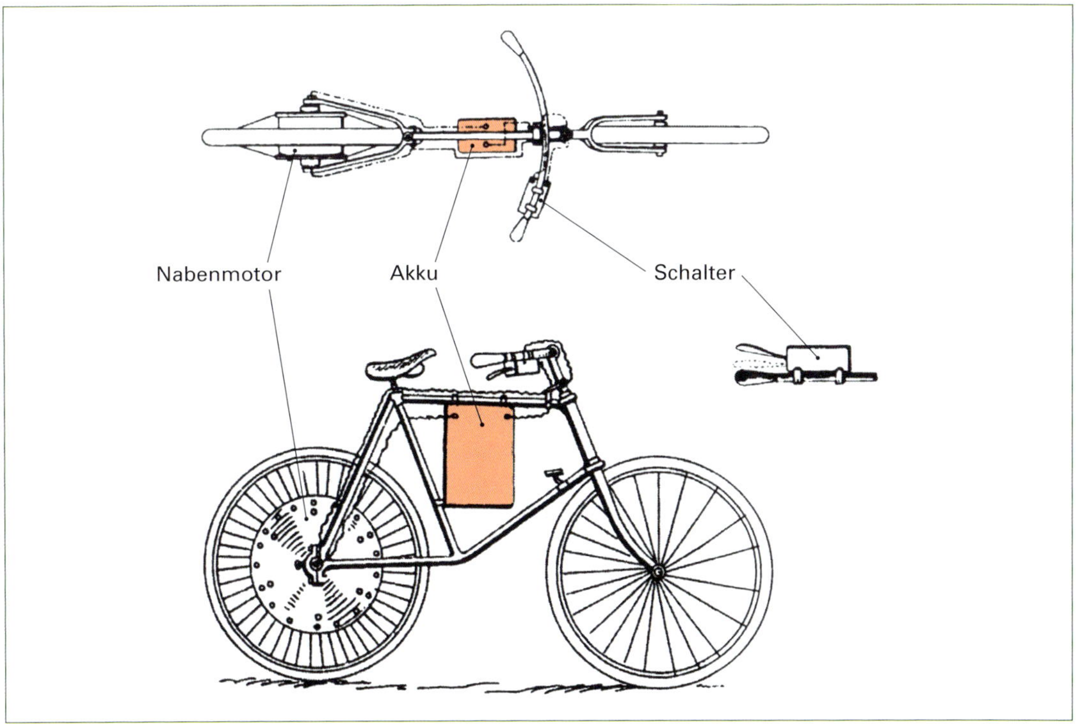

Bild 1: Erstes E-Bike aus dem Jahre 1895 von *Odgen Bolton*, USA

1

Ausgerechnet die Autostadt Stuttgart hat die 1895 in den USA erfundene E-Laufmaschine durch die Stuttgarter Firma *ID-Bike* wieder aus der Vergangenheit geholt **(Bild 1)**. Das Gefährt hat im Hinterrad einen getriebelosen Nabenmotor, keine Pedale und der Akku ist wie bei seinem Urahn vor dem Sitzrohr angebracht. In Bezug auf Verwendung und Anordnung der Fahrzeugkomponenten ist das moderne Gefährt das getreue Abbild des ersten Elektrofahrrades der Welt. Manches wurde modernisiert. Der getriebelose Motor ist nun bürstenlos und die Steuerung geschieht nicht mehr durch einen Schalter am Lenker, sondern durch einen Drehgriff, über den die Leistung stufenlos geregelt werden kann.

Das Wesentliche aber ist geblieben. Ob die Stuttgarter Konstrukteure wussten, was sie da wieder zum Leben erweckten?

Am 28. Dezember 1897 wurde das nächste wegweisende E-Bike in Boston, USA, aus der Taufe gehoben. Der Erfinder, *Hosea W. Libbey*, baute in das Elektrofahrrad einen 5-poligen Gleichstrommotor in die Nabe des Tretlagers ein. Der Antrieb auf das Hinterrad erfolgte wie bei einer Dampflok über ein Gestänge **(Bild 1, Seite 9)**.

Libbey ersetzte jedoch bald den Stangenantrieb durch einen Kettenantrieb. Die Besonderheit des Hinterrades bestand darin, dass es aus zwei nahe beieinanderliegenden Radreifen bestand, die über Speichen mit der Achse verbunden waren. Dieses Fahrradmuster mit Mittelantrieb ist der Vater vieler heutiger Pedelecs, deren Motor auf die Kette wirkt und die daher die Naben- oder die Kettenschaltung mitnutzen können. Auch die Steuerung des elektrischen Antriebes war nicht mehr so primitiv wie bei dem ersten Elektrofahrrad aus dem Jahre 1895.

Die Batterie bestand aus zwei Hälften. Die erste Hälfte wurde für relativ ebenes Gelände benutzt. Die zweite wurde bei Steigungen oder Schnellfahrten zugeschaltet. Die Schaltung erfolgte über ein Handrad vor dem Lenker mit den Steuerstellungen 0-1-2. Viele der heutigen preisgünstigen Elektrofahrräder haben ebenfalls diese dreiteilige Steuerung: Aus – Ecomodus – Normalmodus.

Bild 1: Elektro-Kleinkraftrad von ID-Bike (2010), Stuttgart

Unter dem Sattel befand sich ein Behälter mit destilliertem Wasser, mit dem der Akku nachgefüllt werden konnte. Die Bleiplatten des Akkus waren mit einem von Schwefelsäure durchtränkten Gewebe voneinander getrennt, sodass während des Fahrbetriebes keine Säure auslaufen konnte.

1898 wurde in Chicago ein Elektrofahrrad entwickelt, bei dem das Hinterrad über einen Riemen angetrieben wurde **(Bild 2)**. Der Erfinder, *Matthew J. Steffens*, hatte dabei die Idee, das Hinterrad gleich als Riemenscheibe mit zu verwenden. Der Radreifen hatte in der Mitte eine Nut, in der der Riemen lief. Dadurch wurde er auch auf rauem Gelände nicht abgeworfen.

Diese Anordnung ähnelte einer Art Keilriemenantrieb mit einer hohen Getriebeuntersetzung. Der am Sitzrohr angebrachte kleine und hochtourige Elektromotor trieb über eine Kette das Riemenrad an.

In New York wurde 1899 eine Antriebsart patentiert, die in der nachfolgenden Zeit vielerorts Schule machte, sich aber nicht durchsetzen konnte: der Antrieb über eine Reibrolle direkt auf den Reifen des Fahrrades. *John Schnepf*, der Erfinder, setzte das Antriebsaggregat auf das Hinterrad. Es bestand aus zwei Motoren, in dessen Mitte das Reibrad saß. Alle drei Antriebsteile waren über die einzige Welle miteinander verbunden **(Bild 1, Seite 10)**.

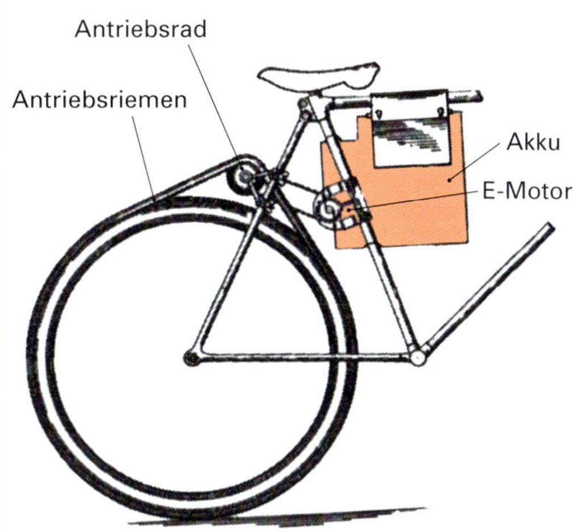

Bild 2: Der Antriebsriemen wirkt über den Umfang des Hinterrades, 1898 von *Steffens*, USA

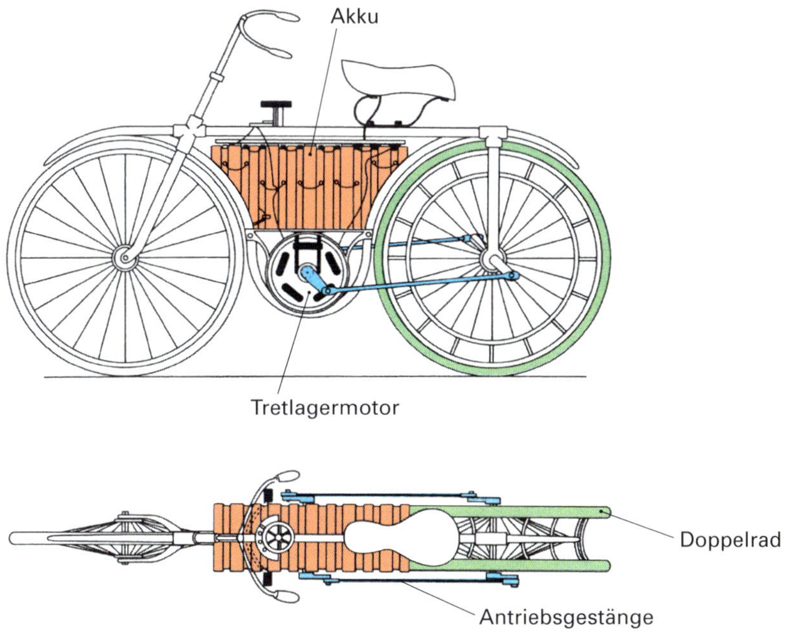

Bild 1: Erstes E-Bike mit Tretlagerantrieb, 1897 von *Libbey*, USA

Der Kompaktantrieb diente auch als Generator, der den Akku bei Gefällefahrten wieder aufladen konnte. Dieser einfache Reibradantrieb wurde später in vielen Varianten gebaut **(Bild 1)**. Dabei wurde entweder das Vorder- oder Hinterrad über eine Reibrolle angetrieben.

Durchgesetzt haben sich allein die beiden ersten Erfindungen: der Antrieb über Nabenmotor oder indirekt als Mittelmotor durch eine Kette auf das Hinterrad.

In Europa setzte die Entwicklung von Elektrofahrrädern wesentlich später ein als in den USA. 1932 wurde von der Firma Philips ein Elektrofahrrad **(Bild 2)** entwickelt, das wegweisend wurde. Es hatte einen Zentralmotor, der seine Kraft über eine Kette auf das Hinterrad übertrug. Der Bleiakku saß tief hinter dem Vorderrad und verlagerte den Schwerpunkt weit nach unten.

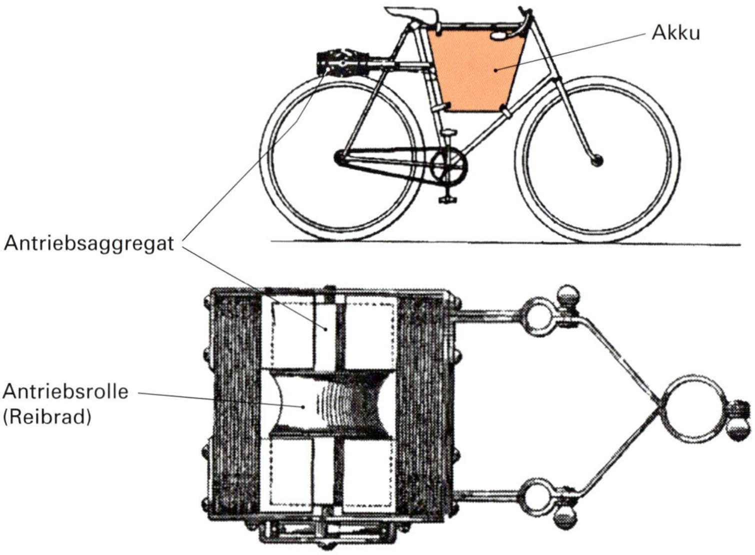

Bild 1: Reibrollenantrieb 1899 von *Schnepf*, USA

Bild 2: E-Bike der Firma Philips, 1932

Etwa um die gleiche Zeit wurde in Deutschland auch das bereits bekannte Konzept des elektrischen Radnabenmotors am Fahrrad übernommen. Doch nicht der batteriegetriebene Elektromotor machte vorerst das Rennen, sondern der kleine, leistungsfähige Benzinmotor. Gegenüber dem Elektroantrieb waren diese Motoren billiger, stärker und ihre Reichweite erheblich größer. Überall konnte schnell aufgetankt werden, lange Aufladezeiten entfielen. An Abgas und Lärm störte sich damals noch niemand.

Doch der Hilfsantrieb mit Verbrennungsmotor war nur eine Stufe zur Massenmotorisierung. Irgendwann kam das Motorrad und am Ende aller Träume stand das vierrädrige Kraftfahrzeug. Autofahren wurde zum Maß aller Dinge – je schneller und je mehr PS, desto besser. Das Fahrrad dagegen wurde zum Arme-Leute-Fahrzeug. Akzeptiert war bestenfalls noch die sportliche Nutzung in der Freizeit.

In den 1980er Jahren – vielleicht mitverursacht von zwei Ölkrisen – arbeitete man weitab vom noch herrschenden Verkehrstrend an der Entwicklung von modernen Elektrofahrrädern.

Auf der Internationalen Fahrradmesse im Jahre 1982 präsentierte ein traditionsreicher deutscher Fahrrad- und Mopedhersteller einen elektrischen Reibrollenmotor als Nachrüstsatz für Fahrräder. Bergab funktionierte der Motor als Generator und konnte den NiCd-Akku wieder aufladen. Kurz danach wurde das Pedelec-Prinzip erfunden.

Pedelec-Prinzip:
Durch Treten in die Pedale wird der Motor eingeschaltet. Ruhen die Pedale, schaltet sich der Motor automatisch ab.

In den 1990er Jahren entwickelte man in Japan eine Steuerung, die auf das vom Fahrer aufgebrachte Drehmoment reagierte. Je mehr der Fahrer in die Pedale tritt, umso stärker wird er durch den Elektromotor unterstützt. Der Japaner *Takada Yutka* erhielt auf diese Erfindung ein Patent.

Mit der Drehmomentsteuerung war der eigentliche Durchbruch bei den Elektrofahrrädern geschafft. Bisher musste der Fahrer noch einen Gasgriff betätigen – nun reichte es, in die Pedale zu treten.

1993/94 entwickelte die japanische Firma Yamaha einen anwendungsreifen Antrieb mit Pedalsteuerung (PAS = Power Assist System).

Das PAS-Fahrrad verkaufte sich gut: 300 000 Stück bis 1997. Man musste lediglich wie beim normalen Fahrrad losfahren – nur dass es sich anfühlte, als hätte man die durchtrainierten Beinmuskeln eines Leistungssportlers. Dazu kam noch ein juristischer Effekt: Die Firma Yamaha erreichte, dass die japanische Gesetzgebung das PAS-Rad dem gewöhnlichen Fahrrad gleichstellte.

Der Gesetzgeber machte aber folgende Einschränkungen:

Der Elektromotor durfte nicht mehr als 250 Watt Dauerleistung bringen und musste spätestens bei 25 km/h abschalten. Die Unterstützung der Pedalkraft durfte maximal 1:1 betragen.

Diese Regelung wurde später von den EU-Ländern übernommen – mit dem Unterschied, dass die Muskelkraft mit einem größeren Faktor als 1:1 verstärkt werden darf, und dass ein Bewegungssensor genügt, um die Pedalbewegung festzustellen.

In Japan, Taiwan und China erfolgte daraufhin die Entwicklung der modernen Elektrofahrräder. Hersteller wie Sanyo, Honda, Suzuki, Merida und vor allem Panasonic folgten dem Beispiel von Yamaha und bauten PAS-Fahrrad-Antriebe mit Drehmomentsteuerung. In den fernöstlichen Ländern war auch ein wesentlich höherer Absatzmarkt vorhanden als in Europa. Der Anteil der Elektrofahrräder im Verkehr ist dort darüber hinaus um einiges höher als in den westlichen Ländern.

Das Elektrofahrrad wurde die Domäne der Asiaten. Bedeutsame Elektrorad-Hersteller in Europa bauen elektrische Antriebs-Ausrüstungen aus Fernost in ihre Fahrräder ein. Steuerungen und Antriebe für Elektroräder werden in Europa kaum hergestellt.

Elektrofahrräder haben heute einen hohen Entwicklungsstand erreicht. Das Angebot deckt ein breites Spektrum an Kundenwünschen ab. Man sollte dabei nicht vergessen, dass diese Standards nur über viele experimentelle Zwischenschritte erreicht werden konnten. Dabei wurde von Bastlern und Tüftlern, deren Namen heute vergessen und deren Ideen oftmals der Zeit weit voraus waren, wertvolle Pionierarbeit geleistet. Auch scheint der berühmte Satz von *Arthur Schopenhauer* (deutscher Philosoph 1788 – 1860) zu gelten: „Neue Erkenntnisse durchlaufen drei Stadien: Zuerst werden sie belächelt, dann heftig bekämpft und schließlich als Selbstverständlichkeiten angenommen.“

Einige dieser frühen Stadien sind in Bild 1 bis 4 dargestellt. Die hier abgebildeten Räder sind im LEV-Museum Tanna ausgestellt.

Auch die heute gebräuchlichen E-Scooter (siehe Kapitel 2.11.1) haben historische Vorgänger.

Kick-Scooter – ein flaches Board auf Rädern mit einer langen Lenkstange – werden seit über 100 Jahren als Spielzeug für Kinder hergestellt.

Eines der ersten Beispiele für *motorisierte* Tretroller war *Florence's Autoped*. Wie ein Kinderroller hatte er keinen Sitzplatz.

Der in New York und Deutschland von Krupps hergestellte US-Postdienst benutzte den *Autoped* als schnelles Transportmittel für spezielle Zustelldienste.

Weitere Hersteller folgten: ABC Motorcycles produzierte den 24 km/h schnellen Skootamota. Die Gloster Aircraft Company führte 1919 den Reynolds Runabout ein, 1920 folgte der *Unibus Auto* auf zwei Rädern.

Einige dieser frühen Scooter-Designs waren instabil, unbequem zu fahren und schwer zu handhaben. In den Jahrzehnten vor dem Zweiten Weltkrieg wurde eine Reihe von Verbesserungen eingeführt, darunter effiziente Bremsen, Getriebe, Aufhängungen, geschlossene Karosserien und Beinschilde.

Nach 1945 begann die Ära des Scooters – eine direkte Folge der Benzinrationierung.

Bild 1: Riemenantrieb auf das Hinterrad. Der Akku verbirgt sich in der Lenkertasche.

Bild 2: E-Motor am Ausfallende

Bild 3: Reibradantrieb auf das Vorderrad. Akku (Blei-Technologie) in Gepäcktaschenposition.

Bild 4: Fahren mit Solarenergie. Der Motor wirkt als Reibrad auf das Vorderrad.

2 Rechtliche Bestimmungen und Sicherheit

2.1 Definitionen

Zu den Elektro-Leichtfahrzeugen gehört neben vierrädrigen Kraftfahrzeugen die Gruppe der Elektro-Zweiräder **(Bild 1)**.

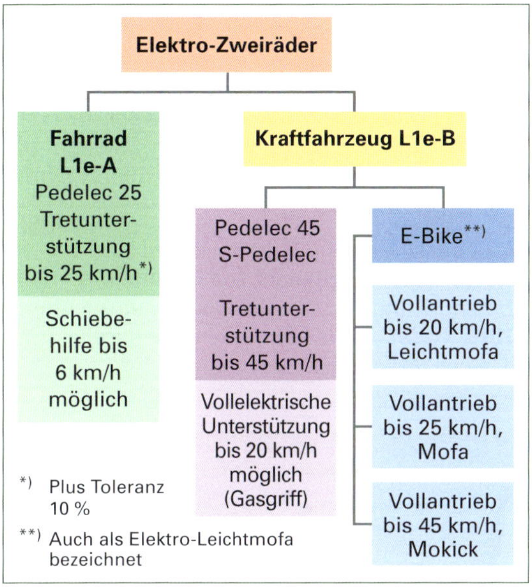

Bild 1: Einteilung der Elektro-Zweiräder

Im technischen Teil des vorliegenden Buches werden aus Gründen der Lesbarkeit die Begriffe E-Bike, Pedelec und Elektrofahrrad synonym verwendet – trotz der rechtlichen Unterschiede. Was im Volksmund als Elektrofahrrad oder E-Bike bezeichnet wird, ist in den meisten Fällen ein Pedelec 25 oder einfacher: ein Pedelec.

2.2 Unterteilung der E-Bikes

Ein Elektromotor ersetzt den (sonst üblichen) Verbrennungsmotor. Das Fahrzeug fährt mit Elektroantrieb ohne Tretpedale oder Tretpedalbenutzung.

v_{max} **20 km/h**	Leichtmofa **(Bild 2)**
v_{max} **25 km/h**	Kleinkraftrad (Mofas, Roller)
v_{max} **45 km/h**	Mokick (Roller, Leichtkraftrad)
über 45 km/h	Kraftrad (Motorrad, Roller)

Bild 2: Leichtmofa. Geschwindigkeit bis 20 km/h (SFM Bikes Dist. GmbH)

Die zweirädrigen Elektro-Leichtkrafträder sind nach neuem EU-Recht[1)] in die Fahrzeugklassen L1e-B und L3e-B eingeteilt (dreirädrige in L2e). Danach sind sie keine Fahrräder, sondern Kraftfahrzeuge. Neben dem elektrischen Vollantrieb ist bei einigen Bauarten auch ein Pedalantrieb möglich.

Die Betätigung der Motorunterstützung erfolgt **nicht** durch den Tritt in die Pedale, sondern durch „Gasgeben“ per Drehgriff **(Bild 3)** oder Schaltknopf.

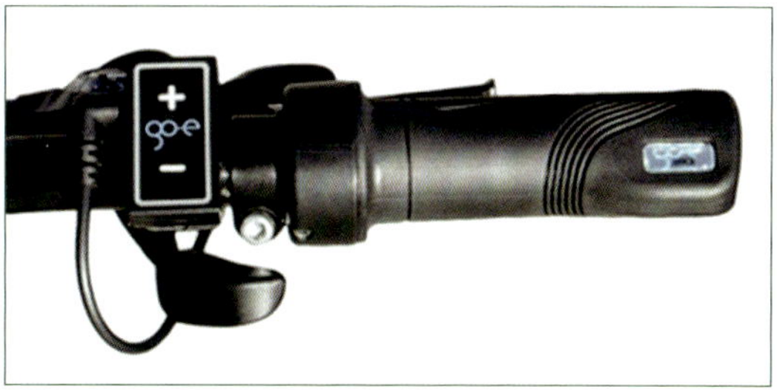

Bild 3: Motorsteuerung durch Drehgriff (ONwheel power grip)

Bild 1, Seite 14 zeigt ein Leichtkraftrad der Klasse L3e-B, für dessen Betrieb man ein amtliches Kennzeichen und mindestens den Führerschein der Klasse A1 benötigt. Leichtkrafträder sind zulassungs- und damit auch steuerfrei.

1) EU-Typgenehmigung Nr. 168/2013 (siehe auch Anhang)

2

Bild 1: Elektro-Leichtkraftrad L3e „Schwalbe"

2.2.1 Pedelec 25, Pedal Electric Cycle

Ein Pedelec der EU-Kategorie L1e-A ist im Sinne des Straßenverkehrsgesetzes vom 21.6. 2013 (§ 1 Abs. 3) kein Kraftfahrzeug, sondern ein Fahrrad. Eine verschuldensunabhängige Haftung des Pedelec-Fahrers für betriebsbedingte Schäden gem. § 7 Abs. 1 StVG, wie das bei Kraftfahrzeugen der Fall ist, kommt daher nicht in Betracht.

Die Nenndauerleistung (Definition siehe Fachbegriffe ab S. 191) des Motors ist auf 250 W beschränkt.

Der Motor dient als Tretunterstützung, das heißt, er setzt nur ein, wenn der Fahrer selbst in die Pedale tritt (Ausnahme: Schiebehilfe (Anfahrhilfe) beim Pedelec 25 bis 6 km/h).

Mit zunehmender Geschwindigkeit verringert sich die Motorleistung progressiv, bis sie bei 25 km/h gegen Null geht.

Das zulässige Gesamtgewicht (vom Hersteller festgelegt) ist zu beachten.

Betriebserlaubnis, Führerschein, Versicherung und Helm sind nicht erforderlich.

Ein Pedelec 25 darf ohne Altersbeschränkung gefahren werden[1]. Allerdings wird davon abgeraten, Kinder unter 14 Jahren auf Pedelecs fahren zu lassen. Sie könnten mit der höheren möglichen Geschwindigkeit überfordert sein.

Die Benutzung von Radwegen ist wie bei normalen Fahrrädern geregelt. Fahrräder und Pedelecs 25 müssen nur dann auf dem Radweg fahren, wenn er benutzbar ist und ein blaues Radwegzeichen dazu verpflichtet **(Bild 2)**.

Bild 2: Benutzungspflichtige Radwege

Die Benutzungspflicht gilt jeweils für die Fahrtrichtung, die mit dem Schild gekennzeichnet ist. Achtung: Auf einem Radweg ist Gegenverkehr möglich! Meist sind es Bordsteinradwege, die mit dem Radwegzeichen ausgeschildert sind.

Das Fahren mit Trailerbikes und Anhängern ist generell erlaubt **(Bild 3)**. Dabei darf das zulässige Gesamtgewicht des Pedelecs nicht überschritten werden, da es sonst zu einem Bruch oder Versagen sicherheitsrelevanter Teile kommen kann.

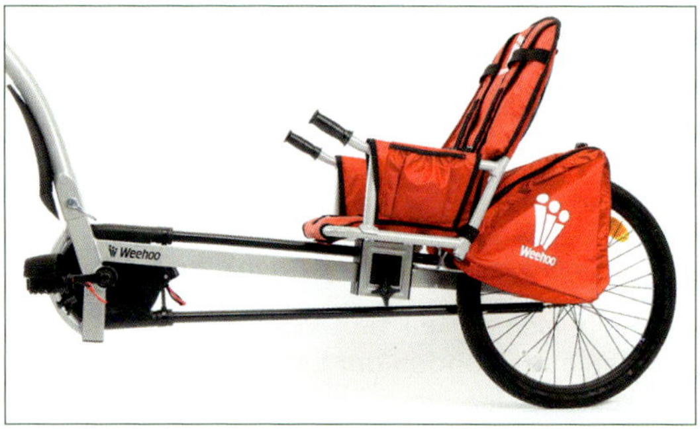

Bild 3: Pedelec 25 mit Trailer (WeeHoo)

Das Fahren mit Trailerbikes/Anhängern verändert die Fahreigenschaften. Der Bremsweg wird länger, das Lenkverhalten träger. Es wird empfohlen, Anfahren, Bremsen, Kurven- und Gefällefahrten anfangs mit einem unbesetzten/unbeladenen Trailerbike/Anhänger zu üben.

Es dürfen nur Trailerbikes/Anhänger, die den jeweiligen nationalen Gesetzen entsprechen, benutzt werden. Fahrradanhänger sollten die Bestimmungen der DIN EN 15918 erfüllen.

Die Befestigung des Anhängers ist abhängig vom Ausfallende: Am verschiebbaren Ausfallende muss eine spezielle Kupplung angebracht sein **(Bild 1, Seite 15)**.

[1] Kinder unter 12 Jahren dürfen nur unter Aufsicht einer Person über 16 Jahren mit dem Pedelec 25 fahren.

Bild 1: Anhängerkupplung (Weber-Technik GmbH)[1]

Das Anbringen und Benutzen von Kindersitzen an Pedelecs mit Sitzrohrakku ist nicht erlaubt[2]. An diesen Rädern sollte keine Montage von Kindersitzen möglich sein **(Bild 2)**.

Bild 2: Erlaubt: Kindersitz am Pedelec ohne Akku am Sitzrohr

An Pedelecs mit Bosch-Motor und Gepäckträgerakku ist die Montage von Kindersitzen möglich, dieser darf aber nicht direkt am Gepäckträger befestigt werden. Es muss ein Montageset mit Sitzrohrklemmung zur Anwendung kommen.

Das Gesamtgewicht des Pedelecs und die maximale Zuladung des Gepäckträgers dürfen nicht überschritten werden. Zu berücksichtigen ist, dass sich durch die Montage eines Kindersitzes der Schwerpunkt nach oben verlagert. Das Fahrverhalten wird instabiler.

Pedelecs 25 benötigen keinen Dynamo mehr. Ihre Lichtanlage darf mit Strom aus dem Antriebsakku betrieben werden, auch wenn er wie üblich eine höhere Nennspannung als 6 V hat. Auf Pedelecs sind die Vorschriften über Fahrräder anzuwenden (§ 1 Abs. 3 Straßenverkehrsgesetz). Im Gegensatz zur Batterie ist für den „wiederaufladbaren Energiespeicher" keine Nennspannung vorgeschrieben.

Beim Pedelec ist der Verzicht auf den Dynamo technisch sinnvoll. Vormals galt: Der Ladestrom aus dem Netz fließt in den Akku und von dort als Antriebsstrom in den Motor. Der Motor treibt gemeinsam mit dem Fahrer das Pedelec und dieses den Dynamo an, der die Bewegung wieder in Strom für die Beleuchtung umwandelt.

2.2.2 Pedelec 45 (S-Pedelec)

Die Bezeichnung Pedelec weist darauf hin, dass eine Tretunterstützung durch Pedalantrieb bis 45 km/h möglich ist – es ist aber dennoch kein Fahrrad, sondern ein Kraftfahrzeug.

Das S-Pedelec ist ein Kraftfahrzeug der Klasse L1e-B, weil es bauartbedingte Geschwindigkeiten über 25 km/h ermöglicht. Sie sind zulassungsfrei und daher von der regelmäßigen Hauptuntersuchung befreit. In der (vorgeschriebenen) Betriebserlaubnis muss die Reifengröße eingetragen sein: Bereifung mit ECE-R75-Prüfzeichen (Ländercode in Kreis, z. B. E1 für Deutschland und 75R auf der Reifenflanke). Reifen-Mindestprofiltiefe 1 mm.

Für den Betrieb eines S-Pedelecs sind ein Versicherungskennzeichen **(Bild 3)** und mindestens eine Mofa-Prüfbescheinigung (Klasse AM) erforderlich. Personen, die vor dem 01.04.1965 geboren sind, dürfen ein S-Pedelec auch ohne Führerschein fahren. Mindestalter für das Führen eines S-Pedelec beträgt 16 Jahre.

Versicherungsjahr 2011, 2014, 2017	Versicherungsjahr 2012, 2015, 2018	Versicherungsjahr 2013, 2016, 2019

Bild 3: Versicherungskennzeichen Mofa. Farbe je nach Versicherungsjahr unterschiedlich.

[1] An Pedelecs mit Groove-Frontmotor und Gepäckträgerakku ist die Montage eines Kindersitzes verboten.

[2] Nur für Pedelec 25 zugelassen, nicht für Pedelec 45 bzw. E-Bike.

Die Motor-Nennleistung beträgt höchstens 4000 W mit max. 400 % Tretunterstützung (EU-Verordnung 168/2013).

Eine Geschwindigkeit (per E-Gashebel) ohne Treten ist bis 20 km/h möglich.

Die Motorunterstützung schaltet bei ca. 45 km/h ab. Diese Geschwindigkeit, bei der man etwa 700 Watt benötigt, erreicht man nicht allein mit der Unterstützung des Elektromotors. Geschwindigkeiten von 35 bis 45 km/h erreicht man nur durch eine Kombination von ca. 350 Watt Motorleistung **und** eigener Körperkraft.

Unter Motorkraft gilt laut StVO § 2 Abs. 4: S-Pedelecs müssen (wie auch Mofas) außerhalb geschlossener Ortschaften Fahrradwege benutzen. Wo das (ausnahmsweise) *nicht* erlaubt ist, zeigt das Zusatzschild „Keine Mofas" an.

S-Pedelecs sowie E-Bikes bis zu einer maximalen Geschwindigkeit von 45 m/h sind ausschließlich auf der Fahrbahn erlaubt – inner- wie außerorts.

In Einbahnstraßen, die in Gegenrichtung für Fahrräder freigegeben sind, dürfen S-Pedelecs und E-Bike-Fahrer *nicht* in Gegenrichtung einfahren, Pedelecs 25 schon. Das gilt auch für Waldwege, für Radfahrer freigegebene Fußgängerzonen und Fahrradabstellanlagen.

Ein Transport von Kindern bis 7 Jahre in einem geeigneten Kindersitz ist erlaubt – nicht dagegen in Anhängern/Trailern.

Fahrradanhänger können angehängt werden, solange die verwendete Anhängerkupplung die (bei Kraftfahrzeugen) notwendige Allgemeine Betriebserlaubnis besitzt.

Ein Rückspiegel und ein selbst einklappender Seitenständer müssen angebracht sein. Die Bremshebel müssen am Ende abgerundet sein.

Es besteht die Pflicht, einen geeigneten Schutzhelm zu tragen (siehe § 21a Abs. 2 StVO).

Es dürfen nur Ersatzteile verwendet werden, die laut Betriebserlaubnis (BE) freigegeben sind (siehe Tabellenbuch Fahrradtechnik).

info

Ein normaler Fahrradhelm ist wegen fehlendem Seitenschutz ungeeignet, da dieser nur bis zu einer Geschwindigkeit von 20 km/h schützt.

2.2.3 Elektro-Leichtmofas

E-Bikes bis 20 km/h

- Motor einschalten per Knopfdruck, Gas-Drehgriff
- Motorleistung maximal 500 Watt (§ 3 Absatz 2.2 StVRAusnV)
- Leergewicht maximal 30 Kilogramm (§ 3 Absatz 1.1 StVRAusnV)
- Felgendurchmesser von 26 Zoll bis 28 Zoll (§ 3 Absatz 1.2 StVRAusnV)
- Reifenbreite maximal 1,75 Zoll (§ 3 Absatz 1.3 StVRAusnV)
- Mindestalter der Fahrer 15 Jahre (§ 10 Absatz 3 FeV)
- Mofa-Prüfbescheinigung für alle nach dem 01.04.65 Geborenen (§ 5 Absatz 1 FeV)
- Keine Helmpflicht
- Kindersitz für Passagiere bis 7 Jahren notwendig
- Radwege dürfen nur befahren werden, wenn diese mit „E-Bike frei" oder „Mofa frei" gekennzeichnet sind

E-Bikes bis 25 km/h

- Motorleistung max. 1.000 W
- Mindestalter der Fahrer 15 Jahre (§ 10 Absatz 3 FeV)
- Mofa-Prüfbescheinigung für alle nach dem 01.04.65 Geborenen (§ 5 Absatz 1 FeV)
- Helmpflicht (§ 21a Absatz 2 StVO)
- Dürfen nur auf Radwegen verkehren, die mit „E-Bike frei" oder „Mofa frei" gekennzeichnet sind
- Geeigneter Kindersitz für Passagiere bis 7 Jahren notwendig

E-Bikes bis 45 km/h

- Es sind Kleinkrafträder (Klasse L1e-B)
- Motorleistung maximal 4.000 Watt (§ 2 Absatz 11a FZV)
- Mindestalter der Fahrer: 16 Jahre (§ 10 Absatz 1 FeV)
- Führerscheinpflicht der Klasse AM
- Helmpflicht (§ 21a Absatz 2 StVO)
- Licht muss immer eingeschaltet sein (§ 17 Absatz 2a StVO)
- Fahrradwege sind tabu, auch wenn für E-Bikes freigegeben

2.3 Lichtanlage

Am 10. März 2017 verabschiedete der Bundesrat in § 67 der StVZO eine Überarbeitung der lichttechnischen Vorschriften.

Die wichtigsten Änderungen:

- Pedelecs 25 sind nun rechtlich mit Fahrrädern gleichgesetzt.
- Solange Energiequelle und Lichtanlage spannungsverträglich aufeinander abgestimmt sind, gibt es keinerlei Nutzungseinschränkungen. So sind Dynamo-, Batterie-, Akku- und spezielle E-Bike-Beleuchtungen untereinander gleichberechtigt.

Beispiel:
Rücklichter können jetzt auch mit Batterien – nicht nur mit Akkus – genutzt werden, auch wenn diese eine andere Nennspannung als 6 V haben.

- Fahrrad- und E-Bike-Scheinwerfer dürfen über Tagfahrlichtfunktion und Fernlichtfunktion verfügen, wie man es von Motorrädern kennt. Im Normalbetrieb gilt nach wie vor die Einhaltung der Hell-Dunkel-Grenze.
- Fahrrad- und E-Bike-Rücklichter dürfen mit einer Bremslichtfunktion ausgestattet sein, die mit der Bremse gekoppelt ist **(Bild 1)** – im Gegensatz zu der bisherigen BrakeTec-Technologie.

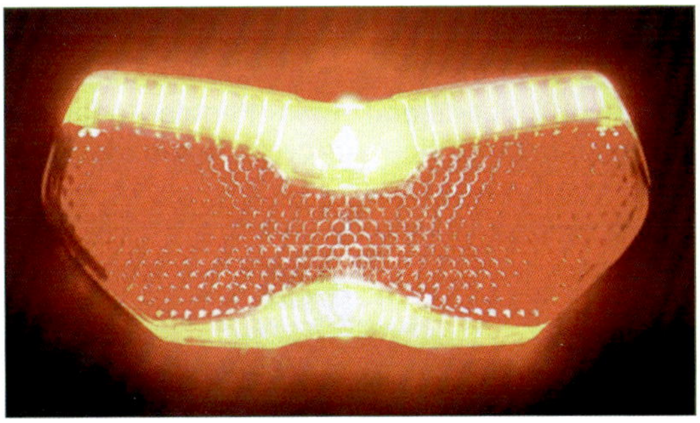

Bild 1: Rücklicht mit Bremslichtfunktion (B+M brake tec)

Mehrspurige Fahrräder/Pedelecs oder solche, bei denen die Handzeichen des Radfahrers schlecht zu erkennen sind, dürfen fahrtrichtungsanzeigende Blinker verbauen. Blinkende Scheinwerfer und Rücklichter sind hingegen untersagt.

Fahrräder und E-Bikes dürfen wahlweise einen oder zwei Scheinwerfer verwenden.

Ein roter Z-Rückstrahler reicht aus; es muss kein zusätzlicher kleiner Rückstrahler hinten am Rad vorhanden sein.

2.4 Gesetzliche Bestimmungen in Österreich (Auszug)

2

Nach § 2 Abs. 1 Z 22 der StVO werden zwei Arten von Elektrofahrrädern unterschieden:

- Ein Fahrrad, das zusätzlich mit einem elektrischen Antrieb gemäß § 1 Abs. 2a KFG 1967 ausgestattet ist. Demnach ist ein Rad mit Hybridantrieb nach Definition ein Pedelec.
- Ein elektrisch angetriebenes Fahrzeug, dessen Antrieb dem eines Elektrofahrrads im Sinne des § 1 Abs. 2a KFG 1967 entspricht. Es ist ein „Nur-elektrisch angetriebenes Fahrzeug".

Nicht als Kraftfahrzeuge gelten Elektrofahrräder (gleichgültig, ob es ein Pedelec oder ein Fahrrad mit elektrischem Vollantrieb ist). Das sind Fahrräder im Sinne der StVO 1960 mit einer maximal zulässigen Leistung von 600 W (dies ist nicht die maximale Nenndauerleistung) und einer Bauartgeschwindigkeit von nicht mehr als 25 km/h. Sie benötigen keine Typengenehmigung oder Fahrzeuganmeldung.

Das Mindestalter zum Führen eines Pedelec beträgt 12 Jahre. Ausnahme: Erwerb eines Radfahrausweises.

2.5 Gesetzliche Bestimmungen in der Schweiz (Auszug)

In der Schweiz ist das Motorfahrrad (Mofa) in Art. 175 VTS geregelt. Das Mindestalter zum Fahren eines Motorfahrrads beträgt 14 Jahre.

Im Unterschied zu Deutschland und Österreich gelten in der Schweiz auch Pedelecs bis 25 km/h als Kraftfahrzeug. Die Zuordnung von E-Bikes und Pedelecs zu den Kategorien Leicht-Motorfahrrad und Motorfahrrad wird an folgenden Bedingungen festgemacht:

Leicht-Motorfahrrad: Motorleistung maximal 500 W, bauartbedingte Höchstgeschwindigkeit 20 km/h, Höchstgeschwindigkeit mit Tretunterstützung 25 km/h. Helm und Haftpflichtversicherung sind nicht erforderlich.

Motorfahrrad: Motorleistung bis 1 kW, bauartbedingte Höchstgeschwindigkeit 30 km/h, Höchstgeschwindigkeit mit Tretunterstützung 45 km/h. Helm und Versicherungsvignette erforderlich[1].

[1] Eine tabellarische Zusammenfassung der Schweizer Regeln zu Elektrofahrrädern hat die bfu-Beratungsstelle für Unfallverhütung in ihrem bfu-Faktenblatt Nr. 4 herausgegeben.

2.6 Maschinenrichtlinie und EN-Norm

Die Maschinenrichtlinie 2006/42/EG regelt ein einheitliches Schutzniveau zur Unfallverhütung für Maschinen, die innerhalb des europäischen Wirtschaftsraums, der Schweiz sowie der Türkei in Verkehr gebracht werden: „Ein Bauteil muss sicher sein" (siehe auch S. 216).

info

Die Maschinenrichtlinie ist keine Prüf- oder Konstruktionsvorschrift.

Die elektromagnetische Verträglichkeit (EMV) kennzeichnet den üblicherweise erwünschten Zustand, dass technische Geräte einander nicht durch ungewollte elektrische oder elektromagnetische Effekte störend beeinflussen. Die elektromagnetischen Wellen können zum Beispiel in Schaltungen Spannungen bzw. Ströme erzeugen und im einfachsten Fall zu einem Rauschen im Fernseher, im schlimmsten Fall zum Ausfall der Elektronik führen.

In der europäischen E-Bike-Norm EN-15194:2017 sind erstmalig eigenständig die Anforderungen an ein E-Bike geregelt (Bezug nur auf Pedelec 25). Geregelt sind sowohl mechanische als auch elektrische Vorgaben.

2.7 CE-Kennzeichnung und Konformitätserklärung

Jede Maschine muss eine CE-Kennzeichnung besitzen. Mit der CE-Kennzeichnung erklärt der Hersteller, dass ein Produkt den Europäischen Richtlinien entspricht. Die CE-Kennzeichnung muss vom Hersteller gut sichtbar auf dem Produkt angebracht sein (Beispiel **Bild 1**).

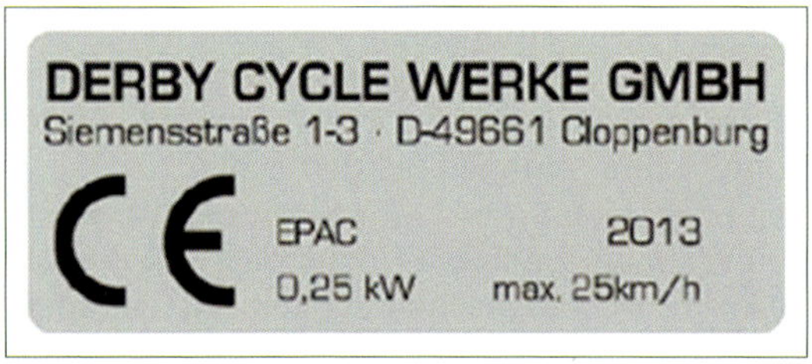

Bild 1: CE-Kennzeichnung am Pedelec

Jeder Maschine muss eine Konformitätserklärung (anderer Begriff: Übereinstimmungserklärung) beiliegen. Die Konformitätserklärung ist eine schriftliche Bestätigung am Ende einer Konformitätsbewertung, mit der der Hersteller bestätigt, dass das Produkt die auf der Erklärung spezifizierten Eigenschaften aufweist.

Welche Bauteile/Fahrräder/Fahrzeuge benötigen *keine* bzw. *eine* CE-Kennzeichnung und eine Konformitätserklärung?

- *Keine* CE-Kennzeichnung und *keine* Konformitätserklärung benötigen klassische Fahrräder ohne Zusatzantrieb.
- Für Pedelec 25 sind CE-Kennzeichnung und Konformitätserklärung Pflicht.

Mit dem Aufkommen weiterer elektrisch unterstützter Funktionen beim Fahrrad fallen immer mehr Fahrräder und Fahrradkomponenten in verschiedene Geltungsbereiche von Richtlinien, die eine CE-Kennzeichnung erforderlich machen. Beispiele für elektrisch unterstützte Schaltungen und Feder- sowie Dämpfersysteme: Shimano Di2, AGT, NuVinci Harmony, i Shock, iCD.

Pedelecs 45 sind Kraftfahrzeuge und tragen daher *kein* CE-Zeichen. Sie müssen die Richtlinien der 168/2013 (Typgenehmigung für zweirädrige oder dreirädrige Kraftfahrzeuge) erfüllen (siehe S. 217).

info

Mit dem CE-Zeichen bestätigt der Hersteller lediglich, dass er die EG-Richtlinie eingehalten hat (eine Selbstvergabe durch den Hersteller ist erlaubt). Das Zeichen dient **nicht** zur Information des Endverbrauchers, sondern ist ein *Marktzugangszeichen* für die Überwachungsbehörden.

Seit 1977 gibt es in Deutschland das GS-Zeichen, das für *Geprüfte Sicherheit* steht **(Bild 2)**. Es ist ein staatlich überwachtes Sicherheitszeichen und dient zur Information des Endverbrauchers. Es bestätigt dem Kunden, dass der Gebrauchsgegenstand (das Pedelec) den sicherheitstechnischen Anforderungen des Produktsicherheitsgesetzes (ProdSG) genügt.

geprüfte Sicherheit

Bild 2: GS-Zeichen

Die Prüfstellen unterliegen der staatlichen Zulassung und Überwachung. Sie stellen u. a. Prüfstände bereit. **Bild 1, S. 19** zeigt einen Prüfstand, bei dem die Bremsen bei Nässe und Trockenheit auf ihre Wirksamkeit untersucht werden (eines der Prüfverfahren zum Erlangen des GS-Zeichens).

Bild 1: Bremsenprüfstand (velotech.de, Schweinfurt)

Wer ein Pedelec mit GS-Zeichen erwirbt, kann davon ausgehen, dass folgende Voraussetzungen erfüllt sind:

- Der Hersteller kann nachweislich Produkte gleicher Qualität herstellen.
- Das Produkt wurde nach geltenden Prüfungsgrundsätzen getestet.
- Nachprüfungen der Serie ergeben später keine Beanstandungen.2.8

2.8 Bauteiletausch

Es erlischt die Konformitätserklärung, wenn beim Pedelec 25 bzw. Pedelec 45 ein Bauteiletausch erfolgt (siehe die Bauteilelisten im Tabellenbuch Fahrradtechnik).

Dazu der ZIV (Zweirad-Industrie-Verband):

„Wird (.... beim Pedelec 25) der vom Hersteller vorgesehene Rahmen durch einen Rahmen anderer Bauart getauscht, wird faktisch ein neues Rad konzipiert. Hier wird der Händler zum Hersteller eines neuen Rades. Dann muss er für dieses neue Rad auch eine Konformitätsbewertung vornehmen.

Ändert der Händler die Leistungsdaten des Antriebs, werden die elektromagnetischen und die Antriebseigenschaften des Rades erheblich beeinflusst. Es muss dann eine neue CE-Konformitätsbewertung erfolgen – und zwar vom Händler.

Die sonstigen Komponenten eines Pedelec dürften dagegen nicht zur Bewertung der Neukonzeption eines Rades führen. Dann ist auch keine Konformitätsbewertung vom Händler durchzuführen.

Weiterhin wird betont, dass Fahrradhändler, wenn sie Komponenten an einem Pedelec tauschen, dieselbe Sorgfalt walten lassen müssen, wie bei jedem Fahrrad ohne Elektroantrieb. Dazu zählt, dass der jeweilige Händler sicherstellen muss, dass die neu verbauten Komponenten für den jeweiligen Einsatzzweck sicher und geeignet sind."

Erlischt die Konformitätserklärung beim Bauteiletausch beim Pedelec 45?

info

Pedelecs 45 dürfen nicht umgebaut werden. Sie verlieren dann ihre Typgenehmigung.

Allgemein gilt:

Ein Pedelec muss, wie alle Fahrräder, die Anforderungen der jeweiligen nationalen Verkehrsvorschriften und die geltenden Normen erfüllen.

2.9 Manipulationen

Manipulationen an Pedelecs haben schwerwiegende technische und rechtliche Konsequenzen zur Folge.

Erhöht man die Abschaltgeschwindigkeit und/oder die Geschwindigkeit der Anfahr/Schiebehilfe über die vorgeschriebenen Grenzwerte, führt das zu einer Änderung der Fahrzeugkategorie (ggf. auch nur „aus Versehen"). Das Pedelec wird zulassungs- und versicherungspflichtig. In diesem Fall sind die Beantragung und der Erwerb einer Einzelzulassung bei einer technischen Prüforganisation erforderlich. Weiterhin entfallen seitens des Herstellers Haftung, Gewährleistung und (falls vorhanden) die Garantie.

info

Verantwortungsbewusste Zulieferer, Hersteller, Werkstätten und Händler sind gegen jede Manipulation an Pedelecs, die der Erhöhung der Abschaltgeschwindigkeit und/oder der Geschwindigkeit der Schiebehilfe dient. Sie unterbinden die Möglichkeit zur Manipulation mit den technisch verfügbaren Mitteln. Service Tools, mit denen man die Softwareparameter verändern kann, sollten nur Zulieferern, Herstellern und Fachhändlern zur Verfügung stehen.

2.9.1 Technische Konsequenzen

- Überlastung von Bauteilen. Sicherheitsrelevante Bauteile können brechen.
- Motor und Akku können sich aufgrund der höheren Belastung stark erhitzen. Irreparable Schäden sind die Folge.
- Stärkerer Verschleiß der Bauteile. Der Antriebsstrang und die Bremsanlage werden bei manipulierten Geschwindigkeiten stärker beansprucht.

2

2.9.2 Rechtliche Konsequenzen

Beispiel: Ein Fachhändler erhöht an einem Pedelec 25 die Abschaltgeschwindigkeit auf > 25 km/h und/oder die Geschwindigkeit der Schiebehilfe auf > 6 km/h. Das Pedelec wird zum Kleinkraftrad und der Fachhändler zum Fahrzeughersteller. Das ist mit Verantwortlichkeiten verbunden, u. a. dem Erstellen einer Übereinstimmungsbescheinigung (Konformitätserklärung, COC-Papier), in dem die technischen Details und Merkmale des S-Pedelecs angegeben werden.

Weiterhin müssen im Sinne der Produkthaftung Personen- und Sachschäden ersetzt werden, die durch ein fehlerhaftes Fahrzeug verursacht wurden. Eine strafrechtliche Verantwortung ist nicht ausgeschlossen. Hier kann der Tatbestand der fahrlässigen Körperverletzung geltend gemacht werden.

Die Haftpflichtversicherung erlischt, wenn die Veränderung am Fahrzeug dem Versicherer nicht gemeldet wurde.

2.10 Tuning

Geschwindigkeiten über 50 km/h können mit einem E-Tuning problemlos erreicht werden. Doch wie funktioniert das Aufrüsten mit den Tuningkits? Wie ist die rechtliche Grundlage?

Soll der Motor das Bike über 25 km/h unterstützen, so muss dem System ein langsameres Tempo vorgespielt werden, als es eigentlich der Fall ist. Das funktioniert mit einem kleinen elektronischen Gerät, das zwischen Laufrad und Computereinheit angebracht wird.

Tuning mit *Dongles* und *Chips* sind verbreitete Methoden (siehe auch Kap. 6.6).

Die Mitglieder der Arbeitsgemeinschaft Fahrradwirtschaft (AGF) sprechen sich gegen jede Art der Manipulation an Elektrofahrrädern und elektrischen Antriebssystemen der deutschen und internationalen Fahrradindustrie aus, die der Steigerung der Leistung oder der maximalen Unterstützungsgeschwindigkeit dienen sollen.

Die AGF besteht aus folgenden Mitgliedern:

- Zweirad-Industrie-Verband (ZIV)
- Verband des Deutschen Zweiradhandels (VDZ)
- Verbund Service und Fahrrad (VSF)
- BICO Zweirad Marketing GmbH
- Bundesinnungsverband für das Deutsche Zweiradmechaniker-Handwerk (BIV)

Die AGF weist ausdrücklich darauf hin, dass Manipulationen am Antriebssystem des Pedelecs schwerwiegende negative Folgen sowohl technischer als auch haftungsrechtlicher Natur haben können. Folgende Maßnahmen werden ergriffen, um Manipulation und Tuning zu verhindern (ein Auszug):

- Der ZIV stellt sicher, dass alle Anforderungen an die Manipulations-Sicherheit, die in dem Entwurf der EN 15194/2017 enthalten sind, erfüllt werden. Es wird kontinuierlich an der Verbesserung der Antriebs-Systeme gearbeitet, um Manipulationen zu erschweren.
- In allen Veröffentlichungen der Industrie, des Handels und des Zweiradhandwerks sprechen sich die Akteure gegen Tuning von Pedelecs aus und weisen auf die rechtlichen Konsequenzen hin.
- Es werden Maßnahmen ergriffen, um das Bewusstsein für die Risiken und Gefahren von Manipulationen bei allen Beteiligten zu schaffen. Dies gilt für Händler und Endverbraucher.
- Die AGF wird bei gemeinsamen Veranstaltungen mit anderen Verbänden der Fahrrad-/E-Bike-Branche regelmäßig über das Thema Tuning informieren.
- Die AGF wird Händlern und Endverbrauchern Informationen über die vorgeschriebene Kennzeichnung von schnellen Pedelecs (Pedelec 45) (u. a. Versicherungskennzeichen, Hersteller, Typenschild) zur Verfügung stellen, um diese Fahrzeuge zu identifizieren.
- Die AGF wird bezüglich Tuning die Vernetzung von Industrie, Händlerverbänden, Verbraucherorganisationen, Polizei, Unfallforschungseinrichtungen, Gutachtern, Prüfinstituten und Fachmedien organisieren.

2.11 Elektro-Kleinstfahrzeuge

Weit verbreitet sind inzwischen die elektrisch betriebenen Kleinstfahrzeuge (EKF) als Elektro-Tretroller (Elektro-Stehroller, E-Scooter).

Daneben gibt es als weitere Kategorie die Segways, E-Skateboards, Hoverboards und Monowheels. Gemein ist ihnen die selbstfahrende und -balancierende Fahrweise (bisher wurden E-Scooter und andere EKFs als Kraftfahrzeuge eingestuft, da sie schneller als 6 km/h fahren können).

info

Ein Elektro-Kleinstfahrzeug ist selbstbalancierend, wenn es mit einer integrierten elektronischen Balance-, Antriebs-, Lenk- und Verzögerungstechnik ausgestattet ist, durch die es eigenständig in Balance gehalten wird.

Inzwischen (Stand Juni 2019) gibt es in Deutschland einen gesetzlichen Rahmen für die Mikromobilität. In der „Elektrischen Kleinstfahrzeug-Verordnung“ (eKFV) werden die technischen Aspekte für die Zulassung und die Fragen zu Verkehrsregeln und Verkehrsraum abgedeckt.

info

Nur Fahrzeuge, die über eine Lenk- oder Haltestange verfügen, sowie E-Tretroller oder Segways entsprechen der neuen Verordnung. Und die gilt nur für Fahrzeuge mit einer Höchstgeschwindigkeit von bis zu 20 km/h.

Elektrische Fahrzeuge ohne Haltestange, etwa sogenannte Hoverboards, Monowheels oder E-Skateboards dürfen auch weiterhin nicht in den Straßenverkehr. Eine Ausnahmeregelung für diese Kategorie wird erwartet (Stand Juni 2019).

2.11.1 E-Scooter

Folgende Bedingungen müssen eingehalten werden, damit E-Scooter **(Bild 1)** in Deutschland legal betrieben werden dürfen:

- Sie müssen eine Allgemeine Betriebserlaubnis (ABE) vorweisen. Eine Zulassung können die Hersteller beim Kraftfahrt-Bundesamt (KBA) beantragen, eine Einzelzulassung nach § 29 StVZO ist möglich.
- Maximale Geschwindigkeit 20 km/h, Mindestgeschwindigkeit 6 km/h.

Maße und Gewicht:

- Maximal 70 cm breit, 140 cm hoch und bis 200 cm lang. Höchstgewicht 55 kg.
- Die Motor-Dauerleistung darf maximal 500 Watt betragen. 1400 Watt, wenn 60 % der Leistung zur Ausbalancierung (gyroskopische Systeme) benötigt werden.

Bild 1: E-Scooter (Yorks s1-elite)

Bauweise:

Elektroroller verfügen über zwei voneinander unabhängige Bremsen (Mindestabbremsung 3,5 m/s²): eine elektrische Bremse am Vorderrad und eine mechanische Schutzblechbremse am Hinterrad.

Als Bremssysteme kommen auch Scheiben- oder Trommelbremsen zum Einsatz. Bessere Modelle besitzen eine Nutz- oder Rekuperationsbremse, die bei jedem Bremsvorgang dem Akku Energie zuführt und damit die Reichweite vergrößert.

Lenk- oder Haltestange mind. 700 mm Länge für E-Scooter ohne Sitz (500 mm mit Sitz), Lampe und Rücklicht analog der Fahrradausrüstung nach § 67 StVZO. Helltönende Glocke. Blinker können, müssen aber nicht vorhanden sein.

- Die Änderung der Fahrtrichtung wird wie beim Fahrradfahren per Handzeichen angezeigt.
- Versicherungspflicht **(siehe Bild 3, Seite 15)**. Der Nachweis erfolgt durch einen selbstklebenden, witterungsbeständigen Aufkleber (es wird kein Nummernschild benötigt).
- Keine Helmpflicht.

- Es wird kein Mofa-Führerschein benötigt (die ursprünglich geplante Führerscheinpflicht wurde gestrichen).
- Mindestalter 14 Jahre.
- E-Scooter müssen in der Lage sein, eine Vertiefung von 5 Zentimetern und eine 45° abgeschrägte Stufe gleicher Höhe „beherrschbar“ zu überwinden, ebenso eine Steigung von zehn Prozent in beiden Richtungen.
- E-Scooter dürfen nicht auf dem Gehweg oder in Fußgängerzonen fahren, sondern ausschließlich auf Radwegen. Wenn kein Radweg vorhanden ist, kann man – wie für Fahrradfahrer – die Straße benutzen. Einbahnstraßen darf man in entgegengesetzter Richtung befahren, auch wenn es für Radfahrer frei ist.

Exemplarisch für zulassungskonforme E-Scooter sind der YORKS s1-elite und Hawk Sparrow

Modellbezeichnung YORKS s1-elite (aus Produktdatenblatt)

Lenkerhöhe	85 bis 100 cm	Reifengröße	10 Zoll
Reifentyp	Luftbereifung	Belastbarkeit	120 kg
Bremsen	Scheibenbremse (vorn und hinten)	Gesamtgewicht	15 kg
Klingel	Ja	Beleuchtung	vorhanden
Höhenverstellbarer Lenker	Ja	Zusammenklappbar	Ja
Batterietyp	Lithium Ionen	Kapazität	354 Wh
Reichweite	25 bis 35 km	Spannung	36 V
Ladedauer	2,5 h	Anschluss	Eurostecker 2polig
Motor	Getriebemotor 250 W	Geschwindigkeitsstufen	6, 20 und 25 km/h
Regulierung	Daumengas Lenker		

Hawk Sparrow: Ausstattungsmerkmale und Spezifikationen

Geeignetes Alter	14+
Empfohlene Körpergröße	130 cm – 200 cm
Max. Geschwindigkeit	20 km/h = 12.42 mph
Gewicht (netto)	12,5 kg
Maße	Entfaltet: 120 × 55 × 118 cm / Gefaltet: 120 × 55 × 49 cm
Akku	36V 7.5 Ah 270 Wh
MaximalerSteigwinkel	20% / 14 Grad
Maximales Fahrergewicht	100 kg
Motor	250 Watt
IO HAWK APP	Ja / System-Selbst-Check des Scooters / aktuelle Geschwindigkeit, Gesamt gefahrene km und vieles mehr.
Bluetooth	Ja für App-Anbindung
Klingel	Ja
Wasserbeständigkeit	IP54
Fahrmodi	6 km/h, 12 km/h, 20 km/h
Maximale Reichweite*	25 – 28 km
Reifengröße	8 Zoll / 20 cm
Lenker höhenverstellbar	nein, Lenkerhöhe 117 cm
Straßenzulassung	Ja, legal auf Deutschlands Straßen
Maximale Ladezeit	3 – 5 Stunden
Box Maße	125,7 × 22,3 × 56,6 cm
Gewicht	18 kg

* Getestet beim Fahren unter voller Leistung, Belastung von 75 kg, bei 25 °C, 50% der max. Geschwindigkeit im Durchschnitt auf der Straße.

2.11.2 Segway

Der SEGWAY Personal Transporter ist ein Elektroroller, der eine Person befördern kann und diese automatisch ausbalanciert **(Bild 1)**.

Der Fahrer steht zwischen zwei nebeneinander angeordneten Rädern auf einer Plattform und kann sich an einer Lenkstange abstützen. Jedes Rad wird per Einzelradantrieb von einem separaten Elektromotor angetrieben. Unterschiedliche Drehzahlen der Räder ermöglichen eine Kurvenfahrt wie bei Kettenfahrzeugen.

Bild 1: Segway

Das Fahrzeug ist selbstbalancierend. Ein elektronischer Regelkreis lässt den Segway automatisch in die Richtung fahren, in die sich der Fahrer lehnt. Sobald die Neigungssensoren (Halbleiter-Gyroskope) registrieren, dass sich der Fahrer nach vorne oder hinten neigt, drehen die Räder in diese Richtung. Die Fortbewegung wird ausschließlich durch solche Gewichtsverlagerungen gesteuert. Diese Funktionsweise entspricht dem aufrechten Gang, bei dem sich der Schwerpunkt des Körpers stets über der Auflagefläche der Füße befindet. Der Segway ist deshalb intuitiv zu bedienen.

Bedienelemente zum Bremsen oder Beschleunigen fehlen.

Ein Schwenken der Lenkstange um eine in Höhe der Plattform liegende horizontal nach vorne laufende Achse nach rechts oder links bewirkt die dementsprechende Kurvenfahrt oder Drehen am Stand. Sobald sich der Fahrer mit der Lenkstange zur Seite neigt, wird das von den Neigungssensoren wahrgenommen und das jeweilige Rad dreht sich langsamer und verursacht dadurch die Kurvenfahrt.

Da in der Vergangenheit eine verkehrsrechtliche Zulassung fehlte, war Segway-Fahren auf öffentlichem Grund zunächst verboten. Dies stand den Zielen der Bundesregierung entgegen, die Elektro-Mobilität zu fördern.

Nach Inkrafttreten der Elektrokleinstfahrzeuge-Verordnung im Juni 2019 sind Segways rechtlich zugelassen.

Zum Betrieb des Segways ist keine Berechtigung zum Führen eines Mofas mehr erforderlich. Nötig ist ein Versicherungskennzeichen.

Das Fahren des Segways ist nach der Verordnung nur auf Schutzstreifen, Radfahrstreifen, Radwegefurten und Radwegen zulässig. Sind diese nicht vorhanden sind, darf innerorts auf der Fahrbahn gefahren werden, außerorts nur auf der Fahrbahn, wenn die Straßen nicht Bundes-, Landes- oder Kreisstraßen sind.

2.11.3 Elektroboard, Hoverboard

Nur Fahrzeuge, die über eine Lenk- oder Haltestange verfügen, sowie E-Tretroller oder Segways entsprechen der neuen Verordnung. Und die gilt nur für Fahrzeuge mit einer Höchstgeschwindigkeit von bis zu 20 km/h.

Elektrische Fahrzeuge ohne Haltestange, etwa sogenannte Hoverboards, Monowheels oder E-Skateboards dürfen auch weiterhin nicht in den Straßenverkehr. Erwartet wird eine Ausnahmeregelung zur eKFV.

Elektroboards (andere Bezeichnungen sind Hoverboard oder Hyperboard) sind selbststabilisierende *zweirädrige* Fahrzeuge, die aus einer Trittfläche und zwei seitlich neben den Füßen angebrachten Rädern bestehen. Die Steuerung erfolgt durch Gewichtsverlagerung **(Bild 2)**.

Bild 2: Elektroboard, Hoverboard

2

Lagesensoren erkennen in Bruchteilen von Sekunden, in welche Richtung der Körper des Fahrgasts geneigt ist. Das Fahrzeug schiebt sich dann durch Beschleunigung oder Bremsen so unter den Schwerpunkt, dass das Gleichgewicht erhalten bleibt.

Das Fahrzeug ist mit seiner integrierten elektronischen Balance-, Antriebs-, Lenk- und Verzögerungstechnik mit einem Segway vergleichbar. Die Mobilitätshilfeverordnung, die den gesetzlichen Rahmen für die „Segways" vorgibt, gilt jedoch *nicht* für diese Boards.

Die Technik im Innern

Im Inneren der Hoverboards erfassen Sensoren in den Trittflächen Lageänderungen, wenn sich der Fahrer nach vorn, hinten oder zur Seite neigt **(Bild 1)**. Die Sensoren übermitteln die Information als Steuerbefehl an die Nabenmotoren, die die beiden seitlich angebrachten Räder antreiben: Beispiel: Soll nach rechts gefahren werden, muss das linke Rad schneller drehen.

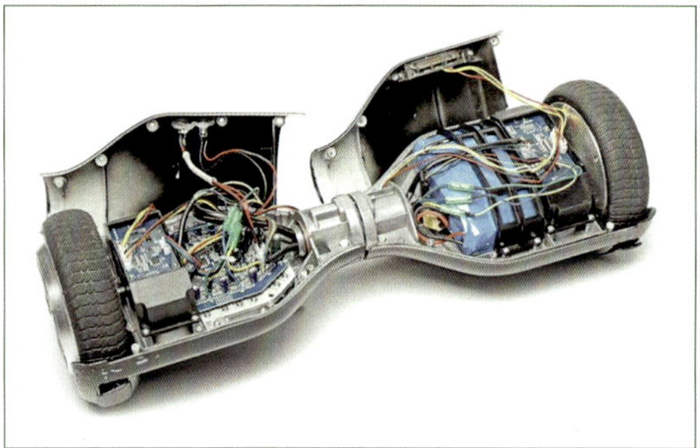

Bild 1: Innenleben eines Hoverboards

Außerdem steckt in jedem E-Board ein leistungsfähiger Lithium-Ionen-Akku, der über ein externes Netzteil geladen wird.

Die Elektronik zum Auswerten der Sensordaten, zum korrekten Antrieb der Räder und zur Ansteuerung von blinkenden LEDs am Board findet auf einer Platine Platz, die ebenfalls unter den Trittflächen montiert ist.

2.11.4 Elektrisches Einrad

Andere Bezeichnungen sind Monowheel, Airwheel oder Solowheel **(Bild 2)**.

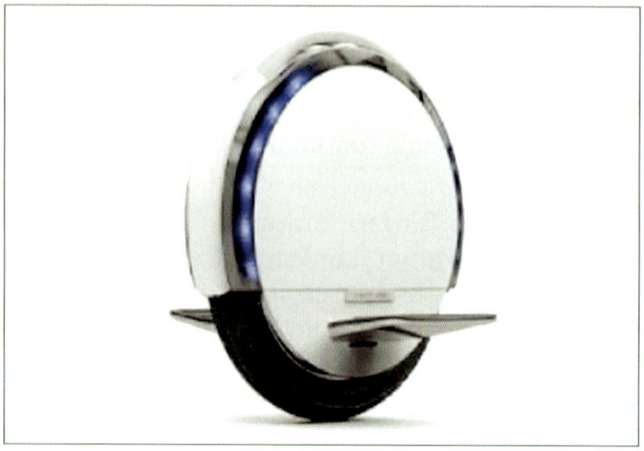

Bild 2: Elektrisches Einrad (Ninebot One)

Alternativ zur gängigen Bauweise gibt es besonders kleine elektrische Einräder, die paarweise genutzt und daher nur jeweils mit einem Fuß pro Einrad bedient werden. Diese Art der Monowheels wird auch als E-Rollschuh bezeichnet.

Segway und Monowheel unterscheiden sich vor allem durch das freihändige Fahren. Zwar arbeiten auch Segways mit der Verlagerung des Gewichts, sind rein optisch doch eher einachsige Elektro-Scooter.

Ein Hoverboard oder Airboard hingegen ist die zweirädrige Variante eines Monowheels. Die Einrad-Scooter arbeiten mit demselben Funktionsprinzip, aber balancieren sich durch die Bewegung selber aus.

Ein Monowheel, oder auch elektrisches Einrad, ist in der Lage, das Gleichgewicht selbstständig zu halten. Möglich ist das durch einen künstlichen Gleichgewichtssinn, der durch Mikroprozessoren und verschiedene Sensoren realisiert wird. Bei der Gewichtsverlagerung bewegt sich das Monowheel automatisch in die entsprechende Richtung und wirkt so selbstbalancierend.

Motor	Geschwindigkeiten zwischen 18 und 40 km/h Leistung von 350 bis 1.500 Watt. Leistung teilweise regulierbar
Akku	Lithium-Ionen Ladezeiten 1 – 6 Stunden Reichweite bis zu 55 km
Konstruktion	Ausklappbare Pedale Zuladung bis 120 kg Ausziehbare Haltegriffe

3 Systemvergleich unterschiedlicher Motoren

Von den Anfängen des Radfahrens bis heute gibt es den Wunsch, die Muskelarbeit durch eine weitere Antriebsart zu ersetzen oder zumindest zu unterstützen. Von den unterschiedlichen Möglichkeiten bieten sich zwei Verfahren an, der Verbrennungsmotor und der Elektromotor. Der Verbrennungsmotor wird noch eine Zeitlang Zweiräder antreiben, dem Elektromotor gehört jedoch die Zukunft.

Energie ist die Fähigkeit, Arbeit zu verrichten. Dies gilt für den Antrieb von Kraftfahrzeugen mit Verbrennungsmaschinen genauso wie für den Menschen. Beide „Maschinen" zerlegen energiereiche organische Kohlenstoffmoleküle in ihre energieärmeren Bestandteile. Hierbei wird ein Teil der chemisch gebundenen (potenziellen) Energie in mechanische (kinetische) Energie umgewandelt. Die Umwandlung ist immer unvollständig, denn ein bestimmter Teil der Wärmeenergie kann nicht genutzt werden.

3.1 Verbrennungsmotor

Alle Wärmekraftmaschinen (WKM) arbeiten nach dem gleichen Prinzip: An ein Arbeitsmittel, das sich in einem abgeschlossenen Raum befindet, wird Wärme übertragen. In **Bild 1** ist das Arbeitsmittel Wasser, das in das Arbeitsgas „Dampf" überführt wird (beim Verbrennungsmotor ist das Arbeitsgas das Kraftstoff-Luftgemisch).

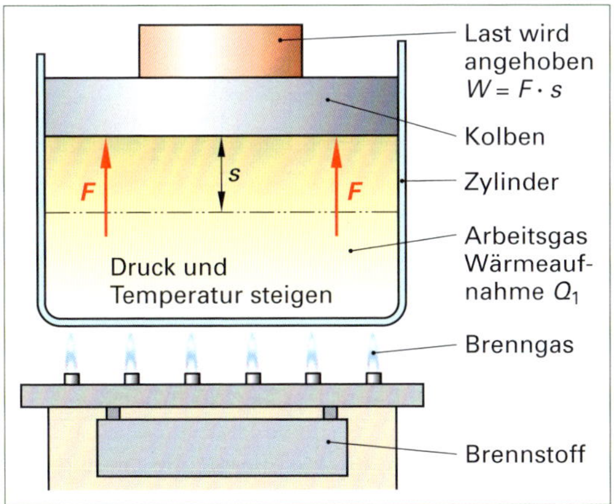

Bild 1: Gedankenmodell: Arbeitstakt einer WKM

Im Arbeitsgas erhöht sich die innere Energie[1] und damit die Temperatur und der Druck. Das Gas dehnt sich aus und drückt auf den Kolben.

Durch das Verschieben des Kolbens gegen einen Widerstand wird Arbeit verrichtet: $W = F \cdot s$.

Ein Teil der inneren Energie des Arbeitsgases Q_1 geht in mechanische Energie des Kolbens über. Mit der Abgabe der inneren Energie nimmt auch die Temperatur des Arbeitsgases ab.

Bei einer WKM soll der Kolben aber nicht nur einmal, sondern fortlaufend Arbeit verrichten (es soll ein „Kreisprozess" erfolgen). Dazu muss das Arbeitsgas auf Anfangstemperatur und Anfangsdruck gebracht werden. Man bringt das Gas mithilfe eines Kühlmittels auf eine möglichst tiefe Temperatur (beim Verbrennungsmotor wird das verbrannte Kraftstoff-Luftgemisch ins Freie geleitet).

Dabei verliert das Arbeitsgas eine weitere Wärmemenge, die Abwärme Q_2 **(Bild 2)**. Beim Verbrennungsmotor wird noch ein weiterer Anteil an Abwärme benötigt: Kühlung des Motors und seiner Umgebung.

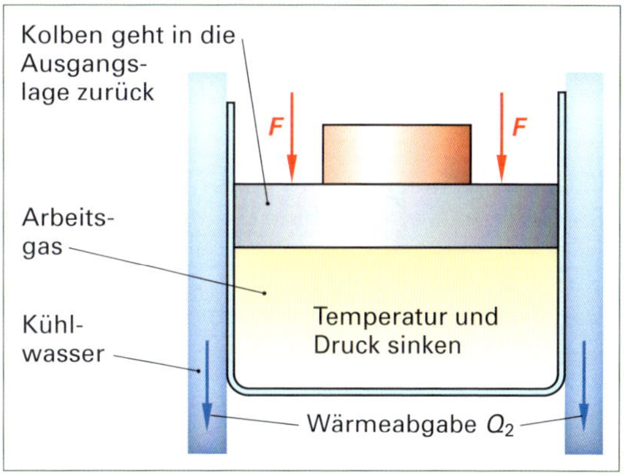

Bild 2: Gedankenmodell: Leertakt der WKM

Ist der von außen auf den Kolben wirkende Druck größer als der Druck des Arbeitsgases, wird der Kolben in seine Ausgangslage zurückgedrängt. Der Prozess kann wieder von vorn beginnen.

Eine WKM kann nur dann periodisch arbeiten, wenn sie innere Energie in Form von Abwärme abgeben kann. Die notwendige Rückführung des Kolbens ist immer mit der Entstehung von Abwärme verbunden: Es fließt thermische Energie vom Arbeitsgas zum Kühlmittel.

[1] Innere Energie ist die kinetische Energie (Bewegungsenergie) der Atome und Moleküle.

Um Nutzarbeit zu verrichten, muss die WKM (z. B. ein Verbrennungsmotor) einen Umweg bestreiten: Zuerst wird die chemische Energie des Kraftstoffes in thermische Energie (= Wärme) und dann erst in mechanische Energie umgewandelt **(Bild 1)**.

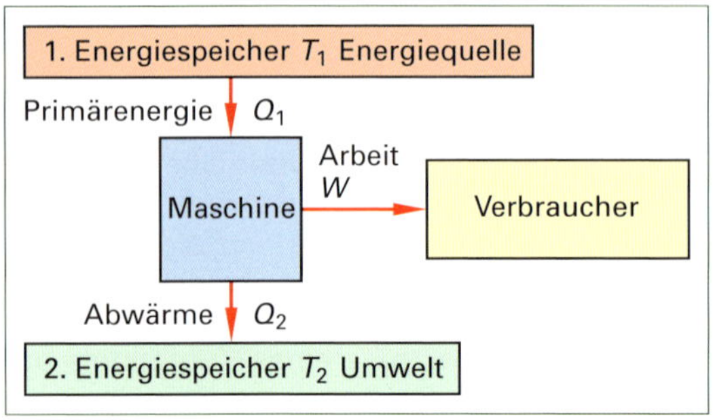

Bild 1: Nutzarbeit W = Zugeführte Wärmemenge Q_1 minus abgeführte Wärmemenge Q_2

Das Verhältnis von abgegebener mechanischer Arbeit zur zugeführten Wärme (aus dem Brenngas) wird als theoretischer Wirkungsgrad bezeichnet. Oder: Welcher Anteil der zugeführten Wärmemenge Q1 kann höchstens in Arbeit W umgewandelt werden?

$$\eta = \frac{W}{Q_1} = \frac{Q_1 - Q_2}{Q_1} = 1 - \frac{Q_2}{Q_1} \qquad \eta = \frac{T_1 - T_2}{T_1}$$

Wie groß ist der (theoretische) Wirkungsgrad einer Wärmekraftmaschine?

Beispiel: Golfmotor

Verbrennungstemperatur 2500 °C T_1 = 2773 K

Abgas(end)temperatur 1000 °C T_2 = 1273 K

$$\eta = \frac{2773\text{ K} - 1273\text{ K}}{2773\text{ K}} = 0{,}54 = 54\ \%$$

Unter optimalen Bedingungen erreichen Ottomotoren in der Praxis Wirkungsgrade von 38 % und Dieselmotoren von 45 %. Unter realen Fahrbedingungen sind es kleinere Werte: Ottomotor 25 %, Dieselmotor 30 % (Bild 2).

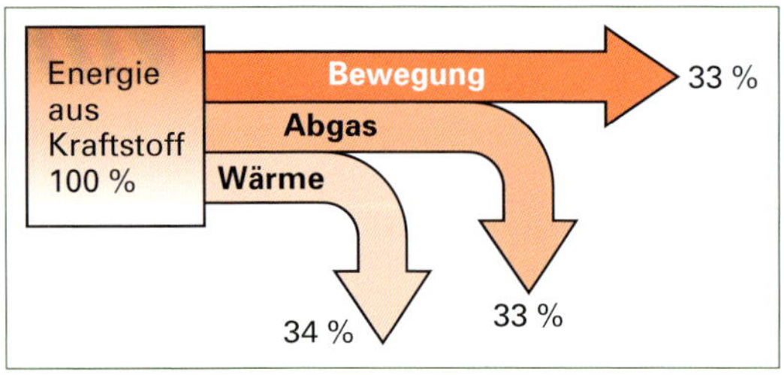

Bild 2: Energiefluss eines Verbrennungsmotors

3.2 Muskelmotor

Der Muskel ist **keine** Wärmekraftmaschine, obwohl viele Merkmale übereinstimmen. Betrachten wir den Muskel unter den angenommenen Bedingungen einer WKM. Setzt man eine zugeführte Temperatur von 37 °C oder T_1 = 310 K an (das ist die Körpertemperatur des Menschen) und die Abwärmetemperatur von 20 °C oder T_2 = 293 K (das ist eine mittlere Umgebungstemperatur), so ergibt sich ein Wirkungsgrad von

$$\eta = \frac{T_1 - T_2}{T_1} = \frac{310\text{ K} - 293\text{ K}}{310\text{ K}} = 0{,}05 \text{ oder } 5\ \%$$

Tatsächlich haben Untersuchungen ergeben, dass der Muskel wesentlich effektiver arbeitet. Wirkungsgrade von bis zu 60 % (Beispiel Atemmuskulatur) sind möglich. Ein nach dem Mechanismus einer WKM mit diesem Wirkungsgrad arbeitender Muskel müsste mit einer Temperatur von T_1 = 733 K oder 460 °C arbeiten, was absolut ausgeschlossen ist. Widersprechen Mensch und Tier den Gesetzen der Wärmelehre? Nein – denn Menschen und Tiere sind keine WKM, sondern **direkte Energieumwandler**.

Die Umwandlung von chemischer Energie in mechanische Arbeit erfolgt beim Muskel **ohne** den Umweg über die Erwärmung und Abkühlung eines Arbeitsgases **(Bild 3)**.

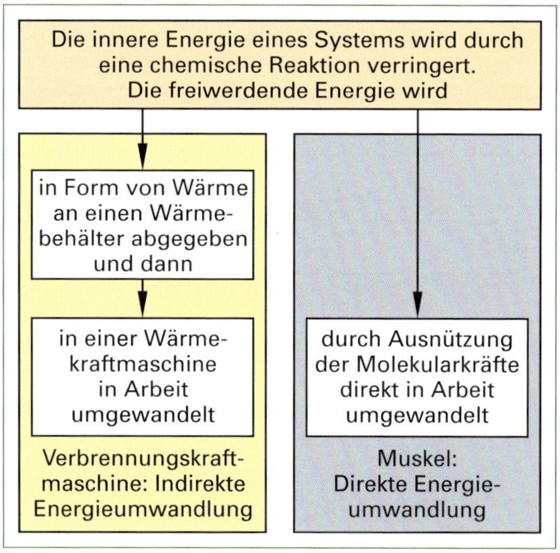

Bild 3: Indirekte und direkte Energieumwandlung

Entsprechend ist der Wirkungsgrad einer Muskelmaschine höher. Dass man dennoch den 2. Hauptsatz der Wärmelehre nicht verletzt, erkennt man daran, dass der Mensch beständig große Mengen Wärme an die Umgebung abgibt.

Sowohl beim Verbrennungsmotor als auch beim Muskel(motor) wird durch eine chemische Reaktion von Stoffen Energie freigesetzt. Bei einem **Benzinmotor** vermischt sich der Motortreibstoff (ein Gemisch aus Kohlenstoff- und Wasserstoffverbindungen) mit Luft. Das Gemisch wird durch einen Zündfunken zur Verbrennung gebracht. Vereinfacht:

$C + O_2$ + Zündenergie $\rightarrow CO_2$ + Wärmeenergie

und

$2H + O$ + Zündenergie $\rightarrow H_2O$ + Wärmeenergie

Die Wärmeenergie sorgt für die Ausdehnung einer Menge Gas und mit dieser Gasmenge wird Arbeit am Kolben verrichtet. Der (oder die) Kolben treiben die Kurbelwelle an, diese treibt über die Kupplung und das Getriebe die Antriebswellen an und diese leiten die Bewegung weiter zu den Rädern.

Während bei einer WKM ein notwendiger Umweg über die Erzeugung heißer Arbeitsgase notwendig ist, verrichtet die **Muskelmaschine** Arbeit **nicht** durch die Ausdehnung heißer Gase. Die Bestandteile des Muskeltreibstoffs – vereinfacht ausgedrückt sind es die Nährstoffe – werden in einem komplizierten elektrischen Prozess, dem Muskelstoffwechsel, in positive und negative Ladungsträger aufgespalten.

Wie der Zündfunke im Verbrennungsmotor sorgt ein Nervenimpuls für die Aufspaltung des Muskeltreibstoffes **(Bild 1)**.

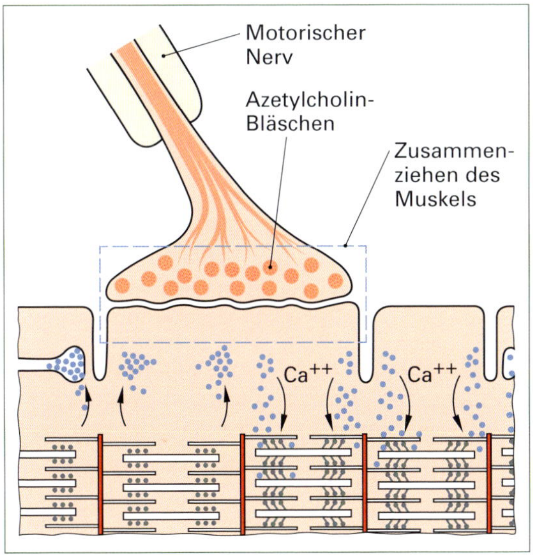

Bild 1: Nervenimpulse ziehen den Muskel zusammen

Beispiel: Muskeltreibstoff Glucose
$C_6H_{12}O_6 + 6\ O_2$ + „Zündenergie"
$\rightarrow 6\ H_2O + 6\ CO_2$ + Wärme
Die dabei freiwerdende Energie nutzen die Eiweißmoleküle der Muskelzelle, um sich zusammenzuziehen: Die Muskulatur verrichtet Arbeit.

Wie wird nun ein Muskel verkürzt? Muskeln bestehen aus Bündeln von Muskelfasern **(Bild 2)**.

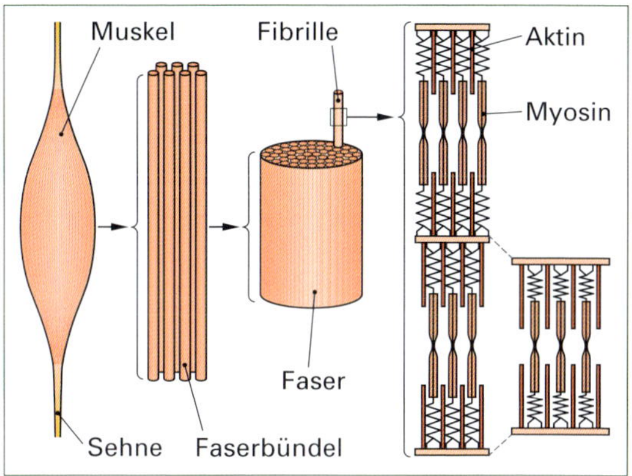

Bild 2: Feinstruktur einer Muskelzelle

Eine Muskelfaser wiederum ist aus zahllosen Fibrillen zusammengesetzt, die sich über die ganze Länge der Faser erstrecken. Die Fibrillen bestehen aus Tausenden von hintereinander angeordneten Sarkomeren, den zusammenziehbaren Elementen des Muskels **(Bild 3)**.

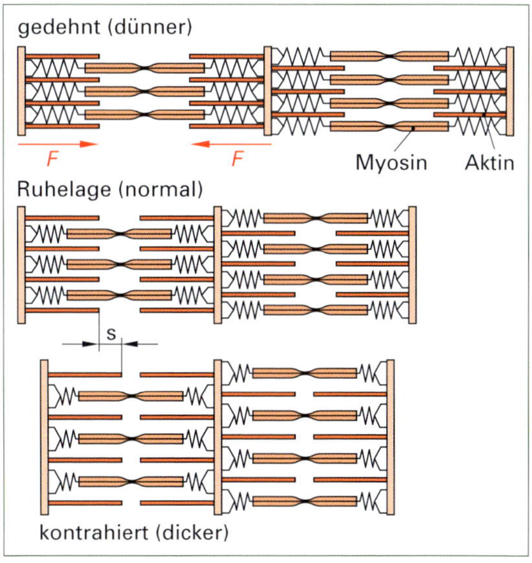

Bild 3: Schema der Verkürzung eines Sarkomers

Ein Sarkomer besteht aus zwei Arten regelmäßig angeordneter fadenförmiger Eiweißmoleküle, den dünnen Filamenten Aktin und den dicken Myosin. Aktin und Myosin sind die Kolben des Muskelmotors, Fettsäuren und Zucker (Glucose) der Treibstoff.

Bei der Kontraktion werden die dünnen Filamente zwischen die dicken gezogen, sodass sich die Länge eines Sarkomers – und damit die des ganzen Muskels – verkürzt **(Bild 1)**. Die Muskelzelle zieht sich zusammen und verrichtet Arbeit $W = F \cdot s$.

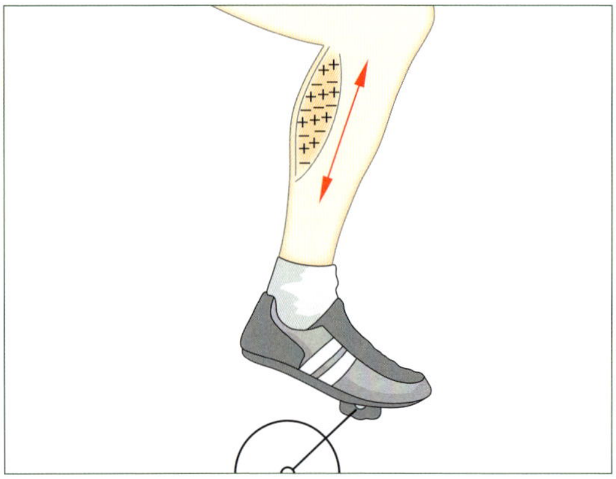

Bild 1: Muskelkraft beruht auf elektrischer Anziehung

Etwa 70 % der freien Energie wird in Wärme umgewandelt, die über das Blut abgeführt wird. Im Unterschied zum Verbrennungsmotor ist diese Wärme kein unerwünschtes Nebenprodukt, sondern wird unter anderem dazu benötigt, den Muskel auf die für die Stoffwechselvorgänge optimale Temperatur zu bringen.

info

Der menschliche Organismus ist in der günstigen Lage, die chemische Energie aus den Nahrungsmitteln *direkt* in mechanische Muskelarbeit umzuwandeln – falls genügend Sauerstoff, Wasser und Enzyme zur Verfügung stehen.

Wie kommt man auf den (thermischen) Muskelwirkungsgrad von 25 %?

Den Energieumsatz bestimmt man über die Sauerstoffaufnahme:
180 g Traubenzucker benötigen zur Verbrennung 134,4 Liter O_2 und erzeugen dabei 2 830 kJ Energie.

1 l Sauerstoff ist mit einer Energieabgabe von 2830 kJ : 134,4 kJ/l = 21 kJ = 21 kJ = 21 000 J verbunden.

Mit dieser Energiemenge kann man eine Minute lang eine Leistung von 21 000 J : 60 s = 350 Watt erzielen.

Von Versuchen auf Fahrradergometern weiß man, dass bei einer Leistung von 75 Watt ein Mehrverbrauch an Sauerstoff von 1 Liter pro Minute auftritt. Damit ergibt sich ein Wirkungsgrad des Gesamtorganismus von:

$$\eta = \frac{75\ \text{W}}{350\ \text{W}} = 0{,}21 = 21\ \%$$

Beim Radfahren liegt der Wirkungsgrad höher als beim reinen Ergometertreten, da die Muskulatur ökonomischer eingesetzt wird. Man rechnet mit Wirkungsgraden von 25 % bis 30 %.

Ein menschlicher Muskel entwickelt pro Quadratzentimeter seines Querschnitts eine Kraft von 15 N bis 100 N – je nach Muskelart und Trainingszustand.

Ein weiterer Unterschied zwischen Verbrennungsmotor und Muskelmotor besteht in der Leistungsabgabe: Der Verbrennungsmotor gibt nur in einem begrenzten Drehzahlbereich eine verwertbare Leistung ab, während der Muskelmotor auch bei geringer „Drehzahl" eine hohe Leistung abgibt **(Bild 2)**.

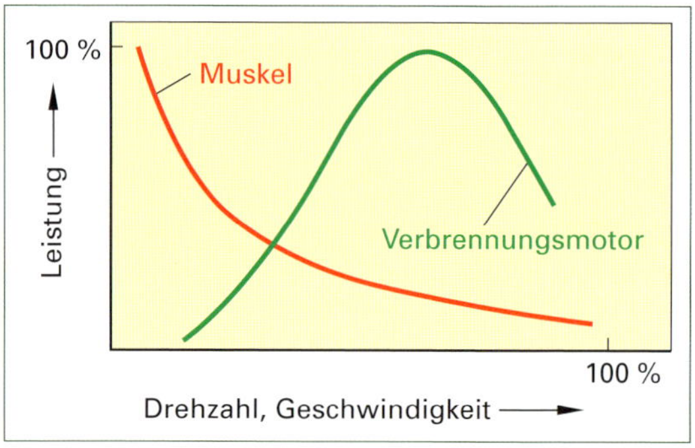

Bild 2: Vereinfacht: Leistungskennlinie Muskelmotor, Verbrennungsmotor

Ein Fahrzeug mit einem Verbrennungsmotor benötigt ein mehrgängiges Schaltgetriebe, damit die unterschiedlichen Fahrsituationen in dem begrenzten günstigen Drehzahlbereich liegen.

Beispiel: Beim Anfahren ist eine große Zugkraft bei geringer Raddrehzahl erforderlich, also eine große Übersetzung zwischen der Kurbelwelle und dem Hinterrad.

Dagegen produziert ein Muskel aus der Ruhelage heraus seine größte Zugkraft, die dann mit fortschreitender Dehnung geringer wird.

Ein Radfahrer benötigt zum Anfahren aus der Ruhe **keine** große Übersetzung. Seine Zugkraft am Hinterrad reicht aus, das System ohne Abzuwürgen in Bewegung zu setzen.

Je langsamer der Radfahrer tritt, desto größere Kraft kann er auf die Pedale bringen.

Bei überhöhten Drehzahlen ähneln sich Muskel- und Verbrennungsmaschinen: Sie reagieren mit einem Kraftverlust.

Noch ein Unterschied: Ein Muskel kann ermüden, ein Verbrennungsmotor nicht, solange Kraftstoff zugeführt wird.

3.3 Elektromotor

Beim Betrieb eines Pedelec unterstützt der Elektromotor den Muskelmotor. Beide Antriebsquellen haben ihre Besonderheiten und es kommt im Fahrbetrieb darauf an, sie aufeinander abzustimmen.

Das Funktionsprinzip jedes Elektromotors beruht auf der Tatsache, dass stromdurchflossene Leiter in einem Magnetfeld abgelenkt werden (*Lenz*'sche Regel).

Die ablenkende Kraft F (Lorentzkraft) rührt von den Kräften auf die bewegten Elektronen her, die sich quer zum magnetischen Feld bewegen **(Bild 1 und 2)**. Diese Kraft ist umso stärker, je größer die Stromstärke, das Magnetfeld, die Leiterlänge und die Zahl der bewegten Leiter ist.

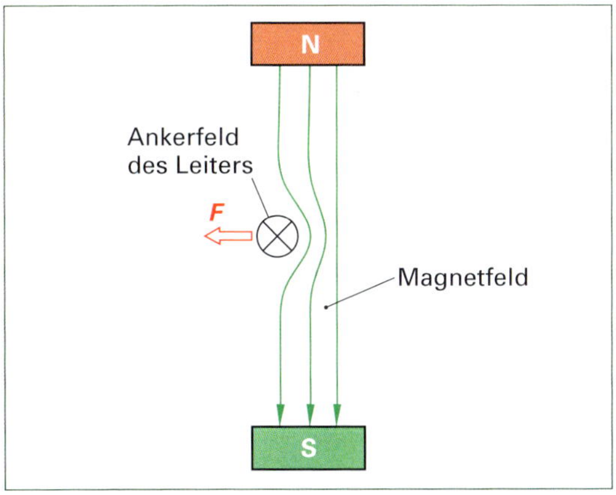

Bild 1: Kraftwirkung im Magnetfeld (Lorentzkraft) auf einen einzelnen stromdurchflossenen Leiter. Der Strom fließt (anschaulich) von vorn nach hinten.

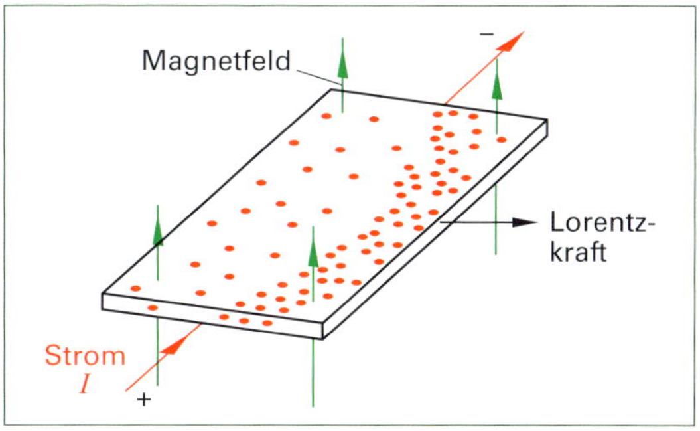

Bild 2: Ablenkung eines Leiters im Magnetfeld

Wie ändern sich die Verhältnisse, wenn der Strom nicht durch einen einzelnen Leiter (Bild 1), sondern durch eine Schleife (Spule) fließt? In **Bild 3** fließt der Strom in der einen Leiterschleife nach hinten, in der anderen nach vorne. Die Kräfte erzeugen in der Drehachse der Leiterschleife ein Drehmoment **(Bild 4)**.

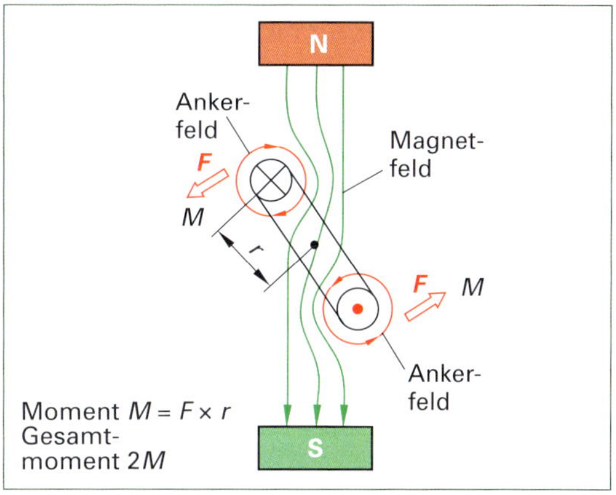

Bild 3: Leiterschleife im Magnetfeld erzeugt ein Drehmoment $M = F \times r$. Ein Kollektor mit Bürsten und Schleifringen ist erforderlich, damit sich die Schleife weiter dreht.

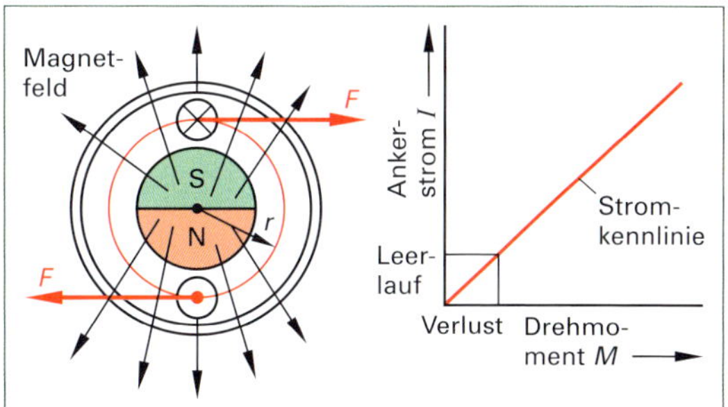

Das resultierende Drehmoment M ist die Summe aller Kräfte F im Abstand r zur Drehachse. $M = k_M \cdot I$
k_M = Drehmomentkonstante, I = Ankerstrom

Bild 4: Kraft- und Drehmomenterzeugung in einem Gleichstrommotor

Vereinfacht besteht jeder Elektromotor aus zwei elektromechanischen Elementen: einem sich um die eigene Achse bewegenden Rotor und einem feststehenden Teil, dem Stator. Beide Elemente erzeugen Magnetfelder, durch deren Ablenkungskräfte die zugeführte elektrische Energie in mechanische Energie in Form von Drehbewegungen umgewandelt wird. Die mechanische Energie wird am Rotor abgenommen und kann ein Fahrzeug in Bewegung setzen.

Die Drehzahl eines Gleichstrom-Elektromotors hängt von der Höhe der zugeführten Spannung ab. Indirekt gilt dies auch für das Drehmoment, sodass die Leistung entscheidend von der Spannung abhängt.

Jetzt kommt der bürstenlose Gleichstrommotor (BLDC = **B**rushless **D**irect **C**urrent) ins Spiel. Er besitzt keine mechanischen Elemente (Kommutatoren) zur Umkehr der Stromrichtung.

Da die primäre Versorgung aus Akkus durch Gleichstrom erfolgt, wird er oft als Gleichstrommotor bezeichnet. Tatsächlich ist er ein Drehstrommotor, bei dem der Rotor einem magnetischen Drehfeld folgt, das synchron zur Wechselspannung an die Motorspulen (Wicklungen) angelegt wird **(Bild 1)**.

Die Wechselspannung wird durch einen Umrichter erzeugt, der die Gleichspannung elektronisch umformt.

Da sich der Rotor mit der gleichen Frequenz wie das magnetische Drehfeld dreht, wird er auch als Synchronmotor bezeichnet. Es stellt sich aber ein Winkelversatz ein, wenn ein Drehmoment aufgebracht wird. Der Winkelversatz ist umso größer, je größer das Drehmoment ist.

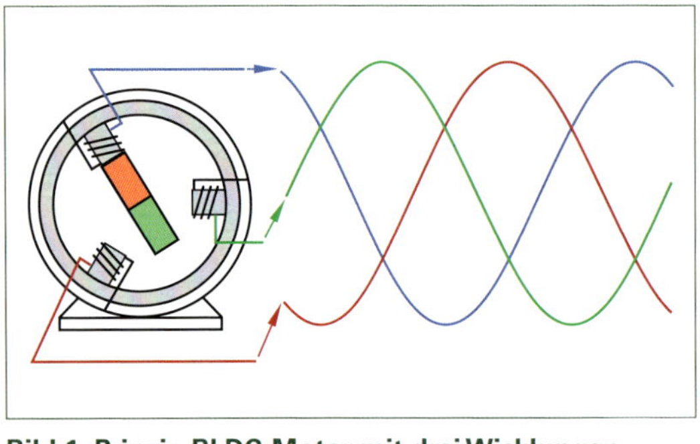

Bild 1: Prinzip BLDC-Motor mit drei Wicklungen (Motorspulen) zu je 120°

3.4 Vergleich E-Motor und Verbrennungsmotor

Elektromotoren, die zum Antrieb von Elektrofahrrädern verwendet werden, geben bei niedrigen Drehzahlen das höchste Drehmoment ab, das aber nach Erreichen der höchsten Leistung kontinuierlich abfällt **(Bilder 2 und 3)**.

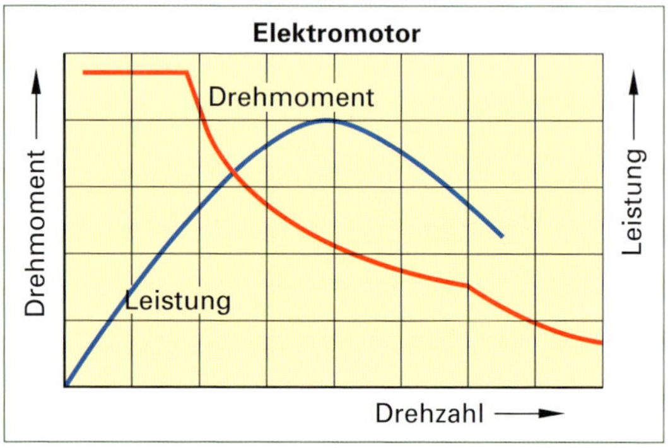

Bild 2: Drehmoment/Leistung/Drehzahl-Kennlinien eines elektronisch geregelten Elektromotors

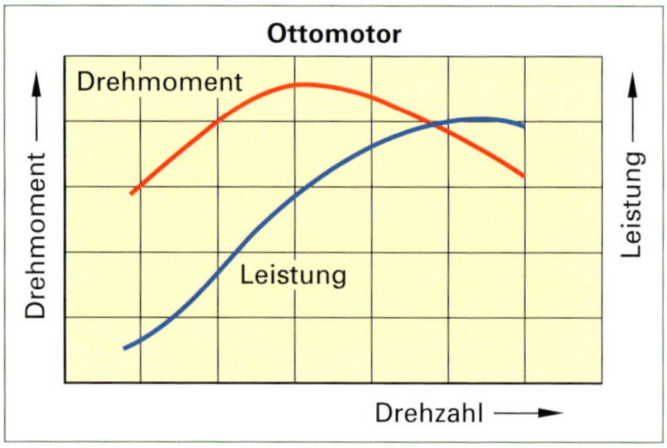

Bild 3: Drehmoment/Leistung/Drehzahl-Kennlinien eines Ottomotors

Ein Verbrennungsmotor kann erst bei einer bestimmten Mindestdrehzahl ein wirkungsvolles Drehmoment abgeben. Der günstige Arbeitsbereich liegt bei Drehzahlen zwischen dem Maximum des Drehmoments und dem der Leistung.

info

Ein Verbrennungsmotor muss erst höhere Drehzahlen erreichen, bevor er eine hohe Leistung abgeben kann. Der Elektromotor dagegen stellt schon beim Anfahren das maximale Drehmoment zur Verfügung.

3.5 Hybridantrieb

Ein Hybridantrieb bezeichnet allgemein eine Verbindung verschiedener Antriebstechniken, z. B. im Kfz-Bereich die Kombination von Elektromotor und Verbrennungsmotor. Hier ergänzen sich die Leistungskennlinien des Elektromotors mit seinem hohen Drehmoment im unteren Drehzahlbereich und eines Verbrennungsmotors, dessen Stärken im oberen Drehzahlbereich liegen **(siehe Bild 2 und 3, S. 30)**. Zusätzlich kann durch Nutzbremsung ein Teil der Bremsenergie zurückgewonnen werden.

Ein Hybridfahrzeug ist nach EU-Definition ein Fahrzeug, in dem mindestens zwei Energieumwandler und zwei im Fahrzeug eingebaute Energiespeichersysteme vorhanden sind, um das Fahrzeug anzutreiben.

Man unterscheidet serielle, parallele und leistungsverzweigte hybride Antriebssysteme.

Beim **seriellen Hybridantrieb** erfolgt der Antrieb allein über den E-Motor. Der Verbrennungsmotor dient ausschließlich der Erzeugung elektrischer Energie mithilfe eines separaten Generators **(Bild 1)**. Es gibt keine mechanische Verbindung des Verbrennungsmotors zu den Antriebsrädern. Im Pkw wird die elektrische Energie aus dem Generator in der Batterie zwischengespeichert.

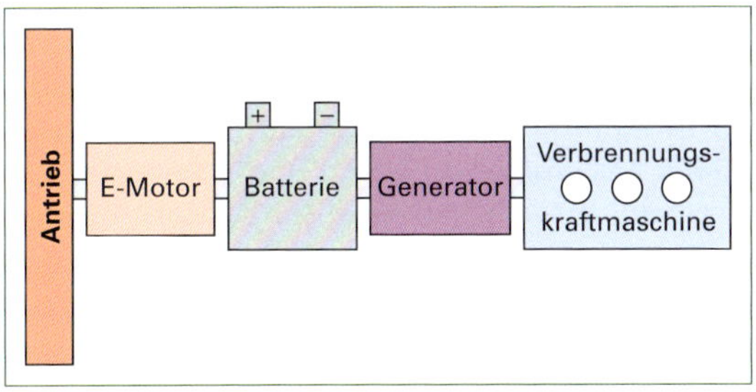

Bild 1: Struktur des seriellen Hybridantriebs

Beim **parallelen Hybridantrieb** haben sowohl der E-Motor als auch der Verbrennungsmotor einen direkten Durchgriff auf die Antriebsräder **(Bild 2)**. Sie können einzeln oder durch mechanische Kopplung gemeinsam das Fahrzeug antreiben. Die Aufteilung von Drehmoment und Leistung zwischen dem Verbrennungsmotor und dem E-Motor lässt sich beliebig einstellen.

Ein Pedelec hat die Merkmale eines parallelen Hybridantriebs, da es sowohl nur mit eigener Muskelkraft (eher die Ausnahme), als auch

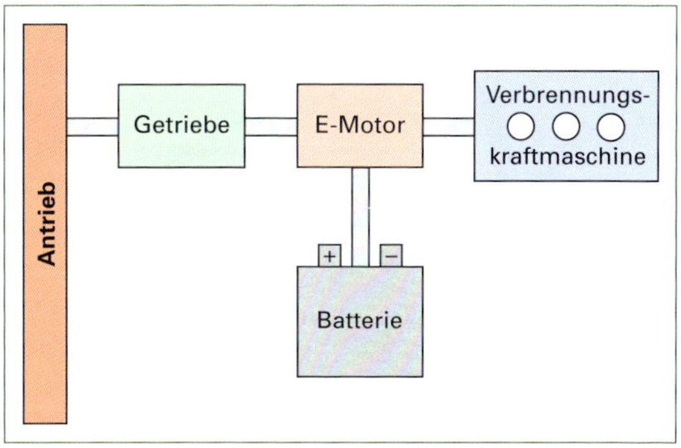

Bild 2: Struktur des hybriden Antriebs

mit unterstützter Kraft des Elektromotors (die Regel) betrieben werden kann. Eine alleinige elektrische Unterstützung ist möglich, wenn das Pedelec mit einer Schiebe/Anfahrhilfe ausgerüstet ist.

Nach einer anderen Definition ist das Pedelec *kein* reines Hybridfahrzeug, weil nur der Akku und der Elektromotor *im* Fahrzeug verbaut sind, während die zweite Antriebskraft (die Muskelkraft) von außen zugeführt wird.

Beim **leistungsverzweigten Hybridantrieb** erfolgt eine Aufteilung der vom Verbrennungsmotor gelieferten Leistung in einen elektrischen und einen mechanischen Zweig **(Bild 3)**. Diese Aufteilung erfolgt über ein Getriebe – meist ein Planetengetriebe.

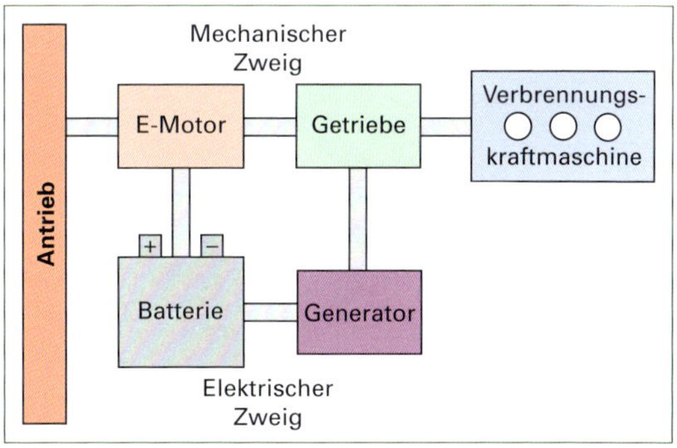

Bild 3: Struktur des leistungsverzweigten Hybridantriebs

Eine Besonderheit ist das dreirädrige Twike **(Bild 1, Seite 32)**, ein Leichtfahrzeug mit parallelem Hybridantrieb, das entweder von einem Elektromotor oder/und per Muskelkraft wie beim Fahrrad über Pedale, Kette und Getriebe angetrieben wird.

Bild 1: Twike 3, Nennleistung 3 kW

Beim neu entwickelten Twike 5 erzeugt der Fahrer die elektrische Energie mittels eines 300 W-Pedalgenerators, der den Akku lädt **(Bild 2)**.

Bild 2: Modell Twike 5, Nennleistung 10 bis 40 kW

Beim seriellen Bio-Hybrid von Schaeffler **(Bild 3)** treibt der Fahrer durch Pedalieren einen Generator an, der über einen Gleichrichtersatz Strom an einen Akku liefert. Der Akku wiederum liefert den Strom für die beiden Vorderrad-Nabenmotoren (siehe auch S. 189).

Mit einer Breite von 85,5 cm kann das Fahrzeug auf Fahrradwegen gefahren werden.

Bild 3: Serieller Hybrid (Schaeffler, Passenger-Variante)

Warum ist ein Hybridantrieb gerade beim Fahrrad sinnvoll?

Im Allgemeinen kann der Radfahrer erst bei einer Trittfrequenz über 60 U/min effektiv Leistung abgeben. Bei niedrigen Drehzahlen ist der Leistungsverlust hoch und die Gelenke werden ungünstig belastet.

Hier setzt der Hybridantrieb mit dem vom Akku gespeisten Elektromotor als zweite Antriebsquelle ein. Der Motor wird zugeschaltet, wenn der Radfahrer zu treten beginnt. Wenn bei ca. 60 bis 70 U/min die für den Radfahrer effektive Drehzahl erreicht ist, setzt die Motorunterstützung sanft aus.

Hinzu kommt noch ein zur menschlichen Leistungsfähigkeit passendes Getriebe. Im Zusammenspiel von Elektromotor mit hohem Drehmoment im niedrigen Drehzahlbereich und dem menschlichen Anteil mit niedrigem Drehmoment (bei höherer Drehzahl) ergibt sich ein angenehm schnelles und anstrengungsarmes Fahren.

Info

Ein Pedelec ist erst dann ein echtes Hybridfahrzeug, wenn die Steuerung die menschliche Antriebskraft und den Elektromotor im optimalen Wirkungsgradbereich hält.

4 Mechanik

Bevor das Fahrrad in die Welt kam, war das Pferd das gebräuchlichste Individualverkehrsmittel. Reiter und Pferd mussten zueinander passen, wenn es zu einer guten und dauerhaften Reiseleistung kommen sollte. Die Ausrüstung und die Beziehung von Mensch zu Tier mussten stimmen.

Auch Mensch und Fahrrad müssen einander entsprechen. Man spricht hier von **Ergonomie** und meint damit die Optimierung von Arbeitsbedingungen zwischen Mensch und Fahrzeug. Für das Radfahren bedeutet dies: Das Fahrrad muss auf den menschlichen Körper so abgestimmt sein, dass mit der geringsten Belastung der Gelenke und Muskeln eine optimale Leistung erbracht werden kann. Heute steht in der Regel die Größe und Form eines Fahrrades in einem ausgewogenen Verhältnis zum Körperbau des Fahrers. Es gibt Verstellmöglichkeiten (z. B. an Lenker und Sattel), die die Abstimmung auf die unterschiedlichen Körpergrößen ermöglichen.

Radfahren gilt als besonders gesundheitsfördernd, weil ein großer Teil der Muskeln arbeitet, ohne die Gelenke übermäßig zu beanspruchen. Kreislauf und Atemsystem profitieren mehr vom Radfahren als von anderen Ausdauersportarten. Im Bezug auf Elektroradfahren könnte man meinen, dass dieser Vorteil wieder zunichte gemacht wird, doch das Gegenteil ist der Fall. Das Radfahren mit Tretunterstützung ist ein schonender Sport. Überbeanspruchungen, die bei manchem Leistungssportler schon zum Herzinfarkt geführt haben, werden vermieden. Der Fahrer kann Erholungspausen einlegen, ohne die Fahrt zu unterbrechen. Der Mensch ist keine Maschine, aber die Maschine ergänzt ihn beim E-Radfahren sinnvoll, sodass er weitgehend unabhängig vom Gelände, entsprechend seiner momentanen Kondition, seine Leistung einbringen kann. Besonders für leistungsschwächere und ältere Menschen ist das Elektrofahrrad ein gesundheitsförderndes Bewegungs- und Beförderungsmittel.

4.1 Übersetzungen

Die komplexe Mechanik und Fahrdynamik des Fahrrades kann in anderen Fachbüchern nachgelesen werden. Die Schwerpunktsetzung dieses Buches ist eine andere. Doch soll zum besseren Verständnis des Zusammenwirkens von Mensch und Maschine, die besonders beim Elektrofahrrad gegeben ist, ein grober Überblick gegeben werden.

Die Fortbewegung des Fahrrades beruht auf die Betätigung der Tretkurbel. Die Standardlänge für einen Tretkurbelarm beträgt 170 mm. Im Mountainbike-Bereich hat sich eine Tretkurbellänge von 175 mm als Standard durchgesetzt. Angepasst an die Maße des Fahrers müsste sie 1/10 seiner Körperlänge betragen. Bei einer angenehm empfundenen Betätigung der Kurbel wird eine Umdrehungszahl von ca. 60 Umdrehungen pro Minute erzielt – etwa die Frequenz des Herzschlages. Trainierte Radfahrer pedalieren mit einer größeren Trittfrequenz, Rennradfahrer bis über 100 U/min im Dauerbetrieb.

Der Durchmesser des Kurbelkreises beträgt bei der Standardlänge 2 · 170 mm = 340 mm. Wird die Kurbel einmal vollständig herumgedreht, so legen die beiden Füße des Fahrers 2 · 340 mm = 680 mm in der Horizontalen zurück. Dies entspricht etwa der Schrittlänge eines Menschen.

Mit der Kurbel wird das Kettenblatt bewegt. Das Kettenblatt hat durchschnittlich den doppelten Durchmesser des Ritzels am Hinterrad. Das heißt, es findet eine Übersetzung ins Schnelle statt. Sie beträgt in der Regel bei einem Rad ohne Schaltung 1 zu 2. Dreht sich die Kurbel mit 60 U/min, dann hat das Hinterrad eine Drehzahl von 120 U/min. Bei einem 28-Zoll-Rad beträgt der Radumfang etwa 2,1 Meter. Die zurückgelegte Strecke bei einer Umdrehung der Tretkurbel (2 x 2,1 m = 4,2 m) wird in Fachkreisen auch Entfaltung genannt.

Die Fahrgeschwindigkeit bei 60 Kurbelumdrehungen pro Minute beträgt in diesem Beispiel 120 U/min · 2,1 m = 252 m/min. Dies entspricht einer Geschwindigkeit von ungefähr 15 km/h. Der Fahrradfahrer legt also bei gemächlicher Fahrweise in der Ebene die dreifache Strecke zurück wie der Wanderer. Dabei wird schon deutlich, welche Erleichterung ein Fahrrad bei der Fortbewegung mit sich bringt.

4

Nicht immer ist das Gelände flach. Um eine menschengerechte Trittfrequenz bei gleicher Tretkraft beibehalten zu können, ist eine Übersetzungsänderung (bzw. Entfaltungsänderung) erforderlich. Dazu wurde die Gangschaltung erfunden. Mit ihren verschiedenen Übersetzungsverhältnissen wird stufenweise der zurückgelegte Weg pro Kurbelumdrehung (Entfaltung) geändert. Entfaltungen sollten einen Bereich von 2 Metern bis 8 Metern abdecken. Entfaltungen von mehr als 8 m findet man vor allem im Rennsport, erfordern aber vom untrainierten Radler zu viel Kraft. Entfaltungen von weniger als 2 m entsprechen schon sehr starken Untersetzungen. Mit einer Trittfrequenz von 60 U/min und einer Entfaltung von 2 m wird eine Geschwindigkeit von ca. 7 km/h erreicht, die bei einem beladenen Rad nur schwer auszubalancieren ist.

Der Gangsprung oder der Entfaltungsschritt ist die Differenz der Entfaltung zweier benachbarter Gänge. Die Entfaltungsschritte sollten bei einer gut ausgelegten Gangschaltung zwischen 0,3 m und 0,4 m liegen.

Noch ein Wort zum Kurbelantrieb, da es beim Verständnis der Drehmomentsteuerung eines Pedelec eine wichtige Rolle spielt: Wie Kolben und Pleuel eines Verbrennungsmotors die Kurbelwelle antreiben, so tritt der Radfahrer in die Pedale und seine Auftrittskraft wird in ein Drehmoment umgewandelt. Ein großer Teil der Pedalkraft geht allerdings beim Radfahren verloren, da im oberen und unteren Totpunkt kein Drehmoment erzeugt wird. Nur der tangentiale Kraftanteil verrichtet vortriebswirksame Arbeit **(Bild 1)**.

Der zur Lagermitte hin gerichtete Kraftanteil F_r bleibt für das Fahren wirkungslos, denn er erzeugt an der Tretlagerwelle kein Drehmoment. Er belastet nur das Lager.

Wird immer mit der gleicher Kraft nach unten getreten, so ist der Drehmomentverlauf sinusförmig. Ein Elektromotor, der dieses Drehmoment verstärkt, schwillt dabei mit seiner Leistung auf und ab. Leistungsradsportler sind in der Lage ein gleichmäßiges Drehmoment aufzubringen. Diese spezielle Trettechnik ist unter dem Begriff „Runder Tritt“ bekannt. Die Schuhe sind dabei mit dem Pedal verbunden und üben beim Pedalieren Druck-, Zug- und Schubkräfte am Pedal aus. Beim Fahren mit „Rundem Tritt“ kommen fast alle Muskeln zum Einsatz, während beim normalen Treten nur die Streckmuskulatur von Hüfte und Oberschenkel beansprucht wird.

Das Drehmoment ergibt sich aus der tangentialen Pedalkraft F_t und dem Kurbelradius r:

$$M = F_t \cdot r$$

Im oberen und unteren Totpunkt ist das Moment gleich Null.

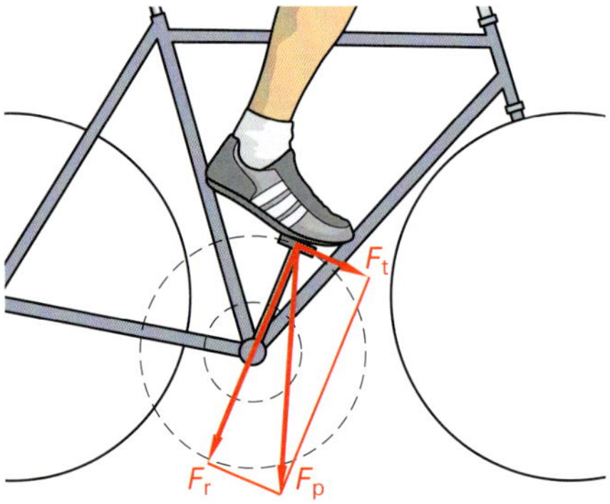

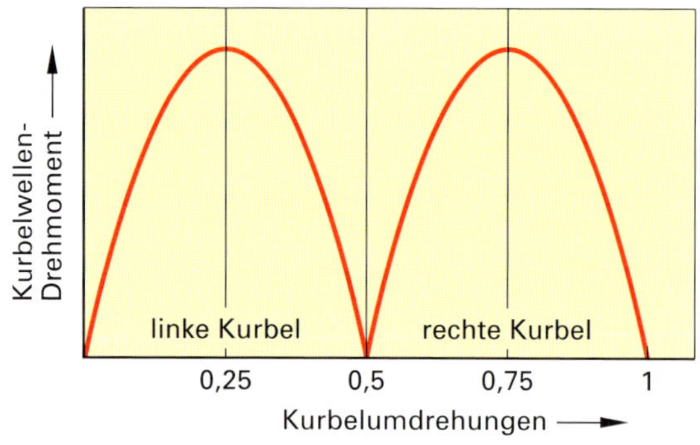

Bild 1: Kräfte am Pedal. F_P = senkrechte Pedalkraft, F_t = Tangentialkraft, F_r = Radialkraft (Verlustkraft)

4.2 Fahrwiderstände

Obwohl ein Fahrrad leicht läuft, benötigt es dennoch eine Antriebskraft, um Widerstände zu überwinden. Beim Radfahren sind zwei unterschiedliche Widerstandsgruppen zu überwinden – der Fahrwiderstand und der Fahrradwiderstand. Der Gesamtwiderstand F **(Bild 1)** ist die Summe aus dem Fahrwiderstand F_F und dem Fahrradwiderstand F_{Rad}:

$$\boldsymbol{F = F_F + F_{Rad}}$$

Beschleunigungswiderstand

Ob Elektrofahrrad oder normales Fahrrad, in jedem Fall muss das Vehikel aus dem Stand auf eine bestimmte Geschwindigkeit gebracht werden. Dazu ist eine Kraft erforderlich. Die Gesamtmasse (Fahrrad + Gepäck + Fahrer) widersteht der Beschleunigung und stellt daher einen Beschleunigungswiderstand dar. Die Beschleunigungskraft F_a ergibt sich aus dem Produkt von Masse m und der Beschleunigung a. Die Masse ist die wichtigste Einflussgröße. Geringe Masse sorgt bei gleicher Antriebskraft für eine gute Beschleunigung. Es gilt die einfache Formel:

$$\boldsymbol{F_a = m \cdot a}$$ [1]

Beispiel: Ein mit 10 km/h (2,8 m/sec) fahrender Radfahrer (Masse 100 kg) erhöht seine Geschwindigkeit innerhalb von 4 Sekunden auf 25 km/h (7 m/sec). Wie groß ist seine Beschleunigung und welche Antriebskraft benötigt er?

$$\text{Beschleunigung} = \frac{\text{Geschwindigkeitsdifferenz}}{\text{Zeitunterschied}}$$

$$\boldsymbol{a = \frac{v_2 - v_1}{t_2 - t_1}}$$

$$a = \frac{7\ \text{m/s} - 2{,}8\ \text{m/s}}{4\ \text{s}} = 1{,}05\ \text{m/s}^2$$

$$F = m \cdot a = 100\ \text{kg} \cdot 1{,}05\ \text{m/s}^2 = 105\ \text{N}$$

Mit einer Kraft von 105 N könnte ein Radfahrer fast eine 10-prozentige Steigung bezwingen. Die Leistung in der Endphase der Beschleunigung beträgt:

Leistung = Kraft · Geschwindigkeit

$$\boldsymbol{P = F \cdot v}$$

$$P = 105\ \text{N} \cdot 7\ \text{m/s} = 735\ \text{W} = 0{,}735\ \text{kW}$$

info

Die Geschwindigkeit muss in m/s (Meter pro Sekunde) eingesetzt werden.

0,7 kW sind für einen Menschen eine Leistung, die er nur für eine sehr kurze Zeit erbringen kann.

Neben der geradlinigen oder translatorischen Beschleunigung gibt es die rotatorische, denn bei einer Beschleunigung müssen auch noch die drehenden Teile (Räder + Tretkurbel) auf eine höhere Drehzahl gebracht werden.

[1] Gewicht = Masse · Erdbeschleunigung
$F_G = m \cdot g$

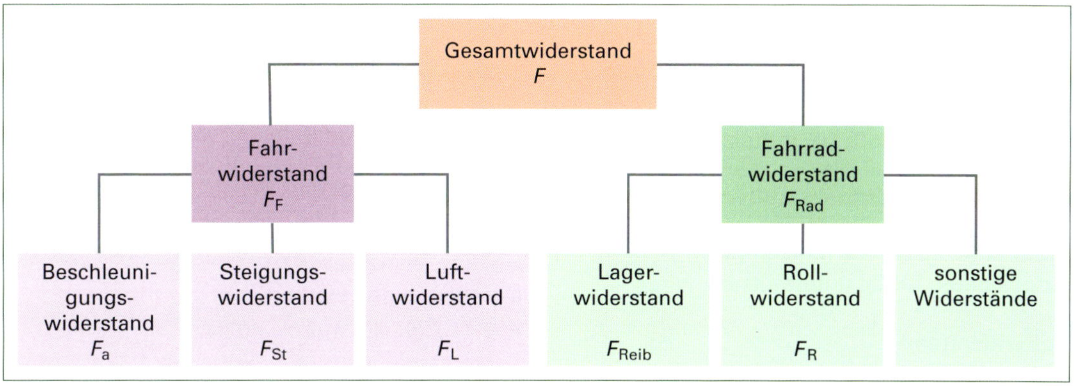

Bild 1: Darstellung des Gesamtwiderstandes *F*

4

Steigungswiderstand

Beim Befahren einer Steigung muss der Radfahrer mit seiner Antriebskraft den Steigungswiderstand F_{St} bzw. die Hangabtriebskraft überwinden **(Bild 1)**. Der Steigungswiderstand hängt vom Gewicht des Systems (F_G = *Rad + Fahrer + Gepäck*) und dem Steigungswinkel α ab. Bis zu 10 % Steigung kann man statt mit dem Steigungswinkel mit ausreichender Genauigkeit mit der Steigung in Prozent rechnen (sin α und tan α sind bis zu dieser Größenordnung nicht wesentlich voneinander verschieden).

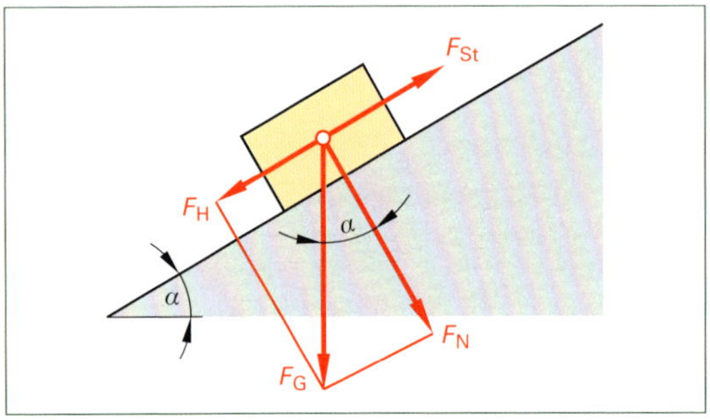

Bild 1: Berechnung des Steigungswiderstandes

$$F_{St} = m \cdot g \cdot \sin\alpha = F_G \cdot \sin\alpha \approx F_G \cdot \frac{\%}{100}$$

info

g ist die Erdbeschleunigung mit 9,81 m/s²

Beispiel:
Ein Radfahrer (Masse = 100 kg) befährt eine 10 %-Steigung. Wie groß ist der Steigungswiderstand?

$$F_{St} = 100\ \text{kg} \cdot 9{,}81\ \text{m/s}^2 \cdot \frac{10}{100} \approx 98\ \text{N}$$

Etwa 100 Newton werden benötigt, um die Steigung zu überwinden. Das bedeutet, dass von 100 kg sich 10 kg mittels Erdanziehung (9,81 m/s²) in eine Hangabtriebskraft verwandeln. Eine Hangabtriebskraft von 100 N stellt bei den meisten Elektrorädern die Leistungsgrenze dar, ab der sie den Fahrer nicht mehr im eingestellten Maße unterstützen.

Luftwiderstand

Der Luftwiderstand F_L ist abhängig von der Luftdichte ϱ, der wirksamen Stirnfläche A, der Fahrgeschwindigkeit v und der Körperform, die durch den Luftwiderstandsbeiwert c_w berücksichtigt wird. Zweiräder haben hier i. d. R. ein Problem. Zum einen fehlt es an einer windschlüpfrigen Karosserie. E-Roller, Mofas und Fahrräder haben deswegen einen vergleichsweise ungünstigen c_w-Wert. Zum anderen bietet der aufrecht sitzende Fahrer der Luft eine große Angriffsfläche. So verwundert es kaum, dass der Luftwiderstand ein limitierender Faktor für die erreichbare Endgeschwindigkeit ist. Für einen aufrecht fahrenden Radfahrer auf einem City-Rad wird ein c_w-Wert von 1,1 angenommen. Die Stirnfläche beträgt ungefähr 0,6 m². Bei Rennfahrern, die sich tief über den Lenker beugen, beträgt die Stirnfläche etwa 0,4 m² und der c_w-Wert 0,88.

Formel zur Berechnung des Luftwiderstandes:

$$F_L = \frac{1}{2} \cdot \varrho \cdot A \cdot c_w \cdot v^2$$

Beispiel:
Der Luftwiderstand eines aufrecht fahrenden Tourenfahrers (A = 0,6 m², c_w = 1,1), der bei einer Fahrgeschwindigkeit von 20 km/h (5,6 m/s) einen Gegenwind von 15 km/h (4,2 m/s) überwinden muss, ist zu bestimmen. Die Luftdichte ϱ wird mit einem mittleren Wert von 1,3 kg/m³ eingesetzt.

$$F_L = \frac{1}{2} \cdot 1{,}3\ \text{kg/m}^3 \cdot 0{,}6\ \text{m}^2 \cdot 1{,}1 \cdot (5{,}6\ \text{m/s} + 4{,}2\ \text{m/s})^2 = 41{,}2\ \text{N}$$

Bei Gegenwind ist zu der Fahrgeschwindigkeit die Windgeschwindigkeit zu addieren, bei Rückenwind ist sie zu subtrahieren.

Der Luftwiderstand wächst quadratisch mit der Windgeschwindigkeit. Verdoppelt sich die Geschwindigkeit, vervierfacht sich der Luftwiderstand. Der Leistungsbedarf wächst bei doppelter Geschwindigkeit sogar auf das Achtfache, da die Leistung das Produkt aus Kraft (Luftwiderstand F_L) und der Geschwindigkeit ist ($P = F_L \cdot v$).

Damit ist eine Leistung von

$$P = 41{,}2\ \text{N} \cdot 9{,}8\ \text{m/s} \approx 403\ \text{W}$$

erforderlich, um den Luftwiderstand aus dem obigen Beispiel zu überwinden.

Reibungswiderstand der drehenden Teile (Lagerwiderstände)

Die Lager der Räder und des Tretlagers sind mit Wälzlagern versehen (meistens Kugellager). Der Rollreibungswiderstand ist sehr gering und liegt im Bereich von 0,001 % der Gewichtskraft. Im Vergleich zu den anderen Widerständen kann dieser Fahrwiderstand vernachlässigt werden.

Außer Lagerwiderständen treten im wesentlich größeren Umfang Reibungswiderstände beim Kettenantrieb, den Zahnrädern, der Nabenschaltung und dem Nabenmotor auf. Diese Widerstände treten aber nur während der Antriebsphase auf und werden unter dem Abschnitt Wirkungsgrade ab Seite 44 behandelt.

Rollwiderstand

Vor dem Reifen bildet sich ein Wulst, der den Aufstandspunkt des Reifens leicht nach vorne verlagert und über den das Laufrad ständig wie über eine Kippkante D abrollen muss **(Bild 1)**.

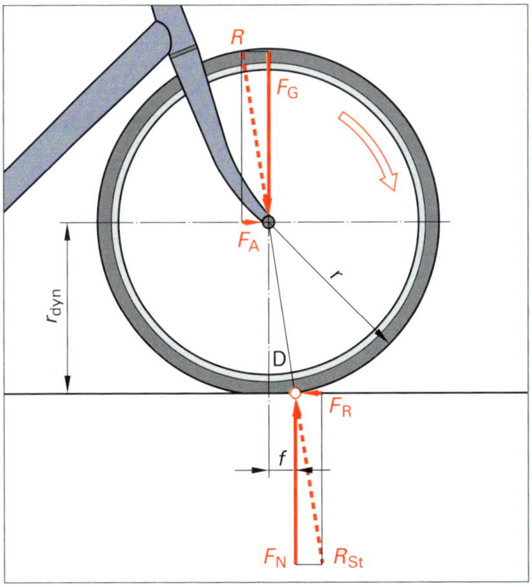

Bild 1: Abrollwiderstand am Vorderrad

Gewicht F_G und die treibende Kraft F_A ($\widehat{=}$ F_R) schneiden sich im Mittelpunkt des Rades. Ihre Resultierende R steht im Gleichgewicht mit der Stützkraft R_{st}. Diese lässt sich zerlegen in Normalkraft F_N ($\widehat{=}$ F_G) und Rollwiderstand F_R.

$$F_A \cdot r_{dyn} = F_N \cdot f$$

dies entspricht etwa:

$$F_A \cdot r = F_G \cdot f$$

$$F_A = \frac{f}{r} \cdot F_G = \mu_r \cdot F_G$$ [1)]

Der Abstand **f** wird Hebelarm der rollenden Reibung genannt. Der Rollreibungskoeffizient $\mu_r = f/r$ ist ein reiner Erfahrungswert und abhängig von Fahrbahn, Reifen, Reifendruck, Reifentemperatur, Durchmesser und Geschwindigkeit v.

4

μ_r wächst mit zunehmender Geschwindigkeit, da die elastische Rückformung des Reifens schwächer nachdrückt und dadurch den Rollwiderstand weniger kompensieren kann. μ_r bzw. f/r hat für normale Fahrradbereifung bei 28-Zoll-Laufrädern und 4 bar Luftdruck einen Wert von ca. 0,01. Bei hochwertigen Rennradreifen und einem Reifendruck von 9 bar reduziert sich der Rollwiderstandsbeiwert bis auf 0,002.

Beim Abrollen „plattet" sich ein Reifen im Bereich der Fahrbahn ständig auf und ab. Dies stellt eine dauernde Walkarbeit dar. Die Reibungsverluste sind umso höher, je geringer der Reifendruck ist. Der Walkwiderstand beträgt ca. 20 % des Abrollwiderstandes und ist diesem hinzuzurechnen. Der Walkwiderstand und der Abrollwiderstand werden mit zunehmendem Reifendruck kleiner, da er den Reifenwulst und damit die Länge der Aufstandsfläche verkleinert.

Reifen mit kleinerem Durchmesser haben bei gleichem Luftdruck einen höheren Rollwiderstand, weil sich der kürzere Hebelarm r ungünstig auswirkt.

Breite Reifen rollen leichter als schmale. Bei gleichem Luftdruck federt der schmale Reifen tiefer ein und die Länge der Reifenaufstandfläche wird größer. Bei einem breiten Reifen wird die elliptische Aufstandsfläche breiter und in der Länge kürzer. Die Vorverschiebung der „Kippkante" wird kleiner. Dagegen ergibt der breite Reifen mehr Luftwiderstand, sodass bei Rennrädern schmale Reifen bevorzugt werden.

[1)] Rollreibungskoeffizient μ_r auch c_R bezeichnet (siehe S. 184)

4

Schlupf

Der Schlupf ist kein echter Fahrwiderstand, verringert aber den Wirkungsgrad des Antriebes. Er tritt auch beim nicht angetriebenen Rad auf, z. B. beim Bremsen und Beschleunigen. Beim normalen Fahrrad wird der Schlupf kaum beachtet. Beim Elektrofahrrad, vor allem beim Vorderradantrieb, darf er nicht übersehen werden. Schlupf ist die notwendige Voraussetzung dafür, dass ein Rad bremst oder angetrieben wird.

Überträgt ein luftgefüllter Reifen Antriebs- oder Bremskräfte, so entsteht zwischen Fahrbahn und Reifen eine Relativbewegung. Beim angetriebenen Rad ist die Umfangsgeschwindigkeit größer als die Fahrgeschwindigkeit. Das Verhältnis der beiden Geschwindigkeiten wird als Schlupf bezeichnet:

Antriebsschlupf: $$\lambda_a = \frac{(v_u - v)}{v_u} \cdot 100\ \%$$

Bremsschlupf: $$\lambda_b = \frac{(v - v_u)}{v} \cdot 100\ \%$$

v = Fahrgeschwindigkeit,

v_u = Umfangsgeschwindigkeit

Beim Bremsen kehren sich die Verhältnisse um. Die Umfangsgeschwindigkeit des Rades ist kleiner als die Fahrgeschwindigkeit.

Je höher die zu übertragende Antriebs- oder Bremskraft (im Verhältnis zur Radlast) ist, umso größer wird der Schlupf. Die höchste Antriebs- oder Bremskraft wird bei ca. 20 % Schlupf erreicht.

Beispiel 1:
Dreht ein mit Nabenmotor angetriebenes Vorderrad durch, können in der Regel nur noch geringere Antriebskräfte übertragen werden. Dies ist der Fall, wenn das Laufrad in der Drehbewegung stehen bleibt (z. B. in einer Steigung oder wenn es festgehalten wird). Dann beträgt der Schlupf 100 % und der Antriebswirkungsgrad ist Null.

Blockiert beim Bremsen ein Rad, ist der Schlupf ebenfalls 100 % und das Rad gleitet. Die Bremswirkung auf fester Fahrbahn wird geringer und das Fahren unstabiler.

Beispiel 2:
Ein E-Biker fährt im Wald auf einer Steigung mit Rollsplitt (der Reibungskoeffizient entspricht etwa der vom losen Kies). Der Antrieb erfolgt über einen Nabenmotor im Vorderrad. Die Vorderradlast beträgt 210 N. Zur Überwindung der Steigung und der übrigen Fahrwiderstände werden 70 N Antriebskraft benötigt. Wie groß ist der entstehende Schlupf im Vorderrad?

Die Formel für die höchstmögliche Antriebskraft lautet:

Antriebskraft = Radlast · Reibungskoeffizient

Es wird ein Reibungskoeffizient von

$$\mu_r = \frac{\text{Antriebskraft}}{\text{Radlast}} = \frac{70\ \text{N}}{210\ \text{N}} = 0{,}33 \text{ benötigt.}$$

Aus **Bild 1** wird auf losem Kies ein Schlupf von 10 % ermittelt (gestrichelte Linie in Bild 1).

Hätte das ansonsten gleiche Fahrrad einen Hinterrad-Nabenmotor, belastet mit 700 N, so ist ein Reibungskoeffizient von

$$\mu_r = \frac{\text{Antriebskraft}}{\text{Radlast}} = \frac{70\ \text{N}}{700\ \text{N}} = 0{,}1 \text{ erforderlich.}$$

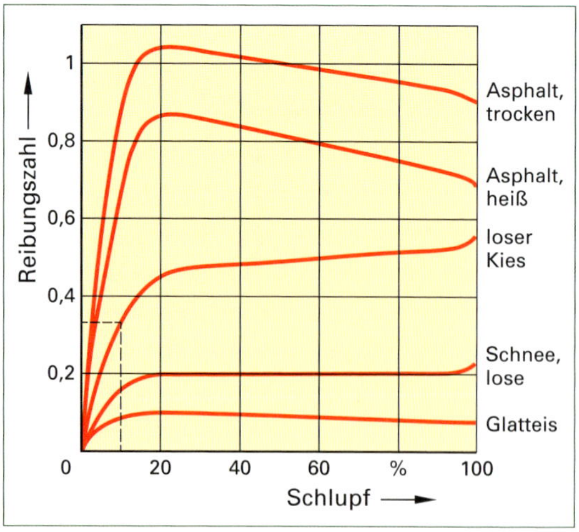

Bild 1: Schlupf

Dem Diagramm **(Bild 1, Seite 38)** ist zu entnehmen, dass in diesem Fall der Schlupf unter 3 % liegt. Von der Antriebsenergie geht weniger verloren. An diesem Rechenexempel wird ein Vorteil eines Hinterrad-Nabenmotors ersichtlich.

info

Ohne Schlupf kann bei einer reibschlüssigen Verbindung keine Kraft übertragen werden. Bei einer formschlüssigen Kraftübertragung ist dies anders. Wäre das Antriebsrad ein großes Zahnrad und würde auf einer Zahnstange laufen, dann wäre der Schlupf gleich Null. Der Schlupf erfolgt bei dieser Antriebsart zwischen den Zahnflanken.

Schwingungswiderstand

Dieser Widerstand ist unter sonstige Widerstände (Seite 35) einzuordnen. Beim Fahren über raues Gelände treten zwischen den Bauteilen des Fahrrades gedämpfte Schwingungen auf. Fahrenergie wird in Wärme umgewandelt. Diese Schwingungsarbeit muss vom Antrieb aufgebracht werden und geht verloren. Sportliche und gefederte Fahrräder haben manchmal einen Hebel am Lenker (Lock-out), der die Federung blockiert (zumindest an der Vorderradgabel). Die Schwingungsarbeit hängt von der Strecke, vom Untergrund und dem Federvermögen des Fahrrades ab. Da sie schwierig zu berechnen ist, soll sie nur erwähnt werden.

4.3 Leistung und Drehmoment

Ein gesunder Radfahrer kann für eine begrenzte Zeit eine Leistung von 250 W erbringen. Die zurzeit gesetzlich festgelegte Grenze für die elektrische Motorunterstützung eines Pedelecs liegt ebenfalls bei 250 Watt Dauerleistung. Beide Werte können überschritten werden. Die Spitzenleistung von einem Elektromotor wird lediglich durch Erwärmung und mechanische Festigkeit begrenzt. Im Allgemeinen kann sie kurzzeitig durchaus das Doppelte betragen.

Der Elektromotor im Elektrofahrrad hängt jedoch an keinem Kraftwerk, sondern an einem Akku, dessen Stromentnahme und Kapazität begrenzt sind. Dieser Akku ist das beschränkende Element in der Leistungskette. Manche Bastler ersetzen ihren 250-Watt-Motor durch einen mit 350 W oder noch stärkeren. Sie werden daran keine Freude haben, wenn sie nicht auch die Akkukapazität vergrößern, sodass über längere Distanzen hinweg eine stärkere Stromentnahme möglich ist.

Auch die normale menschliche Leistungsfähigkeit kann auf begrenzte Zeit übertroffen werden. Die durchschnittliche Leistungskurve eines nicht durchtrainierten Menschen (männlich) ist in **Bild 1** dargestellt.

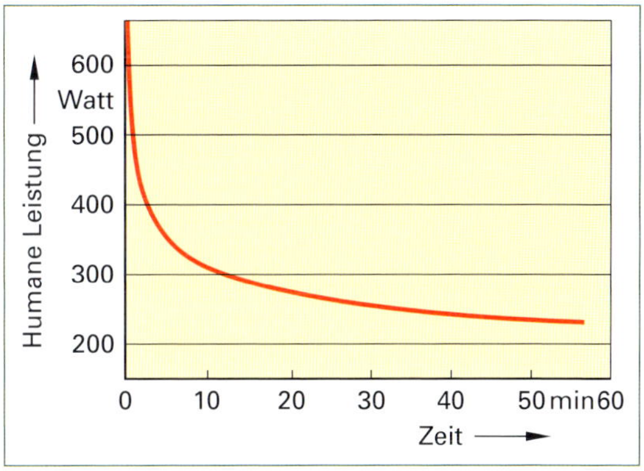

Bild 1: Leistungskurve eines gesunden Mannes

Muss ein gesunder, unsportlicher Mann 8 Stunden lang eine gleichmäßige Leistung erbringen, so schafft er nur 75 Watt. Ein Radrennfahrer kann über diese Periode eine Leistung von 300 Watt erbringen. Kurzzeitig kann ein durchschnittlicher Mann für 12 Sekunden eine Leistung von ca. 750 Watt aufbringen. Ein durchtrainierter Sportler schafft diese Leistung 30 Sekunden lang.

Bild 1, Seite 40, ergibt eine Vorstellung vom Geschwindigkeits-Kraft-Verlauf. In dem Beispiel ist eine Antriebsquelle vorausgesetzt, die konstant 350 Watt liefert. Wie deutlich zu erkennen ist, nimmt mit zunehmender Geschwindigkeit die Vortriebskraft (Antriebskraft) trotz gleich bleibender Leistung ab.

Diese Abhängigkeit sollte man sich vor Augen halten, um den Leistungsbedarf eines E-Rades richtig einschätzen zu können.

Bild 1 stellt aber nur eine theoretische Kurve dar. Weder ist ein Wirkungsgrad eingerechnet, noch gibt in der Realität ein Elektromotor über seinen gesamten Drehzahlbereich eine konstante Leistung ab. Ein Gleichstrommotor, dessen Statorwicklung in Reihe mit den Rotorspulen (Reihen- oder Hauptschlussmotor) geschaltet ist, kommt aber der dargestellten Kurve ziemlich nahe.

4

Am Anfang der E-Rad-Entwicklung wurden derartige Motoren auch im Fahrrad eingesetzt, denn ihre Drehzahl-Drehmoment-Charakteristik ist für Fahrzeuge ideal. Sinkt z. B. in einer Steigung die Geschwindigkeit auf die Hälfte, so steigt die Antriebskraft auf das Vierfache. Eisenbahnen und Straßenbahnen nutzten derartige Motoren. Mit ihnen konnte ein schwerer Güterzug ohne Schaltgetriebe in einer Steigung aus dem Stand anfahren. Diese Motoren sind jedoch schwer und wartungsbedürftig, sodass sie sich im Fahrrad nicht durchsetzten. Moderne Bahnen verwenden heute frequenzgesteuerte Drehstrommotoren, die ohne Bürsten auskommen und wartungsarm sind.

In der Praxis liegt die tatsächlich erreichbare Antriebskraft unter der gezeichneten Kurve.

Während bei konstanter Leistung die Antriebskraft mit zunehmender Geschwindigkeit abnimmt, wächst der Fahrtwiderstand. Dies ist hauptsächlich bedingt durch den Luftwiderstand, der mit dem Quadrat der Geschwindigkeit zunimmt. Die übrigen Widerstände sind weitgehend unabhängig von der Fahrgeschwindigkeit.

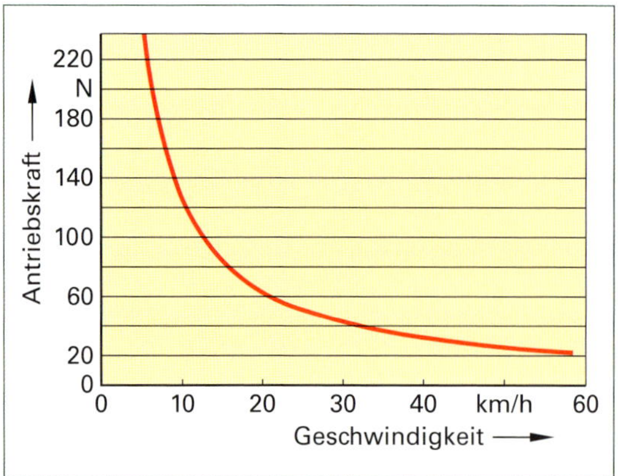

Bild 1: Geschwindigkeits-Antriebskraft-Diagramm bei einer konstanten Leistung von 350 Watt

Beispiel:

Ein Fahrer fährt mit seinem Pedelec (Systemmasse 100 kg) in der Ebene. Fahrer und Motor erbringen zusammen 350 Watt Dauerleistung.

Wie schnell fährt er?

Anschließend befährt er einen Hang mit 6 % Steigung. Welche Geschwindigkeit wird bei der Bergfahrt erreicht?

Die linearen Fahrtwiderstände setzen sich aus dem Rollwiderstand = 10 N, dem Walkwiderstand = 2 N, dem Lagerwiderstand = 1 N und dem Steigungswiderstand zusammen. Insgesamt ergibt sich (ohne Luftwiderstand) ein Widerstand von 13 N.

Bei der Bergfahrt kommt der Steigungswiderstand F_{St} dazu (siehe Seite 35):

$$\boldsymbol{F_{St}} = \textbf{Gewichtskraft} \cdot \textbf{\%-Steigung}$$

$$F_{St} = 100 \text{ kg} \cdot 10 \text{ m/s}^2 \cdot 0{,}06 = 60 \text{ N}$$

Der nichtlineare Widerstand ist der Luftwiderstand. Bei einem c_w-Wert von 1,1; einer Luftdichte von ϱ = 1,3 kg/m³ und einer Stirnfläche A von 0,6 m² beträgt F_L:

$$\boldsymbol{F_L = \frac{1}{2} \cdot \varrho \cdot c_w \cdot A \cdot v^2 = k \cdot v^2}$$

$$F_L = 0{,}5 \cdot 1{,}3 \cdot 1{,}1 \cdot 0{,}6 \cdot v^2 = 0{,}43 \cdot v^2 \text{ in N}$$

info

k ist ein Faktor, der die konstanten Werte zusammenfasst ($k = ½ \cdot \varrho \cdot c_w \cdot A$).

Der Verlauf der linearen und nichtlinearen Fahrwiderstände wird in das **Bild 1** übertragen.

In der Ebene schneidet die Fahrwiderstandskurve bei ca. 30 km/h die Leistungskurve von 350 Watt.

In der 6 %-Steigung **(Bild 2)** ist schon bei 16 km/h die Leistungsgrenze erreicht. Geht es noch steiler bergan, muss die Geschwindigkeit weiter reduziert oder kräftiger in die Pedale getreten werden.

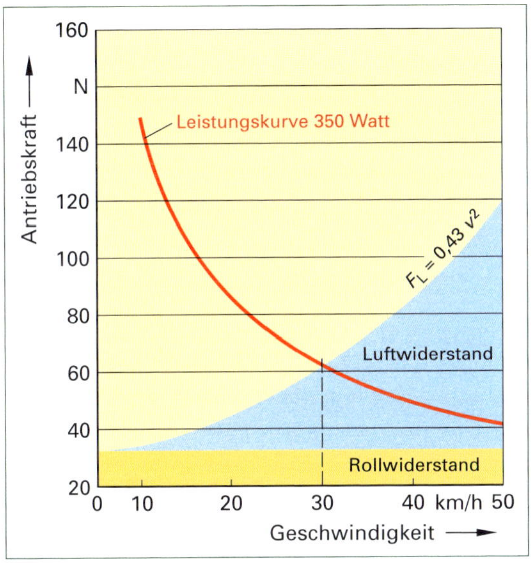

Bild 1: Leistungskurve und Fahrwiderstände in der Ebene

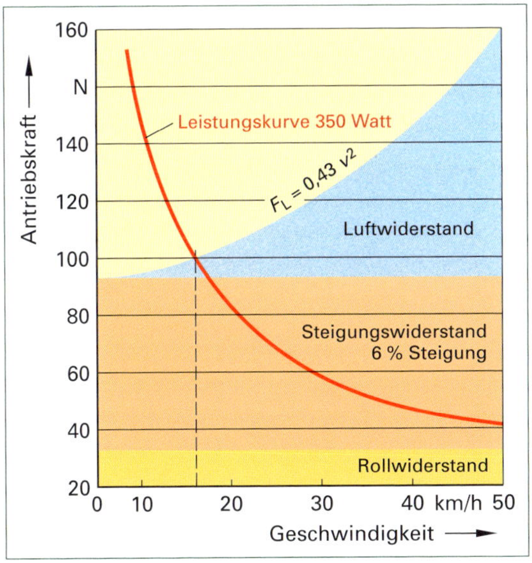

Bild 2: Leistungskurve und Fahrwiderstände bei 6 % Steigung

Leistungs-und Drehmomentberechnung

Welche Steigung kann ein auf 250 W Nennleistung begrenzter Hinterrad-Nabenmotor ohne Fahrerunterstützung (reiner Motorbetrieb) bewältigen? Das Gesamtgewicht soll 1000 N (≙ ca. 100 kg Masse) und die Geschwindigkeit 6 km/h (≙ ca. 1,7 m/s) betragen.

Wirkungsgrade und andere Fahrwiderstände sind unberücksichtigt.

Aus der Leistungsformel für die geradlinige Bewegung $P = F \cdot v$ folgt für die notwendige Antriebskraft am Hinterrad (es ist die Gegenkraft zur Hangabtriebskraft bzw. zum Steigungswiderstand F_{St}, siehe **Bild 1, Seite 36**).

$$F = \frac{P}{v} = \frac{250\ \text{W}}{1{,}7\ \text{m/s}} = 147$$

$$\sin\alpha = \frac{F_{St}}{F_G} = \frac{147\ \text{N}}{1000\ \text{N}} = 0{,}147$$

$$\alpha \approx 8{,}4° \approx 14\ \%$$

Das notwendige Drehmoment, das der Motor bereitstellen muss, ist das Produkt aus Antriebskraft und wirksamer Radius. Bei einem 28"-Rad beträgt der Radius aus Felge plus Reifen ≈ 0,35 m. Es ergibt sich ein Drehmoment von

$$M = F_{St} \cdot r = 147\ \text{N} \cdot 0{,}35\ \text{m} \approx 52\ \text{Nm}$$

Liefert der Motor nur ein geringeres Drehmoment (z. B. 45 Nm des Bafang HR-Motors Proline EM), muss der Fahrer mit 52 Nm – 45 Nm = 7 Nm eigenem Drehmoment unterstützen.

Die (Abtriebs)Drehzahl n_2 des Hinterrades beträgt

$$n_2 = \frac{v}{d \cdot \pi} = \frac{1{,}7\ \text{m/s}}{0{,}7\ \text{m} \cdot 3{,}14} = 0{,}77\ \frac{1}{\text{s}} = 46\ \text{U/min}$$

Die Übersetzung des Planetengetriebes (integriert im Nabenmotor) soll $i = 10 : 1$ betragen. Damit ergibt sich eine Motordrehzahl von

$$n_1 = 10 \cdot 46 = 460\ \text{U/min}$$

Drehmoment M_2 mal Drehzahl n_2 am Hinterrad muss dem Motordrehmoment M_1 mal der Motordrehzahl n_1 entsprechen:

$$M_1 \cdot n_1 = M_2 \cdot n_2$$

$$M_1 = \frac{M_2 \cdot n_2}{n_1} = \frac{52\ \text{Nm} \cdot 46\ \text{U/min}}{460\ \text{U/min}} = 5{,}2\ \text{Nm}$$

4

4.4 Bremsen

Sowohl beim Fahrrad als auch beim Elektroroller besteht die Gefahr, sich beim Überbremsen zu überschlagen. Besonders groß ist die Gefahr beim Abbremsen eines E-Scooters, wenn man

- nur die Vorderradbremse benutzt,
- die lt. eKFV geforderte Mindestabbremsung $a = 3{,}5\ \text{m/s}^2$ ausnutzt [1)]
- und auf dem Trittbrett zu weit vorn steht.

Gegeben sei ein E-Scooter mit einer Spurweite von $l = 110$ cm, der Masse 20 kg und ein Fah-rer, der 75 kg wiegt. Die Gesamtmasse m beträgt 95 kg. Der Gesamtschwerpunkt S soll sich in einer Höhe $h = 0{,}9$ m befinden.

Der Fahrer bremst (mit der Bremskraft F_B) während einer Geradeausfahrt vor einem Hindernis nur mit der vorderen Scheibenbremse. Er verzögert mit $a = 3{,}5\ \text{m/s}^2$.

Zu bestimmen ist das Standmaß b, bei dem noch **kein** Sturz droht **(Bild 1)**.

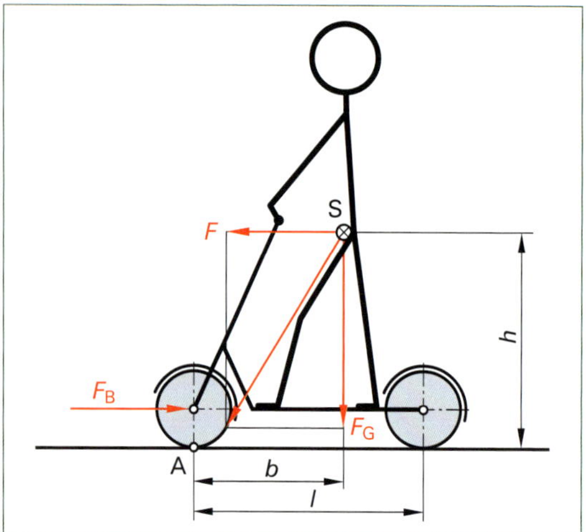

Bild 1: Kräfte und Momente beim Abbremsen

Vorausgesetzt wird, dass genügend „Grip" zwischen Rädern und Untergrund besteht. Im Augenblick der Vollbremsung hebt das Hinterrad ab und die vordere Radlast ist gleich der gesamten Gewichtskraft.

Die Radlast F_G multipliziert mit dem Reibbeiwert des Untergrundes muss größer sein als die wirksame Bremskraft. Auf Asphalt mit einem Reibbeiwert von ca. 0,6 ist genügend Grip vorhanden.

Gleichgewicht der Momente um den Auflagepunkt A ist vorhanden, wenn

$F \cdot h = F_G \cdot b$ ist.

Nach dem gesuchten Standmaß b umgestellt:

$$b = \frac{F \cdot h}{F_G}$$

Die Bremskraft F_B wirkt in der Nabe des Vorderrades und weist gegen die Fahrtrichtung. Eine vom Betrag her gleichgroße Gegenkraft – es ist die Trägheitskraft F – greift im Systemschwerpunkt S an und wirkt in Fahrtrichtung. Sie ist das Produkt aus der Gesamtmasse m und der Bremsverzögerung a:

$$F = m \cdot a$$

Die Gewichtskraft, die ebenfalls im Schwerpunkt angreift, berechnet sich zu:

$F_G = m \cdot g$ mit g als Erdbeschleunigung

Eingesetzt in die (umgestellte) Momentengleichung ergibt sich für das Maß b:

$$b = \frac{m \cdot a \cdot h}{m \cdot g} = \frac{3{,}5\ \text{m/s}^2 \cdot 0{,}9\ \text{m}}{9{,}81\ \text{m/s}^2} = 0{,}32\ \text{m}$$

Die Masse m kürzt sich heraus – sie spielt bei der Berechnung der Standsicherheit keine Rolle. Ein leichtes Kind ist genauso sturzgefährdet wie ein schwerer Erwachsener. Auch die Spurweite l ist unerheblich – es muss nur eine genügend lange Standfläche zur Verfügung stehen.

Für dieses Beispiel gilt: Der Fahrer stürzt, wenn er näher als 0,32 m am Vorderrad-Aufstandspunkt steht.

Als weitere Erkenntnis ergibt sich: Je höher sich der Systemschwerpunkt befindet (Fahrer mit schwerem Rucksack auf dem Rücken!), desto eher kann er beim Bremsen stürzen. Deshalb sollte man möglichst weit hinten stehen und den Systemschwerpunkt absenken.

Aus Bild 1 geht hervor, dass es zum Sturz kommen muss, wenn die Verlängerung der Resultierende (aus F und F_G) durch den Radaufstandspunkt A läuft.

Ähnliche Überlegungen gelten auch für den Bremsvorgang beim Radfahren.

1) In der österreichischen Fahrradverordnung FVO § 1 wird eine mittlere Bremsverzögerung von $4\ \text{m/s}^2$ gefordert.

4.5 Radgröße

Lt. der Kleinstfahrzeugverordnung (eKFV) muss ein E-Scooter eine Vertiefung bzw. ein Hindernis von 5 cm Höhe „beherrschbar“ überwinden **(Bild 1)**.

Wie verhalten sich unterschiedlich große Laufräder beim Überfahren eines Hindernisses?

Bild 1: E-Scooter beim Abrollen über ein Hindernis

Die Raddurchmesser von E-Scootern bewegen sich zwischen 8“ und 16“. Intuitiv spricht alles dafür, dass ein größeres Rad das Hindernis „leichter“ überrollt.

Gegeben seien ein E-Scooter **(Bild 2a)** mit einem Raddurchmesser d_1 = 8“ ($r_1 \approx$ 10 cm) und ein Scooter b) mit d_2 = 14“ ($r_1 \approx$ 18 cm). Beide überfahren mit gleicher Geschwindigkeit antriebslos ein Hindernis der Höhe h = 5 cm **(Bild 2)**.

In der Vorderradmitte wirken die Teilgewichtskraft (bzw. Radlast) F_G nach unten und die Massenträgheit F in Fahrtrichtung. Um über das Hindernis hinweg rollen zu können, muss das Rad vom Boden abheben.

An der Berührkante A wirken die Gegenkräfte: F_G' weist nach oben und die Gegenkraft F' zur Trägheitskraft, die den E-Scooter abbremst, gegen die Fahrtrichtung.

Damit das Rad über das Hindernis rollen kann, muss das Moment M_G der (Teil)Gewichtskraft

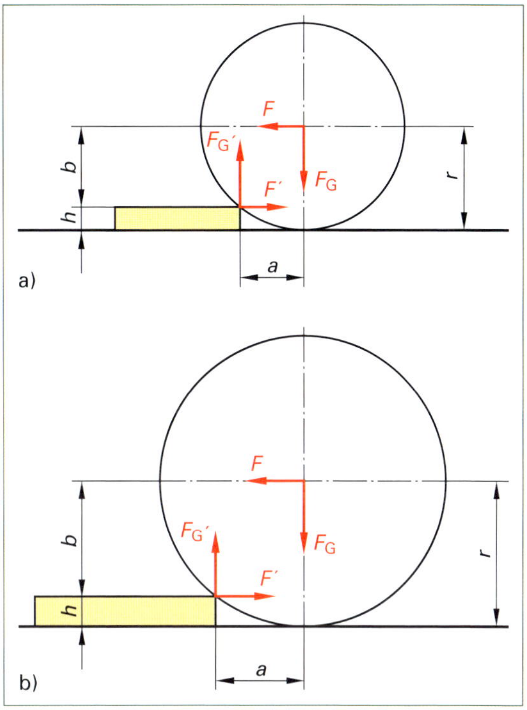

Bild 2: Zwei unterschiedlich große Laufräder beim Überfahren eines Hindernisses

F_G über den Hebelarm a mindestens ausgeglichen werden. Diesen Ausgleich M_T muss die Trägheitskraft F über den Hebelarm b bringen.

Je größer diese Trägheitskraft sein muss, desto stärker wird der E-Scooter beim Überfahren abgebremst.

$$M_T = F \cdot b$$

$$M_G = F_G \cdot a$$

Es stellt sich ein Gleichgewicht ein, wenn sich die beide Momente ausgleichen:

$$F \cdot b = F_G \cdot a$$

Das Verhältnis der beiden Momente kann man als Maß für die Verzögerung bezeichnen:

$$\frac{M_T}{M_G} = \frac{F \cdot b}{F_G \cdot a}$$

Je größer dieses Verhältnis, umso größer ist die Trägheitskraft und damit auch die Bremswirkung beim Überrollen.

4

4

Die Hebelarme *a* und *b* lassen sich leicht bestimmen **(Bild 1)**:

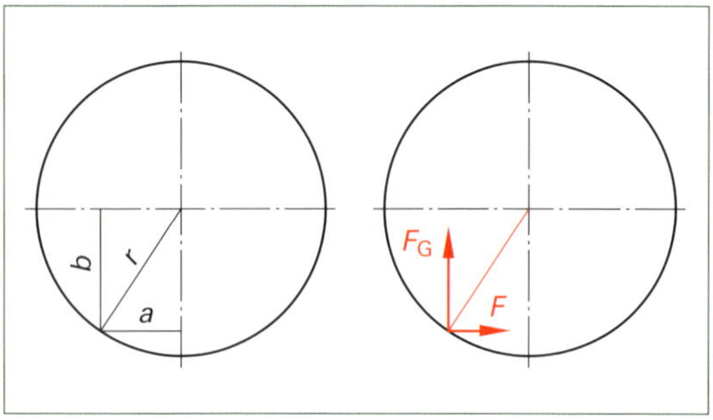

Bild 1: Hebelarme beim Überfahren einer Hinderniskante

$$b = r - h$$

$$a = \sqrt{2 \cdot r \cdot h - h^2}$$

Eingesetzt in das Momentenverhältnis:

$$\frac{F}{F_G} = \frac{\sqrt{2rh - h^2}}{r - h}$$

Die Verhältniszahl beim 8"-Rad beträgt

$$\frac{F}{F_G} = \frac{\sqrt{2 \cdot 10 \cdot 5 - 5^2}}{10 - 5} = 3{,}9$$

und beim 14"-Rad

$$\frac{F}{F_G} = \frac{\sqrt{2 \cdot 18 \cdot 5 - 5^2}}{18 - 5} = 3{,}5$$

Bei einer angenommenen Teilgewichtskraft von 400 N (der Schwerpunkt soll sich in der Systemmitte befinden) beträgt der Trägheitsanteil beim kleineren 8"-Rad 1560 N und beim größeren 14"-Rad 1400 N.

info

Das größere Laufrad wird beim Überfahren eines Hindernisses weniger verzögert.

Die gleichen Verhältnisse stellen sich beim Durchfahren eines Schlagloches ein, sofern das Rad dabei den Boden berührt.

4.6 Wirkungsgrade

Das Elektrofahrrad hat zwei Antriebsquellen – die menschliche und die Batterie. Die von diesen Energie-Lieferanten ausgehende Arbeit erleidet Verluste auf ihrem Weg zum Radreifen. Die Verlustleistung wird in Wärme umgewandelt.

Der menschliche Motor als Antriebsmaschine führt dem Fahrrad eine bestimmte Energiemenge zu. Nur ein Teil davon kann am Pedal Arbeit verrichten. Die physiologischen Verluste durch Erwärmung des Körpers, Transpiration, Kreislauf und Stoffwechsel betragen etwa 75 % der zugeführten Energie. Für die Nutzarbeit bleiben noch etwa 25 %.

Beispiel:
Ein Radler bringt in das Antriebssystem 160 W ein. Wie hoch ist die physiologische (körperliche) Leistung des Fahrers?

$$P = \frac{P_{ab}}{\eta} = \frac{160\ \text{W}}{0{,}25} = 640\ \text{W}$$

Diese Leistung muss durch „Verbrennung" (Oxidation) der aufgenommenen Speise mittels Luftsauerstoff erbracht werden. Wie ein Auspuff am Auto atmet der Mensch daher CO_2 und Wasserdampf aus. Zu den 75 % nicht in mechanische Energie umsetzbare Leistung kommen noch Kraftverluste durch falsche Sitzposition, Fahrfehler, fehlender „Runder Tritt" usw. hinzu.

Bei folgenden Berechnungen wird die Pedal-Leistung betrachtet – unabhängig davon, wie gut oder schlecht der biologische Wirkungsgrad ist und welche Fehler der Fahrer macht.

Von den Pedalen geht der Kraftfluss über Tretlager – Kette – Ritzel – Nabe – Speichen – Felge auf den Hinterreifen, um die gewünschte Antriebskraft zu erbringen.

Die Lagerverluste sind gering, da es sich meist um Kugellager handelt. Sie liegen in der Größenordnung von 1/1000 der übertragenen Leistung. Wälzlager befinden sich in den Pedalen, Tretlager und Hinterrad. Da manche Lager Dichtungen haben, um sie vor Schmutz und Staub zu schützen, ergeben sich zusätzliche Reibungsverluste. Die gesamten Lagerverluste summieren sich auf und ergeben insgesamt einen Lagerwirkungsgrad von ca. 97 %.

Bei der Kette geht man von einem durchschnittlichen Wirkungsgrad von 98 % aus.

Nabenschaltungen haben einen schlechteren Wirkungsgrad als Kettenschaltungen. Der durchschnittliche Wirkungsgrad beträgt 92 %. Es gibt jedoch in der Nabenschaltung einen direkten Gang, in dem keine Zahnräder arbeiten und der Wirkungsgrad 100 % beträgt.

Sämtliche Wirkungsgrade werden mit der zugeführten Leistung multipliziert und ergeben die abgegebene Leistung von:

$$P_{ab} = P_{zu} \cdot 0{,}97 \cdot 0{,}98 \cdot 0{,}92 = P_{zu} \cdot 0{,}87$$

Ein mechanischer Wirkungsgrad von 87 % bei „Human Power“ kann sich sehen lassen. Der Wirkungsgrad des elektrischen Antriebes kann hier nicht mithalten.

Beim elektrischen Antrieb geht der Energiefluss vom Akku über Kupferleitungen zum Controller, von dort in den Motor und dann meist über ein Getriebe auf das Rad. Bei Antrieben mittels Tretlagermotor geht die Leistung (wie beim menschlichen Antrieb) über die Kette und Getriebe auf das Hinterrad.

Der folgenden Wirkungsgradbetrachtung liegt ein Nabenmotor zugrunde.

Die Batterie ist die erste Verlustquelle. Li-Ionen-Zellen haben einen Innenwiderstand von ca. 0,2 Ohm. Bei 10 A Stromverbrauch eines 37-Volt-Akkus sinkt die Spannung um etwa 2 Volt ab. Es tritt eine Verlustleistung von 2 V · 10 A = 20 Watt auf. Der Wirkungsgrad des Akkus beträgt hierbei

$$\eta = \frac{370 - 20}{370} = 0{,}95 \mathrel{\widehat{=}} 95\ \%$$

Der Controller (Steuergerät) mit seinen Kabelzu- und Abführungen „verschlingt“ in der Regel ungefähr 2 % der Energie und hat damit einen Wirkungsgrad von 98 %.

Die im Motor ankommende elektrische Energie wird in mechanische Arbeit umgesetzt. Bürstenlose Motoren haben einen Wirkungsgrad von bis zu 90 %. Gleichstrommotoren mit Bürsten und Kommutator erreichen nur einen Wirkungsgrad von etwa 70 %.

Im Nabenmotor befindet sich meistens noch ein Planetengetriebe, um die Drehzahl herunterzusetzen und das Drehmoment zu steigern. Bei diesem Getriebe rechnet man mit einem Wirkungsgrad von 92 %.

Zusammen ergibt sich ein Gesamtwirkungsgrad η bei einem bürstenlosen Motor von:

$$\eta = 0{,}95\ (\text{Batt.}) \cdot 0{,}98\ (\text{Contr.}) \cdot 0{,}9\ (\text{Mot.}) \cdot 0{,}92\ (\text{Getr.}) = 0{,}77 \approx 77\ \%$$

Dies ist der optimale Wirkungsgrad, der nur in einem kleinen Drehzahlbereich erreicht wird. Aus dem **Bild 1** geht hervor, dass der Elektromotor ein sehr schmales Wirkungsgrad-Optimum

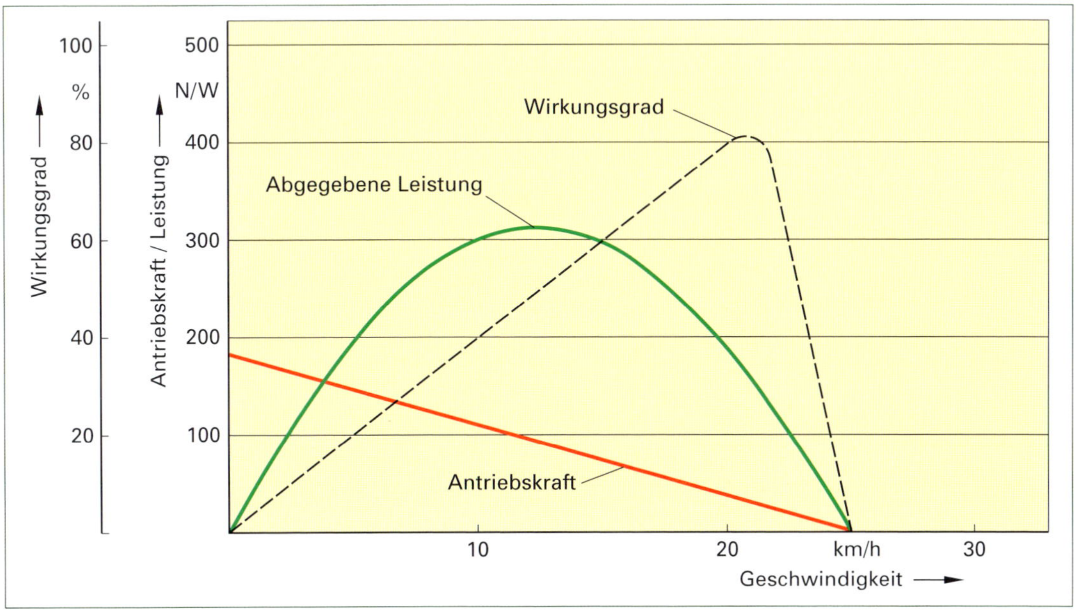

Bild 1: Wirkungsgradkennlinie und Leistungsabgabe

besitzt und über der Drehzahl hinweg die Leistungsabgabe in Form einer Parabel erfolgt. Der Bereich einer guten Effizienz ist schnell verlassen.

Hersteller geben die Leistungsdaten ihrer Motoren in Drehzahl und Drehmoment an. Im **Bild 1, S. 45** sind die Leistungsdaten auf Geschwindigkeit und Antriebskraft umgerechnet, da dies am meisten interessiert und für den Fahrer am ehesten nachvollziehbar ist. Dem Bild liegt ein bürstenloser 37-V-Nabenmotor ohne Getriebe zugrunde. Die Ausgangsleistung wird direkt ohne Wirkungsgradverlust auf das Vorderrad übertragen.

Antriebskraft – Kennlinien von Gleichstrommotoren mit Permanentmagneten ob mit oder ohne Bürsten (wie in **Bild 1, Seite 45**) sind fast Geraden. Blockiert das Rad, so sind Stromaufnahme und Antriebskraft (bzw. Drehmoment) am höchsten. Erreicht der Motor die Leerlaufdrehzahl (hier bei 25 km/h), so ist die Antriebskraft gleich Null.

info

Leerlaufdrehzahl ist die Drehzahl ohne Last bei voll angelegter Spannung. In der Fahrradrealität wird diese Drehzahl bei 27 km/h oder 28 km/h erreicht, sodass bei 25 km/h noch eine kleine Unterstützung des Fahrers vorhanden ist.

Die Leistung errechnet sich aus Geschwindigkeit · Antriebskraft. Beim blockierten Rad ist die Motorleistung gleich Null, ebenso bei der Endgeschwindigkeit von 25 km/h. Die Höchstleistung erreicht der Motor in der Mitte zwischen den beiden Nullpunkten (auf dem Gipfelpunkt der Parabel). Die Parabelkurve stellt die abgegebene Leistung dar. Die aufgenommene Leistung ist wesentlich höher und entspricht etwa der Batterieleistung.

Bürstenloser Nabenmotor **(Bild 1)**: Im optimalen Punkt hat der Motor eine Ausgangsleistung von etwa 300 Watt. Der Wirkungsgrad beträgt an dieser Stelle 50 %. Die aufgenommene Leistung liegt demnach bei ca. 600 Watt. Der Akku muss dazu ca. 15 Ampere abgeben (15 A · 40 V = 600 W).

info

Bei voller 37-V-Batterie beträgt die Spannung ohne Last ca. 42 Volt.

Der bürstenlose Nabenmotor hat einen Wirkungsgrad von 83 %, bedauerlicherweise nur in einem sehr schmalen Arbeitsbereich. Der höchste Wirkungsgrad liegt bei 6/7 der Höchstgeschwindigkeit bei 22 km/h.

Der beste Arbeitsbereich liegt zwischen dem Leistungs- und Wirkungsgradgipfel. Bei einer

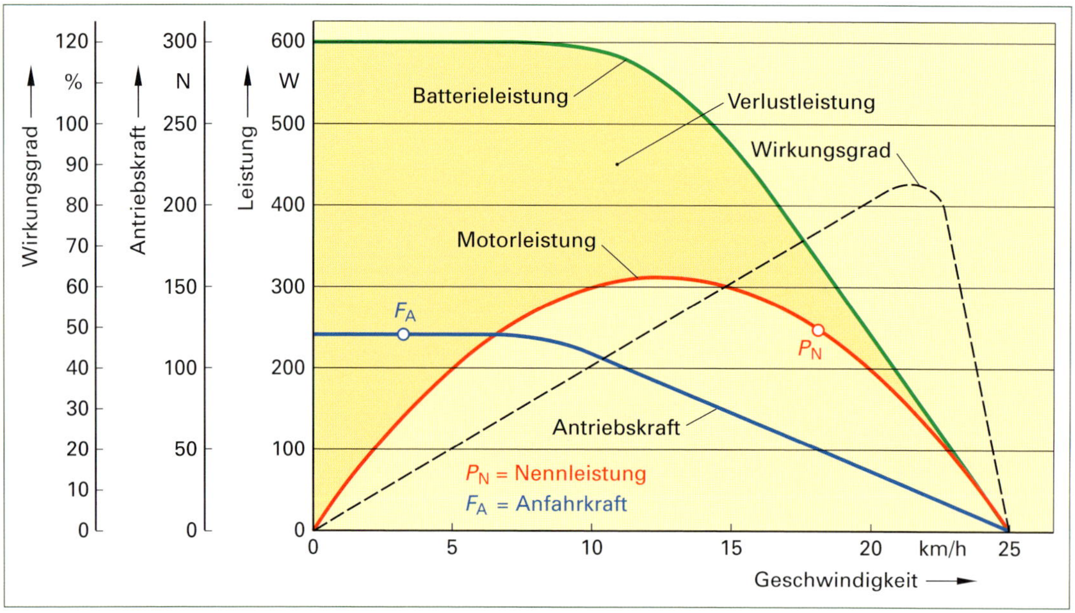

Bild 1: Motor- und Batterieleistung eines bürstenlosen Nabenmotors mit Direktantrieb

Geschwindigkeit von 12,5 km/h ist die abgegebene Leistung am größten. Sinkt bei einer Bergfahrt die Geschwindigkeit auf 5 km/h ab, so liegen in unserem Beispiel die Leistungsabgabe bei 200 W und der Wirkungsgrad bei 20 %. Die Stromaufnahme ist sehr hoch und die Batterie wird in kurzer Zeit „leergesaugt". Der nicht in Antriebsleistung umgesetzte Strom erhitzt den Motor.

Dieses Beispiel zeigt einen gravierenden Nachteil von Nabenmotoren mit Direktantrieb, ob sie nun im Hinter- oder Vorderrad eingebaut sind. Sie haben zwar den besseren Wirkungsgrad gegenüber Mittelmotoren. Bei steilen Auffahrten kommen sie jedoch schnell in einen Wirkungsbereich hinein, in dem ihre Effizienz schlecht wird. Ihnen fehlt ein Schaltgetriebe (Drehmomentwandler), mit dem man sowohl bei niedriger als auch bei hoher Geschwindigkeit in einem optimalen Wirkungsbereich fahren kann. Motoren, die das Schaltgetriebe des Fahrrades nutzen, können dies.

Im **Bild 1, S. 46** ist zu erkennen, dass bei niedrigen Geschwindigkeiten eine Begrenzung der Antriebskraft erfolgt – gesteuert durch den Controller. Damit werden das Motordrehmoment, der Strom und vor allem die Batterieleistung gestutzt, sodass keine Überlastung der Komponenten stattfindet. Der Punkt „F_A = Anfahrkraft" zeigt, dass die Antriebskraft unterhalb eines bestimmten Geschwindigkeitsbereiches (elektronisch begrenzt) nicht mehr steigt, sondern in eine Waagerechte übergeht. Trotz Leistungsbegrenzung ist aber die Verlustleistung im unteren Geschwindigkeitsbereich noch hoch (im Bild 1, Seite 46 gelb unterlegt). Bei 5 km/h werden 400 Watt „verheizt", während die Nutzleistung nur 200 Watt beträgt.

info

Die Anfahrkraft ist proportional zum Anfahrdrehmoment und Anfahrstrom. Bei manchen Steuerungen (z. B. der Firma Panasonic) wird der Strom nicht nur begrenzt, sondern mit abnehmender Geschwindigkeit sogar noch weiter reduziert. Damit geht die Waagerechte in Bild 1, S. 46 in ein Gefälle über. Dadurch wird erreicht, dass der Akku-Stromverbrauch (und damit auch die Batterieleistung) bei geringen Motordrehzahlen moderat ist und sich die Reichweite des Elektrorades verbessert. Der „Preis", den der Fahrer dafür zu zahlen hat, ist die geringe Unterstützung beim Anfahren und bei Bergfahrten.

Der Punkt P_N kennzeichnet die Geschwindigkeit, bei der der Motor die Nenndauerleistung abgibt. Im Beispiel sind es 250 Watt bei 18 km/h. Die Nennleistung ist die Dauerbelastung, bei der die entstehende Verlustwärme den Motor nicht überhitzt (thermisches Gleichgewicht). Kurzzeitig kann der Motor höher beansprucht werden. Der Gesetzgeber hat zwar beim Pedelec die Nenndauerleistung auf 250 Watt begrenzt, die Spitzenleistung wurde jedoch nicht beschnitten.

4

Wirkungsgrad bei reduzierter Leistung

Die Darstellung im Bild 1, Seite 46 bezieht sich auf den Fall der höchstmöglichen Leistung (wenn z. B. der Gasgriff am Anschlag steht). Die Akku-Spannung liegt dann voll am Motor. Wie liegen aber die Verhältnisse bei reduzierter Leistung, z. B. im Eco-Modus?

Die Motorleistung wird reduziert, indem der Controller die Motorspannung heruntersetzt. Dadurch werden die End-Motordrehzahl und damit die End-Geschwindigkeit verringert. Im **Bild 1** beträgt die Eco-Höchstgeschwindigkeit 20 km/h. Die maximale Leistung sinkt auf 200 Watt und die Drehmoment- bzw. Antriebskraft-Gerade sinkt entsprechend. Der optimale Wirkungsgrad liegt nun in einem Bereich geringerer Geschwindigkeit.

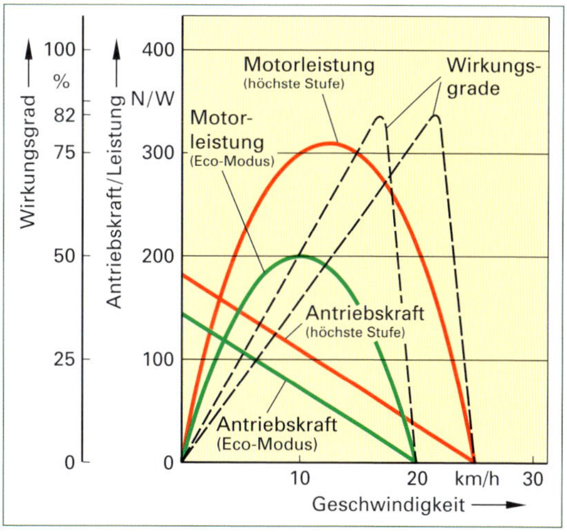

Bild 1: Wirkungsgradverhältnisse bei reduzierter Leistung

Dieses Prinzip wird grundsätzlich bei der Steuerung von E-Rad-Motoren angewandt. Mit einem Gasdrehgriff kann damit stufenlos der optimale Leistungsbereich verschoben werden.

Bei der in Bild 1, Seite 46 vorgestellten Leistungsregelung handelt es sich um eine *Drehzahlsteuerung*. Je nach angelegter Spannung, die durch Gasgriff oder Wahl der Unterstützungsstufe vorgegeben ist, verändert sich die Motordrehzahl und mit ihr das sich daraus ergebende Leistungsdiagramm.

4

Wirkungsgrad bei Drehmomentsteuerung

Bei der *Drehmomentsteuerung* ist der Regelmechanismus ein anderer. Die physikalischen Eigenschaften des Nebenschluss-Motors bleiben zwar, doch wird nicht die Geschwindigkeit (bzw. Motordrehzahl) gesteuert, sondern der Motorstrom. Wie bereits bekannt, ist das Motordrehmoment proportional zum Motorstrom. Ändert der Fahrer seine Trittkraft, so muss nicht die Drehzahl des Motors verstellt werden, sondern der Motorstrom, damit der Motor mit einem äquivalenten Drehmoment auf das Tretverhalten des Pedalisten antwortet.

Die Stromstärke beträgt nach dem ohmschen Gesetz:

$$I = \frac{U}{R_A}$$

Die Wicklungen des Motors haben einen ohmschen Widerstand (R_i). Je größer die angelegte Spannung (U), umso größer ist der Elektronenfluss (Strom = I) durch die Wicklung. Nun ist die Angelegenheit aber nicht so einfach, da der Motor auch als Generator läuft und eine Gegenspannung U_i aufbaut. Diese generierte Spannung ist linear zur Drehzahl – doppelte Drehzahl, doppelte Spannung! Nur wenn eine Spannung anliegt, die höher ist als die generierte, fließt Strom durch die Wicklungen und es entsteht ein Drehmoment. Die Stromstärke in den Statorwicklungen beträgt nun:

$$I = \frac{U - U_i}{R_A} = \frac{\Delta U}{R_A}$$

Dabei ist U die angelegte, U_i die generierte Spannung und ΔU die Differenzspannung ($U - U_i$).

Die Differenzspannung wird im Controller errechnet und dem Motor angelegt, damit sich das gewünschte Drehmoment einstellt. Natürlich kann die Steuerung dies nur im Bereich der Batteriespannung und dem damit zusammenhängenden Drehzahlbereich erledigen. Im hohen Geschwindigkeitsbereich, nahe der Motor-Leerlaufdrehzahl, kann das Fahrerdrehmoment nicht mehr entsprechend der eingestellten Stufe verstärkt werden, weil die induzierte Spannung (Gegenspannung) sich der Akku-Spannung nähert und damit die erforderliche Differenzspannung nicht mehr aufgebracht werden kann (näheres Kap. 8.3).

Die Frage nach dem Wirkungsgrad wird anhand des Bildes 1, Seite 49 beantwortet. Die Darstellung zeigt einen Motor, der mit 25 Volt betrieben wird. Wenn 25 V angelegt werden, beträgt die Leerlauf-Geschwindigkeit dieses Fahrrades 25 km/h. In dem Beispiel tritt der Fahrer im Bereich von 10 km/h bis 20 km/h gleichmäßig in die Pedale. Von dem kontinuierlich durchfahrenen Geschwindigkeitsbereich sind im Diagramm drei Punkte dargestellt. Der Motor muss über diesen Geschwindigkeitsbereich ein konstantes Drehmoment M_F, entsprechend der am Lenker-Tableau eingestellten Verstärkungsstufe, abgeben.

Um das Moment M_F zu entwickeln, müssen 3 Ampere Strom durch die Motorwicklungen fließen (auf eine Drehmomentkoordinate wurde im Bild verzichtet). Dazu ist eine Differenzspannung von 5 Volt erforderlich. Die generierte Spannung plus die Differenzspannung ergibt die momentane Leerlaufspannung. Im gegebenen Fall wandert die Leerlaufspannung stetig um 5 Volt vor der generierten Spannung. Oder anders ausgedrückt: Die tatsächliche Geschwindigkeit liegt im Beispiel immer 5 km/h unter der Leerlaufgeschwindigkeit. Die dazu gehörige Wirkungsgradkurve ergibt sich dabei aus der jeweiligen Leerlaufspannung.

Wird das Bild 1, S. 49 in Bezug auf die sich ergebenden Wirkungsgrade betrachtet, so lässt sich feststellen, dass sich mit zunehmender Geschwindigkeit und bei gleichem Drehmoment der Wirkungsgrad verbessert. Die Verlustleistung rechnet sich nach der Formel:

$$P_v = (U - U_i) \cdot I = \Delta U \cdot I$$

Der Strom I wird in den Wicklungen „verheizt“. Da aber die abgegebene Leistung mit höherer Geschwindigkeit zunimmt und die Verlustleistung gleich bleibt (vorausgesetzt Strom und Moment bleiben stabil), wird das Verhältnis von Gesamtleistung zur Verlustleistung immer günstiger.

Diskussion der Wirkungsgradkurve bei konstanter Motorspannung:

Wenn die Drehzahl unter zunehmender Belastung sinkt, steigt die Differenzspannung und der Strom nimmt linear zu. Proportional steigt die Verlustleistung. Ihren Höhepunkt erreicht die Verlustleistung, wenn das Rad blockiert. In diesem Zustand fließt der maximale Strom, der nun vollständig in Wärme umgewandelt wird. Die Fahrleistung sowie der Wirkungsgrad sind dann gleich Null.

Aufgrund der linearen Zunahme der Verlustleistung bei zunehmender Belastung ist die Wirkungsgradkurve annähernd eine Gerade. Bei der Endgeschwindigkeit (nahe Leerlaufbereich) müsste die Wirkungsgradkurve zwar theoretisch geradlinig weiter laufen. Da aber das geringe Moment im letzten Drehzahlbereich von den Reibungsverlusten und Eisen- und Wirbelstromverlusten im Motor aufgebraucht wird, sinkt die Kurve in diesem Endpunkt ebenfalls auf Null ab. Der Bereich des besten Wirkungsgrades liegt bei etwa 6/7 der Leerlaufdrehzahl – und damit (leider) auch bei einem geringen Drehmoment bzw. Motorstrom.

info

Die stromunabhängigen Verluste wie Eisenverluste durch Wirbelströme und Ummagnetisierung der Elektrobleche wurden bei der Betrachtung vernachlässigt.

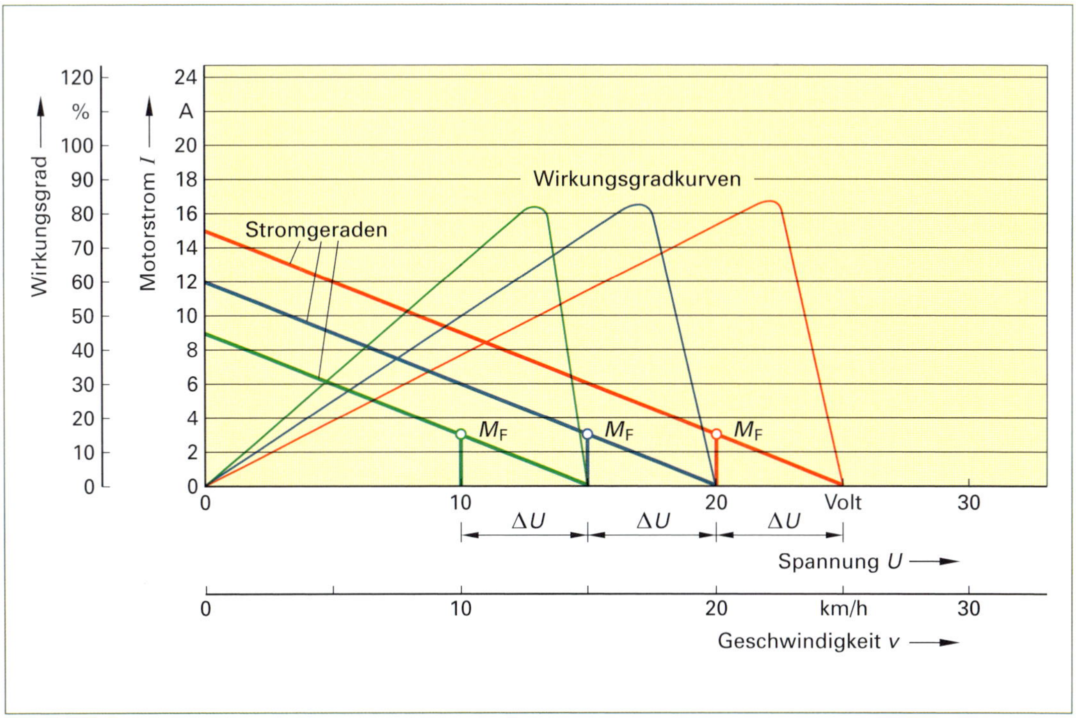

Bild 1: Motorstrom und Wirkungsgrad bei Drehmomentsteuerung

5 Getriebe

Getriebe sind Drehzahl- bzw. Drehmomentwandler. Ohne sie sind moderne Fahrräder kaum denkbar. Sie kommen bei herkömmlichen Fahrrädern als variable Übersetzung beim Ketten- oder Riemenantrieb zwischen Tretlager und Hinterrad oder als Schaltgetriebe in der Hinterradnabe oder auch im Tretlager zum Einsatz.

Bei Elektrofahrrädern wirken höhere Kräfte auf die Schaltungskomponenten als bei einem normalen Fahrrad. Deshalb bedarf das Zusammenspiel von Motor und Schaltung besonderer Beachtung. Um den Verschleiß zu minimieren und die Schaltvorgänge zu optimieren, wurden die herkömmlichen Naben- und Kettenschaltungen weiterentwickelt und den geänderten Kräfteverhältnissen angepasst.

Dies reicht vom Unterbrechen der elektrischen Antriebskraft während des Schaltvorgangs (Shiftsensor), über einen Mechanismus, der verhindert, dass über mehrere Gänge hinweg gleichzeitig geschaltet werden kann (Einklick-Schalthebel), bis hin zur mechanisch- oder elektronisch gesteuerten Automatikschaltung. Entscheidend ist dabei, dass die Eigenheiten verschiedener Getriebebauarten berücksichtigt werden.

Die vorliegende Abhandlung befasst sich mit jenen Getriebearten, die in E-Bike-Antrieben integriert oder konstruktiv mit diesen verbunden sind. Hierbei geht es primär darum, die vergleichsweise hohe Drehzahl eines Elektromotors an die eher niedrige Drehzahl der Fahrradmechanik anzupassen. Da dies oftmals mit nur einer Getriebestufe nicht zu erreichen ist, werden mehrere Stufen hintereinander geschaltet.

			Interne Getriebe	Externe Getriebe
Antrieb auf	Hinterrad	Mittelmotor	Umlaufgetriebe (Planetengetriebe) Stirnradgetriebe Riemengetriebe	Tretlagerschaltung Nabenschaltung Kettenschaltung
		Nabenmotor	Umlaufgetriebe	Tretlagerschaltung Kettenschaltung
			ohne Getriebe	
	Vorderrad	Nabenmotor	Umlaufgetriebe	Alle Getriebearten auf das Hinterrad sind möglich
			ohne Getriebe	

Bild 1: Einteilung von E-Bike-Getrieben

Beim System E-Bike unterscheidet man einen elektrischen (internen) und einen mechanischen (externen) Getriebeanteil **(Bilder 1 und 2)**.

Bei einem Getriebe bleibt die Leistung P (von Verlusten abgesehen) gleich. Verändert werden Drehzahl n und Drehmoment M.

Eingangsleistung P_{zu} = Ausgangsleistung P_{ab}

Das Verhältnis von Antriebsdrehzahl n_{zu} (bzw n_1) zu Abtriebsdrehzahl n_{ab} (bzw. n_2) wird als Übersetzungsverhältnis i bezeichnet **(Bild 1, Seite 51)**.

$$i = \frac{n_{zu}}{n_{ab}} \quad \text{bzw.} \quad i = \frac{n_1}{n_2}$$

Bild 2: Bosch Performance-Line CX-Antrieb mit mehrstufigem internen Getriebe

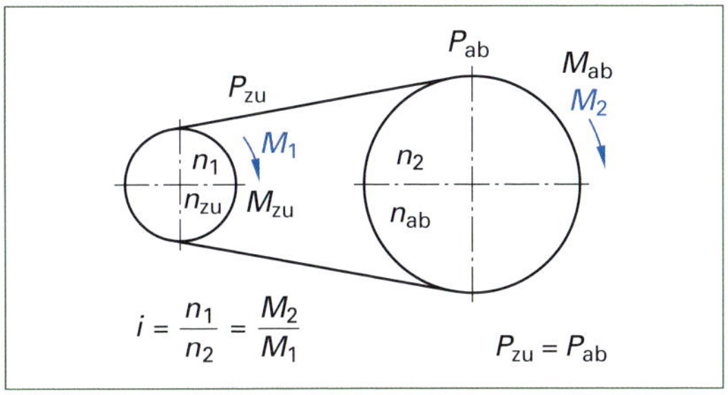

Bild 1: Drehzahl- und Momentenverhältnis bei einer Übersetzung ins Langsame

Bei einer Übersetzung ins Schnelle ist $i < 1$, ins Langsame $i > 1$. Bei Übersetzungen ins Langsame spricht man auch von Untersetzung.

Bei einer Hintereinanderschaltung von mehreren Getriebestufen ist die Gesamtübersetzung i das Produkt der Einzelübersetzungen: $i = i_1 \cdot i_2 \cdot i_3 \cdot \ldots$

Da die Leistung P das Produkt aus Drehmoment M und Drehzahl n ist, ergibt sich:

$$M_1 \cdot n_1 = M_2 \cdot n_2 \text{ bzw. } M_1 \cdot \omega_1 = M_2 \cdot \omega_2$$

mit ω als Winkelgeschwindigkeit $2 \cdot \pi \cdot n/60$

Damit ergibt sich als Verhältnis von Abtriebsdrehmoment M_2 (bzw. M_{ab}) zum Antriebsdrehmoment M_1 (bzw. M_{zu}):

$$i = \frac{M_2}{M_1} \text{ bzw. } i = \frac{M_{ab}}{M_{zu}}$$

Dies trifft allerdings nur für ein ideales, d. h. verlustfrei arbeitendes Getriebe zu. Praktisch tritt immer ein durch Reibung bedingtes Verlustmoment M_v auf. Daher muss eingangsseitig immer etwas mehr Drehmoment aufgewandt werden:

$$i = \frac{M_{ab}}{M_{zu} + M_v} = \eta \frac{M_{ab}}{M_{zu}}$$

Die Verluste sind abhängig von der Getriebeart und den Betriebsbedingungen. Sie verschlechtern den Getriebewirkungsgrad und sollten minimiert werden. Dieses Bestreben steht anderen Auflagen entgegen, mit denen sich der Getriebekonstrukteur zu befassen hat. Denn ein Getriebe soll noch weitere Forderungen erfüllen:

- geringe Baugrößeww. Masse
- hohes Übersetzungsverhältnis
- begrenzter Achsversatz
- hinreichende Belastbarkeit
- geringe Wartungsansprüche
- limitierte Kosten
- geräuscharmer Lauf (!)

Ein geräuscharmer Lauf stellt eine oftmals unterschätzte Herausforderung dar, sollen doch bei Pedelecs möglichst keine fahrradfremden Geräusche vernehmbar sein. Daher gelangen je nach Anwendungsfall verschiedenartige Getriebetypen zum Einsatz.

Nicht unberücksichtigt bleiben darf dabei die Drehrichtung: Manche Getriebearten bewirken eine Drehrichtungsumkehr (a und b in **Bild 2**).

5

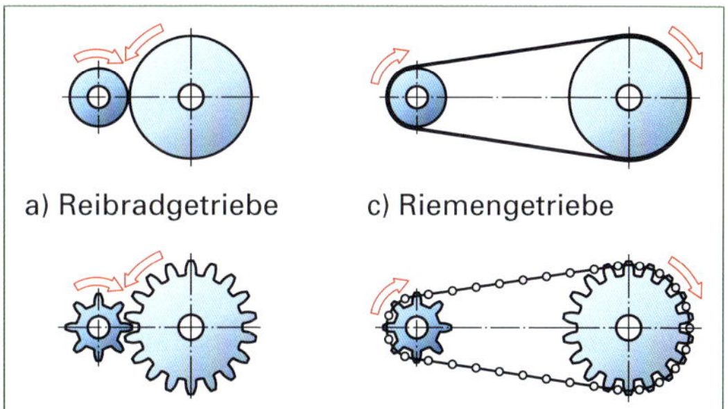

Bild 2: Verschiedene Rädergetriebe

5.1 Reibradgetriebe

Reibradgetriebe – auch als Wälzkörpergetriebe bezeichnet – arbeiten kraftschlüssig. Dabei rollen zwei rotationssymmetrische Körper (meist zylinderförmige Räder) gegeneinander ab. Es kommt zu einem Drehrichtungswechsel.

Diese Art der Kraftübertragung erfordert einen erhöhten Anpressdruck, der mit einer entsprechenden Lagerbelastung einhergeht. Das Getriebe arbeitet nicht schlupffrei. Dies kann, je nach Bauart, einen höheren Verschleiß verursachen und den Wirkungsgrad mindern. Der sich daraus ergebende Vorteil ist ein „eingebauter" Überlastungsschutz: Bei zu hoher Beanspruchung kommt es zum Durchrutschen der Übertragungsmittel.

Die Drehzahlen n_1 und n_2 stehen – lässt man den Schlupf unberücksichtigt – im umgekehrten Verhältnis zu den Wälzkörperradien r_1 und r_2:

$$i = \frac{n_1}{n_2} = \frac{r_2}{r_1}$$

Bei entsprechender Herstellungspräzision und günstiger Materialauswahl können Reibradgetriebe sehr leise laufen. Daher sind sie vereinzelt in Frontantriebsnaben zu finden. Die Anordnung der Reibräder ähnelt der eines Planetengetriebes, was eine erwünschte Lagerentlastung bewirkt. Bei einigen simplen E-Radantrieben drückt im einfachsten Falle ein aufgerautes Antriebsrad direkt auf den Reifen. Hierbei hat man es wegen der Verformbarkeit des Gummis mit einer Mischung aus kraftschlüssiger und formschlüssiger Verbindung zu tun.

5

5.2 Zahnradgetriebe

Das Zahnrad ist ein Rad mit über den Umfang gleichmäßig verteilten Zähnen. Greifen die Zähne mehrerer solcher Räder ineinander, so spricht man von einem Zahnradgetriebe. Es arbeitet formschlüssig und damit schlupffrei. Die Zähne haben bei Zahnrädern, wie sie im Maschinenbau zum Einsatz gelangen, die Form einer Evolvente (Schnurlinie). Bei der Formgebung der Zähne wird angestrebt, die sich berührenden Zahnflanken aufeinander abrollen zu lassen, ohne zu gleiten. Denn das Gleiten erzeugt Reibungsverluste.

Günstig ist es, wenn immer mehrere Zähne gleichzeitig im Eingriff sind. Befinden sich die Zähne auf der Außenseite des Rades, spricht man von Stirnradverzahnung. Sie lassen sich fertigungstechnisch einfach herstellen und sind daher weit verbreitet.

Greifen zwei stirnradverzahnte Räder ineinander, kommt es zu einer Drehrichtungsumkehr. Der Achsversatz solcher Getriebe entspricht der Summe beider Rollradien.

Ist bei einer Zahnradpaarung das größere Rad (Großrad) innen verzahnt, bezeichnet man dieses auch als Hohlrad. Bei der Paarung von Hohlrad und Stirnrad bleibt die Drehrichtung erhalten. Zudem vermindert sich der Achsversatz auf die Differenz beider Rollradien ($r_{groß} - r_{klein}$). Auch befinden sich bei einer Innenverzahnung mehr Zähne gleichzeitig im Eingriff als bei Stirnradgetrieben **(Bild 1)**.

Die Übersetzung eines Zahnradsatzes ergibt sich aus dem Verhältnis der Zähnezahl z von An- und Abtriebsrad. Drehzahlen und Zähne-

Bild 1: Getriebe mit Innenverzahnung haben einen geringeren Achsversatz

zahlen stehen in einem umgekehrten Verhältnis zueinander:

$$i = \frac{n_1}{n_2} = \frac{z_2}{z_1}$$

Aus der Kombination von Stirnrad- und Hohlradgetriebe entsteht das Umlaufgetriebe (Planetengetriebe). Es handelt sich dabei um eine konzentrische Anordnung von drei beweglichen Wellen **(Bild 2)**.

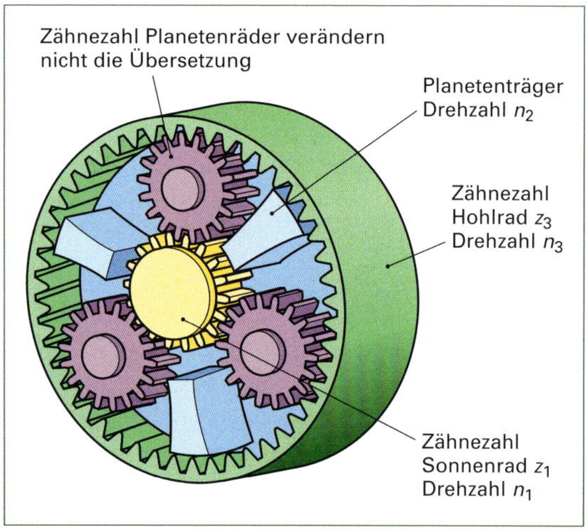

Bild 2: Prinzip Planetengetriebe

Zwischen einem außenverzahnten Innenrad und einem innenverzahnten Außenrad stellen Planetenräder die Verbindung her. Sie sind auf einem drehbar gelagerten Planetenträger angeordnet. Zur Lagerentlastung sind meist drei oder vier Planetenräder gleichmäßig auf dem Umfang verteilt. Damit ergibt sich eine verschleißmindernde Aufteilung des Zahnflankendrucks.

Bei den in **Bild 1** dargestellten Einzelteilen eines Planetengetriebes besteht das Sonnenrad (rechts) aus Stahl, die Planetenräder und das Hohlrad (links) sind zur Geräuschminderung aus Kunststoff.

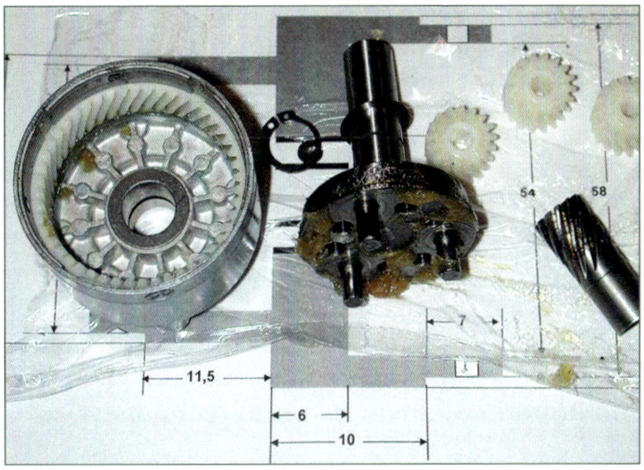

Bild 1: Elemente eines Planetengetriebes

Diese Kombination erlaubt zahlreiche abgestufte Übersetzungsmöglichkeiten mit und ohne Drehrichtungsumkehr, je nachdem, welche der drei Wellen als An- oder Abtrieb dienen und welche dabei festgehalten werden. In besonderen Fällen drehen sich alle drei Wellen (Verteilergetriebe). Beispiel: Je ein E-Motor ist mit dem Sonnenrad und dem Planetenträger verbunden. Die Drehzahl des Hohlrades, welches als Abtrieb dient, ergibt sich dabei aus der Summe beider Antriebsdrehzahlen, wobei die beiden Motoren gleichsinnig und gegensinnig laufen können.

Der komplett fehlende Achsversatz eines Umlaufgetriebes ist besonders bei Radnabenantrieben von Vorteil.

Wenn es ausschließlich darum geht, die Drehzahl eines schnelllaufenden E-Motors an die vergleichsweise niedrige Fahrrad(antriebs)drehzahl anzupassen, dient das Sonnenrad als Antrieb und der Planetenträger (auch als Steg bezeichnet) als Abtrieb, während das Hohlrad feststehend als Getriebegehäuse fungiert. So erhält man die größtmögliche Übersetzung ins Langsame. Sie ergibt sich aus dem Verhältnis der Zähnezahlen von Sonnenrad z_1 und Hohlrad z_3.

Die Planetenräder dienen nur als Verbindungsglieder und spielen bei der Übersetzungsberechnung keine Rolle (siehe **Bild 2, Seite 52** und Formelsammlung Seite 213):

$$i = \frac{n_1}{n_2} = \frac{z_1 + z_3}{z_1} \text{ bzw. } i = \frac{z_3}{z_1} + 1$$

Die Drehrichtung bleibt hierbei erhalten.

Bei einfachen Zahnrädern verlaufen die Zähne achsparallel. Man spricht hier von Geradverzahnung. Bei einem Eingriffswechsel aufeinanderfolgender Zahnpaare kommt es zu spürbaren Übergängen, welche die Produktion von Schwingungen anregen. Diese lassen sich glätten, wenn die Zähne (leicht) schräg zu Rotationsachse verlaufen. Dabei werden die Geräusche deutlich reduziert, weshalb die Schrägverzahnung heute in der Fahrzeugtechnik als unverzichtbar gilt **(Bilder 2 und 3)**.

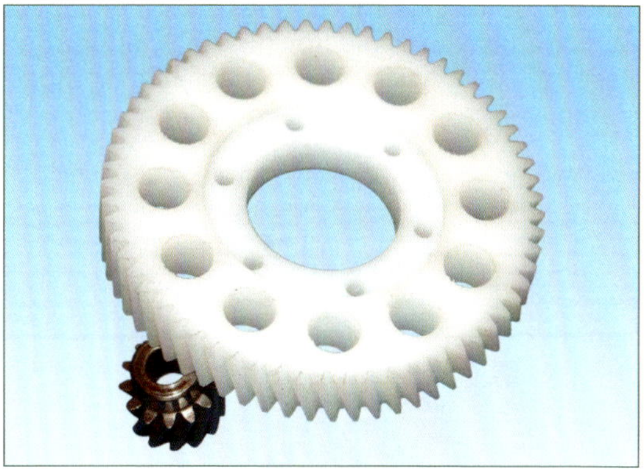

Bild 2: Schrägverzahntes Zahnradpaar mit Stahlritzel und Delrin-Großrad

Bild 3: Schrägverzahnung (älterer Panasonic-Antrieb)

Die Geräuschentwicklung hängt in starkem Maße von der Bearbeitungsqualität der Zahnflanken ab, die ihrerseits großen Einfluss auf den Preis hat.

Im Interesse einer wirksamen Geräuschminderung ist die Materialauswahl bei der Zahnradpaarung ein Kriterium. Man kombiniert daher oftmals Stahlritzel mit Großrädern aus zähem Kunststoff (z. B. Delrin), die allerdings nicht an die Festigkeit von metallischen Rädern heranreichen.

Um den in der Fahrpraxis auftretenden Belastungen Rechnung zu tragen, haben diese Zahnräder eine entsprechend größere Breite.

Den Nachteil einer etwas höheren Reibung (verminderter Wirkungsgrad) und das Auftreten einer axialen Kraftkomponente (aufwändigere Lagerung) nimmt man dabei in Kauf.

Um die Axialkräfte auszuschalten verwenden die Konstrukteure gelegentlich die Pfeilverzahnung **(Bild 1)**. Hierbei verlaufen die Zähne von der Mitte aus mit betragsmäßig gleichem Schrägungswinkel pfeilförmig nach außen, so dass sich die Axialkräfte gegenseitig kompensieren.

Bild 1: Pfeilverzahnung

Bei einem Winkel- oder Kegelradgetriebe liegen die Wellen von An- und Abtriebsrad nicht parallel, sondern winklig zueinander **(Bild 2)**. Die verwendeten Zahnräder bezeichnet man als Kegelräder. Der klassische Anwendungsfall ist die Kraftübertragung von einer Kardanwelle (längs der Fahrzeugachse verlaufend) zur Hinterradantriebswelle (quer zur Fahrzeugachse verlaufend), wie sie bei Kfz-Antrieben üblich, aber auch bei Zweirädern anzutreffen ist.

Winkelgetriebe kommen im Tretlager von E-Fahrrädern zum Einsatz, bei denen das Antriebsaggregat (meist versteckt) in das Vorder- oder Sitzrohr eingebaut ist.

Bild 2: Kegelradgetriebe (Winkelgetriebe)

Üblicherweise liegen dabei beide Wellenachsen auf einer Ebene und haben einen gemeinsamen (gedachten) Schnittpunkt. Wenn dies nicht der Fall ist und ein seitlicher Versatz beider Wellen vorliegt, spricht man von einem Kegelradschraubengetriebe. Hier nimmt allerdings der Gleitanteil der Zahnflanken gegenüber dem Wälzanteil noch weiter zu, weshalb mit höheren Reibverlusten zu rechnen ist.

Bei extremem Achsversatz kommt man schließlich zu einem Schneckengetriebe. Dieses findet bei Fahrradantrieben wegen seines schlechten Wirkungsgrades keine Anwendung.

5.3 Riemengetriebe

Riemengetriebe sind Zugmittelgetriebe. Im heutigen Maschinenbau werden fast ausschließlich Zahnriemen verwendet. Es handelt sich dabei um biegungselastische Gummi- oder Kunststoffriemen mit aufgesetzten, gewöhnlich trapezähnlichen Zähnen. Diese greifen formschlüssig in entsprechend gestaltete Zahnräder ein **(Bild 1 Seite 55)**.

Wegen des festliegenden Zahnabstandes dürfen Zahnriemen keine Längsdehnung zulassen. Man erreicht dies durch Einlagerung von Stahl-, Glas-, Aramid- oder Carbonfasern. Die Biegedehnung soll dadurch möglichst wenig behindert werden, um die Walkverluste zu minimieren.

Dem sind allerdings Grenzen gesetzt, weshalb Zahnriemen – auch im Interesse der Geräuschminderung – vorzugsweise bei niedrigen Drehzahlen zur Übertragung hoher Drehmomente eingesetzt werden.

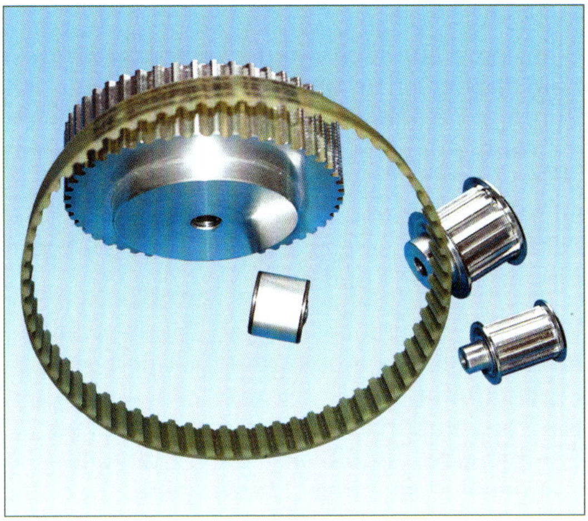

Bild 1: Elemente eines Zahnriemenantriebs mit zwei verschiedenen Kleinrädern und Spannrolle

Der Achsabstand ist bei Riemenantrieben immer größer als bei Reib- oder Zahnradgetrieben. Andererseits eignen sich Zugmittelgetriebe bestens zur Überbrückung größerer Achsabstände (z. B. beim Fahrradantrieb).

Weil Zahnriemen nicht immer in genau passender Länge zur Verfügung stehen, werden zum Längenausgleich Spannrollen eingesetzt. Diese können auch dazu dienen, den Umschlingungswinkel des Kleinrades zu verbessern **(Bilder 2 und 3)**.

Bild 2: Brose-Mittelmotorantrieb mit Planetengetriebe (1. Stufe) und Zahnriemenuntersetzung (2. Stufe)

Bild 3: Zweistufiges Brose-Getriebe. Rechts das Großrad mit Zahnriemen (1. Untersetzungsstufe). Links der schrägverzahnte Planetensatz aus Kunststoff (1. Untersetzungsstufe).

5.4 Wellgetriebe

Wellgetriebe (auch als Spannungswellengetriebe bezeichnet) kennt man meist unter dem Produktnamen „Harmonic Drive“ **(Bild 1)**. Das Funktionsprinzip beruht auf einem elastischen Übertragungselement, das auf kleinstem Raum und einstufig (!) Übersetzungsverhältnisse bis $i > 300 : 1$ ermöglicht.

Bild 1: Der kompakte Harmonic Drive ermöglicht höchste Übersetzung in einer Stufe.

Bisheriges Hauptanwendungsgebiet waren Lenkgetriebe sowie die Robotertechnik, bei der es auf die spielfreie Übertragung hoher Drehmomente ankommt.

Wegen der kompakten wellenversatzfreien Bauweise wird auch bei E-Bike-Antrieben mit Wellgetrieben experimentiert. Durch den großen Übersetzungsfaktor ist eine einstufige Drehzahlanpassung an extrem kleine, schnelllaufende Motoren möglich, um äußerlich kaum sichtbare Antriebe zu realisieren. Einem breiten Einsatzspektrum steht bisher der hohe Preis des Getriebeelements entgegen.

Funktionsweise:

Eine feine außenverzahnte, elastisch verformbare Stahlbüchse steckt in einem starren Außenring mit Innenverzahnung. Die Stahlbüchse (Abtrieb) wird durch einen kugelgelagert umlaufenden Exzenter im Inneren (Antrieb) elliptisch verformt. Dadurch kommen nur die Zähne an den beiden Längsseiten der Ellipse in Eingriff **(Bilder 1 und 2)**.

Weil die Stahlbüchse zwei Zähne weniger aufweist als der Außenring, wandert sie pro Exzenterumdrehung um zwei Zähne nach hinten. Da immer nahezu ein Drittel der Zähne im Eingriff sind, ergibt sich eine kraftvolle und weitgehend spielfreie Übertragung. Der Wirkungsgrad ist zwar geringer als der eines Zahnradgetriebes, wird aber durch die Einsparung mehrerer Getriebestufen wettgemacht.

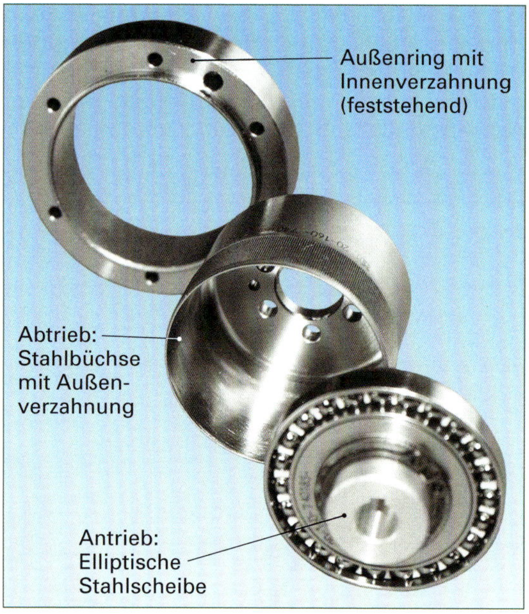

Bild 2: Einzelteile des Harmonic Drive. Kugelgelagerter Exzenter als Antrieb, Stahlbüchse als Abtrieb, im Außenring ist die Verzahnung nicht zu erkennen.

Rechenbeispiel

Mit einem Pedelec (Mittelmotor, Getriebenabe, 250 W, 36 V, 18 Ah) soll eine Steigung befahren werden. Bestimmen Sie verschiedene Parameter.

Gegeben: Systemmasse $m = 100$ kg, Radgröße 28“ ($r \approx 0{,}35$ m), Steigung 8 %. Fahrgeschwindigkeit $v = 9$ km/h (= 2,5 m/s), Kurbelradius $r = 0{,}175$ m

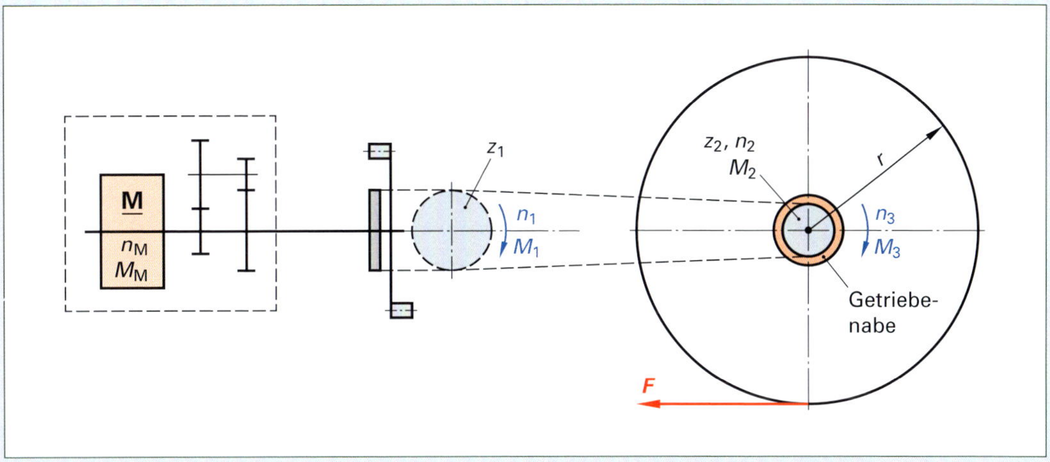

Schema einer Getriebeübersetzung. Hier: Pedelec mit Mittelmotor und Getriebenabe

Drehzahl n_3 des Hinterrades

$n_3 = v \cdot 1000 / d \cdot \pi \cdot 60$ v in km/h, d in m, n in U/min bzw. 1/min

$n_3 = 9 \cdot 1000 / (0{,}7\ \text{m} \cdot \pi \cdot 60) \approx 68$ 1/min

Steigungswiderstand F_{St}

$F_{St} = 1000\ \text{N} \cdot 0{,}08\ \% = 80\ \text{N}$

Die anderen Fahrwiderstände sollen 10 N betragen, der gesamte Fahrwiderstand $F = 90$ N.

Erforderliches Antriebsdrehmoment M_3 am Hinterrad

$M_3 = F \cdot r = 90\ \text{N} \cdot 0{,}35\ \text{m} = 31{,}5\ \text{Nm}$

Erforderliche Antriebsleistung

$P = F \cdot v$ bzw. $P = 0{,}105 \cdot M \cdot n$ Faktor 0,105 aus $2\pi/60$

$P = 90\ \text{N} \cdot 2{,}5\ \text{m/s} = 225\ \text{W}$ bzw. $P = 0{,}105 \cdot 31{,}5 \cdot 68 = 225\ \text{W}$

Getriebe sind Drehmomentwandler: Eine kleine Drehzahl und ein großes Drehmoment werden am Getriebeeingang in eine große Drehzahl und ein kleines Drehmoment am Ausgang umgewandelt (und umgekehrt).

$i < 1$ Übersetzung ins Schnelle, Drehmoment kleiner

$i > 1$ Übersetzung ins Langsame, Drehmoment größer

Kurbeldrehzahl n_1 an der Tretkurbelwelle

Die Drehzahl n_1 und das mittlere Antriebsdrehmoment M_1 an der Tretkurbelwelle hängen ab von der Übersetzung Kettenrad/Ritzel i_1 und gewählter Stufe der Getriebenabe i_2.

Gesamtübersetzung $i_{ges} = i_1 \cdot i_2$

Gewählte Zähnezahlen: Kettenrad $z_1 = 42$, Ritzel $z_2 = 21$

$i_1 = z_2/z_1 = 21/42 = 0{,}5$

$i_2 = 1{,}56$ vom 2. Gang Shimano 8 Getriebenabe (siehe Tabellenbuch Fahrradtechnik 8)

$i_{ges} = 0{,}5 \cdot 1{,}56 = 0{,}78$

$n_1 = n_3 \cdot i_{ges} = 68 \cdot 0{,}78 = 53$ U/min

5

Mittleres Antriebsdrehmoment M_1 an der Tretkurbelwelle

$M_1 = M_3/i_{ges} = 31{,}5/0{,}78 \approx 40$ Nm

Pedalkraft (ohne Motorunterstützung)

$F = M_1/r = 40$ Nm/0,175 m = 229 N

Leistung an der Tretkurbelwelle

$P = 40 \cdot 53 \cdot 0{,}105 \approx 225$ W

Die Leistung (und damit auch das Drehmoment) werden je nach gewählter Unterstützungsstufe U in Fahrerleistung und Motorleistung aufgeteilt:

Gesamtleistung = Fahrerleistung plus Motorleistung bzw.

Gesamtdrehmoment = Fahrerdrehmoment plus Motordrehmoment an der Tretkurbelwelle

Gewählte Unterstützungsstufe

a) $U = 1$

112,5 W muss der Fahrer leisten, 112,5 W der Motor.

Oder: 20 Nm liefert der Fahrer, 20 Nm der Motor

b) $U = 2$

Der Motor (zusammen mit dem internen Getriebe) unterstützt den Fahrer mit doppelter Leistung (= doppeltem Drehmoment). An der Tretkurbelwelle liefert der Motor 2 Anteile des Drehmomentes, der Fahrer einen Anteil.

Auf welche Welle bezieht sich die Angabe des Motordrehmomentes bei Mittelmotoren?

Die Herstellerangaben beziehen sich **nicht** auf das angetriebene Hinterrad oder auf die Motorausgangswelle, sondern auf die Pedalkurbelwelle. Ein harmonisches Fahrgefühl stellt sich ein, wenn die Ausgangsdrehzahl des Motors mit der Drehzahl der Tretkurbel übereinstimmt.

Rechenbeispiel mit der Unterstützungsstufe $U = 1$

Das interne mehrstufige Getriebe des E-Motors verringert die Motordrehzahl und erhöht das Ausgangsdrehmoment. Annahme: Die Gesamtübersetzung des internen Getriebes soll $i = 9$ betragen. Bei einer Ausgangsdrehzahl von $n_1 = 53$ U/min ergibt sich eine Motordrehzahl von 477 U/min.

Soll die abgerufene Motorleistung 112,5 W betragen, folgt daraus ein Drehmoment (an der Motorwelle!) von $M = 112{,}5/0{,}105 \cdot 477 = 2{,}25$ Nm.

Probe: Mit dem mittleren Drehmoment an der Tretkurbelwelle von 20 Nm ($U = 1$) ergibt sich eine interne Übersetzung von $i = 20$ Nm/2,25 Nm ≈ 9

Unterstützungsstufe $U = 2$

Von dem mittleren Antriebsdrehmoment an der Tretkurbelwelle 40 Nm übernimmt der Motor 2 Anteile (= 26,7 Nm), der Fahrer 1 Anteil (= 13,3 Nm). Auch die Leistung teilt sich im gleichen Verhältnis auf: Fahrerleistung 75 W, Motorleistung 150 W.

Die notwendige Pedalkraft verringert sich (gegenüber der Unterstützungsstufe 1) auf

$F = 13{,}3$ Nm/0,175 m = 76 N.

Mit welchem Motordrehmoment M_M (an der Motorwelle!) unterstützt jetzt der Motor?

Die Drehzahl des Motors beträgt weiterhin 477 U/min.

$M_M = 150$ W/0,105 · 477 = 3 Nm

6 Antriebskonzepte

Die Kundenwünsche an Elektrofahrräder sind individuell und vielfältig. Es ist daher kaum möglich, sie alle kompromisslos zu verwirklichen. Letztlich entscheidet der jeweilige Nutzer, auf welche der nachfolgend aufgeführten Eigenschaften er besonderen Wert legt. Ein Pflichtenheft für ein Elektrofahrrad bzw. Pedelec könnte (ohne Anspruch auf Vollständigkeit) so aussehen:

- Einfache und preisgünstige Konstruktion
- Kraftvolle Unterstützung der Pedalkraft
- Große Reichweite
- Einfache und sichere Bedienung
- Geringes Zusatzgewicht
- Geräuscharmes Arbeiten
- Optisch unauffällige Antriebslösung
- Kein Bremseffekt, wenn Antrieb inaktiv

Wie schon in Kapitel 3.5 dargestellt, handelt es sich bei einem E-Bike um ein Hybridantriebssystem aus Muskelkraft- und Elektroantrieb. Die Herausforderung besteht u. a. darin, den Elektromotor so abzustimmen, dass er mit dem menschlichen Muskelmotor harmoniert. Beide müssen mit gleicher Drehzahl auf das Antriebssystem einwirken. Die Kraftverteilung (Drehmoment) zwischen beiden Antriebsquellen kann hingegen flexibel gehalten werden. Somit kann der Pedalist den Unterstützungsgrad in gewissen Grenzen selbst wählen.

Auf den ersten Blick scheint dies mit einem Elektromotor gut zu gelingen. Wie bei allen Motoren berechnet sich seine Wellenleistung aus dem Produkt von Drehzahl mal Drehmoment. Man hat die Wahl, eine bestimmte Leistung entweder über eine hohe Drehzahl und ein niedriges Drehmoment (Schnellläufer) oder über eine niedrige Drehzahl und ein hohes Drehmoment (Langsamläufer) zu erreichen **(Bild 1)**.

Allerdings beeinflusst die Wahl die Größe und Bauform eines Motors. Der Schnellläufer kommt mit geringer Baugröße bzw. Masse auf seine Leistung, denn er holt sie aus der Drehzahl. Ein Langsamläufer hingegen benötigt zur Erzeugung seines hohen Drehmoments starke magnetische Kräfte und damit größere Mengen an Magnetmaterial, Eisen und Kupfer. Das macht ihn voluminös, schwer und teuer.

Dafür lässt sich der wuchtige Langsamläufer aufgrund seines niedrigen Drehzahlniveaus mehr oder weniger direkt mit dem Fahrradantrieb koppeln, während die schnelllaufende Maschine zwecks Drehzahlanpassung ein (oft mehrstufiges) Untersetzungsgetriebe braucht.

6

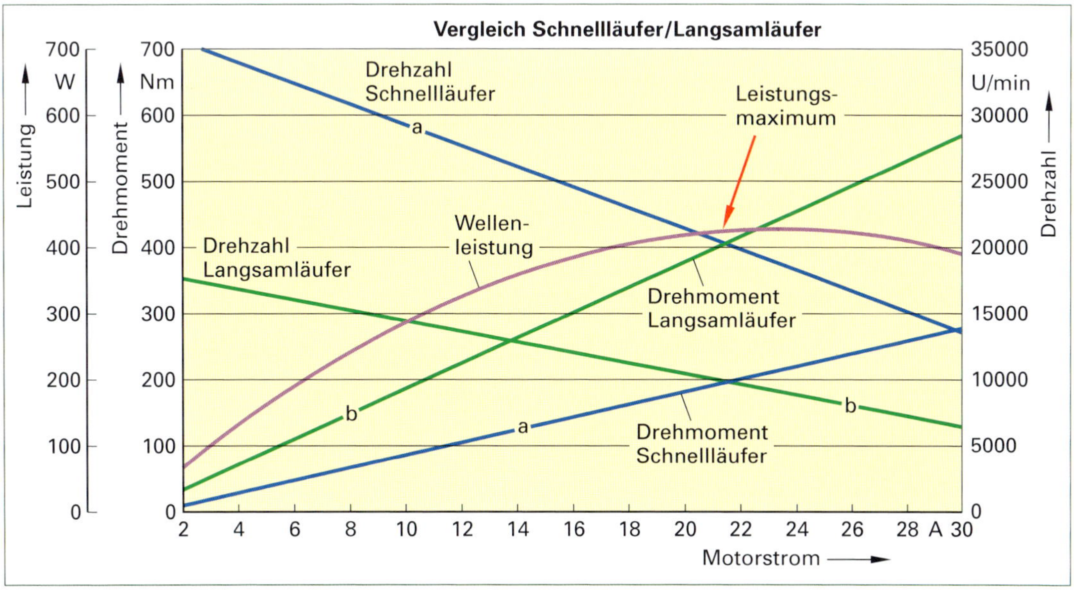

Bild 1: Kennlinie a) Motor mit großer Drehzahl und kleinem Drehmoment —
b) Motor mit kleiner Drehzahl und großem Drehmoment —

Dieses mindert den Gewichtsvorteil zwar nicht nennenswert, erzeugt aber zusätzliche Reibungsverluste und – entscheidender – fahrraduntypische Zusatzgeräusche. Hier schon deutet sich die Notwendigkeit von Kompromissen an. Alle der im obigen Pflichtenheft genannten Eigenschaften sind nicht gleichzeitig zu verwirklichen. Daher haben sich verschiedenartige Antriebskonzepte herausgebildet.

6.1 Nabenantrieb

Nabenantriebe können sowohl auf die Vorder- wie auch auf die Hinterachse wirken. Hier befinden sich der Motor und eventuell ein untersetzendes Planetengetriebe sowie bei manchen Ausführungen auch die Leistungselektronik direkt in der Radnabe.

Bei den meisten Motoren wird das Drehmoment über einen *Freilauf* auf die Nabe übertragen, damit der Rotor und das Getriebe bei reinem Pedalbetrieb nicht mit durchgedreht werden müssen. Fehlt ein Freilauf, machen sich nach dem Abschalten des Motors die aufgebauten Magnetfelder noch bis 1000 Meter bremsend bemerkbar, ebenso die Schleppwiderstände des Getriebes.

Ein Nabenmotor benötigt immer eine *Drehmomentstütze*, um die Gegenkraft des erzeugten Antriebsmomentes gegenüber dem Rahmen oder der Vorderradgabel abzustützen. Die übliche Achsklemmung reicht hierzu nicht aus.

6.1.1 Vorderrad-Nabenantrieb

Die Frage, ob Vorder- oder Hinterradantrieb, ist nicht unerheblich. Die Realisierung ist am Vorderrad einfacher, weil die Hinterradnabe so ihre bisherige Funktion mit Gangschaltung, Leerlauf und evtl. einer Rücktrittbremse beibehalten kann **(Bild 1)**.

Bild 1: Nabenmotor im Vorderrad

Der Frontantrieb an Elektrofahrrädern hat nicht nur Vorteile. Dies beginnt damit, dass die Vordergabel durch den Antrieb zusätzlichen Belastungen ausgesetzt ist. Im Falle einer Antriebsnachrüstung sollte dies beachtet werden, möchte man keine gefährlichen Brüche riskieren. Bei den heutigen im Fachhandel angebotenen Elektrofahrrädern darf man davon auszugehen, dass dieses Bauteil zweckentsprechend dimensioniert ist.

Auch fahrtechnisch fordert der Frontantrieb Aufmerksamkeit, selbst wenn sich der Antrieb auf beide Räder verteilt, man de facto über einen Allradantrieb verfügt. Denn am Vorderrad kann ein Zuviel an Traktion unangebracht sein, weil dort normalerweise zu wenig Gewicht lastet, um auch bei Nässe größere Antriebskräfte auf die Fahrbahn zu übertragen. Auf glattem Untergrund besteht die Gefahr eines Durchrutschens am gelenkten Vorderrad. An Steigungsstrecken kann es aufgrund der Schwerpunktverlagerung mit zunehmendem Steigungswinkel zu einer weiteren Entlastung des Vorderrades kommen.

Daher wird man Frontantriebssysteme dort einsetzen, wo man sich bevorzugt im Bereich moderater Steigungen bewegt, wie etwa bei Citybikes oder Trekkingrädern. Für Offroadeinsätze (Mountainbikes) ist ein Vorderradantrieb nicht die beste Wahl.

Im Allgemeinen kommen für Vorderradantriebe Motoren mit einstufiger Getriebeuntersetzung zur Anwendung **(Bild 2)**. Damit lassen sich kleinere, schneller drehende und somit gewichtsgünstige Motoren verbauen.

Bild 2: Untersetzter Vorderradnabenantrieb mit Planetengetriebe (Umlaufgetriebe). Werkbild Ansmann

Für die nötige Drehmomenterhöhung sorgen integrierte Planetengetriebe mit Untersetzungen von 1 : 3 bis 1 : 6. Neben Zahnradgetrieben kommen Reibradgetriebe zum Einsatz, die als geräuschärmer gelten. Die Getriebe verfügen meist über einen integrierten Freilauf, der im antriebslosen Zustand ein leichteres Treten ermöglicht.

Getriebe-Nabenmotoren lassen sich mit ihren kleinen Lochkreisdurchmessern im Bereich von 100 bis 120 mm optisch eher unauffällig in der Nabe „verstecken". Sie sind mit 2 bis 3 kg Masse gewichtsgünstiger als die gängigen Direktantriebe.

Etwas aufwendiger als bei alternativen Antriebskonzepten gestaltet sich die Stromzuführung zur Vorderradnabe. Befindet sich der Akku im hinteren Bereich unterhalb des Gepäckträgers, werden bei Rädern mit Tiefeinstiegsrahmen lange Verbindungskabel nötig, die zusätzliches Gewicht und oftmals nicht mehr vernachlässigbare Spannungsverluste mit sich bringen.

6.1.2 Hinterrad-Nabenantrieb

Treibt der Nabenmotor das Hinterrad an, sind die Verhältnisse der Kraftübertragung günstiger. Das Gewicht des Fahrers und die Gewichtsverlagerung bei der Bergauffahrt sorgen für eine größere Aufstandskraft. Der Motordurchmesser kann größer ausfallen, ohne optisch dominant zu wirken, weil die Hinterradnabe teilweise vom Zahnkranz verdeckt wird. Dennoch kommen auch in der Hinterradnabe immer mehr Getriebemotoren zum Einsatz, um an Baugröße und Gewicht zu sparen **(Bilder 1 und 2)**.

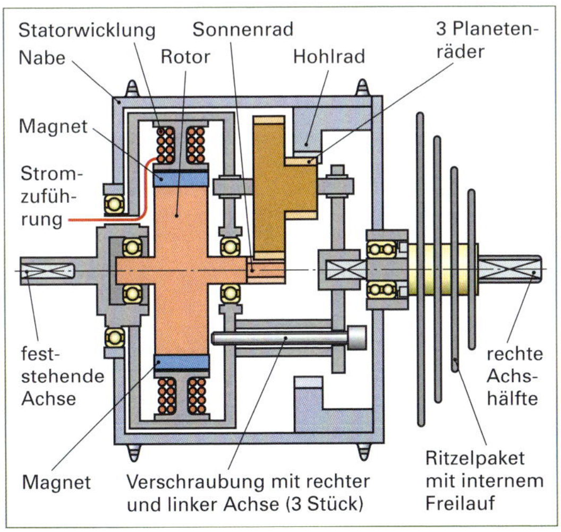

Bild 1: Schnittbild eines Hinterrad-Getriebemotors (Panasonic)

Bild 2: Größenvergleich von Hinterrad-Nabenmotoren a) ohne Getriebe b) mit Getriebe

Ein Vorzug getriebelos antreibender Nabenmotoren liegt in ihrer nahezu geräuschlosen Arbeitsweise. Theoretisch erreicht man mit getriebelos antreibenden Nabenmotoren höhere Wirkungsgrade, da die Motorleistung ohne zusätzliche Verluste das Laufrad antreibt. Der Motor muss dazu allerdings eine entsprechend große Magnetkraft aufbringen. Ohne üppige Mengen an Kupfer und Eisen ist dies kaum realisierbar, was in seiner Konsequenz Größe und Gewicht nach oben treibt. Hilfreich ist in diesem Fall ein großer Motordurchmesser **(Bild 3)**.

Bild 3: Hinterrad- Nabenantrieb mit großem Motordurchmesser (Bionix D Series)

Diese Bauform hat zudem den Vorzug, die Oberfläche des Motors zu vergrößern, was zu einer besseren Kühlung beiträgt.

Damit kann verhindert werden, dass bei langen Berganstiegen der Temperatursensor limitierend eingreifen muss.

Die bei Direktantrieben an Steilstrecken entstehende Verlustwärme stellt ein nicht zu vernachlässigendes Problem dar, weil der Antrieb dort mit verminderter Geschwindigkeit, also kleiner Drehzahl und hohem Drehmoment, arbeiten muss. Denn permanenterregte Elektromotoren, wie sie heute bei modernen Elektrofahrrädern fast ausnahmslos zum Einsatz kommen, sind nur bedingt drehzahlflexibel.

Um mit gutem Wirkungsgrad und damit geringen Verlusten arbeiten zu können, sollten die Motoren mit etwa 6/7 (siehe S. 49 und Kapitel 8) ihrer Leerlaufdrehzahl betrieben werden. In diesem Punkt gleicht der E-Motor einem pedalierenden Menschen, der auch eine individuelle „Wohlfühl"-Tretfrequenz (Kadenz) hat, bei der er die beste Ausdauerleistung erbringt. Um sie in unterschiedlichen Gelände- und Windbedingungen beibehalten zu können, verfügen Fahrräder heute fast ausnahmslos über ein mehrstufiges Schaltgetriebe. Bei zunehmender Belastung wählt der Fahrer dann eine niedrigere Gangstufe. Warum sollte diese Drehzahlanpassung nicht auch dem Motor zugutekommen?

6.2 Tretlagerantrieb

Der Tretlagerantrieb befindet sich im Bereich des Tretlagers und somit in der Mitte des Fahrrads, weshalb auch von **Mittelmotoren** die Rede ist. Davon gibt es zahlreiche Varianten. Ihnen ist gemeinsam, dass sie ihre Kraft über die Antriebskette ans Hinterrad bringen, zusammen mit der muskulären Tretkraft des Radfahrers. Ein höherer Kettenverschleiß ist daher nicht auszuschließen.

Der entscheidende Vorteil des Tretlagerantriebs besteht darin, die nachgeschaltete variable Übersetzung, ganz gleich, ob nun durch Ketten- oder Nabenschaltung, für den Motor mitnutzen zu können. So ist es bei richtiger Abstimmung möglich, im Bereich der optimalen Trittfrequenz des Fahrers auch den Motor im besten Wirkungsgradbereich zu betreiben. Daher ist der Mittelmotor grundsätzlich eine gute Wahl bei Rädern, die unter wechselnden Geländebedingungen zum Einsatz kommen, wie etwa bei Mountainbikes.

Diese Antriebskategorie hat nicht nur Vorteile. Wenn man die Drehzahlverhältnisse an den verschiedenen Antriebsteilen eines Fahrrads betrachtet, kommt man zu dem Schluss, dass am Tretlager das niedrigste aller fahrradüblichen Drehzahlniveaus herrscht. Die Antriebskurbel dreht sich im Mittel aller Gangschaltstufen nur etwa halb so schnell wie das angetriebene Hinterrad. Das bedeutet, dass die „Einstiegsdrehzahl" des Antriebs gegenüber dem direkten Radantrieb nochmals halbiert werden muss. Aus diesem Grund sind Antriebe, die auf das Tretlager wirken, von bislang wenigen Ausnahmen abgesehen, stets mehrfach untersetzt. Dafür können dann Motoren vergleichsweise kleiner Baugröße zum Einsatz kommen, die oft nicht einmal speziell für diesen Zweck konstruiert werden mussten. Manche von ihnen entstammen dem Kfz-Zubehörbereich aus der Kategorie Scheibenwischer- und Lenkservomotoren.

Bei der Frage, wie die Motorkraft in die Antriebskette eingeleitet wird, existieren unterschiedliche Konzepte. Eine direkte Möglichkeit der Krafteinleitung besteht darin, die Kette über ein zusätzliches Ritzel zu führen, wie es sich beim Klassiker aller Pedelecs von Panasonic schon seit Jahren bewährt hat. Hier lässt sich durch Variation der Ritzelgröße (9/11/12 Zähne) der Antrieb an individuelle Wünsche und unterschiedliche Raddurchmesser anpassen. Beim Panasonic-System **(Bild 1 und Bild 1, S. 63)** wird die Kettenkraft durch das vom E-Motor angetriebene Motorritzel verstärkt. Die Anordnung lässt sich bevorzugt zusammen mit einer Nabenschaltung verwenden.

Bild 1: Panasonic-Tretlagerantrieb

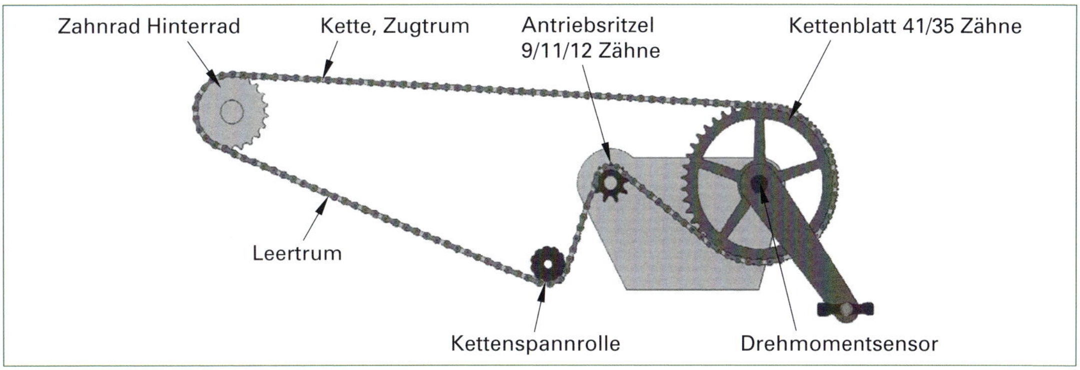

Bild 1: Schema und Kettenführung des Panasonic-Antriebs

Seit Längerem geht der Trend bei Mittelmotorantrieben dahin, die Tretkraftunterstützung über die Tretkurbelwelle einzuleiten. Hier wirken Tretkraft und Motorkraft summiert auf das Kettenblatt. Das Arbeitsprinzip ähnelt den Servoantrieben von Automobilen, wo die eingesetzte Bedien-Muskelkraft um einen bestimmten, in Grenzen wählbaren Faktor, verstärkt wird – vergleichbar der Wirkung einer Kfz-Servolenkung. Großserienhersteller wie Bosch, Brose, Impulse, Yamaha, Shimano und seit 2014 auch Panasonic verfolgen diesen Weg.

Mehrheitlich eignen sich Mittelmotorantriebe nicht als Nachrüstlösungen. Sie benötigen einen speziellen, an den jeweiligen Antrieb angepassten Fahrradrahmen, der statt des klassischen Tretlageraufnahmerohrs über eine Motorhalterung verfügt.

Während man es in der Anfangszeit oftmals mit unförmigen, zuweilen die Bodenfreiheit einschränkenden Antriebsteilen zu tun hatte, wirken neuere Mittelmotorantriebe so, als seien sie bereits Bestandteil des Fahrradrahmens. Einige Hersteller schaffen es, die Motor-/Getriebekombination so schmal zu bauen, dass vorne zwei umschaltbare Kettenblätter montiert werden können, was die Anzahl der wählbaren Gangstufen weiter erhöht.

Grundsätzlich enthält eine abgeschlossene Antriebseinheit neben der Steuerelektronik einen vergleichsweise kleinen Motor, der über

6

Bild 2: Bosch-Mittelmotor der ersten Generation (teilweise aufgeschnitten)

Bild 4: Fahrradrahmen für Tretlagerantrieb

Bild 3: Yamaha-Antrieb im Fahrradrahmen integriert

ein gewöhnlich zweistufiges Reduktionsgetriebe das Kettenblatt antreibt. Zwecks Geräuschminderung sind die Getrieberäder schräg verzahnt. Aus gleichem Grunde kommen Kunststoffzahnräder in Kombination mit Metallritzeln zum Einsatz.

Brose verwendet in der ersten Untersetzungsstufe ein Planetengetriebe aus Kunststoffzahnrädern, während die hochbelastete zweite Untersetzungsstufe durch einen breiten Zahnriemen realisiert wird **(Bild 1)**. Dadurch gerät die Antriebseinheit geräuscharm und zudem relativ leichtgewichtig (3,5 kg).

Bild 1: Brose-Antrieb mit 2-stufiger Untersetzung aus Planetengetriebe und Zahnriemen

Ein anderer Bosch-Antrieb unterscheidet sich von seiner Vorgängerversion durch eine elegantere Linienführung **(Bilder 2 und 3)**. Im Unterschied zu den Mitbewerbern verwendet Bosch bei der 2. Antriebsgeneration ein deutlich kleineres Kettenblatt. Das trägt dazu bei, die Kettenübersetzung mit zur Drehzahlreduk-

Bild 2: Bosch-Antrieb der 2. Generation mit verkleinertem Kettenblatt

tion nutzen zu können. Der Motor holt seine Leistung aus einer höheren Drehzahl und kann somit kleiner gebaut sein. Allerdings zieht diese Konstruktion zwangsläufig nach sich, dass der Pedalantrieb intern durch eine zweistufige Zahnradübersetzung ins Schnelle angepasst werden muss, damit der Pedalist weiterhin mit gewohnter Trittfrequenz treten kann. Es deutet sich hier ein neuer Trend an, bei Pedelecs den Wirkungsgrad des Motorantriebs auf Kosten des Pedalantriebs zu verbessern.

6.3 Integrierte Motor-Getriebe-Einheit

Mittelmotoren sind so ausgelegt, dass ihr Drehzahlniveau höher liegt als die Tretfrequenz eines pedalierenden Menschen. So können sie kleiner gebaut werden und erreichen einen höheren Wirkungsgrad.

Die notwendige Drehzahlanpassung erfolgt über ein internes mehrstufiges Getriebe. Die Anpassung an die Geschwindigkeits- und Geländeverhältnisse erfolgt über ein nachgeschaltetes Wechselgetriebe (Ketten- oder Hinterrad-Nabenschaltung).

Die Motor-Getriebe-Unit von Pinion vereint Motor (einschließlich Motorsteuerung) und alle notwendigen Getriebestufen in einem einzigen Gehäuse aus Magnesium **(Bild 3)**.

Bild 3: Kompakte Motor-Getriebe-Unit (Pinion)

Mit integriert sind die Sensoren für Drehmoment und Temperatur. Das Wechselgetriebe ist wahlweise mit 9 oder mit 12 Gängen verfügbar und kann sowohl manuell wie auch automatisch geschaltet werden. Auf Wunsch lässt sich der automatische Schaltmodus manuell

Bild 1: Pinion: Motor-Getriebe-Einheit. Der Verzahnungsmodul der Getrieberäder variiert entsprechend der Belastung.

korrigieren. Das System ist somit lernfähig. Als Schaltkriterium dient hier ausschließlich die vom Nutzer einstellbare Tretfrequenz. Beim Anhalten des Rades wird automatisch ein vorwählbarer niedriger Gang eingelegt, so dass das anschließende Wiederanfahren ohne überhöhten Kraftaufwand erfolgen kann **(Bild 2)**.

Die Pinion-Getriebelösung, die in der motorlosen Variante schon länger auf dem Markt ist, zeichnet sich durch ein besonderes Bauprinzip aus. So sind in dem Zweiwellengetriebe stets alle Zahnräder im Eingriff. Da sie nicht verschoben werden müssen, entstehen keine Lücken zwischen den einzelnen Zahnrädern, was eine außerordentlich kompakte Bauform ermöglicht.

Der Gangwechsel erfolgt durch Hohlwellen mit elektromotorisch gesteuerten Schaltnocken. Der Schalteingriff erfolgt auch bei manueller Betätigung rein elektrisch, so dass keine mechanischen Schaltzüge von der Bedieneinheit zum Getriebe gebraucht werden.

Durch die Integration aller oben beschriebenen Funktionen wird im Vergleich zu getrennt verbauten Systemen ein hohes Übersetzungsverhältnis (i_{max} = 600 beim 12-Ganggetriebe). Weil nun keine Umschaltung der Übersetzung mehr erforderlich ist, kann die Verbindung zum Hinterrad auch durch einen wartungsgünstigen Zahnriemen erfolgen.

6.4 Nachrüstmöglichkeiten

Bei der Entwicklung von Antrieben für Elektrofahrräder wurde schon früh mit unterschiedlichen Konzepten experimentiert. Dabei ging es darum, vorhandene Fahrräder mit einem elektrischen Hilfsantrieb nachzurüsten. Und obgleich das Angebot an kompletten Elektrofahrrädern seit Jahren wächst, erfreuen sich Nachrüstsätze bis heute großer Beliebtheit. Dies beweisen immer neue Lösungsansätze, die in einschlägigen Foren diskutiert werden.

Es hat den Anschein, dass das Thema Elektrofahrrad die Kreativität technikbegeisterter Zeitgenossen anregt. Wer hier selbst tätig werden möchte, sollte allerdings die länderspezifischen gesetzlichen Auflagen (siehe Kapitel 3) beachten.

6.4.1 Reibrad-/Reibrollenantrieb

Die ersten Fahrradumbauten mittels Elektroantrieb orientierten sich an klassischen Vorbildern. Hierzu zählt das legendäre Vélo Solex, bei dem ein kleiner, vor dem Lenker angeordneter Zweitakt-Benzinmotor über eine Reibrolle das Vorderrad antreibt **(Bild 1, Seite 66)**.

So fand man in der Anfangszeit zahlreiche Lösungen, bei denen der Antrieb über aufgeraute Walzen direkt auf die Laufräder erfolgte. Das Prinzip ähnelt dem eines herkömmlichen Reibraddynamos, nur mit umgekehrt verlaufendem Kraftfluss **(Bilder 2 und 3, Seite 66)**.

Bild 1: Der Klassiker, das Velo Solex

Diese Lösung ist an Einfachheit kaum zu überbieten. Wenn die Antriebswalze winkelrichtig gegen die Lauffläche drückt, reguliert sich der Anpressdruck von selbst (selbstspannendes Reibrad). Voraussetzung für eine hinreichend gute Kraftübertragung ist eine möglichst verschmutzungsfreie Lauffläche. Daher ist die Lösung für den Offroadbetrieb weniger geeignet.

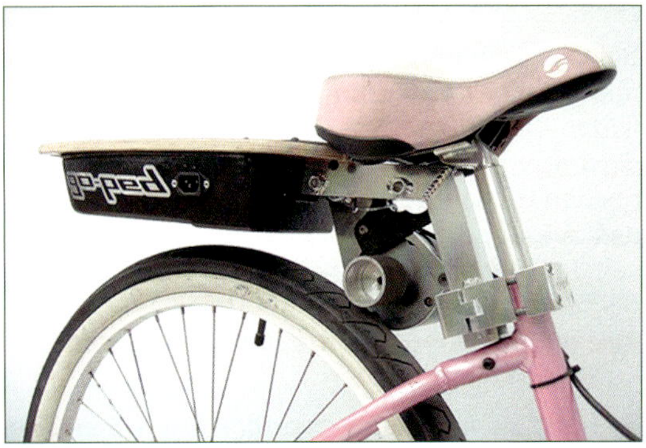

Bild 2: Reibradantrieb – Akku und Motor anstelle Gepäckträger

Mit den schlupfbehafteten Reibradantrieben sind weder im Hinblick auf Energieeffizienz noch der Geräuscharmut Traumwerte zu erreichen. Gleichwohl erfreuen sich diese Reibradlösungen bei Nachrüstprojekten bis heute großer Beliebtheit.

Ein Grund kann sein, dass sich Reibradantriebe optisch unauffällig am Fahrradrahmen „andocken" lassen. Beispiel: Versteckt man den auf den Hinterreifen wirkenden Antriebsmotor unter das Tretlagergehäuse, ist er kaum zu erkennen. Wird der Antrieb gerade nicht gebraucht, kann er leicht weggeklappt werden und man hat ein beinahe normales Fahrrad.

Bild 3: Reibrollenantrieb Hidden Power

Auch wenn dem klassischen Reibrollenantrieb ein Hauch von Primitivität anzuhaften scheint, hat er doch physikalisch einen nicht zu bestreitenden Vorteil: Der Elektroantrieb setzt an der Stelle des Laufrades mit der höchsten Umfangsgeschwindigkeit an – eben am Reifenmantel. Das heißt, dass die Umdrehungszahl der Antriebsrolle vergleichsweise hoch sein darf. So kann ein verhältnismäßig schnelllaufender und somit leichter Elektromotor zum Einsatz kommen.

Beispiel: Ein 26"-Reifen mit einem Durchmesser von $d \approx 66$ cm hat einen Umfang von $U = d \cdot \pi \approx 2{,}07$ m.

Bei einer Geschwindigkeit von 25 km/h (≈ 7 m/s) beträgt die Drehzahl n des Laufrades 3,35 Umdrehungen pro Sekunde = 201 U/min.

Gehen wir von einem Reibrollendurchmesser von 5 cm aus, beträgt das Übersetzungsverhältnis

$$i = \frac{66}{5} = 13{,}2$$

Damit ergibt sich für die Reibrolle eine Drehzahl von n = 201 U/min · i = 201 U/min · 13,2 = 2 653 U/min.

Solche Drehzahlen sind mit geeigneten Gleichstrom-Elektromotoren (siehe Kapitel 8) noch ohne zusätzliches Untersetzungsgetriebe zu realisieren, was Aufwand und Gewicht in Grenzen hält. Ein Reifen anderer Größe (z. B. 28") verändert das Ergebnis nicht (wie sich leicht nachrechnen lässt).

Statt auf die Reifenlauffläche kann der Antrieb auch seitlich auf die Felge drücken. In diesem Falle entschärft sich das Verschmutzungsproblem. Dass Fahrradfelgen durchaus imstande sind, auch bei Nässe große Kräfte zu übertragen, verdeutlicht sich anhand der Wirkung von Felgenbremsen.

Beim Felgenantrieb wird die Wirkrichtung nur umgekehrt. Wie bei der Bremse drücken zwei gegenüberliegende Antriebsrollen, je von einem kleinen Motor angetrieben, beidseitig gegen die Felge. Die axial wirkenden Kräfte gleichen sich aus und die Felge neigt nicht dazu, sich zu verbiegen. Die Leistungsverteilung auf zwei Motoren bringt zudem den Vorteil einer besseren Kühlung **(Bild 1)**.

Bild 1: Felgenantrieb Velospeeder. Die Motoren entstammen ursprünglich dem Modellbau.

Die Oberfläche der Antriebsrollen besteht aus dauerelastischem Material. Bei winkelrichtiger Anordnung der drehbar angeordneten Walzen an der Felgenflanke reguliert sich auch hier der Anpressdruck selbsttätig **(Bild 2)**.

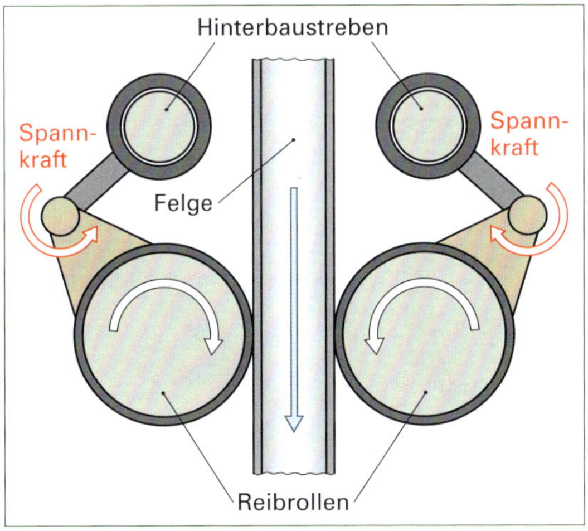

Bild 2: Funktionsprinzip Felgenantrieb mit selbstspannenden Reibrollen

Im abgeklappten Zustand sorgt ein geringer Luftspalt zwischen der Felge und den Andruckrollen dafür, dass keine unerwünschte Bremswirkung auftritt. Wird der Antrieb gestartet, stellt die Trägheitskraft des anlaufenden Rotors den Reibkontakt wieder her. Die an den Hinterbaustreben befestigten Motoren sind optisch unauffällig. Wird der Akku beispielsweise in einer Sattel- oder Werkzeugtasche versteckt, ist der E-Bike-Charakter nicht auf Anhieb erkennbar. Soll das Fahrrad wieder in herkömmlicher Weise nur mit Muskelkraft betrieben werden, lassen sich Reibradantriebe leicht demontieren.

Eine Abwandlung des gezeigten Prinzips stellt der Antrieb über eine verzahnte Antriebsscheibe am Hinterrad dar. Auch hier dienen zwei Außenläufermotoren aus dem Modellbau als leistungsstarke Antriebsquelle. Erhältlich sind auch Varianten mit einseitig montiertem Motor. Diese bis zu mehreren Kilowatt leistenden Antriebe kommen für S-Pedelecs und unlimitierte Elektrobikes (Motocross und Offroadnutzung) in Frage und können hinsichtlich Leistung und Geräuschentfaltung als Schnittstelle zum E-Motorrad betrachtet werden **(Bild 3)**. 6

Bild 3: Powerantrieb der Fa. Aden

6.4.2 Bausatz-Radnabenantrieb

Nachrüstbar, wenn auch mit erheblich höherem Aufwand, ist ein Radnabenantrieb. Dieser kann sich entweder in der Vorder- oder Hinterradachse befinden. Der Motor ist getriebelos, kann aber auch ein untersetzendes Planetengetriebe und die Leistungselektronik enthalten.

Im Nachrüstfall muss zumindest die Radnabe ausgetauscht werden, was ein erneutes Einspeichen des jeweiligen Rades nach sich zieht. Deshalb ist es meist einfacher, das anzutreibende Rad komplett auszutauschen.

Nachrüstsätze für einen Radnabenantrieb enthalten neben dem Motor auch den passenden Akku, den Motorcontroller sowie die benötigten Sensorsysteme **(Bild 1)**. Oftmals kommen sog. Bremskontakte zum Einsatz, die bewirken, dass bei Betätigung eines Bremsgriffs der Antrieb sofort gestoppt wird.

Bild 1: Nachrüst-Hinterradnabenmotor

6.4.3 Bausatz-Tretlagerantrieb

Sollen vorhandene Fahrräder mit Mittelmotorantrieb nachgerüstet werden, kann der Getriebemotor auch in unmittelbarer Nähe zum Tretlager Platz finden. Er überträgt seine Kraft dann über eine kurze Hilfskette auf ein zusätzliches Kettenrad. Am einfachsten befestigt man den leistungsstarken Getriebemotor (wie es der Schweizer Bike-Ausrüster Boosty vorgibt) am Unterrohr **(Bild 2)**. Das Zusatzkettenblatt ist hier außen montiert, sodass die Zahl der drei auswählbaren vorderen Kettenblätter erhalten bleibt. Mit solchen kraftvollen Antrieben ausgestattete Mountainbikes werden dann dank voll nutzbarer 30-Gang-Kettenschaltung zu wahren „Kletterziegen", zumal der außen liegende Motor von günstigen Kühlverhältnissen profitiert.

Bild 2: Boosty (CH): Nachrüstbarer Kettenblattantrieb mit hoher Leistung

Eine neuartige Lösung stellt der getriebelose Tretlager-Direktantrieb von Pendix dar. Der drehmomentstarke Außenläufermotor ist auf der linken Seite direkt mit der Pedalkurbel verbunden und überträgt seine Kraft über die Tretlagerwelle auf das Kettenblatt. Die Montage wird so stark vereinfacht und erfordert vom Fahrradrahmen keine besonderen Voraussetzungen oder Modifikationen. Der Nutzer braucht auf alte Gewohnheiten wie beispielsweise eine Rücktrittbremse nicht zu verzichten.

Die Batterie befindet sich in einer Trinkflaschenattrappe, deren Kopf als Drehschalter fungiert. Damit stellt der Fahrer den Unterstützungsgrad ein **(Bilder 3 und 1, S. 69)**.

Bild 3: Bei der Pendix- Nachrüstlösung ist der Motor fest mit der rechten Kurbel verbunden (siehe auch Bild 1, S. 98)

Eine mehrfarbige LED-Anzeige informiert über den Ladezustand. Ein Freilauf ist auf diese Weise nicht realisierbar. Der Antrieb bringt mit einem 300 Wh-Akku ein Mehrgewicht von 6,5 kg.

Bild 1: Der Pendix-Nachrüstsatz passt an nahezu jeden Fahrradtyp

6.4.4 Individuelle Antriebslösungen[1)]

Elektrofahrräder können nach individuellen Ideen gestaltet werden. Sie unterliegen keiner Abnahmepflicht. Gleichwohl erscheint der Hinweis wichtig, dass bei Teilnahme am öffentlichen Verkehr die Richtlinien des jeweiligen Landes in jedem Fall einzuhalten sind.

Eine interessante Leichtbaulösung geht auf den Schweizer Ingenieur *Jean-Pierre Schiltknecht* zurück. Das extrem leicht gebaute Carbon-Elektrorad schaffte es mit 7,7 kg Gesamtgewicht (inkl. Akku) sogar ins Guinness-Buch der Rekorde. Mit einer Nominalleistung von 250 Watt und einer Maximalleistung von 400 Watt entspricht der Motor der Pedelec 25-Vorschrift. Die Trittunterstützung wird nur beim Pedalieren wirksam und muss vom Lenker aus aktiviert werden **(Bild 2)**.

Bild 2: 7,7 Kilo leichtes Selbstbau-Elektrorad (*Jean-Pierre Schiltknecht*)

Die hier dargestellte exzentrische Motoranordnung am Unterrohr zählt nicht zu den optisch und akustisch unauffälligen Antriebslösungen. Zudem treten an der Motorhalterung erhebliche Momente auf, deren Einleitung in den Rahmen nicht ganz unproblematisch ist.

Günstiger liegen die von der Hilfskette verursachten Momente, wenn die Antriebseinheit in das Dreieck zwischen Sattel- und Unterrohr verlegt und somit von beiden gehalten wird. Hier ist der Motor kühltechnisch ideal außerhalb der Getriebeeinheit platziert **(Bild 3)**.

Bild 3: Der leichte (290 g) 40-polige Außenläufermotor wird freiliegend gut gekühlt.

Der ursprünglich für Multikopterantriebe konstruierte Außenläufer-Motor treibt über ein einstufiges, schrägverzahntes Stirnradgetriebe (Stahl/Delrin) das Kettenritzel, von wo die Motorkraft über eine kurze Hilfskette in Richtung Tretlager auf ein kleines Kettenblatt geleitet wird **(Bild 1, S. 70)**.

Der verwendete Außenläufer-Motor zeichnet sich durch ein geringes Gewicht aus. Er stellt dank seiner speziellen Bauweise als Extrem-Langsamläufer mit hoher Polzahl bei niedriger

[1)] Die in Kap. 6.4.4 beschriebenen Antriebslösungen sind nicht im Handel erhältlich.

spezifischer Drehzahl (ca. 100 U/min · V) ein hohes Drehmoment bereit. Damit bleibt das vom Zahnradgetriebe erzeugte Geräuschniveau in angenehmen Grenzen (Näheres zur Motorauslegung in Kapitel 8).

Bild 1: Antrieb der Hilfskette mit Gummirolle als Kettenspanner

Der Akku verbirgt sich in der Trinkflasche, die Leistungselektronik liegt unmittelbar darunter. Diese optisch unauffällige Lösung ist energieeffizient, denn die Stromleitungen zwischen Akku und Motor nehmen nur wenige Zentimeter Länge in Anspruch. Es lässt sich bei günstiger Anordnung der Komponenten das gesamte Spektrum der verfügbaren Gänge (im abgebildeten Beispiel 20 Schaltstufen) sowohl für Fahrer als auch Motor nutzen. Somit genügen bei derartigen Antrieben vergleichsweise kleine Batterien (z. B. 150 Wh), die das Zusatzgewicht weiter reduzieren.

Antriebe dieser Art werden als Assistenzsysteme oder als „Peak-Shaver" bezeichnet. Sie bleiben bei normalen Fahrbelastungen ausgeschaltet und dank Antriebsfreilauf unbewegt und werden nur an schwierigeren Passagen aktiviert. Damit bleibt der eigentliche Fahrradcharakter erhalten, ohne dass an Steilpassagen kapituliert werden müsste.

6.5 Rekuperation und Freilaufsysteme

Bei elektrischen Fahrzeugantrieben ist eine Rückspeisung der Bremsenergie möglich. Fachlich hat sich hierfür der Begriff „Rekuperation" etabliert. Es liegt nahe, derartige Energiequellen mitzunutzen, denn die in Batterien mitgeführte Energie ist trotz aller Fortschritte noch immer nicht im Überfluss vorhanden. Und grundsätzlich ist es besser, beim Abbremsen hochwertige Elektroenergie als nutzlose Wärme zu erzeugen.

Allerdings ist die Energierückgewinnung bei einem Fahrrad technisch nicht ganz einfach zu realisieren, in der Fahrpraxis weit weniger effizient als angenommen und bei genauer Überlegung fahrtechnisch nur selten sinnvoll.

So schließen sich grundsätzlich eine Hinterrad-Freilauffunktion und die Rekuperation wechselseitig aus. Denn selbstverständlich profitieren E-Räder auch von dieser Entkopplung. Sie hilft, bei kurzen Gefällstrecken den Schwung zu nutzen und generell bergab die Pedale ruhen lassen zu können. Gerade diese technische Einrichtung hat zweifellos zum Erfolg des Fahrrades beigetragen.

Elektrisch zu bremsen bringt beim Fahren in dichtem Verkehr Vorteile, wenn verkehrsbedingt häufiger kurz abgebremst werden muss. Die herkömmliche Felgen- oder Scheibenbremse wird dadurch entlastet, aber keineswegs überflüssig, weil die Motorbremse ein dynamisches Bremssystem darstellt, mit dem nicht bis zum Stillstand verzögert werden kann.

Auch bei längeren Bergabfahrten überwiegen die Vorteile der Energierückgewinnung, vorausgesetzt, eine nicht mehr ganz volle Batterie kann die Bremsenergie aufnehmen.

Der Wirkungsgrad der Rekuperation wird vielfach überschätzt. Messungen ergaben, dass selbst unter günstigen Umständen nicht einmal ein Drittel der bei der Bergfahrt investierten Energie talwärts wieder rückholbar ist. Der technische Aufwand, das Freilaufsystem zwecks Rekuperation zeitweilig abzuschalten, wäre angesichts dieser geringen Erfolgsaussicht nicht vertretbar.

Rekuperationsfähig sind somit nur Direktantriebssysteme ohne integrierte Freilauffunktion. Auch Reibrollenantriebe können prinzipiell mit vergleichsweise geringem technischen Zusatzaufwand (mechanisches Andrücken der nunmehr angetriebenen Reibräder) rückspeisefähig gemacht werden. Der angehende Nutzer sollte hier abwägen, ob bei der jeweiligen Einsatzhäufigkeit die Vorzüge den Aufwand rechtfertigen.

Auch das Mitpedalieren bei Bergabfahrt wird in einigen Publikationen als Rekuparationsmöglichkeit beschrieben. Abgesehen von der Sinnhaftigkeit solchen Tuns darf der Hinweis nicht unterbleiben, dass die E-Bike-Technik solche Möglichkeiten üblicherweise ausschließt.

Denn alle Mittelmotorantriebe sind so konzipiert, dass (abgesehen von der Belastung durch das Elektro-Zusatzgewicht) ein bequemes Fahren ohne Antrieb möglich sein muss. Sie verfügen daher über einen zusätzlichen Antriebsfreilauf, der das Pedalieren ermöglicht, ohne dabei Getriebe und Motor mitzubewegen. Denn im Generatorbetrieb arbeitende E-Motoren produzieren auch unbelastet Leerlaufverluste, die in diesem Fall zusätzlich zu den Getriebeverlusten als Bremsmoment spürbar sind.

Meist befinden sich solche Freiläufe direkt auf der Antriebswelle, wie bei dem im **Bild 1** gezeigten Panasonic-Getriebe. Der Freilauf sitzt hier unterhalb des Kugellagers zwischen dem Kunststoffzahnrad und der inneren Abtriebswelle. Er kann auch zwischen Getriebewelle und Abtriebsritzel Platz finden **(Bild 2)**.

Zusätzlich findet sich bei einigen Tretlagerantrieben ein Kurbel- oder Pedalfreilauf. Dieser entkoppelt die Pedalwelle von den Kettenblättern. Er wird bei allen Mittelmotorsystemen ohne integrierten Tretkraftsensor benötigt und sorgt dafür, dass die Pedalkraft zwar in das Kettenblatt einfließen kann, umgekehrt aber die Pedale nicht vom E-Antrieb mitgerissen werden, was unangenehm und vielleicht gefährlich wäre.

Bild 2: Links: kleines Antriebskettenritzel mit passendem Klemmkörperfreilauf. Rechts: Hinterradfreilauf.

Die Notwendigkeit dieses zusätzlichen Freilaufsystems hat noch einen gesetzgeberischen Grund: In manchen Ländern, wie beispielsweise in Deutschland, darf der Antrieb beim Pedelec 25 nur aktiv werden, wenn gleichzeitig mit Muskelkraft pedaliert wird. Hört der Fahrer auf, aus eigener Kraft zu treten, muss der Motor stillstehen. Das Pedalieren wird durch einen direkt mit der Pedalwelle verbundenen Tretsensor überprüft. Wären Pedal- und Antriebswelle fest verbunden, gäbe es, nachdem der Motor gestartet wurde, keine Möglichkeit mehr zu überprüfen, von welcher der beiden Kraftquellen die Bewegung tatsächlich ausgeht **(Bilder 3 und 1, S. 72)**.

6

Bild 1: Geöffneter Panasonic- Antrieb.

Bild 3: Hase-Freilaufkurbel. Entkoppelt die Pedalkurbel vom Kettenblattmitnehmer

Bild 1: Freilaufkurbel mit montiertem Kettenblatt von der rückwärtigen Seite gesehen. Die graue Scheibe im Inneren zeigt die Magnete (hier 6 Stück) des Tretsensors.

6

6.6 Antriebstuning

Genau wie bei anderen Motorfahrzeugen besteht auch bei Elektrofahrrädern und Pedelecs zuweilen der Wunsch, bestimmte Eigenschaften nachträglich zu verändern, namentlich, die Antriebsleistung zu steigern. Dies bezieht sich zumeist auf die mögliche elektrisch unterstützte Höchstgeschwindigkeit des Fahrrads. Angestrebt wird darüber hinaus, den einstellbaren Unterstützungsgrad anzuheben. Hier soll, neben den noch zu erörternden Konsequenzen bezüglich Legalität und Gewährleistungsansprüchen, zuerst die Frage nach der Sinnhaftigkeit erörtert werden.

Physikalische Zusammenhänge

Tuning ist bei den meisten Antrieben physikalisch möglich, weil die Hersteller oft stärkere Motoren verbauen, als es zum Erreichen des bei Pedelecs zugelassenen Geschwindigkeitslimits von 25 km/h notwendig wäre. Dies liegt zum einen an der etwas freizügigen Leistungsdefinition, welche von einer *mittleren* (!) Leistung von 250 Watt für Pedelecs ausgeht. Dies bedeutet, dass der Motor kurzzeitig mehr auf die Welle bringen kann. Darin versteckt sich letztlich eine von allen Seiten durchaus wünschenswerte Leistungsreserve.

info

Der Einbau größerer Motoren kann für die Hersteller interessant sein, weil man denselben Antrieb in S-Pedelecs mit durch die Betriebssoftware gesteuertem erweitertem Leistungsspektrum einsetzen kann.

Oft wird vergessen, dass der Elektromotor nur einen Teil des Antriebssystems darstellt. Gibt er mehr Leistung ab, stellt ein erhöhter Kettenverschleiß noch die geringste aller nachteiligen Konsequenzen dar.

Beispiel:
Nabenschaltungen reagieren oftmals empfindlich, denn sie sind nur für eine begrenzte Leistung ausgelegt.

Zudem muss der getunte Motor mehr Energie aufnehmen, was bei unveränderter Batteriespannung einen höheren Stromverbrauch nach sich zieht. Das kann den Controller an seine Belastungsgrenzen treiben. Höhere Entladeströme verringern die Batteriereichweite und können die Akkulebensdauer reduzieren.

Die Idee, die Spannung zu steigern, indem man statt einer 36 Volt- eine 48 Volt-Batterie anklemmt, ist nur dann hilfreich, wenn die nachfolgenden Komponenten über eine entsprechende Spannungsfestigkeit verfügen und die Spannungsüberwachung (Abschalten bei leer werdender Batterie) der höheren Batteriezellenzahl angepasst werden kann.

info

Fährt man schneller, wächst der Luftwiderstand quadratisch. Er vervierfacht sich bei einer Geschwindigkeitsverdoppelung von 25 auf 50 km/h. Die erforderliche Leistung steigt mit der 3. Potenz (Rechenbeispiel siehe S. 35)

Der luftwiderstandsabhängige Leistungsbedarf, der bei zunehmender Geschwindigkeit einen immer weiter steigenden Teil an der Gesamtleistung ausmacht, kann nicht ohne drastische Konsequenzen für die mit einer Batterieladung mögliche Reichweite bleiben. Eine gesteigerte Motorleistung ergibt daher nur zusammen mit einem leistungsfähigen Akku Sinn.

Gängige Tuning-Hilfsmittel[1)]

Tuningprodukte für das Elektrofahrrad werden seit Langem im Internet beworben. Gängig sind sog. Dongles, die der Kunde mit wenig Mühe selbst einbauen kann **(Bild 1, Seite 73)**. Sie verbergen ihr elektronisches „Innenleben“ oft in einem Stecker. Versehen mit passendem Kabelmaterial werden sie zwischen dem Ge-

1) Zur Tuning-Problematik siehe die Stellungsnahme der AGF S. 20

schwindigkeitssensor und die Steuerung geklemmt. Ihre Funktionsweise ist meist simpel: Ab einer Geschwindigkeit von beispielweise 20 km/h werden die vom Sensor gelieferten Signale „bearbeitet“, d. h., in der Regel in ihrer Frequenz halbiert. Dies gaukelt der Steuerung eine geringere Geschwindigkeit vor, als in Wirklichkeit gefahren wird. Auch die auf dem Display angezeigte Geschwindigkeit wird so verfälscht.

Bild 1: Dongle (für Bosch-Antrieb)

In der Folge hört die Motorunterstützung nicht erst bei 25 km/h, sondern bei realen 50 km/h auf. Ähnlich ist der Effekt, wenn man (was früher oftmals möglich und deshalb auch gängige Praxis war) den an den Speichen des Hinterrads angebrachten Magnetgeber zusammen mit dem entsprechenden Hall-Sensor so versetzt, dass er stattdessen auf die Drehzahl der Tretkurbel reagiert.

Tuningzubehör soll möglichst unauffällig aussehen. Doch auch wenn dieses gut getarnt ist, wird es in einem Versicherungsfall mit großer Wahrscheinlichkeit aufgespürt.

Käuflich ist auch das in **Bild 2 und 3** gezeigte Hilfsmittel. Dieses Plastikteil wird einfach über den Magnetsensor geschoben und mit einem Gummiring fixiert. Es verfälscht die Geschwindigkeitsmessung. Da keine galvanische Verbindung zur Fahrradelektrik besteht, wird hierzu eine kleine Batterie benötigt.

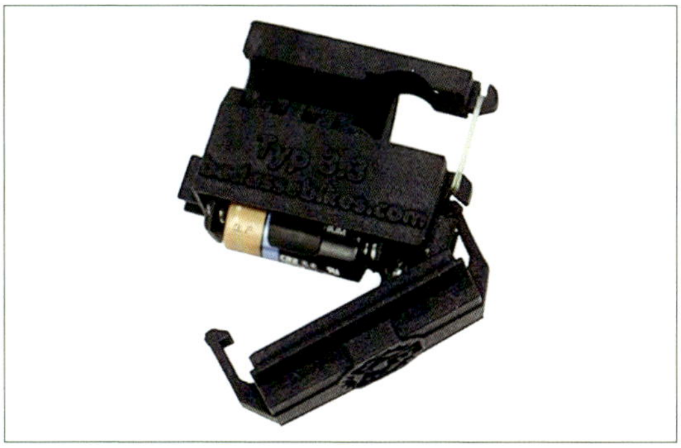

Bild 2: Chiptuning

Über die Geschwindigkeitsauswertung wirkt das in die Steuersoftware eingreifende Chip-Tuning. Hierbei können noch andere Parameter manipuliert werden. Beispielsweise lässt sich dann je nach Antriebssystem die maximale Unterstützung des E-Bike-Motors beeinflussen.

Obgleich die Hersteller über Tuningmaßnahmen wenig erfreut sind und durch verschiedene Vorkehrungen unerlaubte Eingriffe in die Motorsteuerung zu verhindern suchen, werden immer neue „Tricks“ ausgetüftelt.

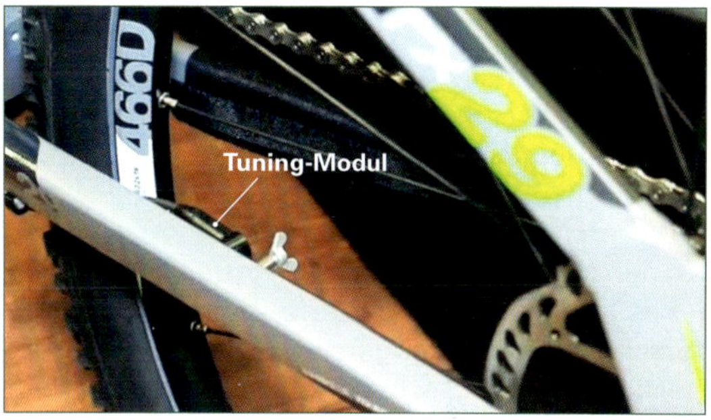

Bild 3: Tuning-Modul an der Kettenstrebe montiert

Eine Sensorik der Bosch *eBike-Systemsoftware* erkennt während der Fahrt, ob ein Pedelec getunt wurde und schaltet dann in den Notlauf. Über einen Fehlercode im Display wird die Manipulation angezeigt und die Unterstützung heruntergeregelt.

Der E-Biker kann den ursprünglichen Fahrzustand wiederherstellen, indem er weitere 90 Minuten mit dem Pedelec fährt. Sobald sich das System wieder im Normalbetrieb befindet, erfolgt die Manipulationsabfrage erneut. Nach der dritten Wiederherstellung kann der Notlaufbetrieb nur noch durch das Bosch Diagnostic-Tool beim Fachhändler aufgehoben werden.

Die Software schiebt Tuning den Riegel vor, schützt das System und macht Manipulation unattraktiv. Mit dieser Maßnahme wird eine Forderung der aktuellen europäischen Norm (EN 15194:2017) für elektromotorisch unterstützte Fahrräder umgesetzt.

info

Getunte Bikes dürfen nach gesetzlichen Vorgaben nicht im Geltungsbereich der StVZO bewegt werden. Das bedeutet, dass das modifizierte Elektrofahrrad nur auf Privatgrund gefahren werden darf. Daher kann man die meisten Tuning-Sets deaktivieren bzw. abmontieren, damit das Pedelec auch im öffentlichen Verkehr genutzt werden kann.

6

7 Grundlagen der Elektrotechnik und Elektronik

7.1 Elektrischer Strom

Spannung, Stromstärke und Widerstand sind die wichtigsten elektrischen Größen. Träger des elektrischen Stroms (der „Ladungen“) sind Elektronen und Ionen. Im Halbleitermaterial sind die Elektronen die negativen, die Löcher die positiven Ladungsträger. Ionen als Ladungsträger können entweder positiv oder negativ geladen sein.

7.1.1 Spannung

7

An den Polen einer Spannungsquelle (in **Bild 1a** ist es eine geladene Batterie) befinden sich unterschiedliche Ladungsmengen. Am Minuspol herrscht ein Überschuss, am Pluspol ein Mangel an Elektronen. Elektronenmangel ist gleichbedeutend mit positiver Ladung.

Elektrische Spannung entsteht durch Ladungstrennung. Um Ladungen zu trennen, ist Arbeit (Arbeit = Kraft · Weg) erforderlich. In **Bild 1b** wird mittels einer Kraft eine Spule in einem Magnetfeld in Drehung versetzt. Die Spule legt einen bestimmten Weg zurück. Die verrichtete Arbeit ist als elektrische Energie (z. B. in einem Kondensator) oder als chemische Energie (z. B. in einem Akku) gespeichert.

Elektrische Spannung ist das Ausgleichsbestreben der unterschiedlichen Ladungen. Ein Ladungsausgleich zwischen den Polen einer Spannungsquelle ist nur bei geschlossenem Stromkreis möglich. Die Einheit der Spannung ist Volt (V), das Kurzzeichen U, z. B. $U = 6$ V.

7.1.2 Strom

Wird über einen Leiter der Stromkreis geschlossen, **(Bild 2)** bewegen sich die Elektronen aufgrund der elektrischen Spannung vom Minuspol zum Pluspol (Elektronenstromrichtung oder physikalische Stromrichtung).

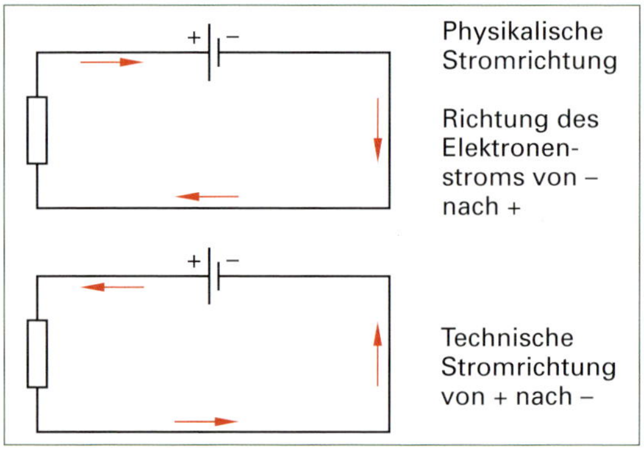

Bild 2: Stromfluss über einen geschlossenen Stromkreis

In der Praxis gebräuchlich und Grundlage aller Schaltungssymbole ist die technische Stromrichtung: Elektronenstrom vom Pluspol zum Minuspol.

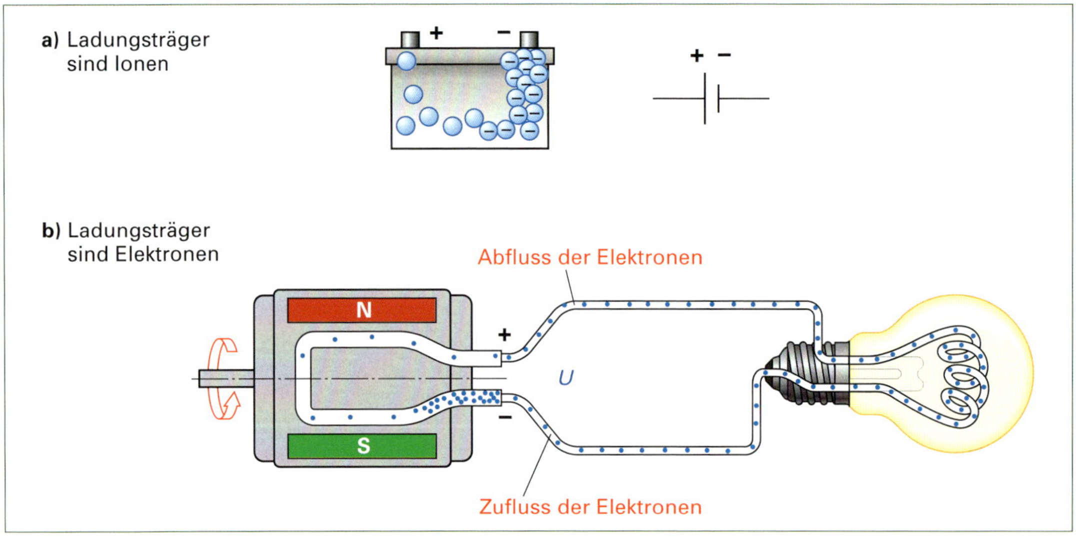

Bild 1: a) Spannungsquelle geladene Batterie b) Ladungstrennung in drehender Generatorwicklung

7.1.3 Stromarten

Bei einem Elektrofahrrad versorgt der Akkumulator den Elektromotor mit Gleichspannung. Gleichspannung bewirkt Gleichstrom, bei dem die Elektronen stets mit gleicher Stärke in die gleiche Richtung fließen **(Bild 1)**. Die Polarität ändert sich nicht. Nur Gleichstrom lässt sich in Akkumulatoren und Kondensatoren speichern. Die Bezeichnung auf einem Messgerät ist:

- DC (Direct Current) oder – AC (Alternating Current).

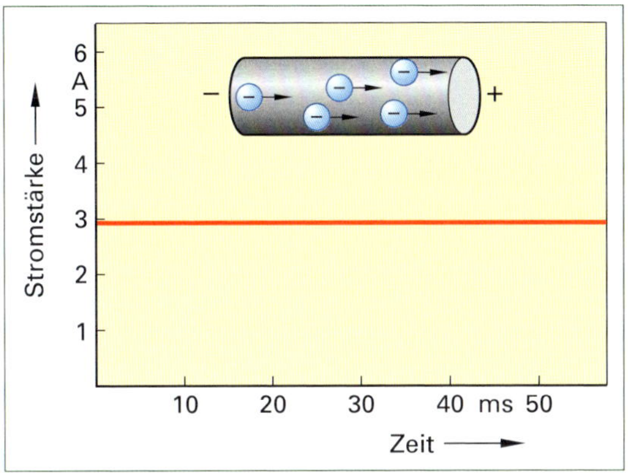

Bild 1: Zeitlicher Verlauf von Gleichstrom

Ändern die Elektronen in der betrachteten Zeit mehrfach ihre Richtung und ihre Stromstärke, handelt es sich um **Wechselstrom (Bild 2)**. Die Polarität an den Polen ändert sich fortlaufend (periodisch). Während einer Periode durchläuft der Strom eine positive und eine negative Halbwelle.

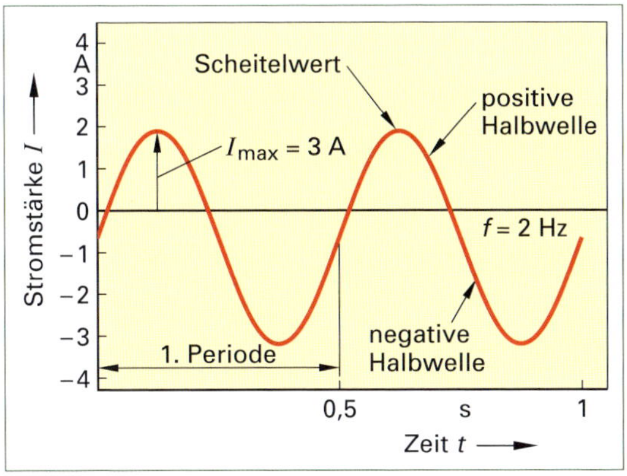

Bild 2: Zeitlicher Verlauf von Wechselstrom

Die Anzahl der Perioden pro Sekunde wird als Frequenz bezeichnet. Die Einheit der Frequenz ist Hertz (Hz). 1 Hz = 1 Schwingung pro Sekunde. Das Kurzzeichen ist *f*, z. B. *f* = 50 Hz.

Die Bezeichnung für Wechselstrom auf einem Messgerät ist:

- AC (Alternating Current)

Beim Fahrrad erzeugt der Dynamo (Lichtmaschine) Wechselstrom.

7.1.4 Elektrischer Widerstand

Werkstoffe mit vielen freien Elektronen sind gute Leiter. Sie setzen der Elektronenbewegung nur einen geringen Widerstand entgegen **(Bild 3)**. Werkstoffe mit wenigen freien Elektronen sind schlechte Leiter. Sie setzen der Elektronenbewegung einen großen Widerstand entgegen **(b)**.

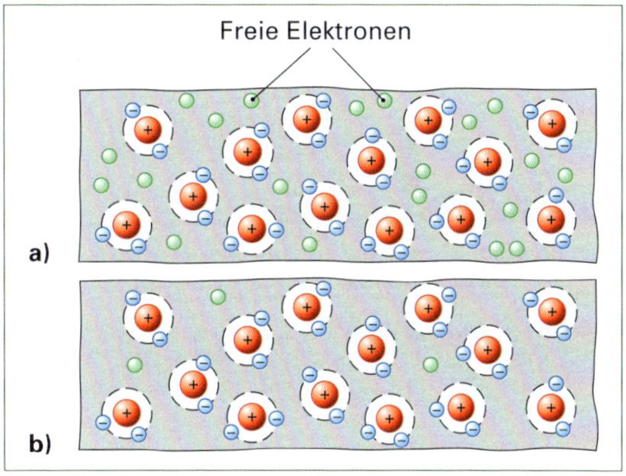

Bild 3: a) Kleiner Widerstand b) Großer Widerstand

Der Widerstand *R* einer Zuleitung berechnet sich nach der Formel

$$R = \frac{\rho}{A} \cdot l \quad \text{in } \Omega$$

ρ Spezifischer elektrischer Widerstand des Leitungsmaterials in $\Omega mm^2/m$

l Länge der Leitung in m

A Querschnittsfläche des elektrischen Leiters in mm^2

In Formeln hat der Widerstand den Buchstaben *R*. Die Einheit ist Ohm (Ω). 1 Ω = 1V/1A

Die Werkstoffe werden entsprechend ihrem elektrischem Widerstand in Leiter, Nichtleiter und Halbleiter eingeteilt.

Das **ohmsche Gesetz** stellt den Zusammenhang zwischen Spannung *U*, Stromstärke *I* und Widerstand *R* im Stromkreis dar: Je höher die Spannung bei konstantem Widerstand, desto höher ist die Stromstärke. Oder: Je höher der Widerstand bei gleichbleibender Spannung ist, desto geringer ist die Stromstärke:

$$\frac{\textbf{Spannung}}{\textbf{Widerstand}} = \textbf{konstant}$$

Daraus folgt, dass sich die Stromstärke in demselben Verhältnis wie die Spannung ändert. Wird die Spannung verdoppelt, so verdoppelt sich auch die Stromstärke.

$$\textbf{Stromstärke} = \frac{\textbf{Spannung}}{\textbf{Widerstand}} \qquad I = \frac{U}{R}$$

Der elektrische Widerstand von metallischen Leitern ist nur bei gleich bleibender Temperatur konstant, d. h. unabhängig von der Stromstärke im Leiter:

$$R = \frac{U}{I}$$

7

7.1.5 Elektrische Arbeit

Die elektrische Arbeit ist das Produkt aus Spannung U, Stromstärke I und Zeit t. In Formeln hat die elektrische Arbeit den Buchstaben W. Die Einheit ist Wattsekunde Ws bzw. bei größeren Arbeitsbeträgen kWh.

$$W = U \cdot I \cdot t$$

7.1.6 Elektrische Leistung

Die elektrische Leistung P ist das Produkt aus der Spannung U und der Stromstärke I. Für die elektrische Leistung bei Gleichstrom gilt:

$$P = U \cdot I$$

Durch Einsetzen des ohmschen Gesetzes erhält man die Formeln:

$$P = I^2 \cdot R \qquad I = \sqrt{\frac{P}{R}} \qquad R = \frac{P}{I^2}$$

$$P = \frac{U^2}{R} \qquad U = \sqrt{P \cdot R} \qquad R = \frac{U^2}{P}$$

In Formeln hat die Leistung den Buchstaben P. Die Einheit ist das Watt (W). 1 W ist die Leistung eines Stromes von 1 A bei einer Spannung von 1 V. 1000 W = 1 kW, 1 kW = 1,36 PS, 1 PS = 0,736 kW.

Verknüpft man die Formeln für die elektrische Arbeit und Leistung, ergeben sich die Beziehungen:

$$\textbf{Leistung} = \frac{\textbf{Arbeit}}{\textbf{Zeit}} \qquad P = \frac{W}{t}$$

$$\textbf{Arbeit} = \textbf{Leistung} \cdot \textbf{Zeit} \qquad W = P \cdot t$$

Damit ergeben sich die wichtigen Zusammenhänge zwischen verschiedenen Leistungsformen:

- Elektrische Leistung: 1 W = 1 V · 1 A
- Wärmeleistung: 1 W = 1 J/s
- Mechanische Leistung: 1W = 1 Nm/s

7.1.7 Wirkungsgrad

In allen Energiewandlern (z. B. in Motoren) entstehen unerwünschte Nebenwirkungen. So erwärmt der elektrische Strom die Wicklungen und das Eisenblech von Läufer und Ständer. Außerdem setzen sich die Luft- und Lagerreibung ebenfalls in Wärme um.

Diesen Teil der aufgenommenen Leistung bezeichnet man als Verlustleistung **(Bild 1)**. Der Wirkungsgrad η ist das Verhältnis der aufgenommenen zur abgegebenen Leistung und wird in % angegeben:

$$\eta = \frac{P_{ab}}{P_{zu}}$$

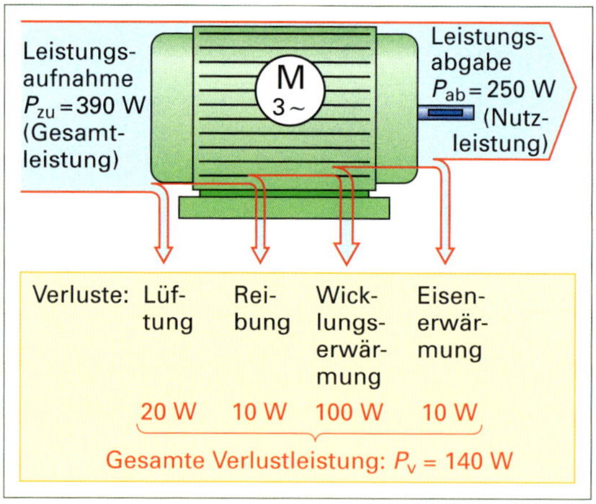

Bild 1: Leistungsschild eines Motors. Der Wirkungsgrad beträgt η = 250 W : 390 W = 0,64 = 64 %

Die abgegebene Leistung (z. B. die an der Welle eines E-Motors messbare Leistung) ist immer kleiner als die zugeführte Leistung.

7.1.8 Kondensator

Der Kondensator findet im Elektrofahrrad vielfältige Anwendung. Beispiele: Ladungsspeicher im DC/DC-Wandler (Gleichstromsteller), Schutz von Halbleiterbauteilen, Zeitglied, Glättung von pulsierender Gleichspannung, Funkentstörung des Elektronikmotors usw. Wirkungsweise: Wird der Kondensator an eine Spannungsquelle angeschlossen, fließt kurzzeitig ein Strom, bis er mit der gleichen Spannung geladen ist **(Bilder 1 und 2)**.

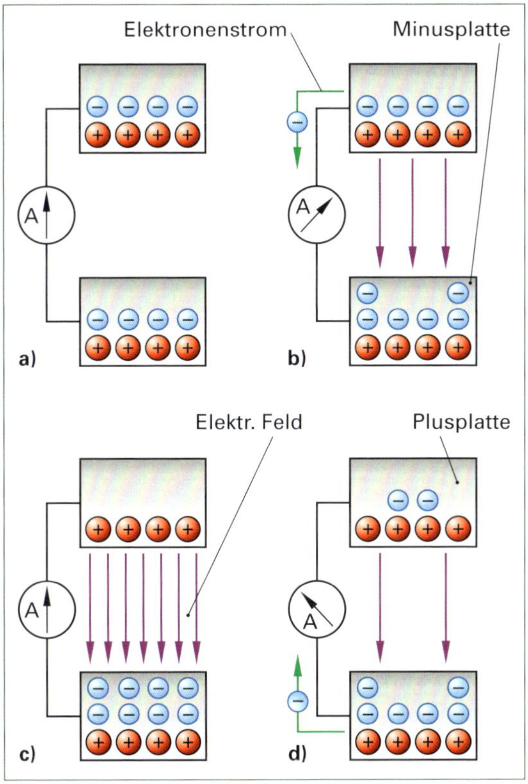

Bild 1: Lade- und Entladevorgang eines Kondensators

a) Kondensator ungeladen. Elektrisch neutral, kein elektrisches Feld zwischen den Platten

b) Aufladevorgang. Es fließt kurz ein Ladestrom I_C. Ein elektrisches Feld baut sich auf.

c) Kondensator geladen. Es fließt kein Strom. Die Quellenspannung U ist gleich der Kondensatorspannung U_C. Die Ladung ist gespeichert.

d) Entladevorgang. Es fließt der Entladestrom I_C, bis die Spannung $U_C = 0$ V ist.

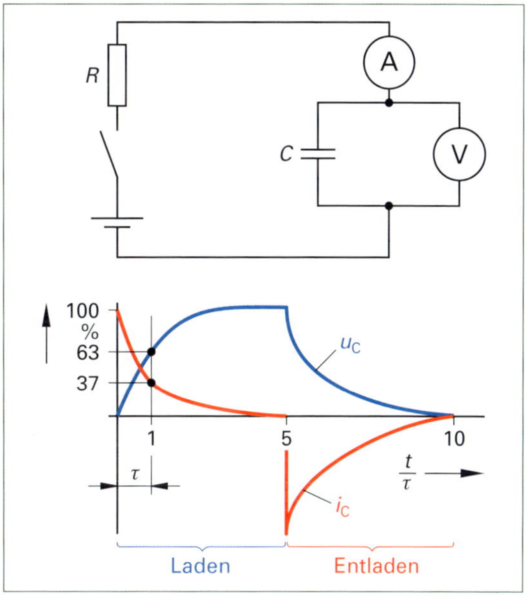

Bild 2: Kondensator im Gleichstromkreis

Ähnlich einer Batterie beschreibt die Kapazität C die Menge an Ladungen, die der Kondensator speichern kann: Ein Kondensator hat eine Kapazität von 1 F, wenn er an einer Spannung von 1 V eine Ladung von 1 As (1 As = 1 Coulomb) aufnehmen kann.

$$C = \frac{Q}{U_C} \text{ in F,} \quad \text{wobei } 1\,\text{F} = \frac{1\,\text{C}}{1\,\text{V}} = \frac{1\,\text{As}}{1\,\text{V}} \text{ ist}$$

1 F ist eine relativ große Ladungsmenge. Sie entspricht einer Anzahl von $6{,}3 \cdot 10^{18}$ Elektronen, die auf der negativen Platte gespeichert sind. Allgemein verwendet man kleinere Einheiten: Beispiel: 1 µF = 10^{-6} F oder 1 nF = 10^{-9} F in elektronischen Steuergeräten. Für die Energie W, die im Kondensator gespeichert ist, gilt:

$$W = \frac{1}{2}\, C \cdot U_C^2$$

Für die Entlade- oder Ladezeit t bzw. Δt gilt:

$$\Delta t = \frac{C \cdot \Delta U_C}{I_C}$$

Jeder Kondensator hat nach der Zeit t beim Laden 63 % der Endspannung erreicht. Nach der Zeitdauer $\approx 5 \cdot t$ ist er vollständig geladen. Deshalb kann man Kondensatoren als Zeitglieder einsetzen.

Kondensator im Wechselstromkreis

Im Gleichstromkreis wirkt der Kondensator wie ein unendlich großer Widerstand – mit Ausnahme des kurzen Ladestroms. Im Wechselstromkreis lässt der Kondensator den Strom durch. Aber auch hier wirkt er wie ein Widerstand. Durch die ständig wechselnde Stromrichtung wird der Kondensator mit der gleichen Frequenz geladen und wieder entladen. Der Kondensator nimmt beim Laden Energie auf, speichert sie und gibt sie bei der Entladung wieder ab. Die Energie wird ohne Wirkung hin- und hergeschoben. Deshalb bezeichnet man den Widerstand als Blindwiderstand. Strom und Spannung sind zueinander phasenverschoben. Der Strom eilt der Spannung um 90° voraus. Der kapazitive Blindwiderstand X_C berechnet sich nach

7

$$X_C = \frac{U_C}{I_C} = \frac{1}{2 \cdot \pi \cdot f \cdot C} \quad \textbf{mit der Einheit } \Omega$$

Der kapazitive Blindwiderstand wird umso kleiner, je höher die Frequenz und je größer die Kapazität ist.

7.2 Magnetische Grundlagen

Magnete ziehen Eisenteile an. Ein Magnet besteht aus Nord- und Südpol. Die magnetische Kraftwirkung ist an den Polen am größten. Den Raum um den Magneten, in dem eine Kraftwirkung auftritt, nennt man sein magnetisches Feld. Die Feldlinien verlaufen außerhalb des Magneten vom Nord- zum Südpol, sie sind in sich geschlossen **(Bild 1)**. Die Dichte der Feldlinien ist ein Maß für die Stärke des Magnetfeldes.

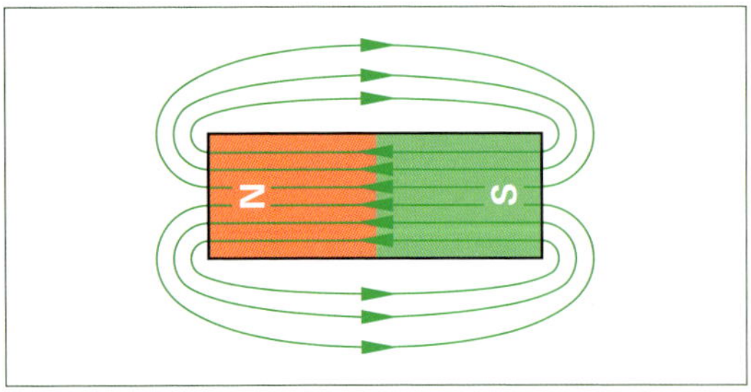

Bild 1: Feldlinien bei einem Stabmagneten

Werden zwei gleichnamige Pole einander genähert, dann stoßen sie sich mit der Kraft *F* ab. Bei einer Annäherung ungleichnamiger Pole ziehen sie sich mit der Kraft *F* an **(Bild 2)**.

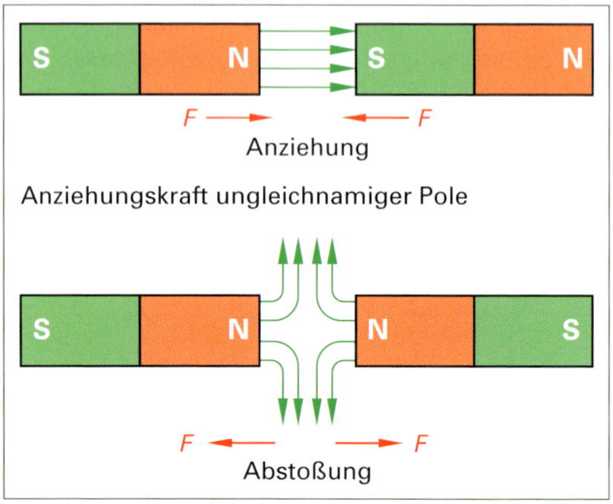

Bild 2: Kraft *F* bei a) Anziehung b) Abstoßung

Die Stärke eines Magneten wird durch die magnetische Flussdichte *B*[1)] beschrieben **(Bild 3)**.

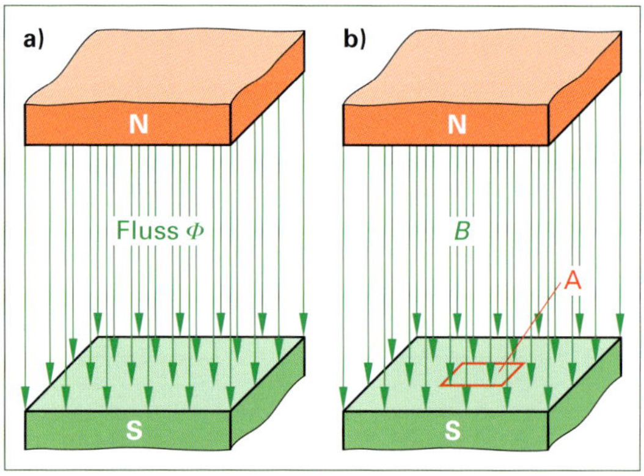

Bild 3: Darstellung a) magnetischer Fluss *Φ*
b) magnetische Flussdichte *B*

$$B = \frac{\Phi}{A} = \frac{\text{magnetischer Fluss}}{\text{Fläche}}$$

Dabei versteht man unter dem magnetischen Fluss ϕ die Gesamtzahl der magnetischen Feldlinien eines Dauermagneten oder einer Spule. Der Begriff entstand durch den Vergleich mit dem elektrischen Stromfluss I.

1) Auch als magnetische Feldstärke bezeichnet.

7.2.1 Dauermagnetismus

Die Elementarmagnete von Dauermagneten (Permanentmagnete) sind zunächst völlig ungeordnet und heben sich in ihren magnetischen Wirkungen gegenseitig auf. Unter dem Einfluss eines äußeren Magnetfeldes richten sich die Elementarmagnete alle gleich aus – der Werkstoff ist magnetisiert **(Bild 1)**.

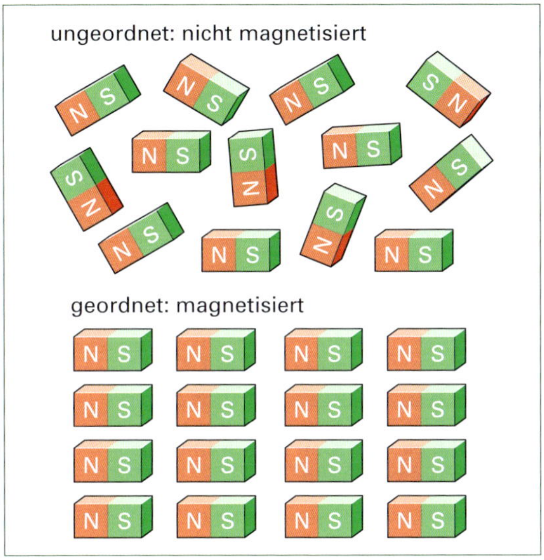

Bild 1: Ausrichtung von Elementarmagneten

Durch Entmagnetisieren wird der ungeordnete Zustand wieder hergestellt. Das kann eintreten durch starkes Erwärmen (Glühen), durch Erschütterungen oder durch magnetische Wechselfelder.

Weichmagnetische Werkstoffe lassen sich leicht magnetisieren und entmagnetisieren. Sie finden Verwendung in Bereichen, wo die magnetische Polarität und Stärke variiert, wie zum Beispiel in Spulenkernen bzw. Teilen von Elektromotoren.

Hartmagnetische Werkstoffe sind nur schwer zu magnetisieren, behalten diesen Zustand danach aber bei. Aus ihnen werden Dauermagnete hergestellt. Bei der Herstellung von starken Dauermagneten für Elektromotoren kommen heute bevorzugt Legierungen unter Verwendung von Elementen aus der Gruppe der „Seltenen Erden" zum Einsatz (sog. SE-Magnete aus Neodym-Eisen-Bor oder Kobalt-Samarium).

7.2.2 Elektromagnetismus

Um jeden stromdurchflossenen Leiter entsteht ein Magnetfeld ϕ. Die Richtung der Feldlinien bestimmt man mit der „Schraubenregel": Dreht man eine Schraube mit Rechtsgewinde in den Leiter hinein, gibt die Drehrichtung die Richtung der Feldlinien an **(Bild 2)**.

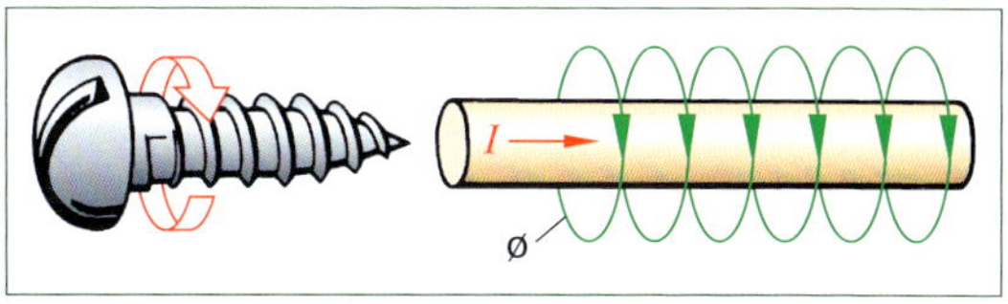

Bild 2: Strom- und Feldlinienrichtung

Wickelt man den Leiter zu einer Spule auf, addieren sich die magnetischen Feldlinien der einzelnen Leiterschleifen und es entsteht ein Elektromagnet mit Nord- und Südpol **(Bild 3)**. Es entspricht dem Magnetfeld eines Stabmagneten.

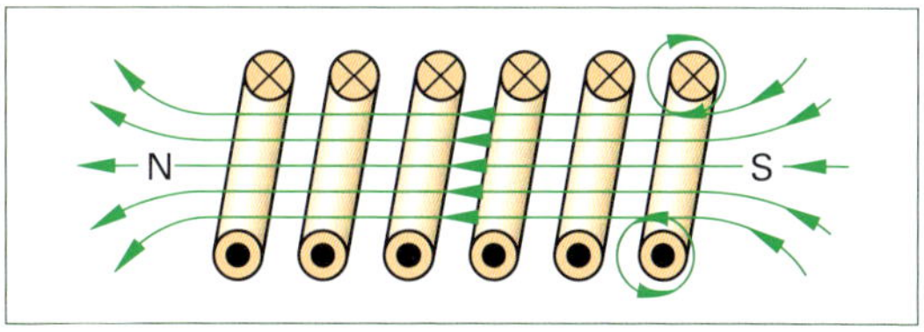

Bild 3: Magnetfeld einer Spule

Parallele Leiter mit gleicher Stromrichtung ziehen sich an, bei entgegengesetzter Stromrichtung stoßen sie sich ab **(Bild 4)**.

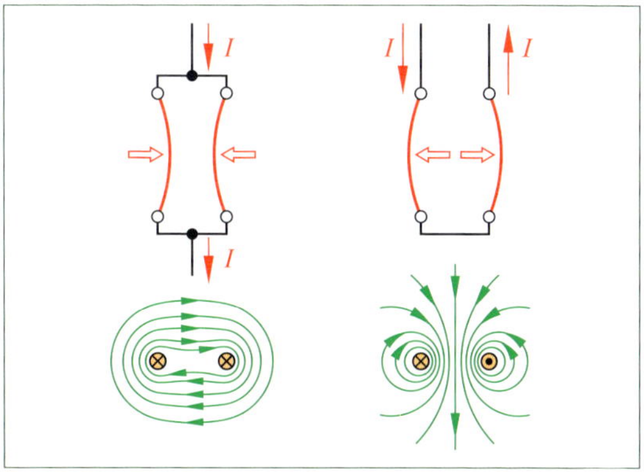

Bild 4: Kräfte auf parallele Leiter

Elektromagnete lassen sich abschalten und leicht elektrisch umpolen. Ein Eisenkern im Inneren einer stromdurchflossenen Spule verstärkt die Magnetwirkung der Spule um ein Vielfaches.

7

7.2.3 Elektromotorisches Prinzip

Ein Leiter hängt an zwei Zuleitungen zwischen den Polen eines Hufeisenmagneten. Die Zuleitungen sind an eine einstellbare Gleichstromquelle angeschlossen. Steigert man langsam den Strom durch den Leiter, bewegt ihn eine Kraft aus dem Magnetfeld heraus **(Bild 1)**. Diese Ablenkkraft bezeichnet man als Lorentzkraft.

Polt man die Anschlüsse um oder vertauscht die Magnetpole, bewegt sich der Leiter in die entgegengesetzte Richtung.

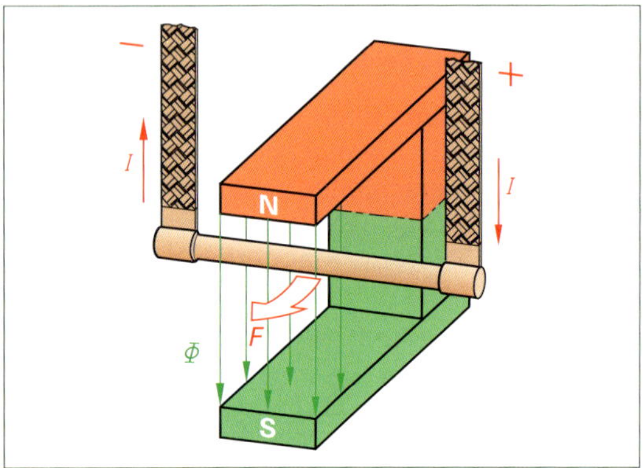

Bild 1: Ablenkung eines Leiters im Magnetfeld

Die Richtung der auf den Leiter wirkenden Kraft kann man mit der „Linken-Hand-Regel" bestimmen **(Bild 2)**:

- Die Feldlinien des Magnetfeldes müssen in die Handfläche gehen.
- Die Fingerspitzen zeigen die Stromrichtung an
- Der Daumen zeigt in die Bewegungsrichtung des Leiters.

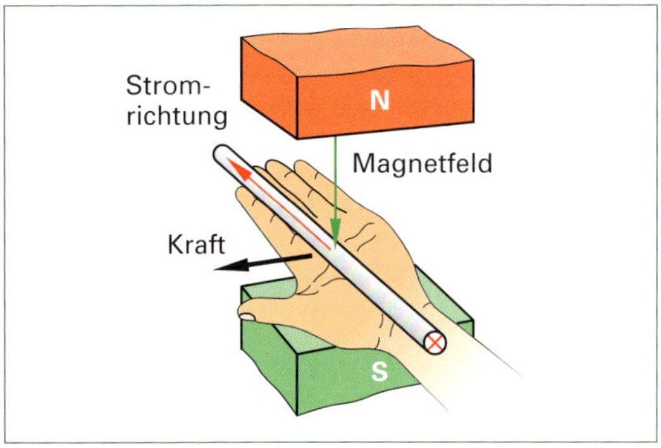

Bild 2: Motorregel „Linke Hand"

Der stromdurchflossene Leiter **(Bild 3)** baut ein Magnetfeld auf, das in Stromrichtung gesehen rechtsdrehend um den Leiter gerichtet ist **(a)**.

Das Magnetfeld überlagert sich mit dem Feld des Hufeisenmagneten. Das resultierende Feld wird auf der einen Seite geschwächt und auf der gegenüberliegenden Seite verstärkt **(b)**.

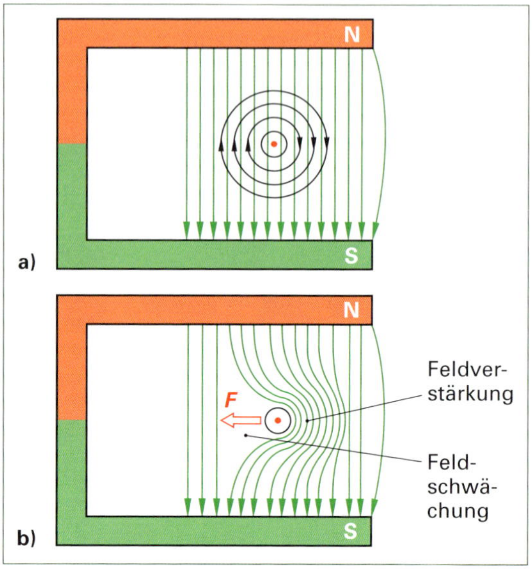

Bild 3: Ablenkende Kraft in Richtung der Feldschwächung

Die Ablenkkraft *F* steigt mit der Flussdichte *B*, der Stromstärke *I*, der Leiterlänge *l* und der Leiterzahl *N*:

$$F = B \cdot I \cdot l \cdot N$$

info

Motorprinzip: Stromdurchflossene Leiter im Magnetfeld erzeugen Bewegung.

Eine stromdurchflossene Spule wird im Magnetfeld in eine bestimmte Stellung gedreht, bis ihr Spulenfeld die gleiche Richtung hat wie das feststehende äußere Magnetfeld **(Bild 4)**.

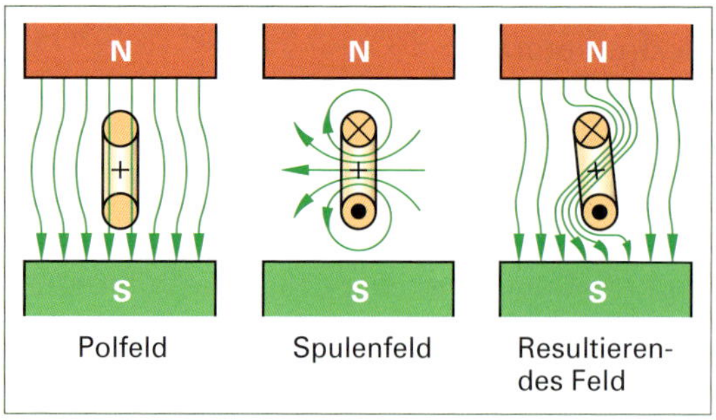

Bild 4: Stromdurchflossene Leiterschleife im Magnetfeld

Durch einen Stromwender (Kommutator), der jeweils kurz vor Erreichen der Endstellung die Stromrichtung in der Spule umpolt, kann eine fortlaufende Drehung erfolgen.

7.2.4 Generatorprinzip: Induktion

Bewegt man einen Leiter in einem Magnetfeld, werden die Feldlinien geschnitten **(Bild 1)**. Dadurch werden im Leiter Ladungen (freie Elektronen) verschoben. Auf der einen Seite des Leiters bildet sich ein Elektronenüberschuss, auf der anderen Seite ein Elektronenmangel und damit eine Spannung **(Bild 2)**. Es ist gleichgültig, ob der Leiter oder die Kraftlinien bewegt werden.

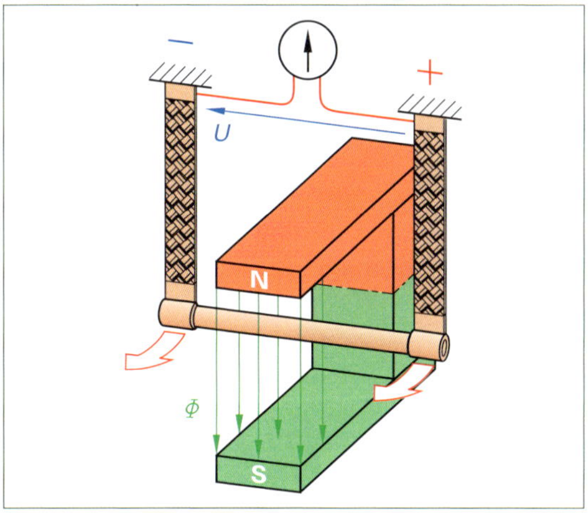

Bild 1: Bewegung eines Leiters im Magnetfeld

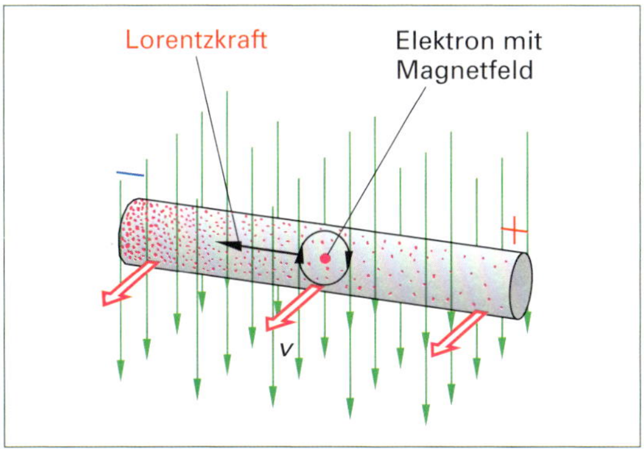

Bild 2: Ladungsverschiebung (infolge Induktion) durch Bewegung

Diese induzierte (erzeugte) Spannung lässt einen (Induktions)Strom fließen, wenn man einen Verbraucher in den Stromkreis schaltet.

Nimmt man anstelle eines Leiters eine drehbare Leiterschleife, ändert sich auch ständig die Strom- und Spannungsrichtung. Man erhält eine Wechselspannung **(Bild 3)**.

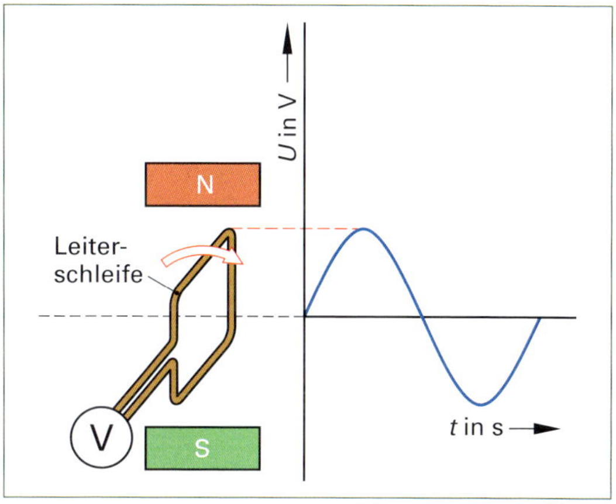

Bild 3: Spannungsverlauf bei einer Umdrehung der Leiterschleife

7.2.5 Lenz'sche Regel

Bei der Bewegung *v* eines Leiters durch ein Polfeld wird im Leiter eine Spannung induziert. Wird ein Verbraucher angeschlossen, fließt ein Strom durch den Leiter. Dieser Strom ruft ein Magnetfeld um den Leiter hervor, das sich dem Polfeld überlagert **(Bild 4a)**. Dieses Feld ist so gerichtet, dass sich das gemeinsame Feld vor dem Leiter verdichtet **(b)** und deshalb der verursachenden Bewegung entgegenwirkt.

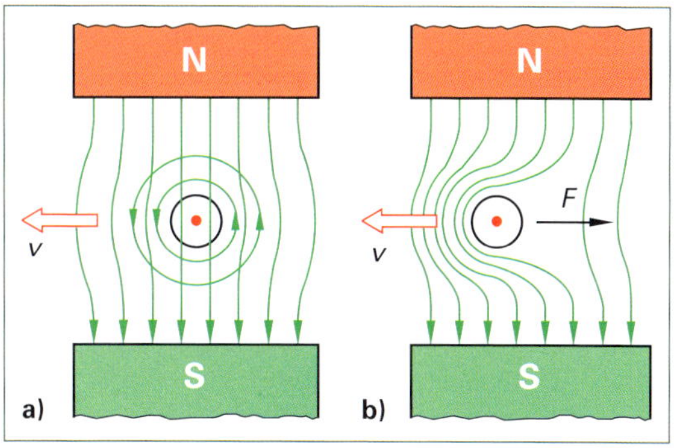

Bild 4: Der Induktionsstrom ist so gerichtet, dass er seine Ursache zu hemmen sucht.

So kann erklärt werden, warum beim Einschalten eines Fahrradnaben-Dynamos eine deutliche Bremswirkung auftritt.

7.2.6 Transformator

Neben der Spannungserzeugung durch Bewegung kann auch die Änderung des Magnetfeldes (des magnetischen Flusses) eine Induktionsspannung erzeugen.

Bleibt die Spule in ihrer Lage unverändert und es ändert sich nur das Magnetfeld, spricht man von einer Induktion der Ruhe. Die Änderung des Magnetfeldes kann z. B. durch eine Primärspule und über eine magnetische Verbindung (Kopplung) auf eine zweite Spule, die Sekundärspule, übertragen werden. Ist die magnetische Verbindung ein Weicheisenkern, handelt es sich um einen Transformator **(Bild 1)**.

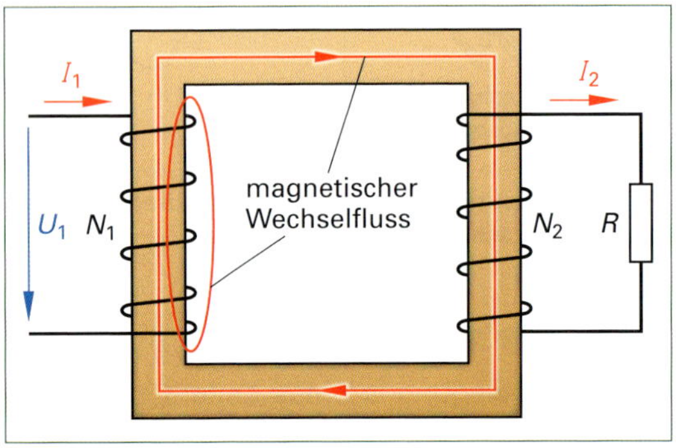

Bild 1: Induktion der Ruhe: Transformatorprinzip

Die Stromänderung in der ersten Spule N_1 bewirkt ein sich änderndes Magnetfeld im ersten Trafoschenkel. Der magnetische Wechselfluss überträgt sich über den Eisenkern auf den zweiten Trafo-Schenkel, wo er eine Spannung in der zweiten Spule N_2 induziert.

Beispiel:
An die Primärspule liegt eine Wechselspannung U_1 an. Der Wechselstrom I_1 erzeugt in der Primärspule N_1 ein Magnetfeld, das seine Stärke und Richtung dauernd ändert. Der Eisenkern verstärkt das Magnetfeld und leitet es durch die Sekundärwicklung N_2. In der Sekundärwicklung wird eine Wechselspannung U_2 induziert.

Die Höhe der Ausgangsspannung hängt von der Eingangsspannung und vom Übersetzungsverhältnis *ü* der Windungszahlen der Spulen ab:

$$\ddot{u} = \frac{U_1}{U_2} = \frac{N_1}{N_2}$$

Beim idealen Transformator ist die Eingangsleistung P_1 gleich der Ausgangsleistung P_2:

$$P_1 = P_2 \qquad U_1 \cdot I_1 = U_2 \cdot I_2$$

7.2.7 Selbstinduktion

Beim Ein- und Ausschalten einer Spule wird auch das Magnetfeld auf- bzw. abgebaut. Dadurch wird in der Spule eine Spannung erzeugt (induziert), die Selbstinduktionsspannung U_i.

Nach dem Einschalten erreicht der Strom nicht sofort seinen vollen Wert **(Bild 2a)**, denn zuerst wird das Magnetfeld aufgebaut. Diese Feldänderung bewirkt eine Selbstinduktionsspannung, die das Ansteigen des Stromes und damit den Aufbau des Magnetfeldes verzögert (siehe Lenz'sche Regel).

Nach dem Abschalten baut sich das Magnetfeld der Spule ab. Das hat ebenfalls eine Selbstinduktionsspannung zur Folge **(b)**, die aber so gepolt ist, dass der Spulenstrom in gleicher Richtung weiterfließt und dann langsam auf Null absinkt.

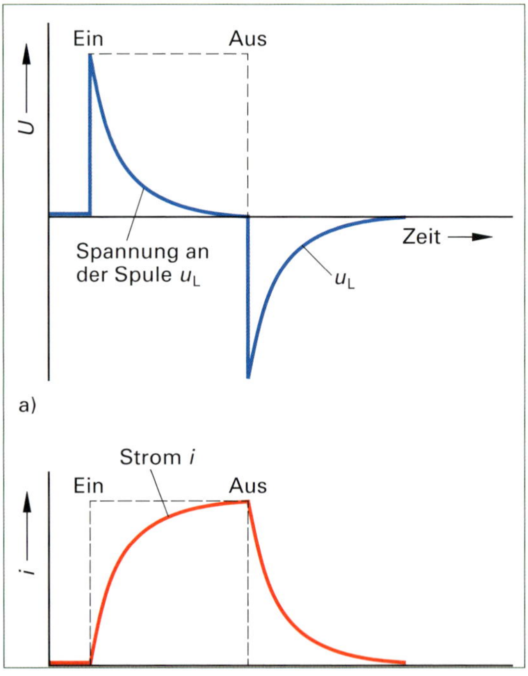

Bild 2: Spannungsverlauf beim Ein- und Ausschalten einer Spule

Selbstinduktion (Handversuch)

Im Stromkreis eines Elektromotors befindet sich ein Strommessgerät. Beim Einschalten des Elektromotors steigt der Strom stark an und geht wieder zurück, wenn der Motor schneller dreht. Bremst man den Motor ab, ohne die Spannung an der Stromquelle zu ändern, steigt die Stromstärke sofort an **(Bild 1a)**.

Begründung:

Sowie der Motor dreht, wirkt er auch als Generator. Der bewegte Anker erzeugt eine induzierte Spannung, die der Spannung der Stromquelle entgegenwirkt (Lenz'sche Regel). Die Differenz beider Spannungen treibt den Strom durch die Spulen: $U + U_i = R \cdot I$ oder $U = U_i - R \cdot I$

U Klemmenspannung

U_i Induzierte Spannung (Generatorspannung)

R Ankerwiderstand

I Ankerstrom

Jetzt wird ein Wechselschalter eingebaut **(Bild 1b)**, der die Stromquelle vom Motor trennt und gleichzeitig den Stromkreis geschlossen hält. Das Messgerät zeigt an, dass der Motor durch den Schwung des weiterlaufenden Rotors nach der Umschaltung eine Spannung als Generator liefert. Die Generatorspannung ist bei gleicher Umlaufrichtung des Rotors der Spannung der äußeren Stromquelle entgegengerichtet.

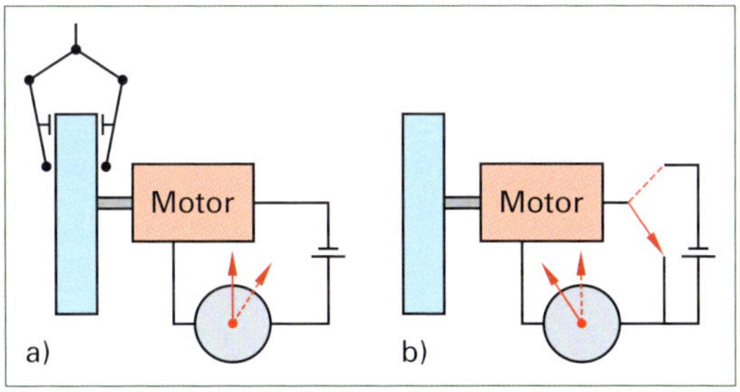

Bild 1: Handversuch zum Nachweis der Selbstinduktion

7.2.8 Induktivität

Ruft eine Spule eine Spannung von 1 V hervor, wenn in ihr der Strom von 1 A innerhalb von 1 s geändert wird, hat sie eine Induktivität von L = 1 Vs/A. Diese Einheit bezeichnet man als H (von „Henry"). Üblich sind auch kleinere Einheiten wie 1 Millihenry (mH) = 10^{-3} H und 1 Mikrohenry (µH) = 10^{-6} H.

Legt man eine Wechselspannung an die Spule, wird ständig ein Magnetfeld auf- und wieder abgebaut. Dabei nimmt die Spule Energie auf, speichert sie im Magnetfeld und gibt sie wieder ab. Die Energie wird ohne Wirkung hin- und hergeschoben. Deshalb bezeichnet man sie als Blindenergie und den Widerstand Blindwiderstand X_L (siehe Formelsammlung S. 204).

In einem induktiven Wechselstromkreis eilt der Strom der Spannung um 90° nach. Die Ursache für den zusätzlichen Widerstand im Wechselstromkreis ist die Selbstinduktionsspannung:

$$U_i = -L \frac{\Delta I}{\Delta t}$$

7.3 Elektronische Bauelemente

7

Elektronische Bauelemente bestehen aus Halbleitern wie Silicium oder Germanium oder Verbindungen, wie z. B. Galliumarsenid. Sie sind im reinen Zustand nichtleitend. Über einen Energieeintrag in Form von Licht oder Temperatur kann sich ihre Leitfähigkeit jedoch geringfügig steigern (Eigenleitfähigkeit). Durch gezielte Zugabe geringer Mengen an Fremdatomen (Dotierung) lassen sich Halbleiter mit negativen Ladungsträgern (N-Leiter) und positiven Ladungsträgern (P-Leiter) erzeugen. Am Übergang von zwei verschiedenen Leitertypen (sogenannter P-N-Übergang) kommt es zu einer steuerbaren Leitfähigkeit. Als Steuergrößen kommen Spannung, Strom oder Magnetfelder in Frage.

7.3.1 Diode

Eine Diode reagiert auf die Polarität der Spannung. Sie lässt den elektrischen Strom nur in einer Richtung durch und sperrt ihn in der Gegenrichtung **(Bild 2)**. Die Wirkungsweise der Diode ist vergleichbar mit einem Reifenventil.

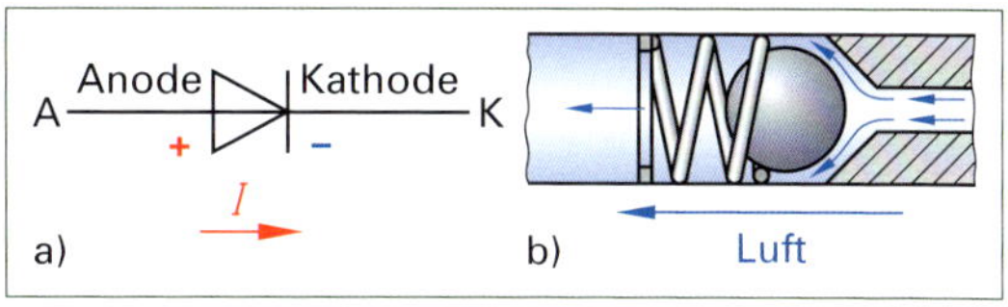

Bild 2: a) Schaltzeichen Diode b) Reifenventil in Durchlassrichtung

In Durchlassrichtung (das ist im Symbol die Pfeilrichtung) ist die Anode mit dem Pluspol verbunden.

Ab einer Spannung U_D von ca. 0,7 V wird eine Siliciumdiode leitend. Wird die Schwellspannung überschritten, steigt der Durchlassstrom stark an **(Bild 1)**.

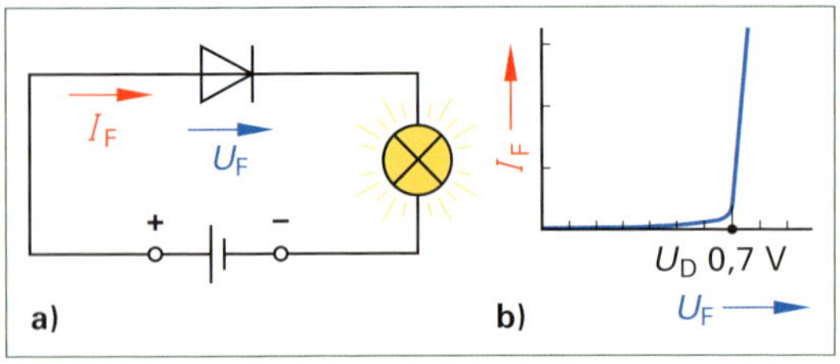

Bild 1: a) Diode in Durchlassrichtung b) Kennlinie im Durchlassbereich

In Sperrrichtung ist die Anode mit dem Minuspol verbunden. Bis zu einer bestimmten Sperrspannung[1)] lässt sie keinen Strom durch.

7

Dioden finden im Elektrofahrrad Anwendung als Gleichrichter **(Bild 2)**, Verpolschutz, Spannungsbegrenzung und als Freilaufdiode.

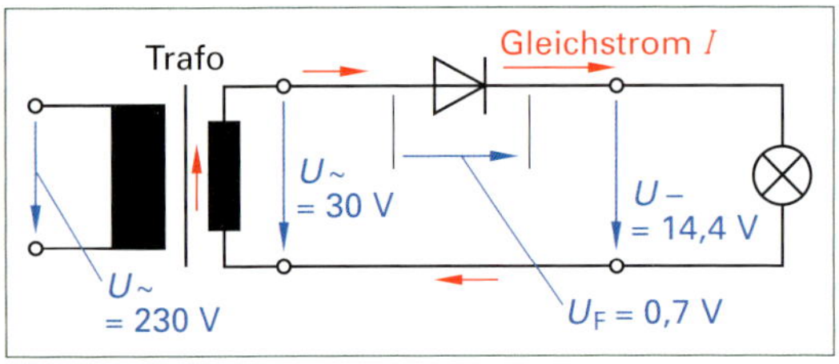

Bild 2: Ladegerät mit einer einfachen Gleichrichtung

Anwendung Freilaufdiode

Beim Abschalten von Spulen können schädliche Selbstinduktionsspannungen (siehe Seite 82) auftreten. Deshalb werden an Spulen für Gleichspannungen häufig Dioden so geschaltet, dass sie im Normalbetrieb sperren **(Bild 3)**. Beim Abschalten hat die Selbstinduktions-spannung die umgekehrte Polung. Die Dioden sind dann in Durchlassrichtung geschaltet und lassen den Spulenstrom langsam abnehmen, ohne dass eine unzulässig hohe Spannung auftritt.

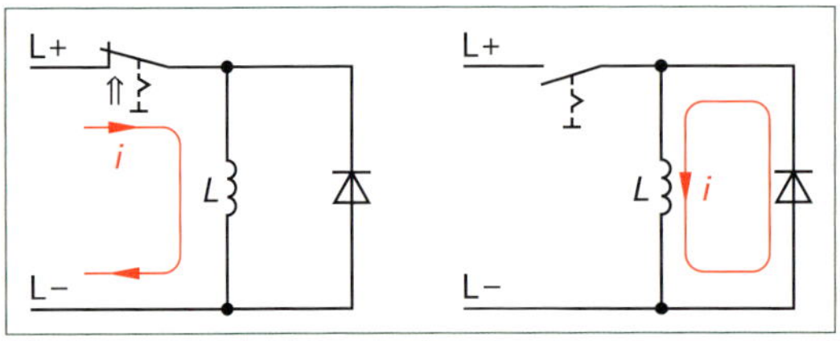

Bild 3: Wirkung einer Freilaufdiode

Bei der Einweg-Gleichrichtung mit **einer** Diode fließt im Stromkreis ein unterbrochener, stark pulsierender Gleichstrom. Dabei wird nur die elektrische Energie einer Halbwelle genutzt **(Bild 4)**. Eine effektivere Gleichrichtung ist die Zweiweg-Gleichrichtung **(Bild 5)**.

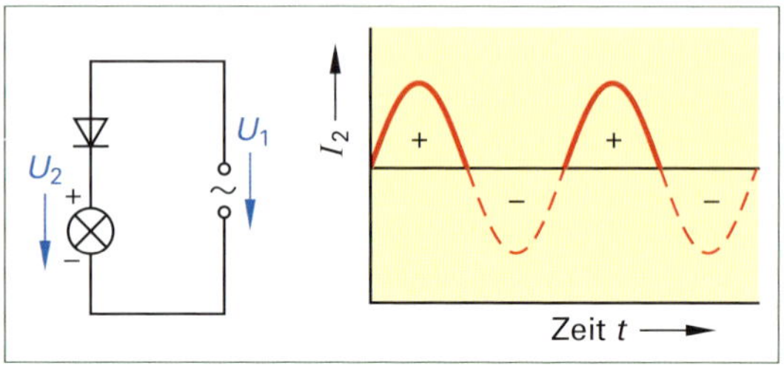

Bild 4: Einweg-Gleichrichtung

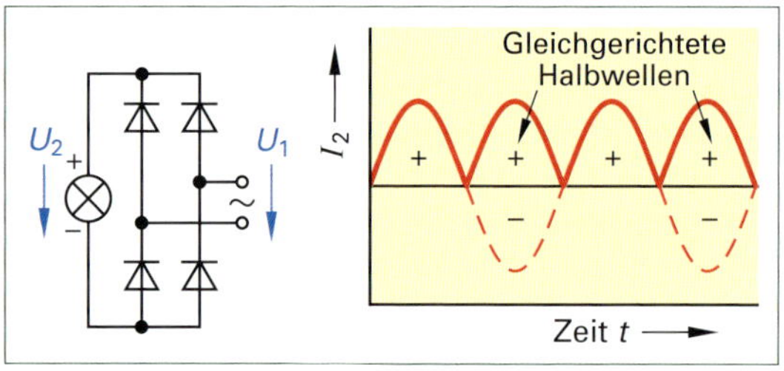

Bild 5: Zweiweg-Gleichrichtung (Brücken-Gleichrichtung)

Bei der Zweiweg-Gleichrichtung mit vier Dioden (Brückengleichrichter) wird auch die Energie der unterdrückten Halbwelle genutzt. Im Stromkreis fließt ein nicht unterbrochener, schwach pulsierender Gleichstrom.

Z-Diode

Die Z-Diode wird in Sperrrichtung betrieben. In Durchlassrichtung verhält sie sich wie eine normale Siliziumdiode.

In Sperrrichtung sperrt sie den Strom bis zu einer bestimmten Spannung, der Durchbruchspannung U_Z **(Bild 1, Seite 85)**.

[1)] Die Sperrspannung ist vom Typ abhängig und schwankt zwischen 30 V bei Schottky und 3000 V bei Hochspannungsdioden.

Bei dieser Spannung wird die Z-Diode schlagartig leitend. Unterschreitet die Spannung diesen Wert, sperrt die Diode wieder.

Der fließende Durchbruchstrom I_z muss durch einen Vorwiderstand begrenzt werden.

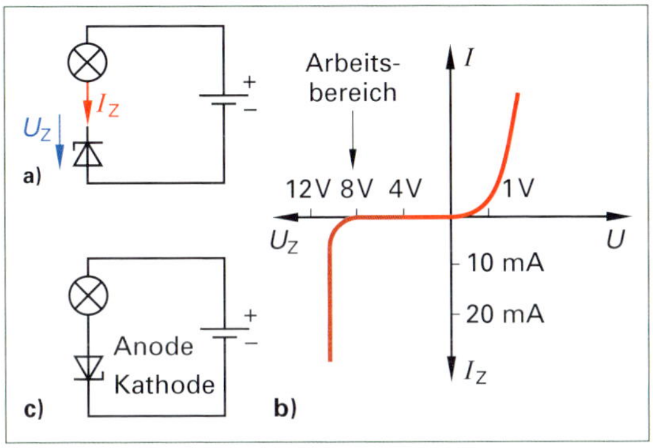

Bild 1: a) Z-Diode in Sperrrichtung b) Kennlinie c) Z-Diode in Durchlassrichtung

Anwendungen: Stabilisierung der Spannung **(Bild 2)**, Überspannungsschutz, Spannungserfassung, Nullpunktunterdrückung, Gleichrichter

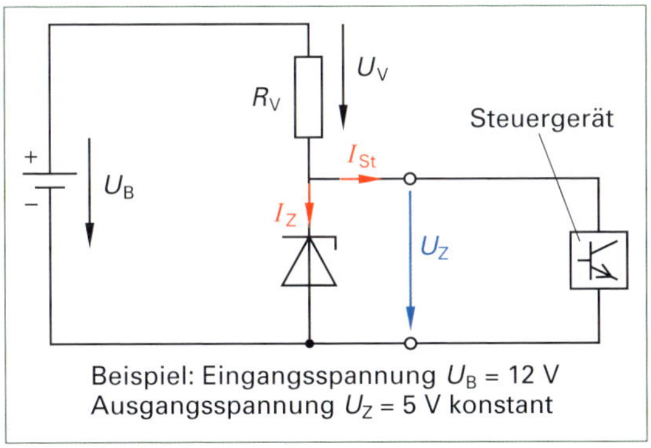

Bild 2: Schaltungsbeispiel Stabilisierung der Spannung am Steuergerät

Solange die Eingangsspannung U_B den Wert U_z nicht überschreitet, fließt durch die Z-Diode kein Strom. Wird der Wert überschritten, wird die Z-Diode leitend und hält die Spannung (näherungsweise) konstant.

Die Differenzspannung U_V zwischen der Eingangsspannung und der Zenerspannung fällt am Vorwiderstand R_V ab.

7.3.2 Transistor

Mit Transistoren kann ein großer Strom mit einem kleinen Steuerstrom beeinflusst werden. Deshalb dienen Transistoren als Leistungsverstärker oder Schalter. Nach der Art der Ansteuerung unterscheidet man *bipolare* und *unipolare* Transistoren.

Bipolare Transistoren (= Sperrschicht-Transistoren) werden über den Basisstrom gesteuert. Die drei Anschlüsse sind:

- Basis (B) → Grundmaterial bei der Herstellung
- Emitter (E) → Sendet Ladungsträger aus
- Kollektor (C) → Sammelt Ladungsträger ein

Diese Transistoren heißen bipolar, weil Ladungsträger beider Polaritäten beteiligt sind. Je nach Schichtenfolge der P- und N-Schichten unterscheidet man NPN- und PNP-Transistoren **(Bild 3)**. Die NPN-Transistoren werden am häufigsten verwendet.

7

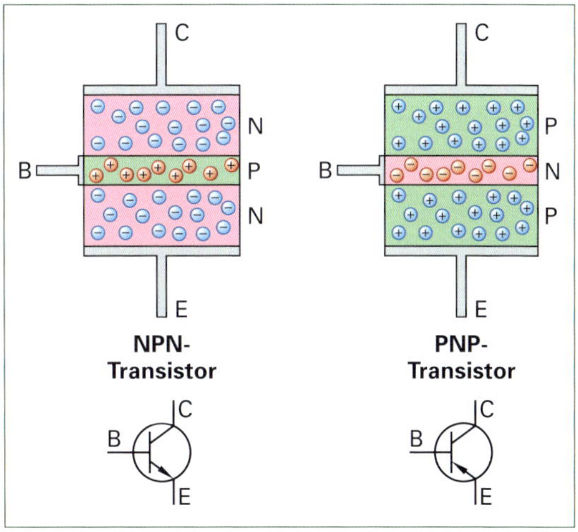

Bild 3: NPN-Transistor und PNP-Transistor

Beim NPN-Transistor liegt die Basis an P, der positiven Schicht. Hier steuern positive Ladungsträger etwa die 100-fache Menge an negativen Ladungsträgern, die vom Emitter zum Kollektor fließen. Das entspricht einer Stromverstärkung von 100. Beim PNP-Transistor liegt die Basis an N, der negativen Schicht.

Der Transistor leitet, wenn der Pluspol der Spannungsquelle an der P-Schicht und der Minuspol an der N-Schicht liegt.

Der Transistor sperrt, wenn der Pluspol der Spannungsquelle an der N-Schicht und der Minuspol an der P-Schicht angeschlossen sind.

Man kann den Transistor vereinfacht als zwei hintereinandergeschaltete Dioden auffassen, von denen die eine in Flussrichtung, die andere in Sperrrichtung gepolt ist **(Bild 1)**.

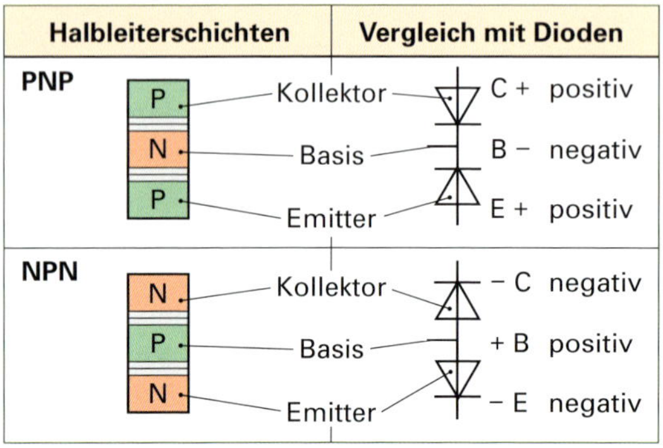

Bild 1: Vergleich von Transistor und Diode

Vereinfachte Erklärung: Wird eine Spannung an die Emitter(E)-Kollektor(C)-Strecke angelegt, sperrt immer eine Diode den Stromfluss. Wenn man zusätzlich zwischen der Basis und dem Emitter eine Spannung anlegt, hebt sich die Sperrwirkung auf und die Strecke EC wird leitend.

Der Basisstrom verringert den Innenwiderstand des Transistors und verstärkt so den Kollektor-Emitter-Strom. Mit dem An- und Abschalten und der Größe des Basisstromes lässt sich der Kollektorstrom steuern.

info

Der Pfeil im Transistor-Schaltbild gibt die technische Stromrichtung über die Basis an. Nur wenn ein Strom über die Basis fließt, fließt auch Strom über die Kollektor-Emitter-Strecke.

Transistor als Schalter

Wie bei der Siliciumdiode ist beim Transistor eine Basis-Emitter-Spannung von 0,7 V nötig, damit der Transistor durchschaltet, d. h. die Kollektor-Emitter-Strecke leitend wird. **Bild 2** zeigt ein Wassermodell, wie man sich die Wirkungsweise eines Transistors als Schalter vorstellen kann.

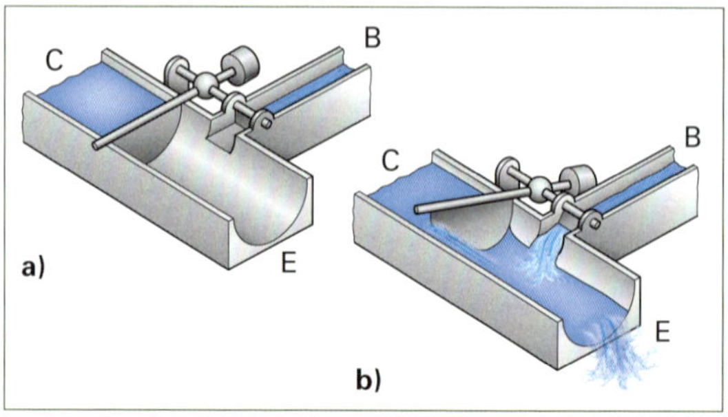

Bild 2: Modell eines Transistors als Schalter a) geschlossen b) geöffnet

Transistor als Stromverstärker

Über einen regelbaren Vorwiderstand R_V wird die Spannung U_{BE} zwischen Basis und Emitter geringfügig erhöht. Damit verringert sich der Widerstand des Transistors **(Bild 3)**.

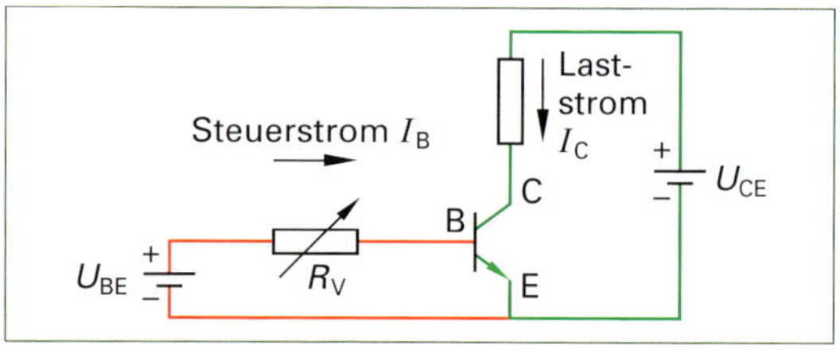

Bild 3: Stromverstärkung durch NPN-Transistor

Gleichzeitig erhöht sich auch der Basisstrom I_B, was wiederum eine weitere Verringerung des Widerstandes zur Folge hat. Es stellt sich ein starker Kollektorstrom (= Laststrom) I_C ein. Der Lastwiderstand R_L bestimmt die Größe des Kollektorstromes.

Das Verhältnis von Kollektorstrom I_C zu Basisstrom I_B ist die Gleichstromverstärkung B:

$$B = \frac{I_C}{I_B}$$

Eine kleine Änderung des Basisstroms (Steuerstrom) bewirkt eine große Änderung des Kollektorstroms (Laststrom). Zwei hintereinander geschaltete Transistoren steigern die Stromverstärkung **(Bild 4)**.

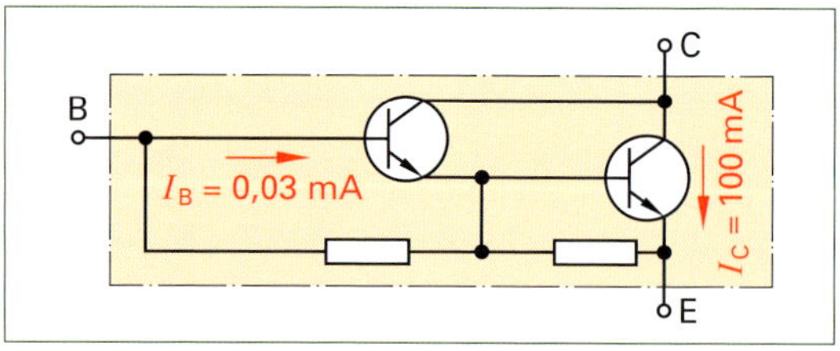

Bild 4: Stromverstärkung durch zwei Transistoren

Transistoren sind im Controller eines Elektrofahrrades wichtige Bestandteile. Sie arbeiten dort hauptsächlich als Schalter. Im Gleichstromsteller dient der Transistor zum „Zerhacken“ der Batteriespannung in unterschiedliche Pulsbreiten. So lässt sich die Motorspannung steuern.

info

Transistoren können als Verstärker, als Schalter mit Relaisfunktion und als steuerbare Widerstände eingesetzt werden.

Feldeffekt-Transistor (FET)

Beim bipolaren Transistor fließt der Strom über drei Schichten (PNP oder NPN), beim unipolaren Transistor nur durch eine Halbleiterstrecke, z. B. durch eine N-Schicht. Die Halbleiterstrecke für den Arbeits- oder Laststrom bezeichnet man als „Kanal“.

Der Widerstand der Halbleiterstrecke wird durch ein elektrisches Feld gesteuert, das durch eine Spannung zwischen dem Gate (Tor) und dem Kanal hervorgerufen wird **(Bild 1)**. Ein Steuerstrom vom Gate zum Kanal ist *nicht* erforderlich.

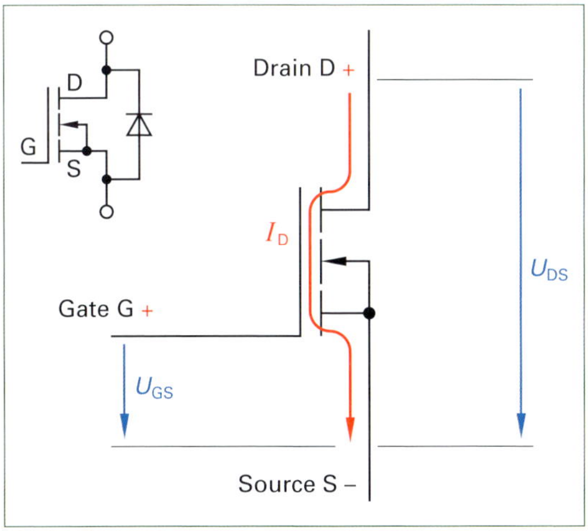

Bild 1: Schaltzeichen und Bezeichnungen eines N-Kanal-Feldeffekt-Transistors (FET) Schaltzeichen mit Freilaufdiode

Wenn der Gate-Anschluss vom Kanal isoliert ist, handelt es sich um einen IG-FET (IG von isolated gate), auch als MOSFET bezeichnet[1]. Sein Eingangswiderstand ist erheblich größer als beim Sperrschicht-FET, dem J-FET.

Die Steuerung des Arbeitsstromes erfolgt beim FET (im Gegensatz zum bipolaren Transistor) nicht über den Steuerstrom, sondern über das elektrische Feld, das von der anliegenden Steuerspannung U_{GS} bestimmt wird **(Bild 2)**.

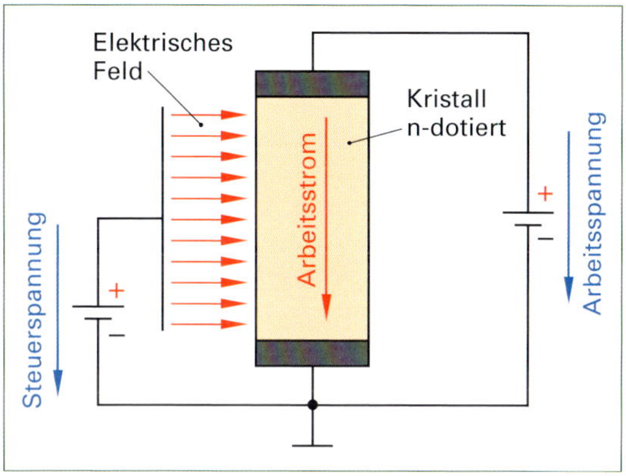

Bild 2: Prinzip eines Feldeffekt-Transistors

Ein Schaltungsbeispiel erläutert die Wirkungsweise (**Bild 3**): Wird auf das Gate G eine Steuerspannung U_{GS} gegeben, bildet sich zwischen D und S ein N-leitender Kanal. Jetzt kann ein Arbeitsstrom I_D fließen, der abhängig ist von der Steuerspannung.

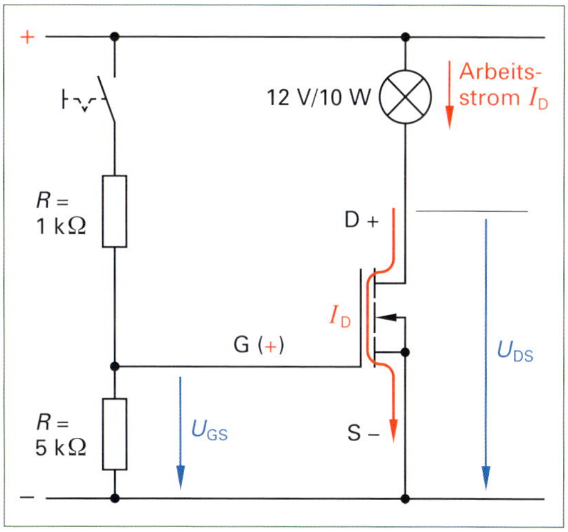

Bild 3: Schaltung eines N-Kanal-FET

[1] Metall-Oxid-Halbleiter-Feldeffekt-Transistor

Während die bipolaren Transistoren große Steuerströme von bis zu 20 % der Arbeitsströme benötigen, kommen FETs praktisch stromlos aus – häufig sind es nur Pikoampere (= 10^{-12} A). Die Stromverstärkung ist entsprechend groß.

7.3.3 Hallsensor, GMR-Sensor

Zur Ansteuerung der Spulen im Elektronikmotor des E-Bikes dienen (neben anderen Möglichkeiten) Hallsensoren.

Der Hallgenerator besteht aus einem dünnen Halbleiterplättchen, das senkrecht vom Magnetfeld (z. B. des Motorläufers) durchsetzt wird **(Bild 1)**. In Längsrichtung fließt durch das Halbleiterplättchen ein konstanter Gleichstrom. Unter Einwirkung des Magnetfeldes werden die Ladungsträger (wegen der Lorentzkraft, siehe **Bild 2, Seite 81**) zur Seite gedrängt, sodass zwischen den beiden Enden des Plättchens eine Spannung abgenommen werden kann. Da diese gering ist, muss sie noch durch einen IC-Baustein verstärkt werden.

7

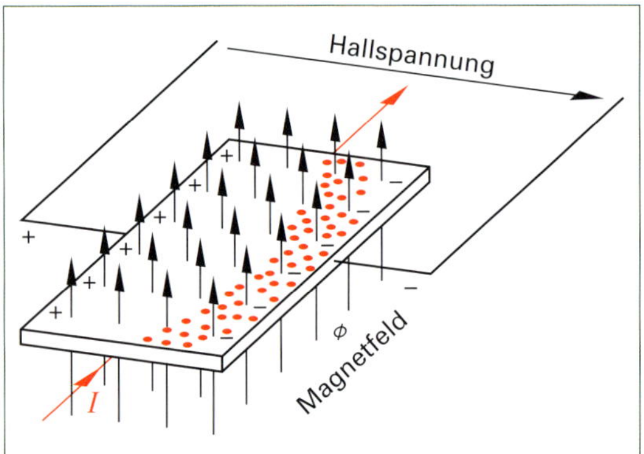

Bild 1: Prinzip Hallsensor

Ein weiterer Rotorlagen-Sensor basiert auf dem magnetischen Widerstandseffekt. Dabei handelt es sich (ähnlich wie beim Halleffekt) um die Änderung des elektrischen Widerstandes beim Anlegen eines äußeren Magnetfeldes.

Beim **GMR-Sensor** (engl. *giant magnetoresistance*) besteht das Bauelement aus sich abwechselnden ferromagnetischen (z. B. Cobalt) und nichtmagnetischen (z. B. Kupfer) dünnen Schichten. Wird das Bauelement einem sich wechselnden Magnetfeld ausgesetzt, richten sich die Magnetisierungen der ferromagnetischen Schichten in entgegengesetzten Richtungen aus **(Bild 2)**.

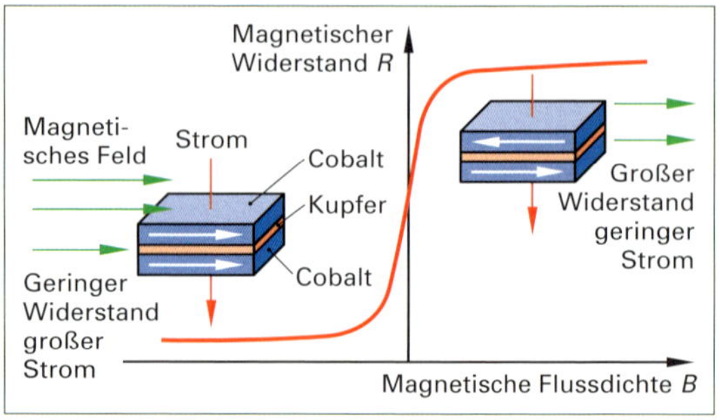

Bild 2: Aufbau der GMR-Schichten (in der Praxis mehr als drei Schichten)

info

Elektronen drehen sich um sich selbst. Deshalb haben sie einen Eigendrehimpuls, den *Spin*. Dieser wirkt wie ein kleiner Magnet. In ferromagnetischen Materialien sind die Spin-Magnete nach außen magnetisch wirksam.

In Schichten mit paralleler Magnetisierung bewegen sie sich nahezu ungehindert mit geringem Widerstand über die Schichten hinweg. Weisen die Schichten antiparallel ausgerichtete Spins auf, werden die Elektronen bei der Bewegung durch die Schichten stark gestreut (größerer Widerstand).

Schon kleine äußere magnetische Felder reichen aus, um die antiferromagnetische Ordnung wieder in die ferromagnetische Ordnung umzuschalten.

Dabei nimmt der Widerstand in den Co/Cu-Schichten stark ab. In schneller Folge wechseln die Magnetisierungsrichtungen und geben so die jeweilige Position des umlaufenden Drehfeldes des Motors an **(Bild 3)**.

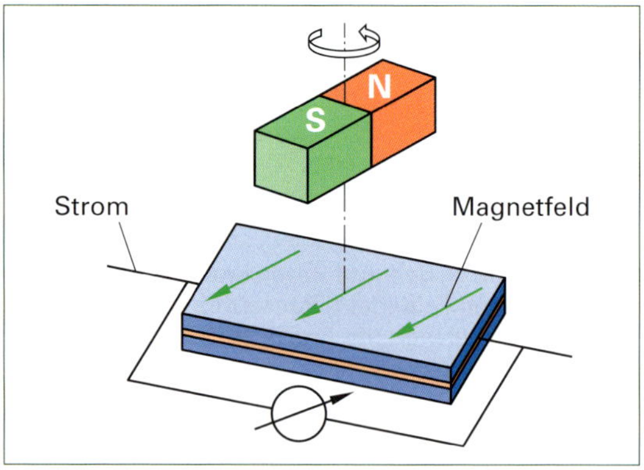

Bild 3: Prinzip GMR-Sensor

8 Elektromotor und Antriebssteuerung

Ein Elektromotor wandelt elektrische Leistung P_{el} in mechanische Leistung P_{mech}. Er erledigt dies effizienter als jeder andere Motor in Natur und Technik und gilt daher als die Zukunft der Fahrzeugantriebe.

8.1 Wirkungsgrad

Bei diesem Umsetzungsprozess fällt Verlustleistung P_v in Form von Wärme an. Damit bleibt der Wirkungsgrad η (griechisch eta), das Verhältnis von abgegebener mechanischer Leistung zu aufgenommener elektrischer Leistung wie bei allen anderen Energiewandlern stets unter 1 (< 100 %).

$$\textbf{Wirkungsgrad} = \frac{\textbf{abgegebene Leistung}}{\textbf{aufgenommene Leistung}}$$

$$\eta = \frac{P_{mech}}{P_{el}} = \frac{P_{mech}}{P_{mech} + P_v}$$

info

Allein diese Verlustleistung ist es, welche der Leistung des Motors (abgesehen von dessen mechanischer Festigkeit) Grenzen setzt. Deshalb zählt ein hoher Wirkungsgrad bei Elektromotoren zu den primären Konstruktionszielen.

Ein Zahlenbeispiel mag dies verdeutlichen: Stellt man einen Motor mit einem $\eta = 80\,\%$ einem anderen mit $\eta = 90\,\%$ gegenüber, so unterscheiden sich beide in der Belastbarkeit nicht etwa nur um 10 %, sondern tatsächlich um 100 %. Grund: Ein 80 %-Motor erzeugt mit 20 % doppelt so viel Verlustleistung wie sein effektiver arbeitendes Pendant, bei dem nur 10 % „Heizleistung" anfallen.

Die Höhe des maximal erreichbaren Wirkungsgrades ist abhängig von der Motorgröße und der Bauart. Bei E-Bike-Antrieben erreicht er im günstigsten Falle 90 %. Die Motorgüte hängt von der Materialwahl und der Verarbeitungsqualität ab. Dabei spielt eine Rolle, ob die anfallende Verlustleistung durch Kühlung im praktischen Betrieb gut abgeführt werden kann. Denn heiß gewordene Elektromotoren tauchen in eine verhängnisvolle Steilspirale ein: Hohe Temperaturen lassen den Wicklungswiderstand ansteigen und reduzieren damit den Wirkungsgrad des Motors, wodurch noch mehr Wärme entsteht.

Wenn eine eingebaute Temperatursicherung dann nicht rechtzeitig greift, verschmort entweder die Wicklung, oder die Magnete verlieren ab einer kritischen Temperaturschwelle (80 bis 120 °C) ihre Kraft. Beides würde einen irreversiblen Motorausfall bedeuten.

Ein hoher Wirkungsgrad zählt zu den elementaren Qualitäten eines Elektromotors.

8.2 Physikalische Grundlagen

Der Wirkungsgrad eines Elektromotors ist nicht unter allen Betriebsbedingungen gleich. Daher besteht die Herausforderung beim Bau von Elektrofahrrädern zusätzlich darin, dafür zu sorgen, dass die eingebauten Motoren unter den jeweiligen Einsatzbedingungen effizient arbeiten können. Dazu erscheint es hilfreich, die Wirkmechanismen eines Elektromotors genauer zu betrachten.

In **Bild 1** sind die beim Elektromotor von außen messbaren Größen im Wirkzusammenhang dargestellt. Ursache aller Vorgänge in einem E-Motor ist die angelegte Spannung *U*. Sie verlangt nach einer bestimmten Drehzahl an der Welle. Dieser Wert hängt zum einen von der Spannungshöhe ab, zum anderen von der spezifischen Drehzahl n_s (auch bezeichnet als n_{spez} oder k_n = Drehzahlkonstante des Motors).

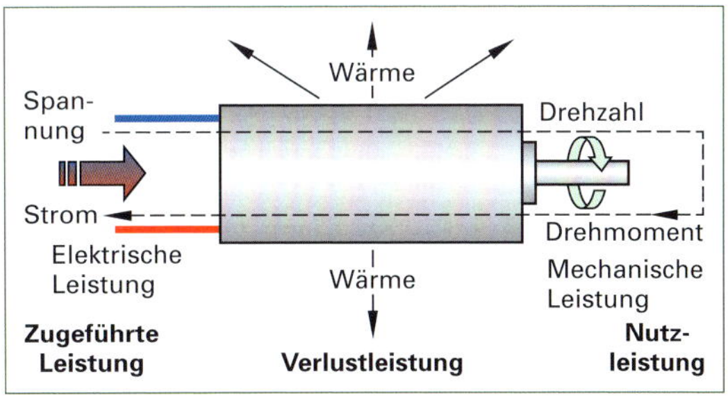

Bild 1: Wechselwirkung der elektrischen und mechanischen Motorgrößen

info

Die Drehzahlkonstante k_n gibt an, wie viele Umdrehungen pro Minute (*U*/min bzw. 1/s) der Motor je Volt angelegter Spannung im Leerlauf (ohne Last) ausführt:

$k_n = \frac{n_0}{U}$. Die Einheit ist *U*/min/V bzw. 1/Vs.

8

8

Die Drehzahlkonstante ist bauartbedingt. An ihr lässt sich beispielsweise ablesen, ob es sich bei dem Motor um einen Langsamläufer (niedrige k_n) oder einen Schnellläufer (hohe k_n) handelt.

Die Drehzahl, die sich bei unbelasteter Motorwelle einstellt, nennt man die Leerlaufdrehzahl n_0.

Als empfohlene Betriebsspannung gilt die Nennspannung oder Bemessungsspannung U. Dabei stellt sich im Leerlauf die Nenndrehzahl n_0 ein. Die gewählte Betriebsspannung eines Motors darf (in Grenzen) davon abweichen.

Die Drehzahlkonstante k_n ist mit hinreichender Genauigkeit wie dargestellt zu ermitteln:

Beispiel: Ein Motor wird an einer Spannung von 10 V betrieben. Die Leerlaufdrehzahl n_0 wurde mit 9800 U/min gemessen. k_n errechnet sich dann aus **(Bild 1)**:

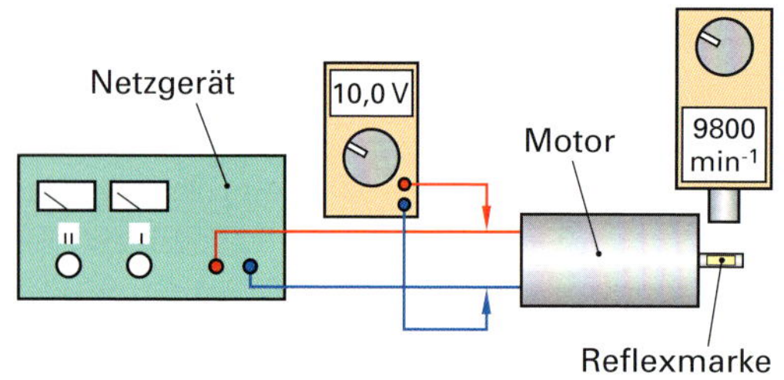

$k_n \approx n_0/U = 9800\ \text{U/min}/10\ \text{V} = 980\ \text{U/(min} \cdot \text{V)}$

Bild 1: Anordnung zum Messen der k_n. Anstelle des Netzgerätes kann eine Batterie als Spannungsquelle dienen.

Soll der Motor an der Welle ein Drehmoment M aufbringen, muss er Strom I aufnehmen. Wie Drehzahl und Spannung, sind auch Strom und Drehmoment über die Motorkonstante k_n verknüpft.

$$M = \frac{I}{k_n \cdot 0{,}105}$$

oder

$$I = M \cdot k_n \cdot 0{,}105$$

info

Der Zahlenfaktor 0,105 resultiert aus der Umrechnung der Winkelgeschwindigkeit ω in die technisch übliche Angabe U/min. Dabei entspricht eine volle Umdrehung im Kreis dem Bogenmaß 2 π und 1 Sekunde 1/60 Minute. Somit gilt 2 π/60 = 1/9,55 = 0,105. Für pysikalische Berechnungen hat k_n die Einheit 1/Vs.

Hier ist der Vollständigkeit halber eine kleine Korrektur angebracht: Nicht der gesamte vom Motor aufgenommene Strom steht für Antriebszwecke zur Verfügung. Ein (angestrebt) kleiner Teil des Stromes wird auch im Motor selbst „verheizt". Man bezeichnet diesen Anteil als Leerlaufstrom I_0. Er überwindet nicht nur die innere Reibung des Rotors (bei modernen bürstenlosen Motoren weniger als 1 %), sondern kompensiert auch die sog. Eisen- und Wirbelstromverluste, welche von wechselnden Magnetfeldern herrühren. Der Leerlaufstrom steigt grundsätzlich mit der Drehzahl an.

Die Drehmomentformel, welche I_0 mitberücksichtigt, sieht dann so aus:

$$M = \frac{I - I_0}{k_n \cdot 0{,}105}$$

info

Den Betrag von $I - I_0$ bezeichnet man auch als Wirkstrom. Es ist der Teil des zufließenden Motorstroms, der an der Welle ein nutzbares Drehmoment erzeugt.

Der Leerlaufstrom beeinflusst in geringem Maße die oben angeführte Berechnung von k_n. Um die rechnerische Darstellung zu vereinfachen, wird I_0 im Folgenden vernachlässigt, was bei elektronisch gesteuerten Motoren zulässig erscheint.

Beispiel:

Ein Motor mit der Drehzahlkonstanten k_n = 240 1/Vs nimmt einen Strom von 15 A auf. Welches Drehmoment entwickelt er?

$$M = \frac{15\ \text{A}}{0{,}105 \cdot 240 \cdot \frac{1}{\text{Vs}}} \approx 0{,}6\ \text{VAs} \approx 0{,}6\ \text{Nm}^{1)}$$

Unter Mitberücksichtigung eines Leerlaufstroms von z. B. 0,5 A (Wirkstrom 14,5 A) ergibt die Berechnung M = 0,575 Nm.

info

Wichtige Erkenntnis hieraus: Während die Motorspannung von außen vorgegeben ist, hängt der Motorstrom u. a. vom geforderten Drehmoment und damit von der Belastung des Motors ab.

Spannung U und Strom I ergeben zusammen die elektrische Leistung P_{el}. Sie muss von der Batterie bereitgestellt werden. Ihre Einheit ist Watt (W).

1) Zusammenhang: 1 Ws = 1 Nm = 1 J

$$P_{el} = U \cdot I \qquad [V \cdot A = W]$$

Daraus ergibt sich mit dem Wirkungsgrad multipliziert die mechanische Leistung P_{mech}.

$$P_{mech} = \eta \cdot P_{el}$$

Die mechanische Leistung ist definiert als Produkt von Kraft und Geschwindigkeit.

$$P_{mech} = F \cdot v \qquad [N \cdot m/s]$$

Wir setzen, um zu bekannten Größen in einer Kreisbewegung zu gelangen:

Kraft = Drehmoment M/Radius r,

$$F = \frac{M}{r} \qquad [N = Nm/m]$$

und Geschwindigkeit durch die Kreisfrequenz ω. Somit ergibt sich

$$P_{mech} = F \cdot v = \frac{M}{r} \cdot 2\,\pi \cdot r \cdot \frac{n}{60} = M \cdot n \cdot 0{,}105$$

Damit lässt sich die mechanische Leistung eines Motors aus seinen Ausgangsgrößen Drehmoment und Drehzahl bestimmen.

8.3 Funktionsweise von Elektromotoren

Die im obigen Anschnitt dargestellten Zusammenhänge gelten grundsätzlich für alle Arten von Elektromotoren. Bei Elektrofahrrädern hatten sich in der Vergangenheit Gleichstrom-(DC-)Motoren mit permanentmagnetischer Erregung durchgesetzt. Aus Sicht der klassischen Motortypeneinordnung entsprechen sie den Nebenschlussmotoren **(Bild 1)**.

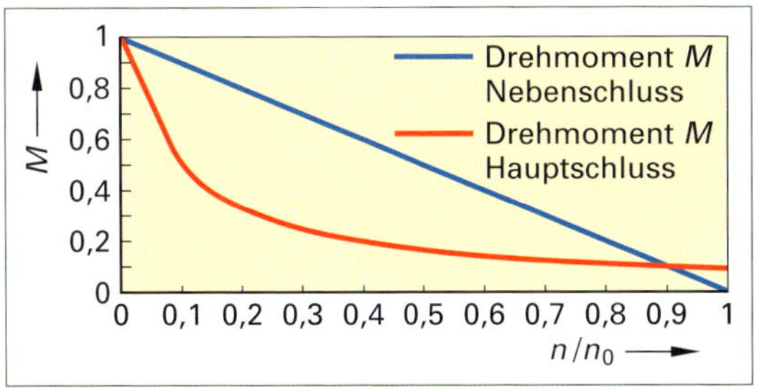

Bild 1: Drehmomentverläufe bei verschiedenen Motortypen

Die Dominanz dieses Motortyps ist eindeutig, obgleich dieses Prinzip nicht nur Vorteile bringt. So wären beispielsweise Motoren, die nach dem Hauptschlussprinzip arbeiten, drehzahlflexibler und billiger in der Herstellung, da bei ihnen keine (inzwischen teuren) Permanentmagnete verbaut werden müssen. Gleiches gilt für asynchron arbeitende Drehstrommaschinen. Diese Motortypen spielen jedoch bei marktüblichen Elektrofahrrädern derzeit keine Rolle.

Die nachfolgende Darstellung beschränkt sich auf den permanenterregten DC-Motor. Dabei ist es vorerst noch unwesentlich, ob es sich um herkömmliche mechanisch (mit sog. Bürsten) kommutierte Motoren handelt oder um moderne Exemplare mit elektronischer Kommutierung (bürstenlos oder engl. *brushless*).

Die Grundzusammenhänge gleichen sich.

Das elektromotorische Prinzip wurde anhand der Auslenkung eines stromdurchflossenen Leiters bereits im Kapitel 7.2 erläutert. Die folgende Betrachtung lenkt den Blick primär auf die Kraftverhältnisse zwischen den verschiedenen magnetischen Polen in einem Gleichstrom-Elektromotor.

8

Dieser besteht aus zwei verschiedenen Magnetsystemen. Eines davon ist fest mit dem Gehäuse verbunden. Man nennt es daher Statorsystem oder einfach Stator. Das andere ist drehbar gelagert; genannt Rotorsystem oder Rotor. Eines von beiden Systemen besteht aus Permanentmagneten. Bei diesen liegt die Polarität fest. Das andere System ist elektromagnetisch und kann seine Polarität mit der Stromrichtung wechseln.

Ungleiche Pole ziehen sich gegenseitig an. Ist diese Anziehung stark genug, um äußere Hemmnisse zu überwinden, bewegen sich die Pole des Rotors auf die des Stators zu. Ohne äußere Einwirkung käme die Bewegung zur Ruhe. Jetzt aber setzt die Kommutierung ein, die kurz vor dem Punkt größter Annäherung der Pole den Elektromagneten umpolt. Die angenäherten Pole stoßen sich nunmehr ab und der Rotorpol dreht weiter zum nächsten Anziehungspunkt, wo ihn dasselbe „Schicksal" ereilt. Da sich dieses Polwechselspiel ständig wiederholt, versetzt es den Rotor in eine kontinuierliche Drehbewegung.

So weit die rein magnetische Betrachtung. Was sich dabei im Stromkreis des Elektromagnetsystems abspielt, zeigt das (vorläufig noch vereinfachte) Ersatzschaltbild **(Bild 1, Seite 92)**.

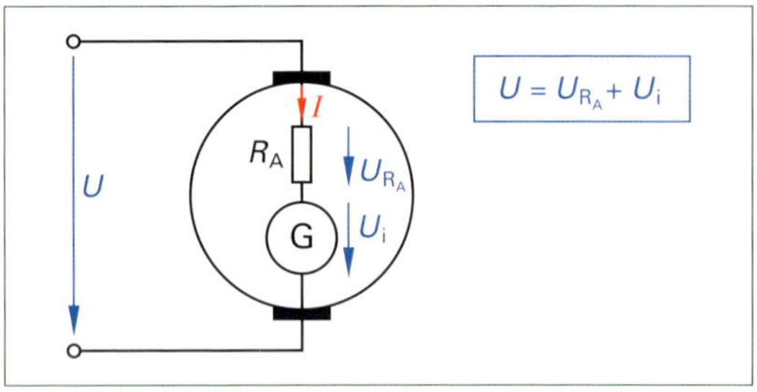

Bild 1: Vereinfachtes Ersatzschaltbild des Gleichstrom-Elektromotors

Es wird der Motor gedanklich durch eine Reihenschaltung eines Widerstandes R_A und eines Generators G ersetzt. R_A ist ein ohmscher Widerstand, der alle inneren Teilwiderstände des Motors gedanklich in sich vereint. Hauptkomponente ist dabei der Wicklungswiderstand.

R_A steht für die passive Komponente des Motors, an welcher der Motorstrom die Verlustwärme P_v erzeugt:

$$P_v = I^2 \cdot R_A$$

8

Zudem fällt an diesem Widerstand auch ein Teil der Motorspannung ab. Sie ist für die Bewegungsfunktion verloren.

$$U_{R_A} = I \cdot R_A$$

Der Generator G stellt die aktive Komponente des Motors dar. Er induziert bei Drehung des Rotors eine Spannung U_i, die der Anschlussspannung U entgegengerichtet ist.[1] Hierbei ist es unerheblich, ob der Rotor von außen über die Welle angetrieben (Generatorbetrieb) oder von der eigenen Magnetkraft bewegt (Motorbetrieb) wird. Sie hat die Größe

$$U_i = \frac{n}{k_n}$$

Die Generatorspannung ist proportional der Rotordrehzahl n und wächst mit dem Kehrwert von der Drehzahlkonstanten k_n.

Wird an die Anschlüsse des stehenden Motors eine Spannung U angelegt, so ist im ersten Augenblick n und damit U_i noch bei Null. Somit liegt die volle Anschlussspannung an R_i und erzeugt einen großen Anlaufstrom I_A, auch als Blockierstrom bezeichnet, weil er bei stehender Welle auftritt.

$$I_A = \frac{U}{R_A}$$

Dieser hohe Strom erzeugt ein starkes Anlaufdrehmoment, das den Rotor entsprechend beschleunigt. Die Drehzahl steigt und damit die Gegenspannung U_i, was die Spannungsdifferenz an R_A verkleinert und den Strom sinken lässt. Bei unbelasteter Motorwelle endet das Anwachsen von U_i knapp unterhalb des Werts von U. Jetzt heben sich beide Spannungen nahezu auf, der Spannungsabfall an R_A wird minimal, weshalb nur noch ein kleiner Strom durch den Motor fließt, der Leerlaufstrom I_0.

Belastet man die Motorwelle, sodass mehr Drehmoment aufgebracht werden muss, verschiebt sich das Gleichgewicht in Richtung höherer Ströme. Damit wächst U_{R_A}, womit weniger für U_i bleibt. Die Drehzahl sinkt mit steigender Belastung **(Bild 2)**.

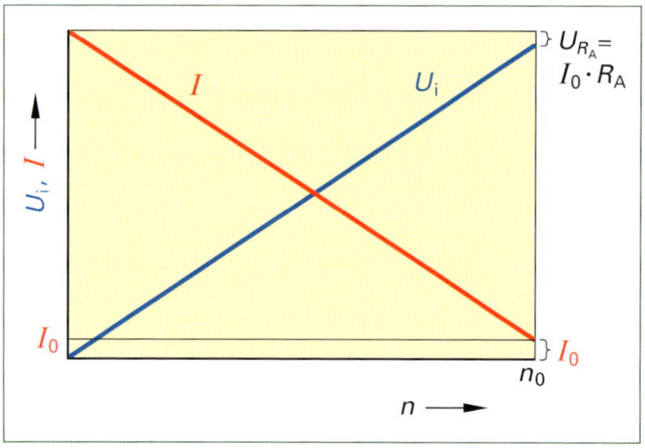

Bild 2: Verlauf von Motorstrom, Generatorspannung und Spannungsabfall am Innenwiderstand über der Drehzahl

8.4 Motoroptimierung

Das Verhältnis der Teilspannungen im Motor **(Bild 1)** lässt Rückschlüsse auf den Motorwirkungsgrad zu, denn U_i stellt den Nutzanteil der Spannungen dar. Für Motoren mit niedrigem Leerlaufstrom gilt in ausreichender Näherung:

$$\eta \approx \frac{U_i}{U} = \frac{U - U_{R_A}}{U} = 1 - \frac{U_{R_A}}{U} = 1 - \frac{I \cdot R_A}{U}$$

Betrachtet man den letzten Term $-I \cdot R_A/U$, so gilt es, diesen möglichst zu verringern, damit sich η dem Wert 1 (entspr. 100 %) annähert, was auf einfache Weise durch Reduktion von R_A möglich ist. Dies wird angestrebt, stößt aber an physikalische/technische Grenzen, vor allem, wenn es um die Herstellung der Wicklung geht.

[1] U_i auch als Generatorspannung, Gegenspannung, Induktionsspannung oder EMK bezeichnet.

Der Wert des Bruches verringert sich auch, wenn sich das Verhältnis von I/U in Richtung höherer Spannungen verschiebt. Aus diesem Grund werden E-Bike-Motoren mit höherer Leistung oft aus 48-V-Akkus versorgt, anstelle der üblichen 36-V-Batterien. Neben einem guten Wirkungsgrad ist es speziell bei Elektrofahrrädern wichtig, die Leistung über ein hohes Drehmoment anstatt über eine erhöhte Drehzahl zu generieren (siehe Kapitel 6). Dies erspart die Zwischenschaltung hoch untersetzender Getriebe.

Wichtige Voraussetzung für ein starkes Drehmoment an der Welle ist eine hohe Anziehungskraft der Magnetpole. Wie unter 7.2 bereits dargestellt, gehorcht diese Kraft F den Einflussgrößen Stromstärke I, Feldstärke B, Leiterlänge l und Windungszahl N:

$$F = I \cdot B \cdot l \cdot N$$

Es gilt die einfache Regel: Viel Strom schafft viel Kraft. Allerdings mahnt hier die begrenzte Batteriekapazität zu sparsamem Umgang. Die Anziehungskraft wächst auch mit der Flussdichte der eingesetzten Permanentmagneten.

Deshalb verwendet man bei modernen Motoren sog. Seltene-Erden-Magnete (meist *Neodym*-Eisen-Bor- oder NdFeB-Magnete) mit der höchstmöglichen Magnetstärke.

Das geht nicht ohne Kompromisse, denn je stärker die Magnete, desto temperaturempfindlicher werden diese. Dabei spielt die sog. Curie-Temperatur eine Rolle.

info

Die Curie-Temperatur ist eine vom Magnetwerkstoff abhängige Temperatur, oberhalb derer sich die magnetischen Eigenschaften des Stoffes ändern. Die Anziehungskraft verschwindet oberhalb der Curie-Temperatur vollständig. Sie ist benannt nach dem französischen Physiker *Pierre Curie*.

Zur Optimierung der Flussdichte spielt die Magnetanordnung bzw. die Einbindung der Magnete in den Eisenkreis eine wesentliche Rolle. Der Magnetfluss soll möglichst vollständig durch Eisen verlaufen, da dieses den geringsten magnetischen Widerstand aufweist. Man erreicht dies unter anderem, indem man die Luftspaltweite zwischen Stator und Rotor auf wenige Zehntelmillimeter minimiert, was aber eine hohe mechanische Präzision bei der Lagerung (Wälzlager) voraussetzt.

Die Leiterlänge im Magnetfeld (hier etwa gleich der Magnetpollänge in axialer Richtung) beeinflusst die Motorlänge, welche nicht unbegrenzt wachsen kann. Es bleibt als letzter Ausweg noch die Anzahl der Motorwindungen. Sie unterliegen prinzipiell keiner Beschränkung.

Doch leider ist der Wickelraum begrenzt, denn er konkurriert mit dem erforderlichen Eisenvolumen im Elektromagnetsystem. Eine Steigerung der Windungszahl erhöht bei unverändertem, voll ausgenutztem Wickelraum nicht nur die Drahtlänge. Sie ist nur möglich, wenn gleichzeitig der Drahtquerschnitt reduziert wird. Somit zieht eine Verdopplung der Windungszahl eine Vervierfachung des Wicklungswiderstandes nach sich.

Wichtig in diesem Zusammenhang ist die optimale Nutzung des vorgegebenen Wickelraums. Beim Herstellen der Wicklung (meistens Handarbeit) sollte nichts „verschenkt" werden. Man spricht hier von einem guten Kupfer-Füllfaktor. Er beeinflusst den Wirkungsgrad, aber auch die Herstellungskosten.

8

Es existiert noch ein weiterer Faktor, der aus einer Kraft ein großes Drehmoment entwickeln kann: der Hebelarm.

Die Kraft eines Motors entsteht im magnetischen Luftspalt. Dies ist der ringförmige Zwischenraum, in dem sich Stator- und Rotormagnetfeld begegnen und ihre Kraftwirkung entfalten. Wenn es gelingt, diesen Spalt weit vom Drehpunkt entfernt nach außen zu verlegen, wächst mit der Hebellänge das Drehmoment. Daher baut man Direktantriebsmotoren (Nabenmotoren) mit großem Radius **(Bild 1)**.

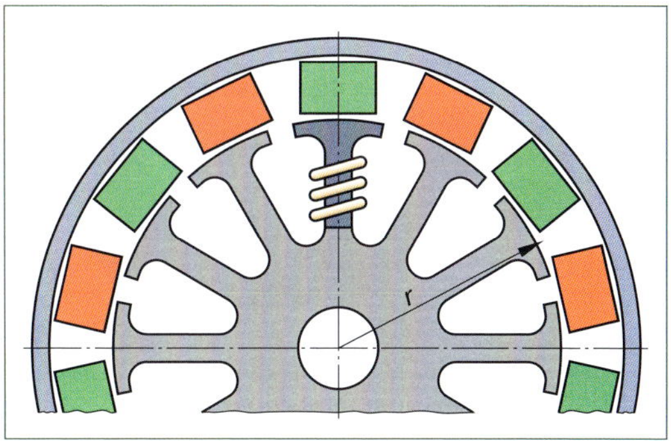

Bild 1: Luftspaltradius *r*

8

8.4.1 Bürstenlose Motoren

Bei *herkömmlichen* Gleichstrommotoren befinden sich die Permanentmagnete außen im Stator, die Elektromagnete innen auf dem Rotor. Damit lässt sich die Umschaltung der Rotorwicklung(en) mithilfe segmentierter Schleifringe auf der Rotorwelle mechanisch unkompliziert realisieren.

Zur Stromzuführung dienen sog. Kohlebürsten, welche durch Federkraft auf den Kommutator gedrückt werden, um einen guten Stromübergang zu bewirken. Leider bremsen solche Bürsten, was den Leerlaufstrom ansteigen lässt **(Bilder 1 und 2)**.

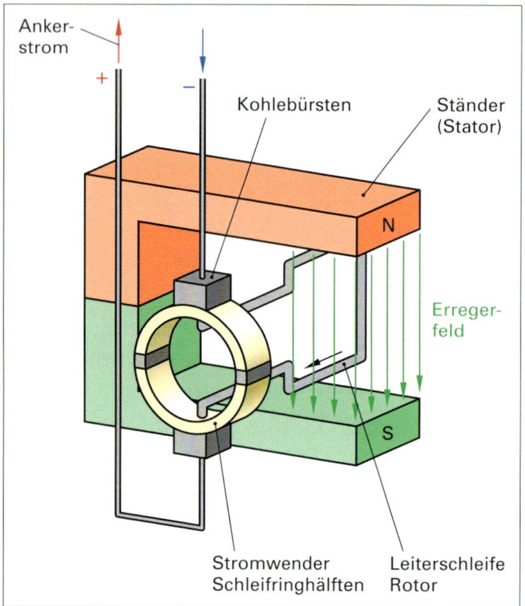

Bild 1: Prinzip eines Kollektor-Gleichstrommotors

Bild 2: Rotor eines Bürstenmotors. Oftmals nötig: Auswuchtmasse (grün) an der Wicklung

Darüber hinaus verursacht eine Kohle/Schleifringanordnung Übergangswiderstände, die den schädlichen Gesamtwiderstand in die Höhe treiben.

Das Aufkommen von MOS-Feldeffekttransistoren (sog. MOS-FETs) und damit verbundene Fortschritte in der Leistungselektronik legten daher in den 1990er Jahren den Gedanken nahe, den mechanischen Polwender durch eine geeignete Elektronik zu ersetzen. Damit unterblieb nicht nur die zusätzliche Reibung, es verbesserten sich im Laufe der Jahre auch die Widerstandsverhältnisse.

Anders ausgedrückt: Eine moderne MOS-FET-Schaltstufe verursacht weniger Spannungsverluste als der klassische Stromübergang von Kupferlitzen-Kohlebürsten-Kommutatorlamellen. Zudem unterliegen Kohle und Lamellen bei leistungsfähigen Motoren erheblichem Verschleiß. Bei bürstenlosen Motoren entfallen diese „Problemzonen".

Elektronisch kommutierte Gleichstrommotoren werden auch als EC-Motoren bezeichnet. Sie benötigen zum Betrieb einen sogenannten Motorcontroller, der neben anderen Aufgaben, wie z. B. der Überwachung und Drehzahlsteuerung, als Hauptaufgabe die Kommutierung übernimmt (Kapitel 8.5).

Der wesentliche Unterschied gegenüber herkömmlichen Motoren besteht darin, dass nun die Elektromagnete, nachdem die Kommutierung nicht mehr durch Verdrehung mechanisch erfolgt, unverrückbar auf dem Stator Platz finden können (**Bild 1, S. 95** und **Bild 1, S. 96**).

Neben den dynamischen Eigenschaften des Rotors, bei dem sich nur noch ein unbewickelter Permanentmagnet dreht, ist die verbesserte thermische Bilanz des BLCD-Motors hervorzuheben. Zum einen entstehen direkt im Motor keine Kommutierungsverluste mehr. Diese werden nun in den Controller „ausgelagert" und sind dank moderner Leistungshalbleiter deutlich geringer als bei einem klassischen mechanischen Kommutator.

Nicht vernachlässigbare Verluste erzeugen die Kupferdrahtwicklung (stromabhängig) und der sie einbettende Eisenkern (drehzahlabhängig).

Um die Eisenverluste – sie entstehen aufgrund wechselnder Magnetfelder – zu minimieren, sind Stator und Rotor nicht aus massivem Eisen gefertigt, sondern bestehen aus einem geschichteten Paket dünner, voneinander isolierter Eisenbleche. So können sich im Blechpaket keine verlusterzeugenden Wirbelströme ausbilden.

Da beim Elektromotor die Verlustleistung das Leistungslimit bestimmt, gilt es, die verbleibenden Wärmeverluste möglichst rasch abzuführen. Auch hier ist der BLDC-Motor im Vorteil, denn der bewickelte Stator als Hauptverlustquelle ist fest mit dem Motorgehäuse verbunden, während beim herkömmlichen Motor der verlusterzeugende Rotor durch einen Luftspalt an der direkten Wärmeabgabe gehindert wird. Auf diese Weise entstehen Motoren mit extrem hoher Leistungsdichte.

Um selbst geringste Verlustquellen noch zu eliminieren, kann der Rotor aus dünnen Blechscheiben aufgebaut (geblecht) sein. Die Magnete liegen dann außenseitig. Diese Anordnung hat den Nachteil, dass die Rotormagnete einer drehzahlabhängigen Fliehkraftbelastung ausgesetzt sind. Es genügt dann nicht mehr, die Magnete mit dem Blechkern zu verkleben. Stattdessen werden die Magnete im Rotoreisen eingelassen (man spricht bei dieser Anordnung auch von „vergrabenen" Magneten, **Bild 1**). Die dünnen Haltebrücken zwischen den einzelnen Magnetsegmenten tragen aufgrund starker magnetischer Sättigung kaum zur Feldschwächung bei.

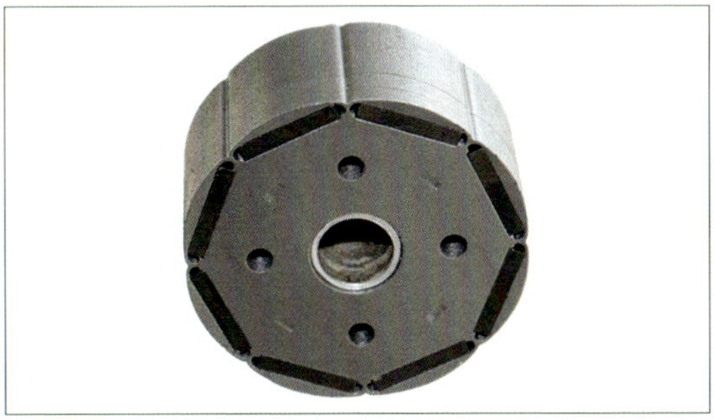

Bild 1: Geblechter Panasonic-Rotor mit „vergrabenen" Magneten

E-Bike-Motoren sollen ihre Leistung bei möglichst hohem Drehmoment (und damit geringer Drehzahl) bereitstellen, damit Getriebe mit nur wenigen Untersetzungsstufen auskommen. Hierbei hat sich eine Rotorbauart bewährt, die auf die *Flussleitkeil-Technik* setzt.

Bei dieser Variante sind die Magnete nicht mehr tangential (entsprechend **Bild 1**), sondern radial in das Rotorblechpaket eingelassen **(Bild 2)**. Durch diese Anordnung entsenden benachbarte Magnete ihre Feldlinien von zwei Seiten in das dazwischenliegende keilförmige Eisensegment. Auf diese Weise entsteht eine Flussverdopplung mit entsprechend positiver Auswirkung auf das erzeugte Drehmoment.

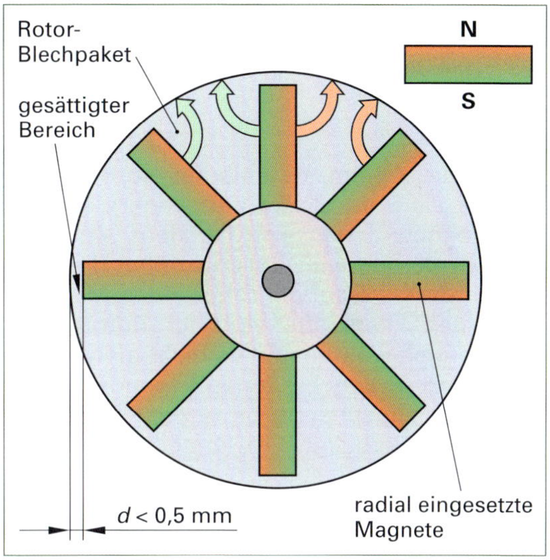

Bild 2: Flussverdoppelung durch radial eingesetzte Magnete

Die Flexibilität der Magnetplatzierung schafft noch weitere Freiheitsgrade: Wenn man den Stator konzentrisch innerhalb des Rotors anordnet, erhält man einen sog. Außenläufermotor (engl. *Outrunner*) **(Bild 3 und Bild 1, S. 96)**.

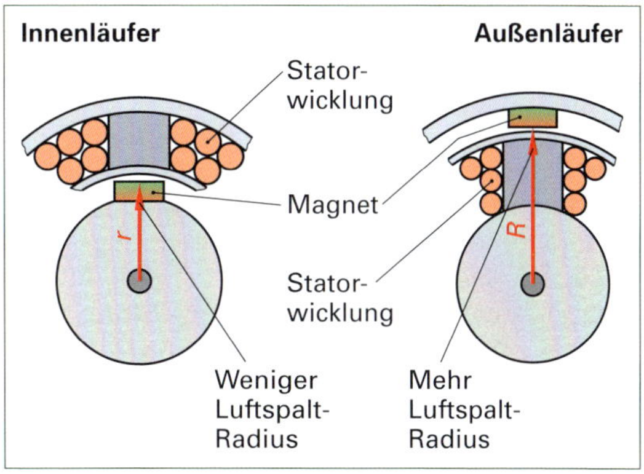

Bild 3: Durch den Platztausch von Magnet und Wicklung vergrößert sich beim Außenläufer der wirksame Hebelarm ($R > r$)

8

Bild 1: Anordnung der Magnetsysteme beim Außenläufer

Der Rotor ist beim Außenläufer ein Hohlzylinder (oft als Rotorglocke bezeichnet), in dem die Magnete innenseitig verklebt sind. Gegenüber dem Innenläuferprinzip hat dies den Vorteil, dass die auf die rotierenden Magnete wirkenden Fliehkräfte von der Rotorglocke aufgefangen werden und so nicht mehr destabilisierend wirken. Ein innen liegender Stator ist zudem einfacher zu bewickeln. Dies alles zusammen verbilligt die Herstellung der Motoren.

Der besondere Vorteil der Außenläuferanordnung besteht darin, dass sich dank des Positionswechsels von Spulen und Magneten der krafterzeugende Luftspalt bei gleichbleibendem Gehäusedurchmesser weiter nach außen verlegen lässt, denn die Neodymmagnete weisen mit 2 bis 3 Millimetern radialer Ausdehnung nur einen Bruchteil der Spulentiefe (sie liegt bei 10 bis 20 mm) auf. Diese Hebelarmvergrößerung sorgt für ein zusätzliches Drehmoment.

Als ungünstig wird empfunden, dass sich das Gehäuse des Außenläufers bewegt und der Motor deshalb nicht am Umfang befestigt werden kann. Die Kühlung des spulentragenden Stators kann wegen des dazwischenliegenden Luftspalts nicht mehr direkt über den Außenmantel, sondern nur in axialer Richtung über die Statorbefestigung erfolgen. Im Vergleich zu dem spulentragenden Rotor der mechanisch kommutierten Motoren ist diese dennoch wirksamer, da eine feste Verbindung zwischen Stator und zentraler Motorbefestigung besteht. Daher sind Direktantriebsmotoren fast immer Außenläufer.

Im Hinblick auf den gewünschten Drehmomentgewinn kann die Technik der BLDC-Motoren noch einen weiteren „Trick" verbuchen: die Steigerung der Polpaarzahl **(Bild 2)**.

Bild 2: 40-poliger Außenläufermotor mit 36-nutigem Stator

Der permanentmagnetische Stator kohlekommutierter Maschinen hatte üblicherweise nur ein Polpaar. In Ausnahmefällen kamen auch Vierpolmaschinen zum Einsatz. Sie benötigten einen zweiten, um 90 Grad verdrehten Bürstenapparat. Jede weitere Steigerung hätte den Aufwand ins Unwirtschaftliche getrieben.

Bei elektronischer Kommutierung ist die Polpaarzahl in weiten Grenzen aufwandsneutral. Dies führt dazu, dass nun eine große Anzahl von Polpaaren auf dem Rotorumfang verteilt werden kann. Dabei wechseln sich die Nord- und Südpole stetig ab. Zwischen zwei Polwechseln liegt nur noch eine Teilumdrehung. Damit reduziert sich die Drehzahl, wodurch gleichzeitig das Drehmoment steigt.

Tabelle: Polzahl und Drehwinkel

Polzahl	Polpaarzahl	Drehwinkel
2	1	360°
4	2	180°
6	3	120°
8	4	90°
10	5	72°
…	…	…
40	20	18°

Damit es bei der Vielzahl von Polen nicht zu Überlappungen kommt, wird auch der Statormagnet in eine entsprechende Anzahl von Segmenten aufgeteilt. Die Wicklungen liegen in sog. Nuten. T-förmige Polköpfe verteilen den magnetischen Fluss **(Bild 1, S. 97)**.

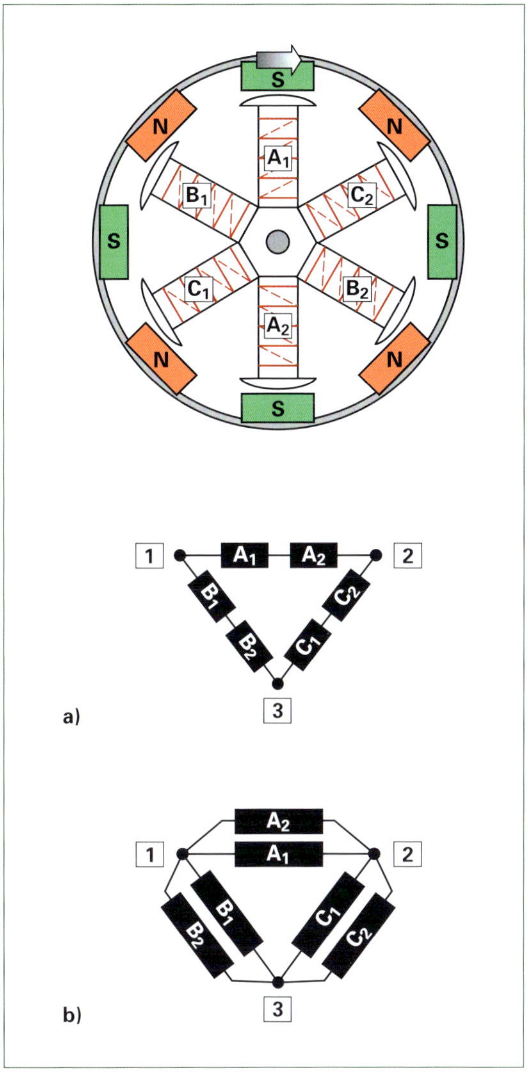

Bild 1: Bei zunehmender Zahl von Rotorpolen muss auch die Statorwicklung segmentiert werden. Die Teilwicklungen können seriell (a) oder parallel (b) verschaltet sein.

Nunmehr ziehen mehrere Pole, alle auf einem Rotor sitzend, gemeinsam an einem Strang. Das bedeutet, dass sich die Kräfte der einzelnen Rotorsegmente addieren und damit das Drehmoment vergrößern (dies führt zu der Metapher vom „eingebauten Untersetzungsgetriebe"). Tatsächlich erreicht man mit einer Verdopplung der Polzahl nicht das Doppelte, aber doch ein wesentlich gesteigertes Drehmoment. Grund für diese Einschränkung: Die einzelnen Magnetflächen werden durch die Zerlegung in einzelne Segmente kleiner.

Ein zusätzlicher Vorteil der Vielpoltechnik liegt in der drastischen Verkürzung der magnetischen Wege (Feldlinienlänge). Der magnetische Fluss muss nicht mehr, wie ursprünglich beim 2-Pol-Motor, über den halben Umfang des Motors zum gegenüberliegenden Pol fließen, sondern nur noch „nach nebenan", weshalb die Eisenquerschnitte verringert werden können. Das macht den Motor kleiner und leichter **(Bild 2)**.

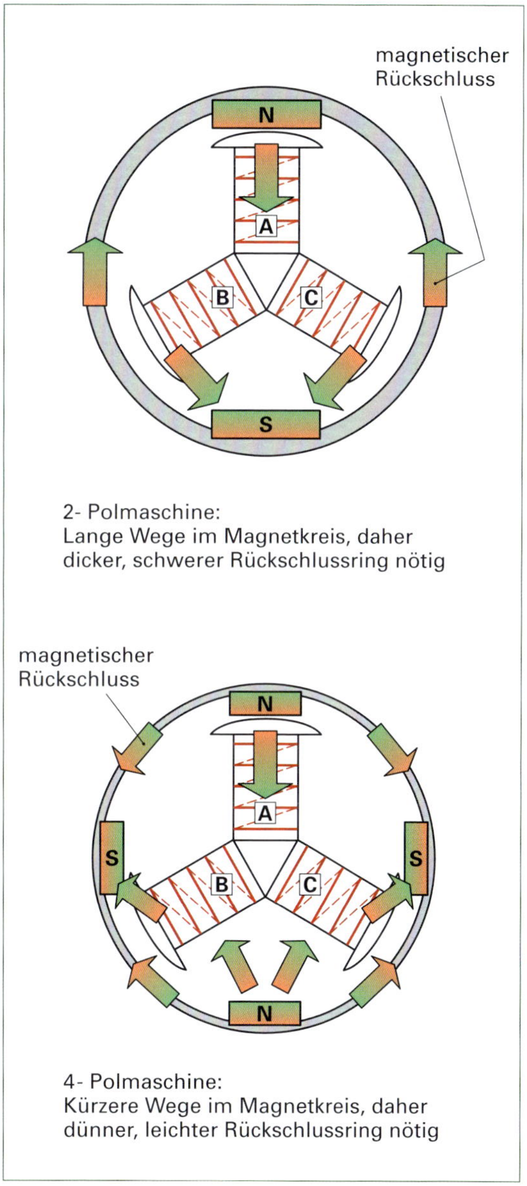

Bild 2: Bei der Vierpolmaschine verkürzt sich die Weglänge der magnetischen Feldlinien

info

Durch die Erhöhung der Polzahl wird das Drehmoment bei gleicher Motorgröße weiter erhöht. Durch den verkürzten Magnetfluss können die Eisenquerschnitte reduziert werden, wodurch das Motorgewicht weiter sinkt.

Es würde zu weit führen, alle wechselwirkenden Effekte gegeneinander abzuwägen. Fakt ist: Mehrpolige Maschinen können auf die Motormasse bezogen ein höheres Drehmoment liefern. Man spricht hier von höherer Drehmomentdichte.

Ein Beispiel für einen extrem auf Drehmoment ausgelegten vielpoligen Außenläufer ist der Pendix-Tretlagermotor **(Bild 1)**. Da er bei niedrigsten Drehzahlen direkt auf die Tretlagerwelle wirkt, müssen alle technischen Möglichkeiten ausgeschöpft werden, um die Drehzahlkonstante zu minimieren. Das erreicht man zum einen durch ein Außenläuferkonzept mit großem Durchmesser, zum anderen durch eine hohe Polzahl in Verbindung mit Hochenergiemagneten. Diese vor zu hohen Temperaturen zu schützen gelingt bei Außenläufermotoren, die frei im Luftstrom liegen, grundsätzlich besser als bei Einbaumotoren.

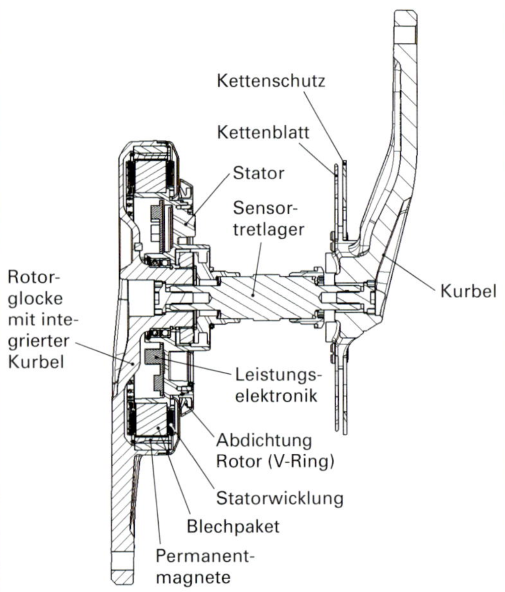

Bild 1: 40-poliger Tretlager-Direktantriebsmotor (Pendix)

Die Optimierung des Magnetkreises verlangt durchdachte magnetische Flussführung. Kompromissbehaftet bleibt an solchen Motorkonstruktionen zwangsläufig der Ansatz, den Wicklungswiderstand im Interesse einer minimalen Verlustleistung auf passable Werte zu begrenzen.

Beliebig steigern lässt sich die Polvermehrung nicht, weil mit enger werdendem Polabstand die unerwünschten magnetischen Nebenflüsse **(Bild 2)** mitwachsen. Andererseits bringt ein Außenläufer die besten Voraussetzungen dafür mit, möglichst viele Magnetsegmente über den Umfang zu verteilen. E-Bike-Motoren werden mit 4 bis 40 Polen gebaut.

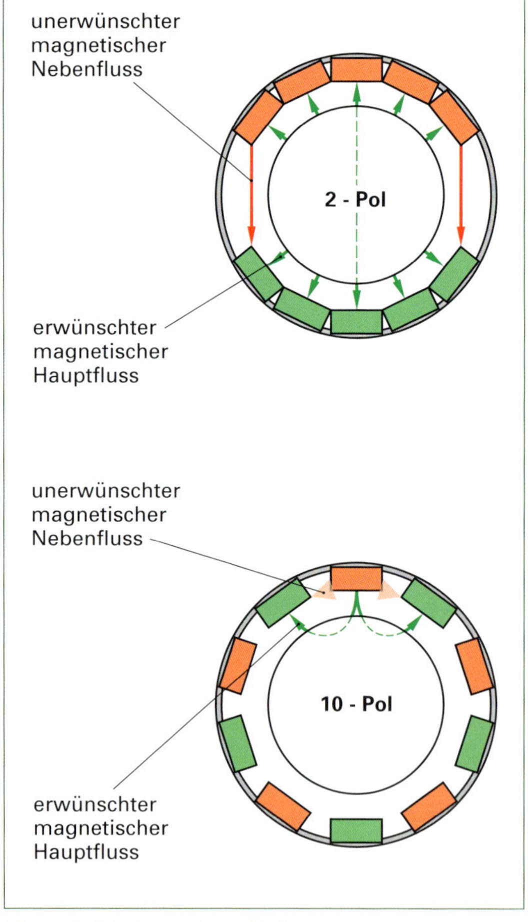

Bild 2: Bei hoher Polzahl fließen die magn. Feldlinien zunehmend direkt zum Nebenpol, anstatt den gewünschten Weg über den Stator zu nehmen.

8

8.4.2 3-Phasen-Steuerung

Prinzipiell würde es genügen, den mechanischen Kommutator nach **Bild 1** durch einen elektronischen Polwender nach **Bild 2** zu ersetzen.

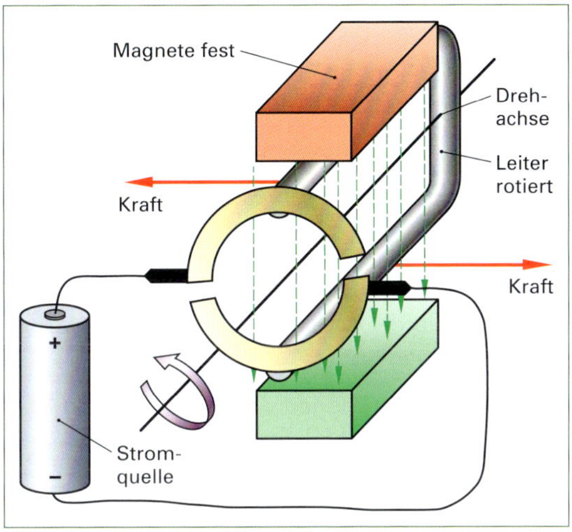

Bild 1: Prinzip der Polwendung beim mechanisch kommutierten Motor

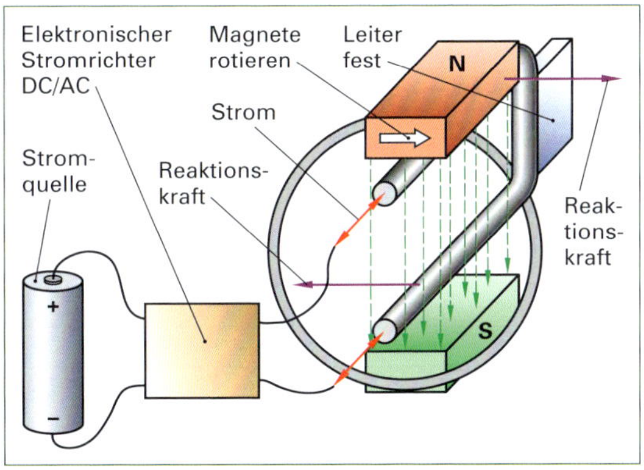

Bild 2: Prinzip der Kommutierung beim bürstenlosen Motor (am Beispiel eines Außenläufers)

Derartige Motoren weisen aber kein befriedigendes Anlaufverhalten und einen stark pulsierenden Drehmomentverlauf auf (vergleichbar dem einer Tretkurbel).

In der Motorenpraxis hat sich daher das Dreiphasenprinzip etabliert. Es gleicht in mancherlei Hinsicht der Drehstromtechnik, weist aber teilweise bedeutsame Unterschiede auf. So hat man es bei dreiphasigen BLDC-Motoren meist nicht mit sinusförmigen Spannungen und Strömen zu tun.

Der Stator besteht nun aus mindestens drei Wicklungen (oder einem Vielfachen davon, z. B., 6, 9, 12, ... 36). Sie sind gleichmäßig über den Umfang verteilt.

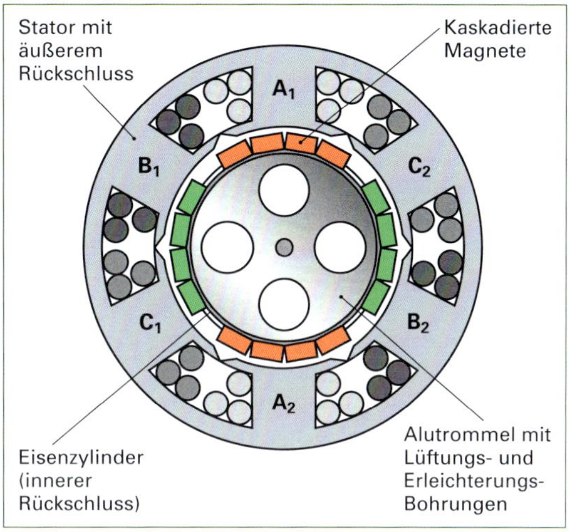

Bild 3: Aufbau eines 3-Phasen BLDC-Innenläufermotors mit 6 Teilwicklungen und 4-Polrotor. Die runden Rotormagnete können aus Teilstücken bestehen. Es sind keine Formteile erforderlich.

Die Schaltstufe des 3-Phasen-Stromrichters ist eine sog. Drehstrom-Brückenschaltung, bestehend aus 6 elektronischen Schaltern (MOSFETs), die in **Bild 4** aus Gründen der Einfachheit als mechanische Schaltkontakte dargestellt werden (siehe auch Seite 87).

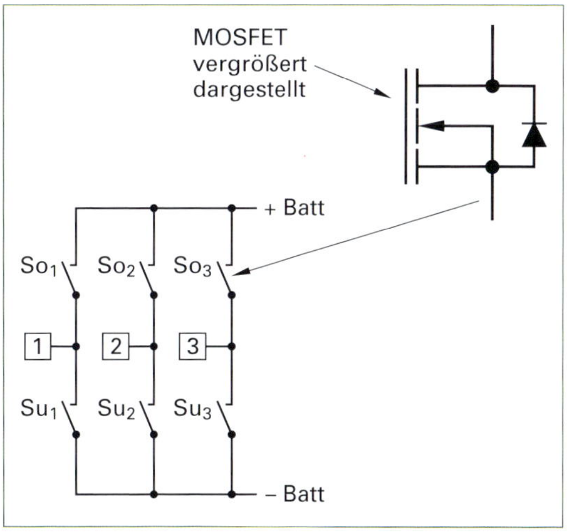

Bild 4: Drehstrombrücke: Sie bildet die Grundlage jedes Brushless-(BL-)Controllers

8

Jedes der drei Brückenglieder besteht aus zwei Schaltern S_o und S_u, die nur zwei Schaltzustände kennen: geschlossen (L) oder geöffnet (0). Damit können die Ausgänge 1, 2 und 3 folgende Spannungen führen:

Plus, wenn $S_o = L$ $S_u = 0$
Minus, wenn $S_o = 0$ $S_u = L$
Offen, wenn $S_o = 0$ $S_u = 0$

info

Den vierten möglichen Zustand, wenn beide in einer Reihe liegenden Schalter zeitgleich geschlossen sind (S_0 = L, S_u = L), gilt es zu verhindern, da er zum Kurzschluss der Spannungsquelle führen würde.

Die Ansteuerlogik sorgt dafür, dass diese Spannungszustände an den Ausgängen 1, 2 und 3 zyklisch umlaufend wechseln.

Im Laufe eines Vollzyklus von 360° liegen an jedem Ausgang während 120° plus und während 120° minus, jeweils getrennt von zwei offenen Zwischenphasen (2 x 60°). Verbindet man die drei Ausgänge der Brückenschaltung zahlengleich mit den Eckpunkten des Spulendreiecks wird erkennbar, dass bei der hier gewählten Dreiecksanordnung alle Spulen bestromt werden, wenn auch in ungleicher Richtung und Stärke.

8

So wie die Spannungen zyklisch umlaufen, folgen ihnen die sich ergebenden Ströme, allerdings „abgeschrägt" aufgrund der Spuleninduktivität. Während die Spannungen rechteckförmig zugeschaltet werden (man spricht von „Blockkommutierung"), nähern sich die Ströme der Trapezform an **(Bild 1)**.

Als Nachteil der Blockkommutierung kann der starke Oberwellengehalt der rechteckförmigen Spannungen gelten. Dadurch neigen die Motoren zum „Singen". Möchte man dieser unerwünschten Geräuscherzeugung entgegenwirken, hilft eine sogenannte Sinuskommutierung, die schaltungstechnisch deutlich aufwendiger ist.

info

Zur Änderung der Drehrichtung genügt es, zwei beliebige Anschlüsse zwischen Motor und Controller zu vertauschen.

Die drei Spulen können auch in Sternform verschaltet werden **(Bild 2, Seite 101)**. In diesem Fall werden immer zwei Spulen hintereinander vom Strom durchflossen, eine ist stromlos. An der grundsätzlichen Arbeitsweise ändert dies nichts.

Bei stationären Drehstromantrieben schaltet man oft zu Anfang auf Y, um kleinere Anlaufströme und ein weicheres Beschleunigungsverhalten zu erzielen. Nach dem Hochlauf wird dann auf Δ umgeschaltet. Der Schaltaufwand hierbei ist nicht gering, weshalb bei E-Bike-Antrieben andere Mittel zum Einsatz kommen.

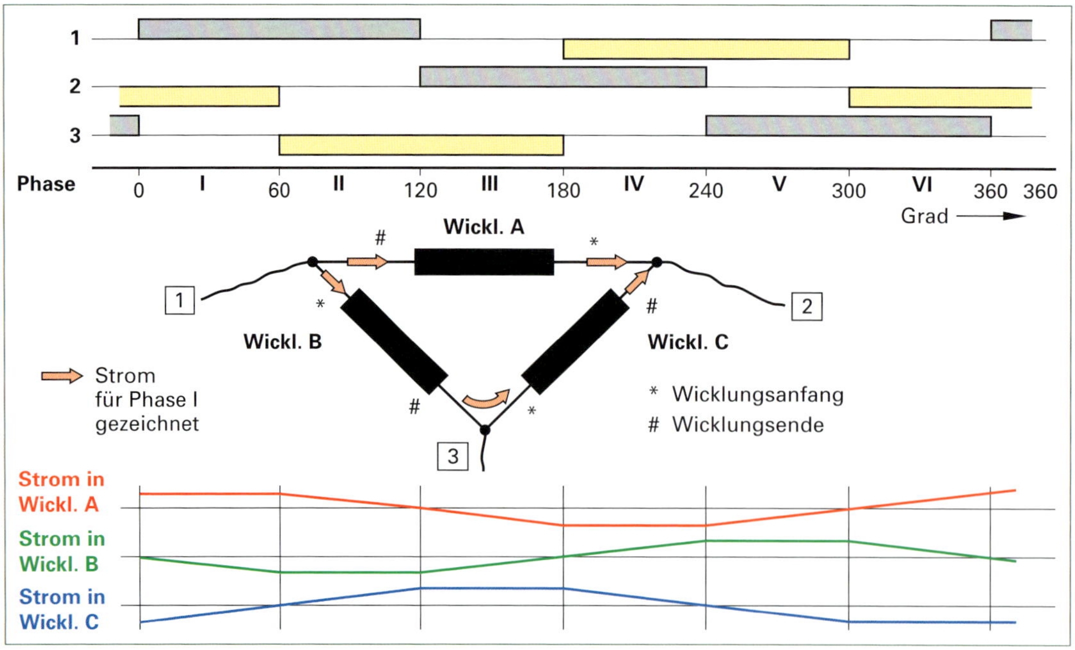

Bild 1: Spannungs- und Stromverläufe in einer 3-Phasen-Wicklung

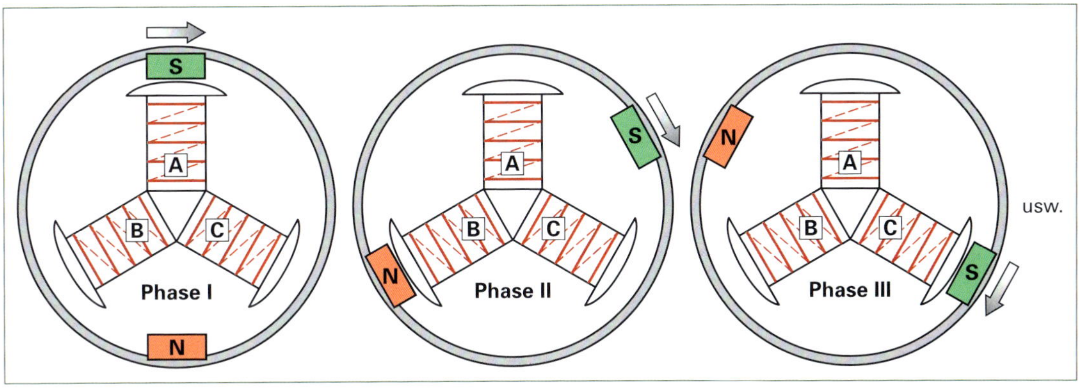

Bild 1: Das Bild zeigt, wie der Rotor, hier am Beispiel eines Außenläufers, dem Drehfeld folgt.

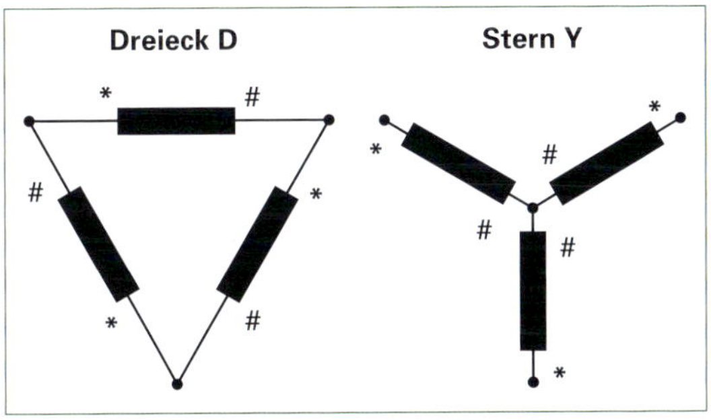

Bild 2: Ein im Stern (Y) geschalteter Motor verhält sich zur Dreieckschaltung (D oder Δ), als hätte er eine um den Faktor 1,732 höhere Windungszahl. Entsprechend verändern sich k_n und R_A.

Bild 3: Bürstenloser E-Bike-Motor (Wicklung infolge Überlastung verschmort) mit herausgeklappter Steuerplatine

8.5 Kommutierung

Wie bei der mechanischen Kommutierung entscheidet der Drehwinkel des Rotors, wann kommutiert werden muss. Der richtige Kommutierungszeitpunkt ist gegeben, wenn die Wechselwirkung der Magnetpole von Rotor und Stator die optimale Kraftwirkung entfaltet. Nicht anders verhält es sich bei der Phasenweiterschaltung. Diese kann auf zweierlei Art erfolgen.

8.5.1 Sensorkommutierung

Um zu erfahren, welche Position der Rotor gerade einnimmt, kann man sein Magnetfeld auswerten. Dies geschieht aktuell mithilfe von Hallsonden (siehe S. 88). Diese Halbleiterbauelemente erzeugen an ihren Ausgängen eine magnetfeldabhängige Spannung. Sie werden im Stator so positioniert, dass sie am gewünschten Umschaltpunkt ein Signal abgeben, das im Controller die Kommutierung veranlasst. Rechts oben am Rand des Ausschnitts sieht man in **Bild 3** die exakt platzierten drei Hallsensoren, die zusammen mit dem grauen Magnetring am Fuß der Welle die Kommutierung besorgen.

Hierzu benötigt man zwischen Motor und Controller ein fünfadriges Sensorkabel, bestehend aus Spannungsversorgung +/- sowie 3 Phasensignale.

8.5.2 Sensorlose Kommutierung

Dieser meist als „sensorless“ bezeichnete Controller benötigt keine zusätzlichen Steuerleitungen und Sensoren. Er ist in der Lage, die Generatorspannung auszuwerten. Wie anhand des Ersatzschaltbilds gezeigt **(Bild 1, S. 92)**, wird im Motor eine Spannung induziert. Es ist eine Wechselspannung, die immer dann ihren Nulldurchgang erreicht, wenn die Pole von Stator und Rotor sich gerade exakt gegenüberstehen. In dieser Position erfolgt keine induktionsverursachende Feldänderung mehr. Dies ist auch der Zeitpunkt, an dem (spätestens!) kommutiert werden muss.

Der Sensorless-Controller tastet die Induktionsspannung über den jeweils gerade nicht bestromten Brückenzweig ab. Um ein verwertbares Kommutierungssignal zu gewinnen, ist eine Vorfilterung der an den Wicklungen abgenommenen Induktionsspannungen erforderlich **(Bild 1)**.

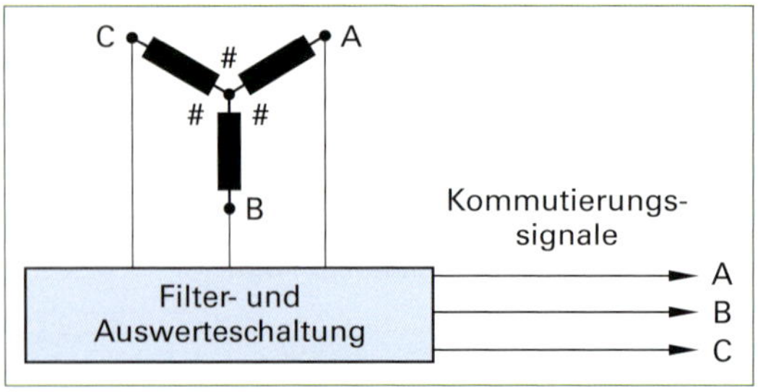

Bild 1: Prinzip der sensorlosen Kommutierung bei BLDC-Motoren

Eine interne Logik ermöglicht es, den Umschaltzeitpunkt zeitlich zu variieren. Damit lassen sich Rotorstellung und Stromverlauf so aufeinander abstimmen, dass der Spulenstrom die optimale Drehmomentwirkung erzielt (Vektorsteuerung oder Feldorientierte Steuerung). Zudem lässt sich so das Geräuschverhalten der Motoren verbessern.

Im Elektronik-Management von BLDC-Motoren ist oft von „Timing" die Rede.

info

Das Timing trägt dem Umstand Rechnung, dass bei induktiven Stromkreisen der Strom der Spannung nacheilt. Daher muss etwas vor dem Punkt größter Polnähe umgeschaltet werden. Die Maßnahme ist der sog. Frühzündung bei Benzinmotoren vergleichbar.

Ein Problem der sensorlosen Kommutierung bleibt: Der Rotor braucht eine gewisse Mindestdrehzahl, um eine auswertbare Induktionsspannung zu erzeugen. Direkt beim Anlauf ist das noch nicht der Fall. Daher werden die Motoren bei sensorloser Kommutierung zuerst „blind" durch eine vorgebende Kommutierungssequenz angefahren. Anfangs konnten sie in dieser Phase nur geringe Drehmomente erzeugen, was den Anwendungsbereich einengte. Moderne Controller errechnen den optimalen Kommutierungszeitpunkt aus der Messung der Spuleninduktivität, da das Rotorfeld die magnetische Sättigung der Spulenkerne verändert.

8.5.3 Feldorientierte Steuerung

Bei herkömmlichen mechanischen Schleifbürsten-Motoren werden die Rotorspulen bei der Kommutierung schlagartig umgeschaltet. Solche plötzlichen Stromänderungen verursachen in induktiven Stromkreisen hohe Induktionsspannungen, was oft an einem mehr oder weniger ausgeprägten Bürstenfeuer erkennbar wird.

Auch die in Bild 4, S. 99 gezeigte Drehstrombrücke arbeitet grundsätzlich nach diesem Prinzip. Die Spannungen in den einzelnen Wicklungssträngen werden in voller Größe blockartig zu- und abgeschaltet. Man spricht daher von **Blockkommutierung**.

Die bei elektronischen Schaltern auftretenden Spannungsimpulse sind jetzt nicht mehr als Schaltfunken sichtbar, denn sie werden über die integrierten Freilaufdioden abgebaut. Die hierbei zwangsläufig entstehenden Energieverluste sind gering, aber nicht das einzige Problem. Denn die durch die Spannungsspitzen generierten Stromimpulse erzeugen Geräusche, wobei dann das Magnetsystem des Motors wie eine Art Lautsprecher reagiert. Dies widerspricht naturgemäß dem geräuscharmen Charakter elektrisch angetriebener Fahrzeuge.

Um diese Zusammenhänge besser zu verstehen, sollte man sich den Verlauf der im Motor generierten Gegenspannung genauer anschauen: Diese verläuft grundsätzlich sinusförmig **(Bild 2)**, kann aber aufgrund bestimmter Polformen von diesem Idealwert abweichen **(Bild 1, S. 103)**.

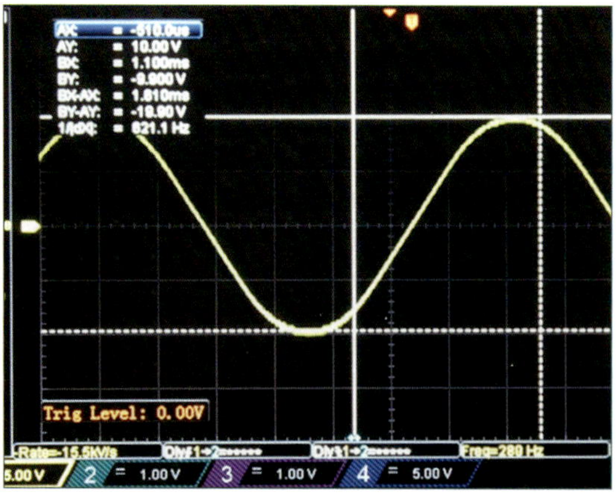

Bild 2: Induktionsspannung eines 40-poligen Außenläufers. Sie verläuft nahezu sinusförmig.

In **Bild 1** ist der Oberwelleneinfluss (3. Harmonische) gut erkennbar. Nur wenn der zeitliche Verlauf der durch den Controller angelegten Spannung der im Motor erzeugten Induktionsspannung (möglichst) genau entspricht, kommt das gewünschte harmonische Laufverhalten zustande.

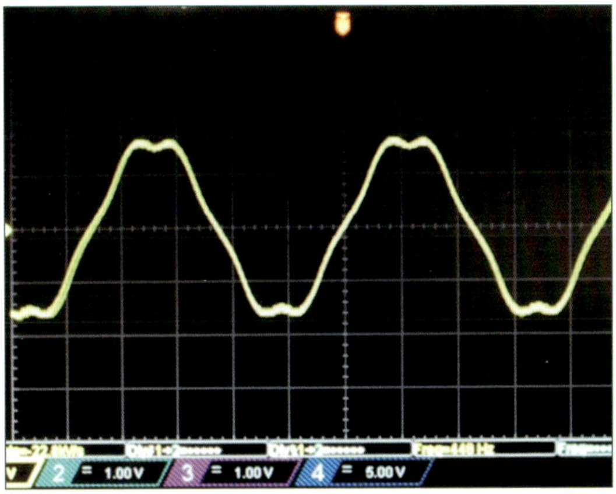

Bild 1: Induktionsspannung eines 8-poligen Innenläufers aus US-Produktion. Der Verlauf weicht erheblich von der gewünschten Sinusform ab.

Der Scheitelwert (Maximalwert) dieser Spannung stellt sich immer dann ein, wenn sich die Induktionsspule genau zwischen zwei Magneten bewegt und das Magnetfeld damit vom einen zum anderen Pol wechselt **(Bild 2)**. Das ist der Bereich der schnellsten Feldänderung.

Wenn sich hingegen Magnetpol und Spulenzahn genau gegenüberstehen, wird keine Spannung induziert. Die Sinusspannung erreicht hier ihren Nulldurchgang. Spätestens zu diesem Zeitpunkt muss der Controller seinen Spannungsimpuls abschalten, weil sonst aufgrund fehlender Gegenspannung der Strom in die Höhe schnellen würde. Hier kommt es auf ein genaues Timing an, das noch dadurch erschwert wird, dass der Strom bei induktiven Widerständen der Spannung stets nacheilt.

Der Nulldurchgang der Gegenspannung ist nicht das allein bestimmende Kriterium für die Kommutierung. Induktivität und Stromhöhe sind mitbestimmende Faktoren.

8.5.4 Vektorsteuerung

Betrachtet man den Verlauf des Kraftvektors im Luftspalt zwischen Stator und Rotor (in **Bild 3** ist der Vektor stark vergrößert dargestellt), spiegelt sich hier der Verlauf der Induktionsspannung wider.

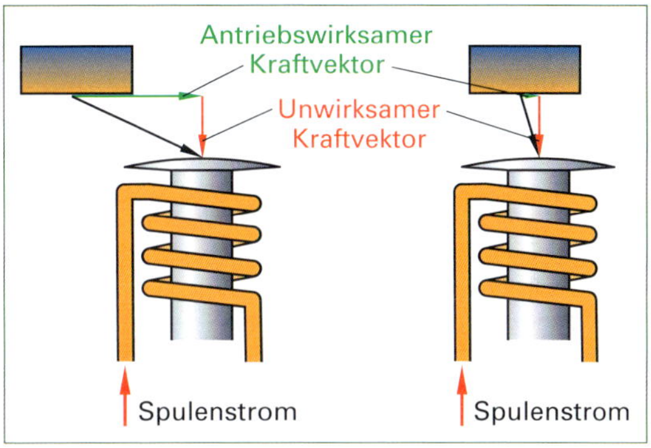

Bild 3: Vektorsteuerung: Der antriebswirksame Kraftvektor im Luftspalt beeinflusst die Größe des Spulenstroms.

Sind die sich anziehenden Pole von Stator und Rotor, wie links gezeigt, weit genug voneinander entfernt, überwiegt noch der tangentiale, d. h. der antriebswirksame Kraftvektor. Je näher sich die Pole jedoch kommen, desto mehr schrumpft die tangentiale Komponente (grün) zugunsten der radialen (rot). Diese Kraftkomponente trägt nichts mehr zum Antrieb bei.

Die sog. Vektorsteuerung trägt diesem Umstand Rechnung und steuert die Stromhöhe so, dass sie effektiv in Antriebskraft umgesetzt werden kann. Erforderlich ist hierbei ein Positionssensor, der die Winkelstellung des Rotors genau erfasst, um eine korrekte Kommutierung zu ermöglichen.

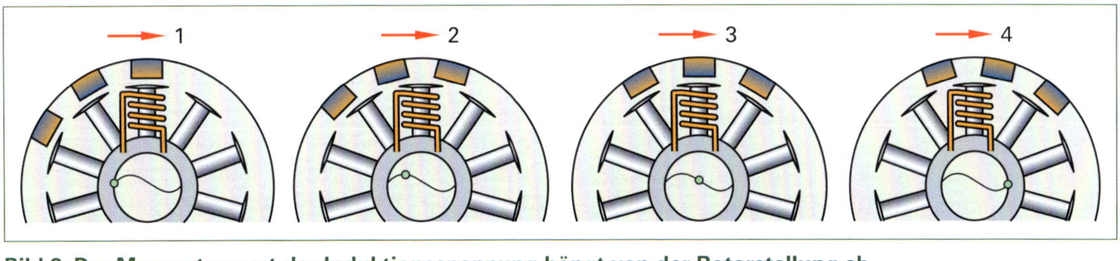

Bild 2: Der Momentanwert der Induktionsspannung hängt von der Rotorstellung ab.

8.6 Drehzahlsteuerung

Wie schon dargestellt, hängt die Drehzahl eines Elektromotors von seiner Drehzahlkonstanten sowie der angelegten Spannung ab. Die Spannung hat bei Elektrofahrrädern eine durch die jeweilige Batterie festgelegte Größe (gängig sind Batterien mit 26, 37 oder 48 V Nennspannung). Da die Fahrpraxis auch kleinere Drehzahlen erfordert, muss die am Motor anliegende Spannung nach unten transformiert werden.

Gleichspannungen lassen sich transformieren, indem man sie „zerhackt", also eine Wechselspannung daraus macht und diese transformiert und anschließend wieder gleichrichtet. Das Ganze nennt sich „Spannungswandler".

Soll die Spannung nur verkleinert werden, spricht man von einem Abwärts- (oder Step-Down) Wandler. Dazu wird eine Spule mit ausreichend hoher Induktivität benötigt. Sie liegt glücklicherweise schon in Gestalt der Statorspule(n) vor.

Um dies gedanklich vorstellbar zu machen, wird das vereinfachte Ersatzschaltbild **(Bild 1, S. 92)** um eine in Reihe liegende Induktivität vervollständigt **(Bild 1)**. Sie spielt bei reinem Gleichstrombetrieb keine Rolle, weshalb es berechtigt war, sie bisher zu ignorieren.

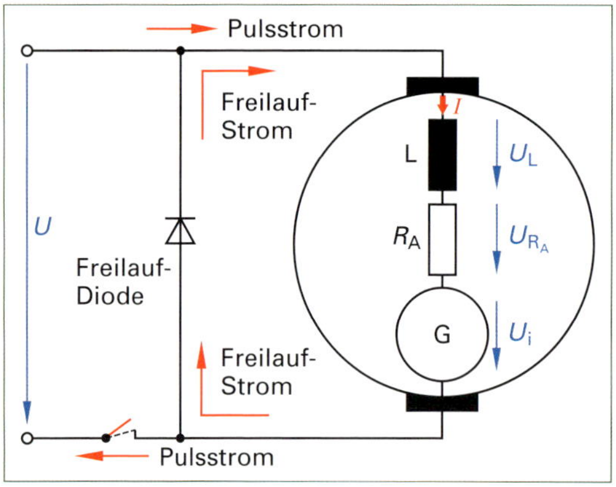

Bild 1: Abwärtswandlung mithilfe der Motorinduktivität und einer Freilaufdiode

Es bietet sich an, den zur Kommutierung genutzten Schalttransistoren die Drehzahlstellerfunktion gleich mitzuübertragen. Dies geschieht nach dem Prinzip der Pulsweitenmodulation (PWM). Hierbei werden die einzelnen Phasenspannungen periodisch ein- und ausgeschaltet. Mit der Variation der Pulsdauer t_p ändert sich der Spannungsmittelwert, was einer Veränderung der Motorspannung entspricht **(Bild 2)**.

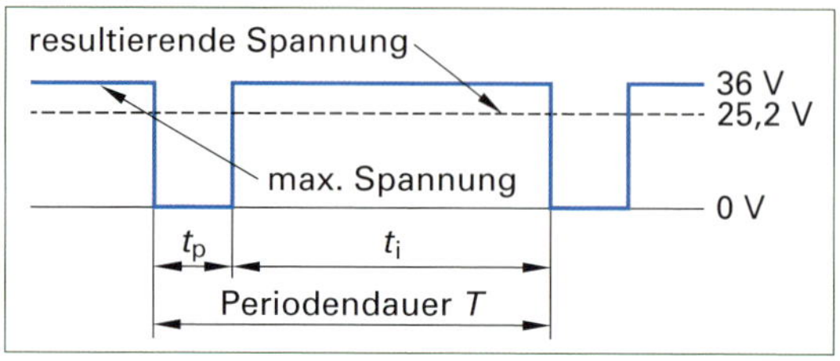

Bild 2: Die resultierende Spannung entspricht dem Tastverhältnis t_i/T.

Es genügt hierbei, jeweils die unteren Transistoren (S_u) entsprechend **Bild 4, S. 99** während einer Leitphase mehrfach kurz zu öffnen und zu schließen.

Ohne vorgeschaltete Motorinduktivität L würden die Spannungspulse ΔU in Höhe der vollen Batteriespannung bei reduzierter Motordrehzahl auf eine sehr niedrige Generatorspannung U_i treffen. Die Differenz müsste an R_A in Wärme umgesetzt werden. Der Wirkungsgrad ginge damit „in den Keller".

Nun aber nimmt die Induktivität während der Einschaltzeit t_i die Spannungsdifferenz auf, um sie als Magnetfeld zu speichern. Induktivitätstypisch wird dabei auch der Stromanstieg verlangsamt. Am Pulsende, wenn der Schalter wieder öffnet, erzeugt die Spule eine Induktionsspannung, die so gerichtet ist, dass der Strom weiter fließt, und zwar über die Freilaufdiode, die bei geöffnetem Schalter den Motorstromkreis schließt **(Bild 1)**.

info

Eine Induktivität (L) widersetzt sich jeder Stromänderung. Beim Einschalten der Spannung verzögert sie den Stromanstieg, indem sie eine Gegenspannung aufbaut. Wird die Spannungsquelle abgeschaltet, erzeugt die Induktivität eine Zusatzspannung, die den Stromfluss kurzzeitig aufrechterhält (notfalls über eine Luftbrücke (Abschaltfunken). Die Freilaufdiode eröffnet den „Ersatzweg".

Wenn die Schaltfrequenz hoch genug (einige Kilohertz) gewählt wird (die Impulsdauer hinreichend kurz ist), kann die Motorinduktivität während der Einschaltdauer die überschüssigen Spannungsanteile vollständig speichern und es bleibt ein guter Motorwirkungsgrad erhalten.

Es wird in diesem Fall ein leicht pulsierender Strom durch den Motor fließen, der sogar größer ist als der aufgenommene Batteriestrom, denn der Motorstrom wird durch den zusätzlichen Freilaufstrom „aufgestockt".

Im Ergebnis läuft der Motor jetzt mit reduzierter Drehzahl, so als würde er mit einer niedrigeren Spannung betrieben. Die effektive Spannungshöhe bzw. Drehzahl ergibt sich aus dem Puls-/Pausenverhältnis t_i/T.

Grundsätzlich lässt sich die Drehzahl eines permanenterregten Elektromotors nur über die angelegte Spannung steuern. Möchte man, wie bei E-Bike-Antrieben gefordert, das Motordrehmoment beeinflussen, geht das gleichfalls nur über eine entsprechend bemessene Spannung. Da Drehmoment und Motorstrom in einem festen Verhältnis zueinander stehen, wird zur Steuerung der PWM das Ergebnis der Strommessung herangezogen. Damit gelangt man zur Steuerung des Antriebsunterstützungsgrades.

8.7 Rekuperationssteuerung

Bei elektrischen Antrieben kann nur Energie in den Akku zurückfließen, wenn die Generatorspannung U_i im Motor **(Bild 1, S. 92)** die angelegte Akkuspannung U übersteigt. Dies würde normalerweise bedeuten, dass auch die Rotordrehzahl höher als die Leerlaufdrehzahl steigen müsste, was nur bei rasanter Bergabfahrt möglich wäre.

Damit dies schon bei flacherer Fahrt funktioniert, kommt wiederum ein Spannungswandler zum Einsatz, der die Generatorspannung über die Akkuspannung anhebt. Diesmal in Form eines Aufwärtswandlers (Step-Up-Wandler), der sich mit bereits vorhandenen Komponenten, den MOSFET-Schaltern in der Drehstrombrücke und der Motorinduktivität, realisieren lässt.

Wenn sich dort (in **Bild 4, S. 99**) die unteren Schalter (S_u) zeitgleich impulsartig schließen, kommt es zu einem Wicklungskurzschluss im Motor. Der Kurzschlussstrom erzeugt ein bremsendes Moment und induziert in der Motorinduktivität ein Magnetfeld, das die Bremsenergie speichert. Beim darauffolgenden Öffnen der Schalter entsteht eine Selbstinduktionsspannung von solcher Höhe, dass der Strom weiterfließen kann.

Der Weg führt u. a. wieder über eine der Freilaufdioden (parallel zu jedem MOS-Schalter) zurück in die Batterie. Der Motor wird, ähnlich wie die der Drehzahlsteuerung, getaktet, d. h. pulsartig kurzgeschlossen, was zu einer Bremsung führt. Auch hier steuert das eingestellte Puls-/Pausen-Verhältnis die Bremsstärke und damit den Rückspeisestrom.

Nicht jeder Pedelecmotor ist zur Energierückgewinnung geeignet. Ein Mittelmotor, bei dem der Fahrer direkt auf die Fahrradkette einwirkt, kann nicht zur Rekuperation eingesetzt werden, da der Freilauf im Hinterrad bei einer Bergabfahrt den Motor nicht mitschieben kann. Nur Nabenmotoren ohne Freilauf (Beispiele: Xion, Green-Mover, BionX – inzwischen Geschäftsaufgabe) können rekuperieren.

Im BionX-Antrieb gibt es vier „Rückgewinnungsstufen" (Bremsstufen). Im Display von der Mitte ausgehend, dem reinen Fahrradbetrieb, kann die Einstellung mittels wiederholter Betätigung der Minustaste vorgenommen werden. In **Bild 1** ist die zweite Bremsstufe eingestellt: Zwei Felder sind schwarz. Im darunter liegenden Balken wird die Stromstärke, mit der der Akku geladen wird, analog angezeigt.

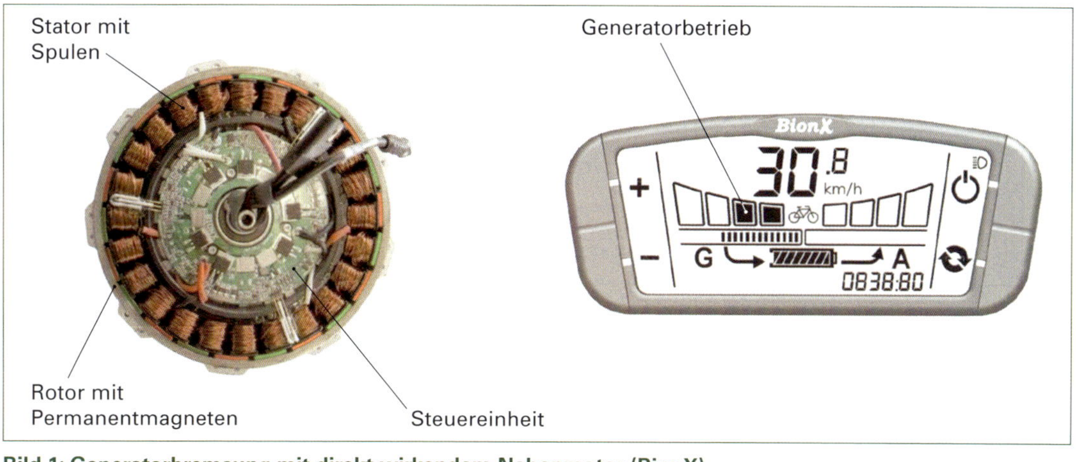

Bild 1: Generatorbremsung mit direkt wirkendem Nabenmotor (BionX)

8.8 Motor-Betriebsbereiche

Betrachtet man das Verhalten eines permanenterregten DC-Motors, der an einer konstanten Spannung betrieben wird, als Funktion des Motorstroms, so steigt das Drehmoment M, proportional zum Strom I (siehe **Bild 1, S. 181**). Analog dazu sorgt der steigende Spannungsabfall an R_A **Bild 1, S. 92** für einen gegensinnig sinkenden Verlauf der Drehzahl n. Im Diagramm sind diese Zusammenhänge für eine konstante Spannung zusammen mit Leistung und Wirkungsgrad dargestellt.

Überraschen mag die parabelartige Kurve der Leistungsabgabe P_{mech}. Sie erreicht in der Mitte zwischen Leerlauf- und Blockierstrom ihr Maximum, mit der bedrückenden Konsequenz, dass rechts davon trotz steigenden Stroms die Abgabeleistung sogar sinkt.

Betrachtet werden die einzelnen Betriebsbereiche: Wenig attraktiv für den Nutzer ist der Schwachlastbereich, da hier kaum Leistung zur Verfügung steht und die Wirkungsgradkurve nach unten hin steil abfällt. Ein Motor, der in diesem Abschnitt betrieben wird, bleibt unterhalb seiner Möglichkeiten und würde besser durch einen kleineren und leichteren Typ ersetzt werden.

8

Von besonderem Interesse ist der charakteristische Verlauf der Wirkungsgrad-(η-)-Kennlinie. Sie verlässt beim Überschreiten des Leerlaufstroms den Nullpunkt, um dann steil anzusteigen. Wie zu erkennen, liegt ihr Maximum in der hier gewählten Darstellung bei vergleichsweise niedrigen Strom- bzw. Leistungswerten. Idealerweise sollte man den Motor genau im η_{max}-Punkt betreiben. Dies ist bei einem dynamisch belasteten System wie bei einem Landfahrzeug nicht durchgängig möglich.

Rechts von η_{max} hingegen steigt die Abgabeleistung bei moderat fallender Effizienz deutlich an. Dies ist der angestrebte Arbeitsbereich eines Elektroantriebs (in Bild 1 grün hinterlegt). Hier bewegt man sich unter normalen Betriebsbedingungen.

Der Betrieb lässt sich allerdings nicht beliebig nach rechts (in Richtung höherer Ströme) ausdehnen, denn allmählich beginnt die Verlustleistung ein Maß anzunehmen, bei dem der Motor die entstehende Verlustwärme nicht mehr vollständig abführen kann.

Bei längerer Betriebsdauer droht Überhitzung. Daher ist in der Nähe des Leistungsmaximums nur noch Kurzzeitbetrieb möglich.

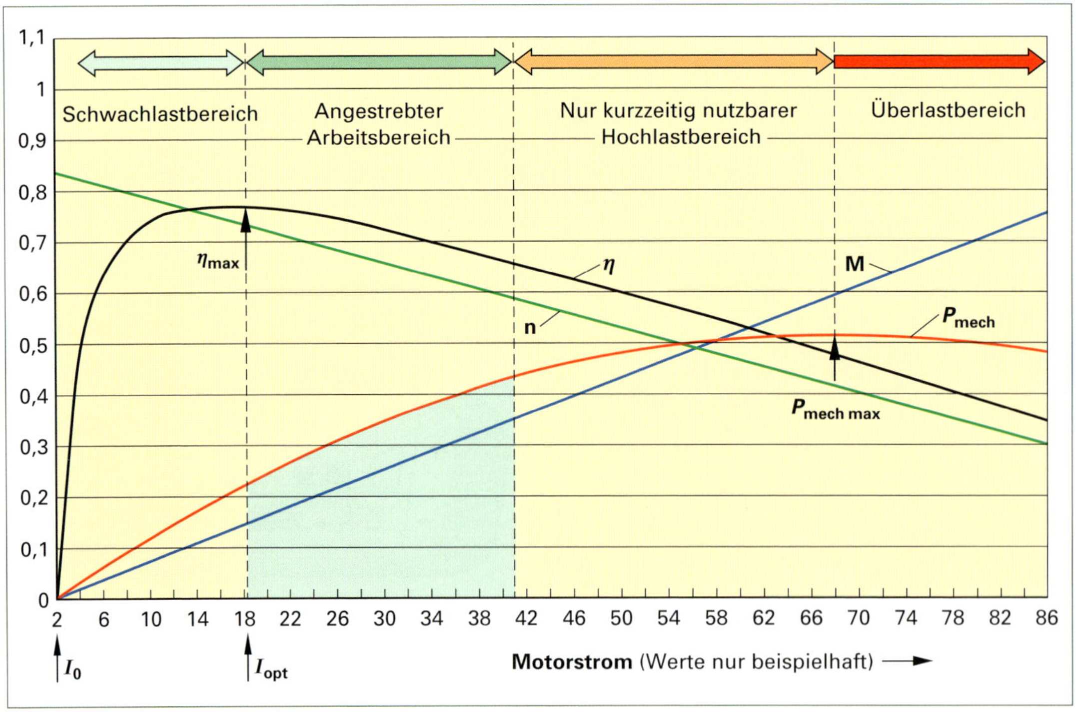

Bild 1: Kennlinien eines permanenterregten DC-Motors

Jenseits des Leistungsmaximums $P_{\text{mech max}}$ macht der Motorbetrieb aufgrund stark gesunkener Effizienz nur noch wenig Sinn, denn die Abgabeleistung fällt nun trotz zunehmenden Stroms sogar ab. Im Überlastbereich steigt nur noch die Verlustleistung.

Überträgt man die Erkenntnisse aus **Bild 1, S. 106** auf das E-Bike, wird die Fahrrad-Geschwindigkeit als Funktion der Motordrehzahl n zur steuerbaren Veränderlichen (**Bild 1**).

Das Motor-Drehmoment erzeugt zusammen mit dem vom Fahrer eingebrachten Drehmoment über den Radradius die Antriebskraft. Bei einem Pedelec endet die elektrische Unterstützung gesetzlich bei 25 km/h. Die Wirkungsgradkurve erreicht das Maximum bei etwa 22 km/h. Dies ist der Bereich schnellen unterstützten Fahrens, wo eine hohe Antriebseffizienz willkommen ist. Hier deckt sich die Charakteristik des permanenterregten Gleichstrommotors nahezu perfekt mit dem Anforderungsprofil eines Pedelecs.

Anders verhält es sich bei geringer Geschwindigkeit und gleichzeitig hohem Bedarf an Antriebskraft, wie es bei Bergauffahrt oder starkem Gegenwind zutrifft. Unterhalb von ca. 12 km/h fällt der elektrische Antrieb schnell in den ineffizienten Bereich ab.

Um Batterie, Motor und Mechanik zu schützen, ist es erforderlich, die Steuerelektronik leistungslimitierend eingreifen zu lassen. Dies geschieht, indem die Motorstromaufnahme und damit die Anfahrkraft begrenzt werden. Nun muss die Batterie keine unsinnig hohe Leistung mehr abgeben, die überwiegend der Aufheizung dient und sie in kurzer Zeit „leersaugt“.

Die Effizienz bleibt im Langsamfahrbetrieb unbefriedigend. Denn die Leistung, die der Motor dauerhaft vertragen kann, ohne zu überhitzen, wird hier (Pedelec 25) durch den Punkt P_N (**Bild 1**, Nennleistung 250 W) markiert.

Die einzige Möglichkeit, den Wirkungsgrad des Antriebs im Langsamfahrbereich zu verbessern, führt über eine Spannungsreduktion, denn Spannung und Drehzahl sind aneinander gekoppelt.

Die Batterie als Energiequelle liefert allerdings eine ziemlich konstante Spannung, deren Wert allenfalls mit dem Ladezustand und dem Belastungsgrad gering variiert.

Bei elektrisch angetriebenen Fahrzeugen ging man in der Vergangenheit daher oftmals den Weg, die Batterie bei „Schleichfahrt“ anzuzapfen, d. h. nur einen Teil der reihengeschalteten Zellen für den Motor zu nutzen. Damit war einerseits keine kontinuierliche Spannungssteuerung möglich. Zum anderen entstehen bei diesem Verfahren ladetechnische Probleme, weil die Batterie damit nicht gleichmäßig entladen wurde. 8

Die moderne Leistungselektronik schafft hier Abhilfe. Es besteht nun die Möglichkeit, die effektiv am Motor wirkende Spannung mithilfe eines Spannungswandlers (Kapitel 8.6) zu reduzieren. Vermindert man die Spannung beispielsweise um 20 %, so ergeben sich die in **Bild 1, S. 108** dargestellten Verhältnisse.

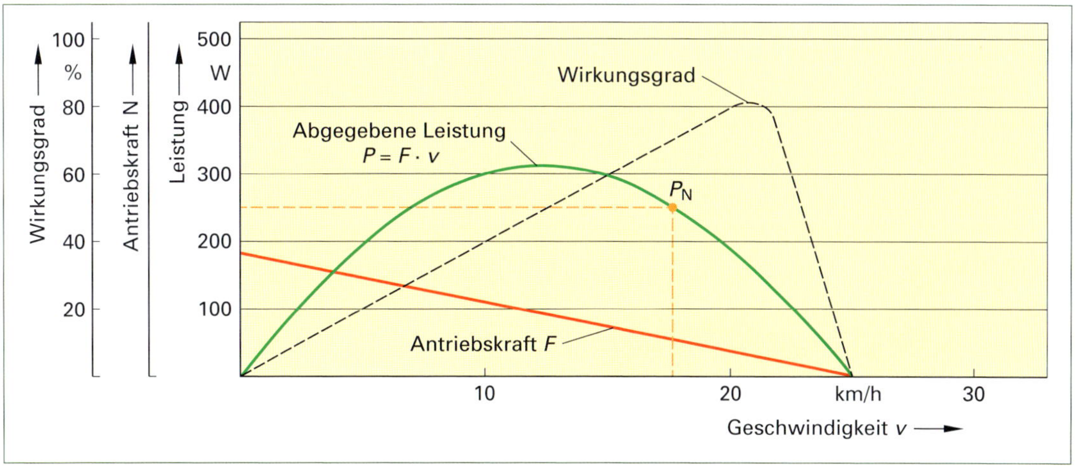

Bild 1: Wirkungsgrad und Antriebskraft abhängig von der Fahrgeschwindigkeit. Nennleistung P_N = 250 W

Die höchstmögliche Geschwindigkeit liegt nun nur noch bei 20 km/h. Gleichzeitig sinkt die maximale Antriebskraft in gleichem Maße.

Solange sich das Verhältnis von Spannung und Strom nicht ändert, erleidet der Wirkungsgrad keine wesentlichen Einbußen. Mit der Spannungsvorwahl beeinflusst der Nutzer letztlich den maximal möglichen Unterstützungsgrad.

Dieser ist aber proportional zum vom Motor erzeugten Drehmoment. Was sich hier als Spannungssteuerung darstellt, lässt sich somit auch als Drehmomentsteuerung einsetzen.

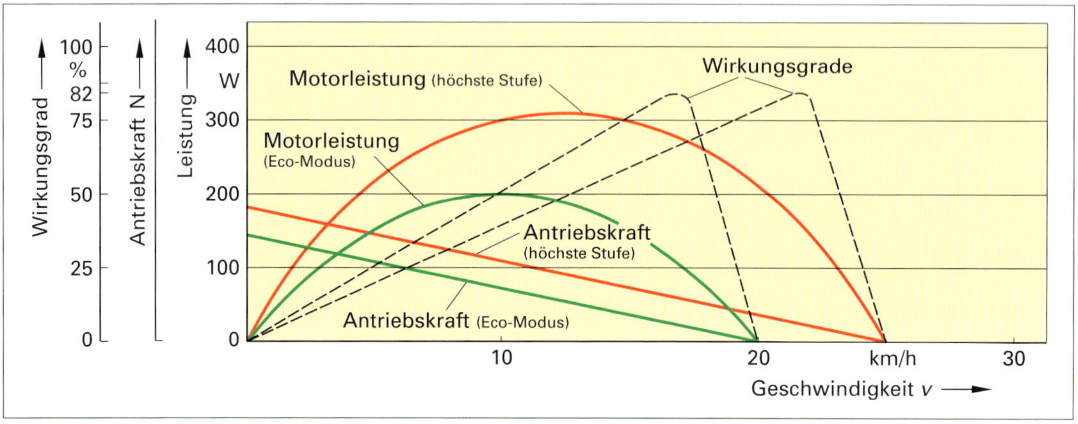

Bild 1: Wirkungsgradverhältnisse bei reduzierter Leistung

8

8.9 Antriebssteuerung

Die Steuerung des Antriebs kann auf unterschiedliche Weise erfolgen. Eine ausschlaggebende Rolle spielen dabei die gesetzlichen Vorgaben der einzelnen Länder, die selbst innerhalb der Europäischen Union keineswegs einheitlich sind.

Der Fahrer kann den Antrieb ein- und ausschalten und bei allen modernen Varianten den Unterstützungsgrad kontinuierlich, meist in Stufen (z. B. Eco, Tour und Sport) einstellen. Dafür benutzt er gewöhnlich ein LCD-Display mit Steuertasten oder Touchscreen- Funktion **(siehe Bild 1, S. 158)**.

8.9.1 Drehgriffsensor

Die einfachste Variante ist die Drehgriffsteuerung **(Bild 2)**. Sie entspricht in ihrer Funktion dem Gasdrehgriff bei Krafträdern. Die Größe des Drehwinkels beeinflusst dabei die Motorspannung.

Bild 1: Gasdrehgriff mit Anschlusskabel

Sie ist auch in Form eines sog. Daumengasgriffs zu finden. Hierbei dient ein kleines, mit dem Daumen zu bedienendes Hebelchen am Lenker als „Gas"-Geber. Eine Rückstellfeder sorgt dafür, dass die Geber beim Loslassen in die Aus-Stellung zurückkehren.

Moderne Drehgriffsteuerungen enthalten analoge Hallsensoren **(Bild 3)**. Die Bauteile geben abhängig vom sie durchflutenden Magnetfeld eine variable Signalspannung (z. B. 1 ... 4 V) ab. Sie dient als Steuergröße und beeinflusst die Motorspannung. Die Höhe der Signalspannung hängt von Richtung und Stärke des den Sensor durchsetzenden Feldes ab. Daher sind die Magnete gegeneinander gepolt.

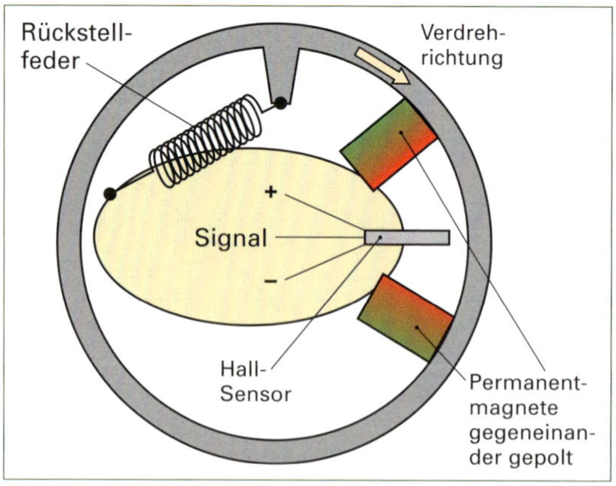

Bild 3: Prinzip eines Gasdrehgriffs mit Hallgeber

8.9.2 Pedalsensor

Pflicht ist in Deutschland ein Pedal- oder Tretsensor. Er erfasst die Pedalbewegung, ohne die bei Pedelecs der Antrieb nicht arbeiten darf (außer im Schiebebetrieb bis max. 6 km/h). Die Anordnung hat die Form eines runden Kunststoffrings, in den mehrere Magnete eingelassen sind **(Bild 1)**.

Innenseitig sorgen kleine federnde Zapfen für einen klemmenden Kontakt zur Pedalwelle. Die rotierenden Magnete erzeugen am Hallsensor eine Serie von Impulsen, welche die Motorsteuerung aktiviert. Durch die größere Zahl (meist 5) der Magnete kann schon eine Teilumdrehung erkannt werden, damit der Motorlauf nicht erst verzögert einsetzt.

Umgekehrt ist es wichtig, bei Tret-Stop sofort den Motor auszuschalten. Oftmals ist jedoch wegen der Massenträgheit bei Motoren mit Getriebe im Antriebssystem und integrierenden Zeitgliedern in der Steuerelektronik ein gewisser Nachlauf (ca. 0,5 s) zu bemerken.

Einfache Tretsensoren arbeiten unabhängig von der Bewegungsrichtung. Es könnte bei Vorhandensein eines Pedalfreilaufs auch durch Rückwärtstreten ein Startsignal an den Motor geleitet werden. Deshalb kommen meist sog. bipolare Latch-Hallsensoren zum Einsatz. Das sind Sensoren mit nachgeschaltetem Speicherbaustein (bistabiles Flipflop). Dieses kippt bei einem vorbeiziehenden Nordpol in eine Richtung und kann erst wieder durch einen folgenden Südpol zurückgesetzt werden. Baut man die Magneten mit tangentialer Polfolge in den Kunststoffring ein, so entsteht ein drehrichtungsabhängiges Steuersignal **(Bild 2)**.

Eine Variante ist die Brose-Pedalwelle mit Zahnriemen-Großrad und Zahnscheibe, die beim Pedalieren den Magnetfluss zum Pedalsensor moduliert **(Bild 3)**. Dank der Vielzahl von Magnetzähnen werden bereits kleinste Pedalbewegungen vom Sensor erfasst und in ein Signal umgewandelt.

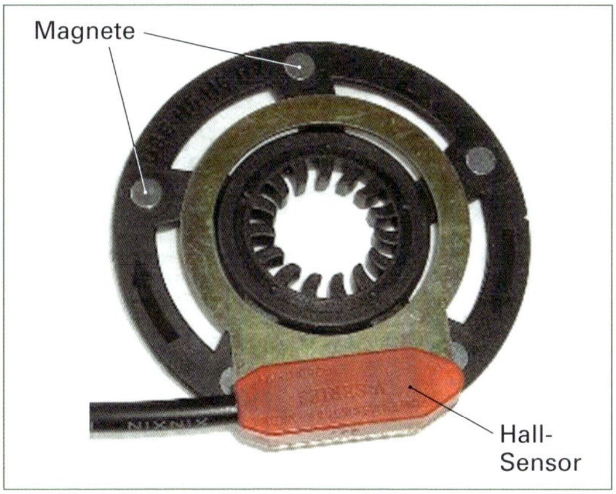

Bild 1: Pedalsensor

Bild 3: Brose Pedalwelle

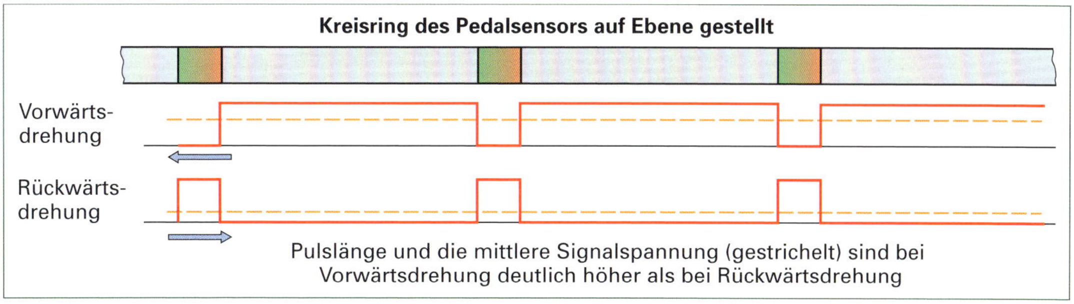

Bild 2: Drehrichtungsabhängige Impulsabgabe bei einem Pedalsensor

8

8.9.3 Drehmomentsensor

Ein Pedelec, dessen Motor allein durch einen Tretsensor überwacht wird, bringt ein fest (z. B. über einen Drehgriff) eingestelltes Drehmoment auf das Antriebsrad. Der Pedalist darf wegen des Pedalsensors zwar nicht untätig bleiben, hat aber mit seiner eigenen Tretkraft für den Elektroantrieb nur unterstützende Funktion. Die Kraft, die er selbst einbringt, entlastet den Motor und hat damit stromsparenden Einfluss. Man sollte den damit verbundenen erzieherischen Effekt nicht gering achten. Diese Art des Zusammenwirkens von Mensch und Elektromotor gilt als Bewegungssteuerung. Sie vermittelt dem Fahrer ein Gefühl, als würde eine Kraft Schubhilfe leisten. Die Mehrzahl der Pedelecfahrer bevorzugt dagegen eine aktive elektrische Unterstützung ihrer Muskelkraft. Anders ausgedrückt: Der Fahrer wünscht sich einen Elektroantrieb als proportionalen Kraftverstärker. Hierzu ist ein Drehmomentsensor nötig.

Das System erfasst zuerst das vom Fahrer aufgebrachte Moment an der Kurbelwelle **(Bild 1)**. Dieser Wert wird nun – mit einem in Grenzen wählbaren Verstärkungsgrad multipliziert – unterstützend in das Antriebssystem eingeleitet.

Das Motordrehmoment braucht nicht direkt gemessen zu werden, denn es entspricht dem Motorstrom. Direkt beeinflussbar ist dieser aber nur über die Motorspannung. Aufgabe der Drehmomentsteuerung ist es, die Spannung so anzupassen, dass sich über den resultierenden Motorstrom die gewünschte Unterstützung ergibt.

Das Momenten-Messsystem von Panasonic kann als Klassiker im Pedelec-Bereich gelten. Grundlage der Messung bildet die Verwindung (Torsion) der Pedalwelle. Die Erfassung erfolgt induktiv über zwei Spulenpaare.

Einfacher funktioniert die Drehmomentmessung über indirekte Messmethoden. Dabei macht man sich die Verbiegung des Fahrradrahmens unter dem Einfluss der Tretkraft zunutze.

Als klassisch zu bezeichnen ist die Messung am Ausfallende des Fahrradrahmens, weil auch die Hinterachse durch die via Kette an das hintere Ritzel weitergeleitete Trittkraft eine elastische Verbiegung erfährt. Dort befindet sich ein auf Zugkraft reagierender Dehnungssensor, der Signale an die Steuerung gibt **(Bild 2)**. Die Messmethode ist nicht geeignet für Mittelmotorantriebe, da sich hier beim Kettenzug die Pedalkraft und die unterstützende Motorkraft überlagern.

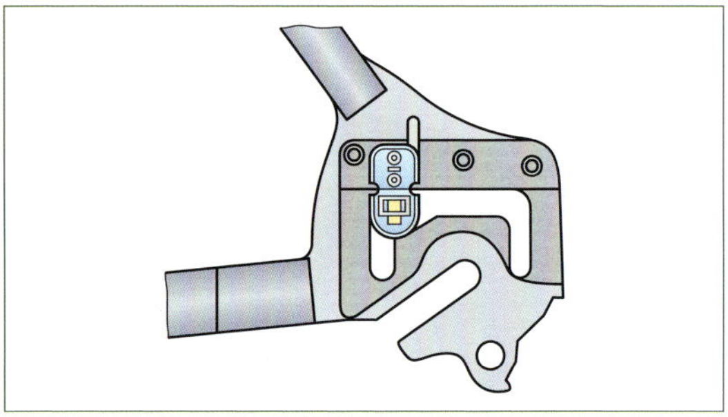

Bild 2: Indirekte Drehmomenterfassung am Ausfallende

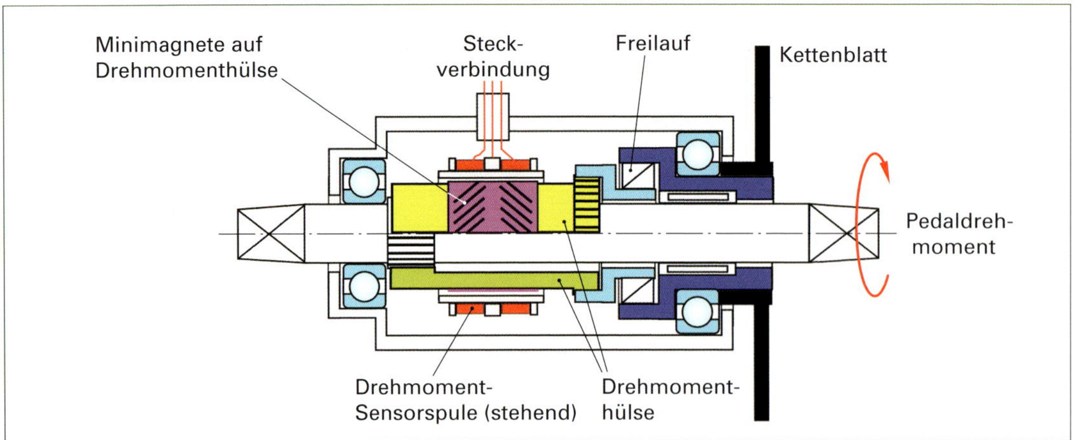

Bild 1: Drehmomentsensor System Panasonic

Einer indirekten Methode zur Erfassung des Drehmoments bedient man sich auch im Boschantrieb der 2. Generation. Es nutzt die Erkenntnis, dass Stirnradgetriebe nicht nur tangentiale Kräfte übertragen, sondern auch radiale Kräfte zwischen den Zahnrädern wirken. Diese können dann, durch einen Kraftsensor an der Lagerung der Zwischenwelle, abgegriffen werden **(Bild 1)**.

Die Drehmomentsteuerung vermittelt dem Fahrer ein Gefühl zugewonnener Stärke, denn er spürt unmittelbar am Vortrieb, wie der Motor seine Tretkraft unterstützt.

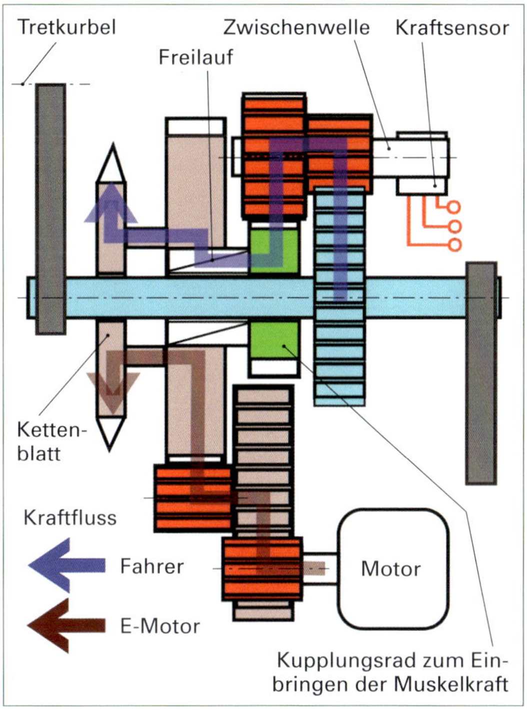

Bild 1: Prinzipdarstellung des Boschantriebs der 2. Generation

Ein neu entwickeltes Drehmoment-Messverfahren beruht auf dem Prinzip der **Magnetostriktion**.

Prinzip: Wird ein ferromagnetischer Gegenstand magnetisiert, führt dies zu einer Verzerrung des Kristallgitters. Umgekehrt wird dieser Effekt genutzt, indem man bei einem magnetisierten Werkstoff die Änderung der Magnetisierung misst, die aufgrund einer mechanischen Belastung eintritt. Nach der Belastung findet das Magnetfeld stets in seine ursprüngliche Ausrichtung zurück.

Bild 2 zeigt vereinfacht dargestellt, wie sich die Richtung der Gitterstruktur bei einer Belastung (z. B. die Einwirkung eines Drehmomentes) ändert.

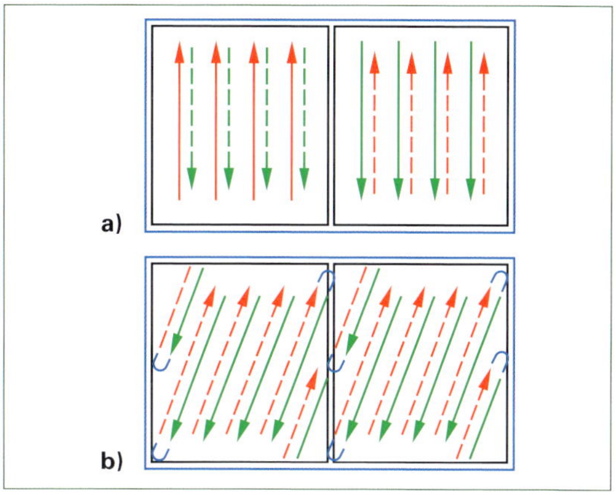

Bild 2: a) Gitterstruktur eines magnetisierten Werkstoffes b) Gitterstruktur nach Einwirken einer äußeren Kraft (Darstellung Firma NCTE)

In der praktischen Anwendung am Pedelec ist der ferromagnetische Gegenstand eine Messhülse, die auf die Tretlagerwelle aufgebracht wird **(Bild 1, S. 112)**. Der Messkörper erfährt eine elastische Längenänderung, ohne dass sich sein Volumen ändert. So kann eine geringfügige Längenänderung ein Drehmomentsignal von der Tretlagerwelle zum Steuergerät signalisieren.

8

Zusätzlich zu dem Drehmomentsignal wird die Trittfrequenz (Kadenz) gemessen. Erst mit dieser Information kann die tatsächliche Leistung errechnet werden, die dann für die Regelung verwendet wird.

Meist wird die Trittfrequenz mit einem Hall- oder GMR-Sensor (siehe S. 88), der über einem magnetischen Polrad auf der Messwelle schwebt, erfasst. Das magnetische Polrad weist verschiedene magnetisierte Bereiche auf. Bei einer Drehung der Messwelle erkennt der Hallsensor die Polbereiche und registriert deren Wechsel.

Die Verwendung eines Hall- oder GMR-Sensors kann auch ohne magnetisches Polrad realisiert werden. Dabei wird auf die Messhülse eine mechanische Signatur aufgebracht (in diesem Fall ein einfaches kleines ferromagnetisches Zahnrad). In dieser Anordnung erkennt der Sensor nicht eine Poländerung, sondern einen veränderten magnetischen Fluss. Befindet sich unter dem Zahnrad eine Vertiefung, ist der magnetische Fluss kleiner als bei einer Erhöhung.

Mit diesen Informationen können die meisten Pedelecsysteme arbeiten. Zusätzlich kann eine Absolutwinkelmessung durchgeführt werden (diese steht im Verdacht, aufwändig und teuer zu sein – daher ist sie oft nicht vorgesehen).

Trafag **(Bild 1)** hat eine einfache Möglichkeit geschaffen, einen Absolutwinkel <1° aufzulösen.

Das Funktionsprinzip basiert darauf, dass vier Induktivitäten im 90°-Abstand um die Messwelle angeordnet sind. Eine Sinusscheibe, die auf der Messwelle integriert ist, verändert aufgrund ihrer Wirbelstromeigenschaften die Induktivitäten. Aus der Änderung der Induktivitäten kann der Winkel und über die zeitliche Winkeländerung die Kadenz berechnet werden.

info

Zu Bild 1: Ein Messdraht aus ferromagnetischem Material befindet sich entlang der Messstrecke in einem robusten Gehäuse. Das externe Magnetfeld des Positionsgebers markiert die Messposition. Die spontane Ummagnetisierung wird durch das Zusammenwirken des externen Magnetfeldes und einem kurzen Stromimpuls, der durch den Wellenleiter fließt, ausgelöst. Die Torsionswelle pflanzt sich im Messdraht (dem „Wellenleiter") fort. Die Zeit zwischen der Anregung und dem Empfang der Torsionswelle wird in einem Wandler zu dem entsprechenden Positionswert umgesetzt.

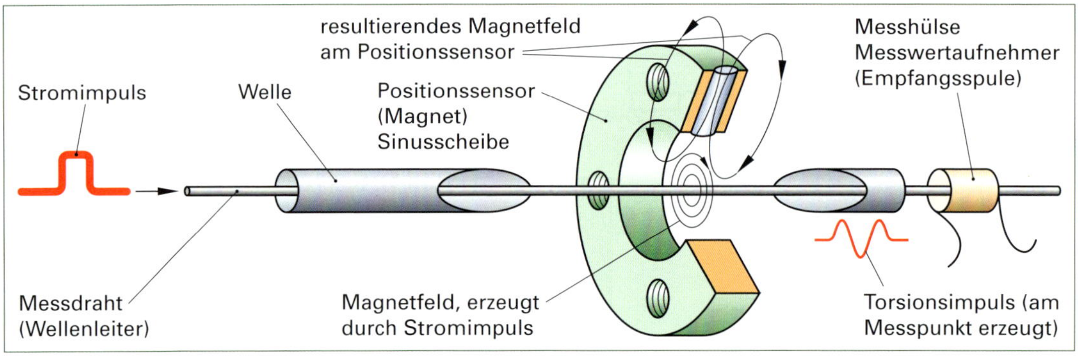

Bild 1: Prinzip der Magnetostriktion. Beim E-Bike kommt ein ähnliches Verfahren zur Anwendung.

8.10 Zusammenwirken von Mensch und Motor

Ein Pedelec, bei dem der Motor rein als Kraftverstärker auftritt, übernimmt quasi den Fahrstil des Pedalisten in leistungsgesteigerter Form. Er verstärkt indirekt die Fahrleistung, direkt aber die Tretkraft.

Es ist davon auszugehen, dass der durchschnittliche Radfahrer keinen perfekten Runden Tritt beherrscht, denn dazu müsste er über sog. Klickpedale (Systempedale) fest mit den Pedalen verbunden sein. Die Krafteinleitung geschieht in Form von gleichgerichteten Sinushalbwellen, wobei der Maximalwert sich bei annähernd waagrechter, der Minimalwert (nahe Null) bei senkrechter Kurbelstellung ergibt **(Bild 2)**.

Die pulsierende Gesamtkraft bringt damit nur einen (nach rechts ansteigenden) Mittelwert auf das Antriebsrad. Die Belastungsspitzen für Kette und Zahnräder entsprechen den Scheitelwerten der Sinuswellen. Die Auswirkungen sind besonders gravierend im Bereich der Schaltung. Namentlich die Nabenschaltung verträgt es nicht, wenn unter erhöhter Krafteinwirkung die Gänge gewechselt werden.

Um diesem Problem zu begegnen, haben sich verschiedene Lösungsansätze herausgebildet. Einige Systeme nehmen beim Gangwechsel mittels Shift-Sensor kurz die Antriebsleistung zu-

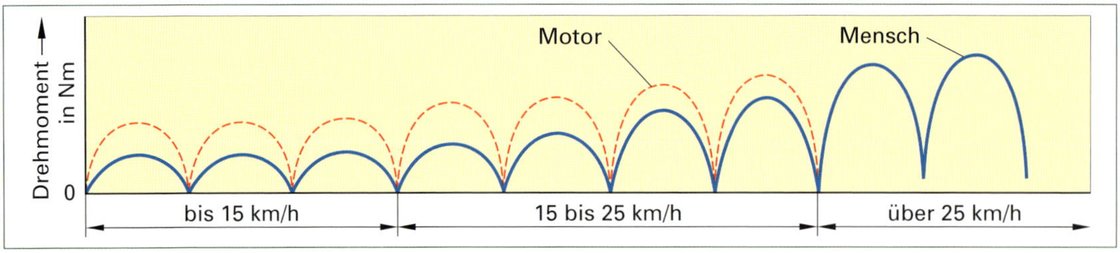

Bild 2: Kraftverteilung bei reiner Drehmomentensteuerung

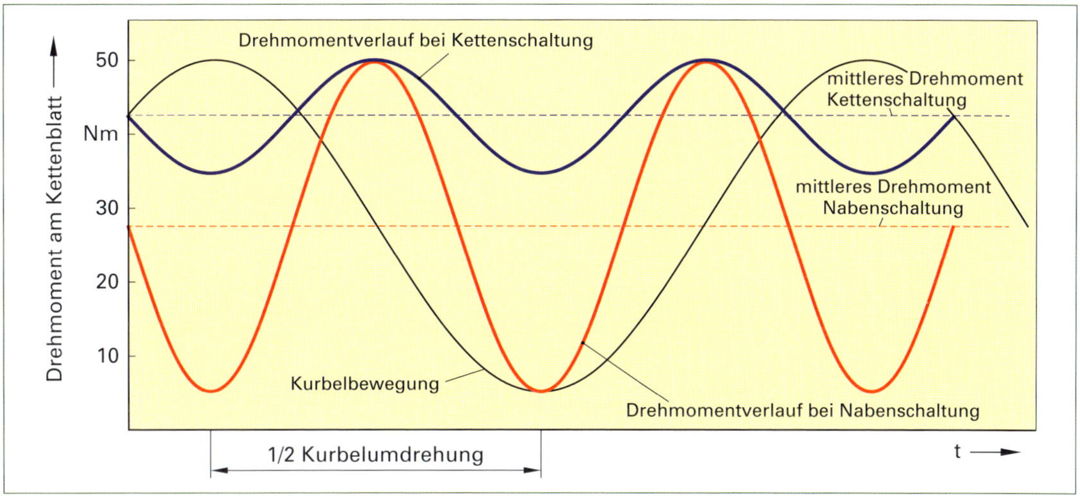

Bild 1: Drehmomentverlauf bei harmonisiertem Antriebsverhalten

rück. Andere Systeme verfolgen einen anderen Weg. Statt lupenreiner Drehmomentsteuerung, bei der die Motorkraft je nach Pedalstellung zwischen Null und Spitzenwert oszilliert, erfolgt eine Harmonisierung des Kraftverlaufs **(Bild 1)**.

Sie lässt die Antriebskraft bei senkrechter Kurbelstellung, wenn über die Pedale praktisch kein Drehmoment auf die Kurbelwelle gebracht wird, nicht ganz auf Null fallen, sondern hält im Sinne einer Antriebssteuerung einen Minimalwert aufrecht. Dieser darf bei der strapazierfähigen Kettenschaltung höher ausfallen als bei einer vergleichsweise sensiblen Nabenschaltung.

Diese Harmonisierung bringt mehr „Ruhe" in den Antrieb, da die periodischen Lastwechsel zwar nicht beseitigt, aber doch geglättet sind. Zudem wird Strom gespart, wenn hierdurch schroffe Beschleunigungsspitzen ausbleiben.

8.11 Steuerelektronik

Der Controller in einem E-Bike ist ein wahres Multitalent. Er muss neben dem reinen Motormanagement sicherstellen, dass die Interessen des Fahrers gewahrt und die Auflagen des Gesetzgebers eingehalten bleiben.

Hinzu kommt eine sich ständig weitende Informationspflicht. Der E-Bike-Fahrer möchte ins Bild gesetzt werden, mit welcher Geschwindigkeit er gerade fährt, welche Leistung der Motor momentan erbringt, wie hoch sich die verbleibende Kapazität der Batterie beläuft und wie viele Kilometer er seit dem Start zurückgelegt hat. Dafür steht ihm heute ein überschaubares LCD-Display am Lenker oder ein dort befestigtes vernetztes Smartphone zur Verfügung. Künftig werden noch viele weitere Informationen vom Fahrer abrufbar sein. Möglich ist es, biometrische Daten wie etwa die Pulsfrequenz zur Antriebssteuerung mit heranzuziehen.

Direkt oder indirekt ist ein Controller in einem Elektrofahrrad mit folgenden Aufgaben betraut:

- Motorkommutierung
- Drehzahlsteuerung
- Strommessung und Strombegrenzung
- Überspannungsschutz
- Akkuüberwachung
- Rekuperation (wenn möglich und unterstützt)
- Verarbeitung des Pedal-Sensorsignals und Geschwindigkeits-Sensorsignals
- Motorstop bei Betätigung eventuell vorhandener Bremskontakte

Räumlich war bei herkömmlichen Controllern, namentlich in der Nachrüsttechnik, alles in einem Blechkästchen verstaut, aus dem zahlreiche Verbindungskabel zu den verschiedenen Schnittstellen heraustraten. Frei käufliche Controller verfügen oftmals über eine große Zahl verschiedenartiger Schnittstellenkabel, um alle gesetzlichen Auflagen in den einzelnen Importländern und vielfältige Kundenwünsche erfüllen zu können **(Bild 1, S. 114)**.

Sinnvollerweise findet sich bei neuen Modellen das Bedienteil zusammen mit der Steuerlogik in Lenkernähe, während das Leistungsteil im Motorgehäuse verbaut oder zumindest in dessen Nähe montiert wird. Das spart lange Kabelverbindungen, die unnötige Spannungsverluste verursachen **(Bilder 2 und 3, S. 114)**.

8

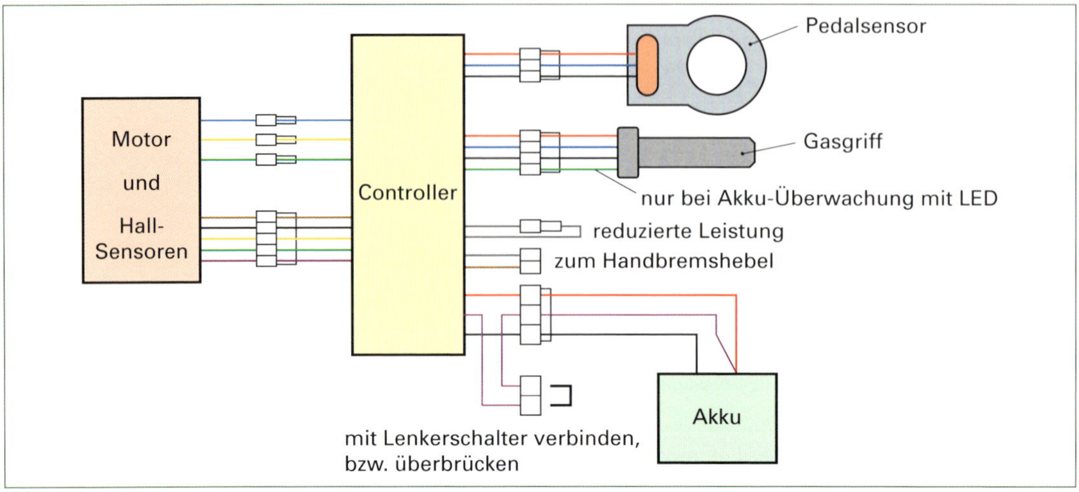

Bild 1: E-Bike-Controller mit vielerlei Schnittstellenanschlüssen: Was nicht benötigt wird, bleibt unbeschaltet.

Von Nachteil ist, dass sich die Verluste von Motor und Leistungselektronik in einem Gehäuse konzentrieren. Es besteht entsprechend erhöhter Kühlbedarf.

8

Bild 2: Aufgeschnittener Hinterrad-Nabenmotor. Links sichtbarer Teil der Controllerplatine

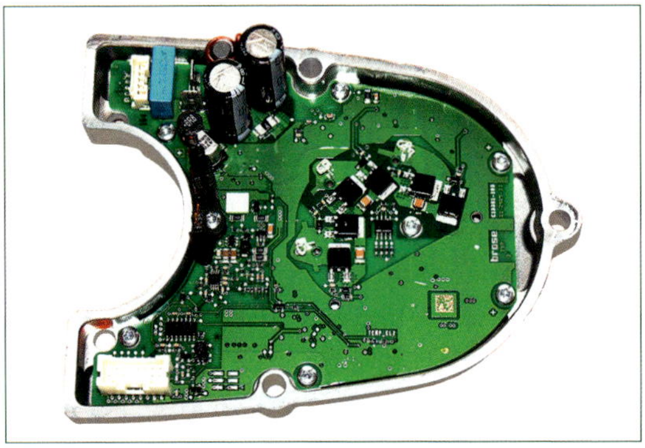

Bild 3: Controllerplatine des Brose-Antriebs. Sichtbar in der Mitte die 6 MOSFETs der Drehstrombrücke (siehe auch Bild 4, Seite 99)

Die Technik der E-Bike-Controller befindet sich mittlerweile auf einem hohen technischen Niveau. Allerdings kommen neben den eingangs genannten Controller-Grundfunktionen immer mehr weitere Aufgaben hinzu.

So wird beispielsweise daran gearbeitet, die Motoransteuerung so zu gestalten, dass sich die Geräuscherzeugung in den Motorspulen minimiert. Selbstverständlich dürfen hierbei Fragen der Effizienz und der Betriebssicherheit nicht in den Hintergrund treten.

Nebenbei erzeugen die Controller die benötigten Kleinspannungen für die Beleuchtung und die heute übliche USB-Schnittstelle.

Controller der neuesten Generation überwachen sogar das Schaltverhalten des Fahrers. „Quält" er den Motor durch eine zu geringe Drehzahl, mahnt dieser durch ein kurzes Rütteln, doch bitte einen Gang herunterzuschalten.

Das **Bild 1, S. 115** zeigt das Funktionsschema eines Controllers des deutschen Elektronikentwicklers ///eSYS.CO. Es handelt sich hierbei um eine besonders breitbandig einsetzbare Steuerschaltung. Sie kann Versorgungsspannungen bis 60 V und Motorströme bis 75 A verkraften und deckt damit das Leistungsspektrum 250 bis 2000 W ab, wobei für die Größen Strom, Leistung und Temperatur eine stufenlose Begrenzung einstellbar ist.

Das **Blockschaltbild** auf **Seite 115** liefert einen Überblick, wie der Controller in einem Elektrofahrrad vernetzt und in die verschiedenen Aufgaben eingebunden ist.

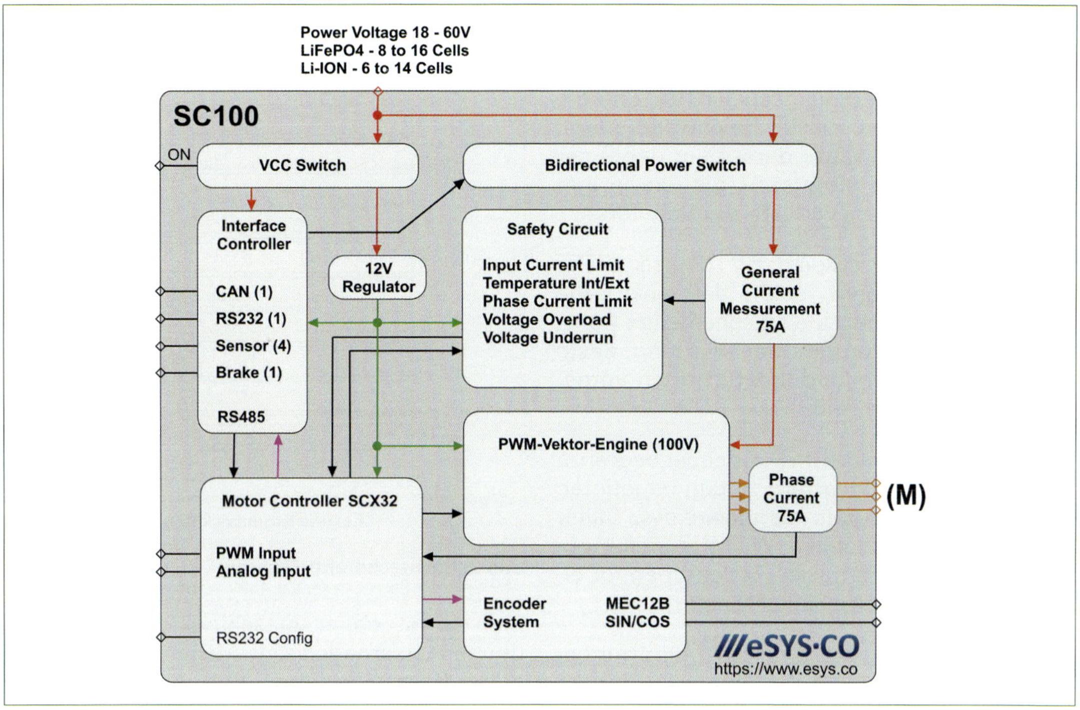

Bild 1: Power-Controller von ///eSYS.CO

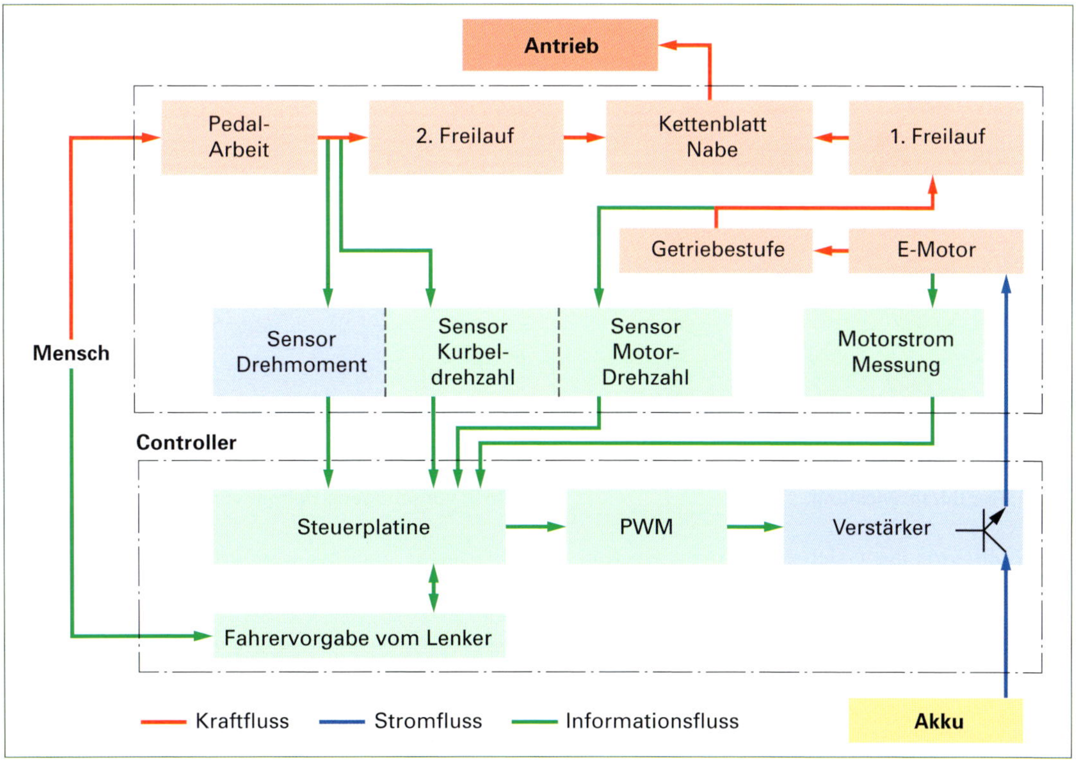

Bild 2: Blockschaltbild Steuersystem E-Bike

8

8.12 Effizienzverbesserung

E-Bike-Antriebe sollen effizient arbeiten, damit die in der Batterie gespeicherte Energie für eine möglichst große Reichweite sorgt. Entscheidenden Einfluss darauf hat dabei der Wirkungsgrad des Motors. Es gilt, die in ihm entstehenden Wärmeverluste zu minimieren.

Wie bereits unter Kapitel 8.2 (Physikalische Grundlagen) erwähnt, spielt der elektrische Widerstand R_A dabei eine entscheidende Rolle. Je dicker der Kupferdraht der Wicklung, desto niedriger ihr Widerstand (bei technisch vorgegebener Windungszahl).

Nun ist der Wickelraum im Stator aber begrenzt, denn er steht in Konkurrenz zu den benötigten Eisenquerschnitten des Magnetkreises. Daher gilt es, die vorhandenen Wickelräume möglichst vollständig zu nutzen, indem man für einen optimalen Kupfer-Füllfaktor sorgt.

8

Bei Verwendung runder Drähte ist dies nur begrenzt möglich, da der Wickelraum aufgrund der Geometrie nur bis etwa 70 % mit Kupfer gefüllt werden kann **(Bild 1)**.

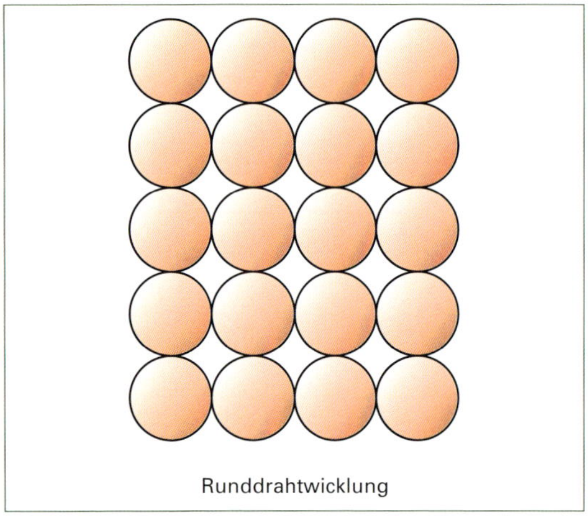

Bild 1: Runddrahtwicklung

Der Füllfaktor lässt sich jedoch mit Rechteckdrähten bis über 95 % deutlich verbessern **(Bild 2)**. Allerdings können solche Drähte nicht mehr einfach zu Spulen aufgewickelt werden.

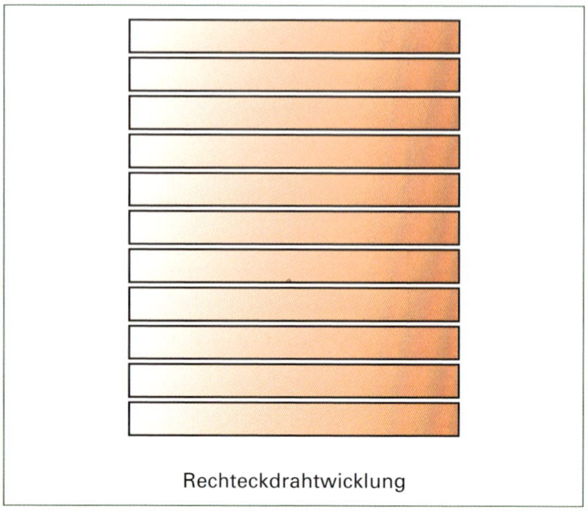

Bild 2: Rechteckdrahtwicklung

Man formt daher maschinell einzelne Windungen haarnadelartig (daher die Bezeichnung Hairpinwicklung) vor. An der offenen Vorderseite werden die Drahtenden dann mit der jeweils nächsten Lage verschweißt **(Bild 3)**. Eine ausgeführte Hairpinwicklung ist in Bild 2 auf Seite 50 dargestellt.

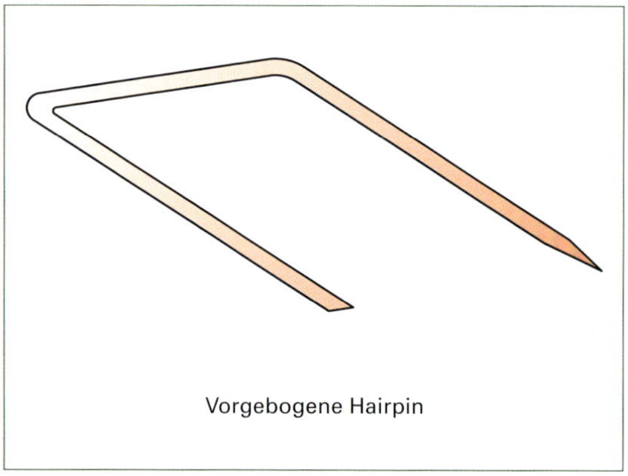

Bild 3: Vorgebogene Hairpinwicklung

Mit dieser Technik können die Motoren Wirkungsgrade von mehr als 90 % erreichen.

9 Akkumulatoren (Akkus)

Ein Elektrofahrzeug benötigt eine portable Stromquelle, die elektrische Energie jederzeit abrufbar bereitstellt. Dafür kommen bis heute fast ausschließlich Batterien infrage. Sie bestehen aus sog. elektrochemischen Zellen, die man auch als elektrochemische Elemente bezeichnet. Dabei unterscheidet man Primärzellen und Sekundärzellen. Primärzellen sind sofort einsatzfähig, da sie ihren Energievorrat schon bei der Produktion erhalten. Ist dieser verbraucht, sind sie ausgebrannt und müssen entsorgt werden.

Wirtschaftlicher und umweltgerechter sind Sekundärzellen. Zwar müssen sie vor dem Einsatz aufgeladen werden, dafür ist ihr Speichervermögen durch Wiederaufladung mehrfach nutzbar. Eine solche wiederaufladbare elektrochemische Stromquelle bezeichnet man als Akkumulator (lat. Sammler) oder kurz als Akku. Ein Akku nimmt beim Laden elektrische Energie auf, um sie später an einen Verbraucher abzugeben. Er dient somit als Energiespeicher.

Da elektrische Energie nur in geringen Mengen direkt gespeichert werden kann, geschieht dies über den Umweg einer chemischen Umwandlung: Beim Aufladen werden chemisch energiearme Verbindungen durch Zufuhr elektrischer Energie in energiereichere Verbindungen überführt. Beim anschließenden Entladen kehrt sich dieser Vorgang um. Diese Energiedifferenz entspricht der elektrischen Energiemenge, die ein Akku speichern kann.

Bild 1: Verschiedene marktübliche E-Bike-Akkus neuerer Produktion

Werden im Betrieb mehrere elektrochemische Elemente zusammengeschaltet (und meist zusammen in einem Gehäuse untergebracht), spricht man von einer Batterie.

Bilder 1 und 2 zeigen den Fortschritt in der E-Bike-Akkutechnik.

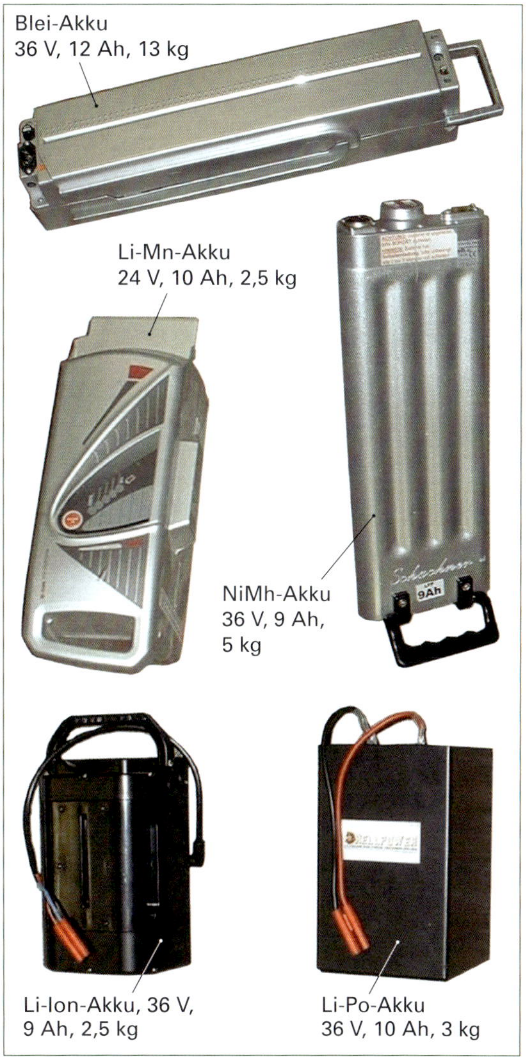

Bild 2: E-Bike-Akkus älterer Generation

9.1 Grundlagen

Ein elektrochemisches Element hat zwei Pole: Plus- und Minuspol. Hinter diesen verbergen sich unterschiedliche chemische Substanzen und es laufen an beiden Polen unterschiedliche chemische Prozesse ab. Diese sind so beschaffen, dass dabei Elektronen (negative elektrische Ladungsträger) ausgetauscht werden. Dabei gibt einer der Pole Elektronen ab, der andere nimmt Elektronen auf. In der Chemie wird die Abgabe von Elektronen als Oxidation, deren Aufnahme als Reduktion bezeichnet. Eine elektrochemische Stromquelle funktioniert daher immer nach dem Grundsatz, dass zeitgleich, aber örtlich getrennt, eine Reduktions- und eine Oxidationsreaktion abläuft. Man spricht von dem Redox-Prinzip **(Bild 1)**.

Am Ort der Elektronenabgabe entsteht eine Ansammlung negativer elektrischer Ladung, der Minuspol. In der Batterietechnik definiert man den chemisch aktiven Teil des Pols als Minus-Elektrode oder als Anode. Am anderen Pol, dem Pluspol, besteht die Bereitschaft, negative Ladungen (freie Elektronen) aufzunehmen. Man spricht hier von der (Plus-) Elektrode oder der Kathode. Beide Elektroden sind im Inneren der Batterie elektrisch voneinander isoliert angeordnet. Ein innerer Elektronenstrom wird dadurch wirksam unterbunden, damit auf diesem Wege kein Ladungsausgleich erfolgen kann. Durch die so geschaffene unterschiedliche Ladungsverteilung bildet sich an den Polen der Stromquelle eine elektrische Spannung aus. Spannungen entstehen immer aufgrund von Ungleichheiten.

Die physikalische Einheit der elektrischen Spannung ist ein Volt (1 V).

Erst wenn außerhalb der Zelle eine leitfähige Verbindung zum anderen Pol besteht, fließen die überzähligen Ladungen (Elektronen) vom elektronenreichen Minus- zum elektronenarmen Pluspol, wo sie aufgrund des relativen Fehlbestands aufgenommen werden **(Bild 2)**. Die Bewegung elektrischer Ladungen vom Ort hoher Konzentration zu einem Ort niedriger Konzentration bezeichnet man als elektrischen Strom.

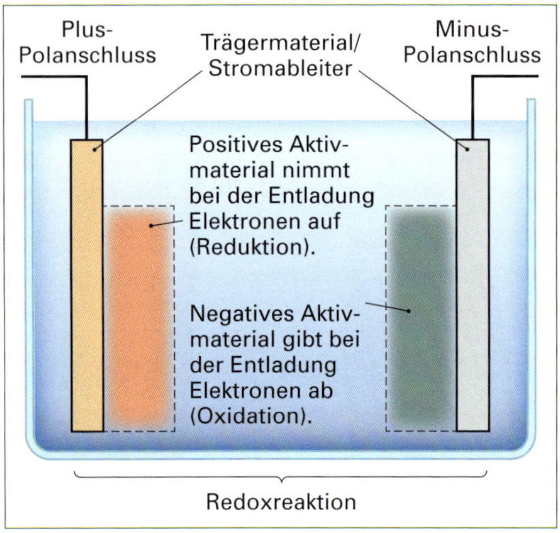

Bild 1: Polreaktionen

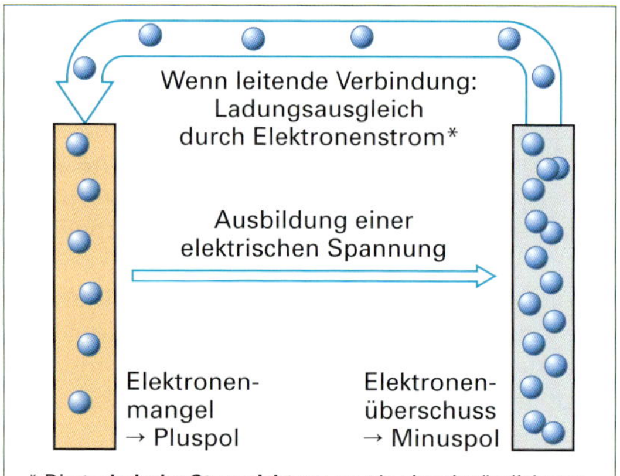

* Die **technische Stromrichtung** wurde einst irrtümlich von + nach – definiert. Die Elektronen strömen aber außerhalb der Spannungsquelle tatsächlich von – nach + (physikalische Stromrichtung).

Bild 2: Ladungsdifferenz und Stromrichtung[1]

Die physikalische Einheit der elektrischen Stromstärke ist ein Ampere (1 A).

9.1.1 Der Ionenstrom

Soll nicht nur ein kurzzeitiger Ladungsausgleich erfolgen (wie etwa bei einem Gewitterblitz), sondern ein andauernder Strom fließen, so ist ein in sich geschlossener Stromkreis erforderlich. Der äußere Strompfad muss sich im Inneren der Batterie fortsetzen, was jedoch die elektrische Isolierung zwischen den beiden unterschiedlichen Polen verhindert.

[1] In Schaltplänen der Elektrotechnik verwendet man die technische Stromrichtung.

Abhilfe schafft der sog. Ionenstrom. Ionen entstehen aus Atomen, deren Gleichgewicht aus positiver Kernladung (Protonen) und negativer Hüllenladung (Elektronen) gestört wird. Ionen entstehen, wenn chemische Reaktionen auf die äußere Atomhülle einwirken. Wenn einem Atom beispielsweise durch Oxidation ein Elektron abhandenkommt, überwiegt die positive Kernladung. Es entsteht ein positiv geladenes Ion **(Bild 1)**.

Während Elektronen in Metallen frei beweglich sind und deshalb in einem metallischen Leiter von einem Pol zum anderen strömen können, bewegen sich Ionen nur in Elektrolyten. Elektrolyte sind chemische Verbindungen, die bewegliche Ionen enthalten. Meist sind es Flüssigkeiten wie in Wasser gelöste Säuren, Laugen, Salzlösungen und Salzschmelzen.

Daneben gibt es Festkörperelektrolyte, die derzeit in der Batterietechnik jedoch keine Rolle spielen. Elektrolyte in Lithium-Ionen-Akkus basieren auf organischen Flüssigkeiten (siehe Seite 137).

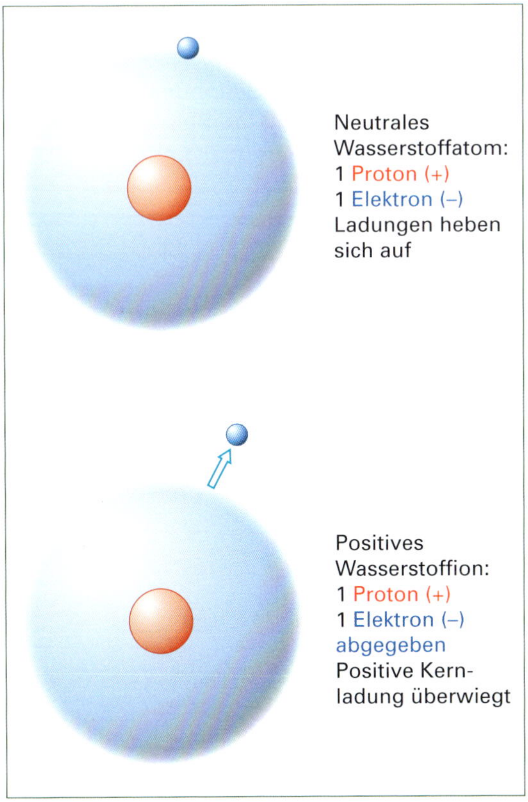

Bild 1: Entstehung von Ionen

Ein elektrochemisches Element besteht immer aus einem Gehäuse (genannt auch Zelle) und zwei sich gegenüberliegenden Polen. Zwischen den Polen befindet sich der Elektrolyt. Beide Pole trennt ein Separator, ein elektrisch nichtleitendes, aber poröses und damit elektrolytdurchlässiges Material.

Als Separatoren kommen heute Kunststoffe mit Sieb-, Gewebe- oder Vliesstruktur zum Einsatz. Diese müssen zuverlässig verhindern, dass sich die Pole bei Einwirkung unplanmäßiger äußerer Kräfte berühren können. Auf der anderen Seite sollten sie im Elektrolyten schwimmende Ionen möglichst ungehindert passieren lassen. Auf diese Weise entsteht die Fortsetzung des äußeren leitfähigen Strompfades im Inneren der Zelle.

Ein am Minuspol durch Oxidation freigewordenes Elektron wandert durch den äußeren Strompfad zum elektronenarmen Pluspol. Auf dem inneren Strompfad wandert das soeben verlassene positive Ion durch den Elektrolyt zum Pluspol, wo es sich in einer Reduktionsreaktion wieder zum neutralen Atom verbindet. Nach diesem einfachen Grundprinzip funktionieren alle elektrochemischen Stromquellen **(Bild 2)**.

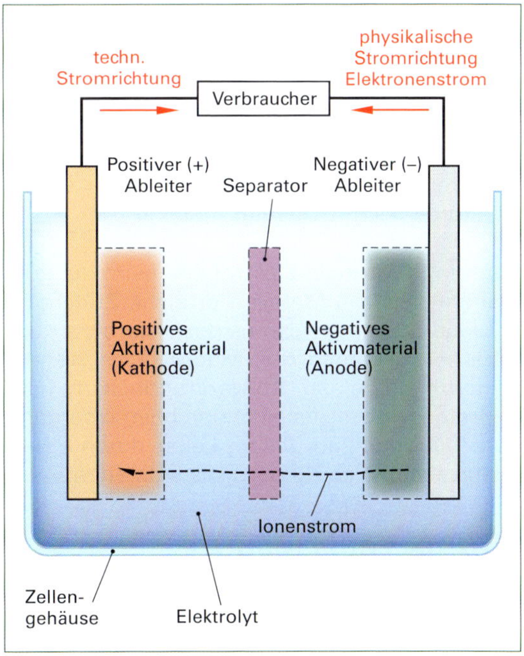

Bild 2: Elektrochemisches Element

9

Um die Probleme und Herausforderungen, die im Zusammenhang mit Batterien auftreten, besser verstehen zu können, sollte auf die Besonderheiten der Ionenleitung im Unterschied zur Elektronenleitung hingewiesen werden. Sie ergeben sich vor allem aus dem eklatanten Größen- bzw. Massenunterschied der jeweiligen Ladungsträger. So beträgt die Masse eines positiven Wasserstoffions (H^+), welches aus nur einem Proton besteht, etwa das Zweitausendfache der Masse eines Elektrons. Das in der Batterietechnik bedeutsame Lithiumion (Li^+) bringt es auf das etwa 12000-Fache einer Elektronenmasse.

Während sich Elektronen praktisch massefrei durch ihre metallischen Leiter bewegen (Ladungstransport), ist der Ionenstrom massebehaftet (Stofftransport). Im Inneren einer Batteriezelle bewegen sich somit bedeutende Substanzmengen.

Die Transportwege müssen daher entsprechend geräumig ausgelegt werden und es gilt, geeigneten „Lagerraum" für das Material vorzuhalten, das sich an den Polen abscheidet, wenn dort aus geladenen Ionen wieder neutrale Atome werden.

9

Die Ionenleitfähigkeit eines Elektrolyten hängt unter anderem von der Art der Säure, der Lauge oder des Salzes und der Konzentration im Lösungsmittel ab. Im Gegensatz zu Metallen, die zur Kategorie der Kaltleiter zählen, leiten Elektrolyte bei höherer Temperatur generell besser (Heißleiter), was die mangelnde „Arbeitsfreude" vieler Batterien bei niedrigen Temperaturen nachvollziehbar macht.

Allerdings wird von Elektrolyten nicht die gute Leitfähigkeit von Metallen erreicht. Zudem ist der Leitungsmechanismus der Elektrolyte komplizierter, da durch den Materialfluss ständig Änderungen in der Konzentrationsverteilung auftreten. Und letztlich können beim Übergang vom flüssigen zum festen Leiter durch Polarisation zusätzliche Hindernisse entstehen.

9.1.2 Der Lösungsdruck – die treibende Kraft

Nach der Beschreibung der Ausgleichsvorgänge innerhalb einer elektrochemischen Zelle bleibt zu klären, warum es zu unterschiedlichen Ladungskonzentrationen an den verschiedenen Polen kommt.

Verantwortlich ist der sogenannte Lösungsdruck von Metallen (auch Lösungstension genannt). In Säuren, Laugen oder Salzlösungen getaucht, streben die Metallatome nach Konzentrationsausgleich **(Bild 1)**. Sie verlassen als positiv geladene Metallionen das Metallgitter, wo sie in hoher Konzentration vorliegen, und gehen in Lösung, wobei die negativ geladenen Elektronen im Metall verbleiben. Um das nun negativ geladene Metallgitter bildet sich eine positive Ionenwolke, die allmählich zu einem Ladungsgleichgewicht führt und die Migration (Wanderung) weiterer plusgeladener Metallionen unterbindet.

Mit der Ausbildung einer Doppelschicht aus positiv und negativ geladenen Teilchen kommt es zu einem Ladungsgleichgewicht, welches für jedes Metall ein charakteristisches Niveau aufweist. Seine Höhe resultiert aus dem Widerstreit der Bestrebungen, unter Elektronenabgabe in Lösung zu gehen (Oxidationsneigung) und der Gitter(rück)bindungsenergie.

Um das Jahr 1800 hatte *Alessandro Volta* herausgefunden, dass die Spannung, die ein elektrochemisches Element abgibt, von der Materialpaarung abhängt. Die negative Elektrode

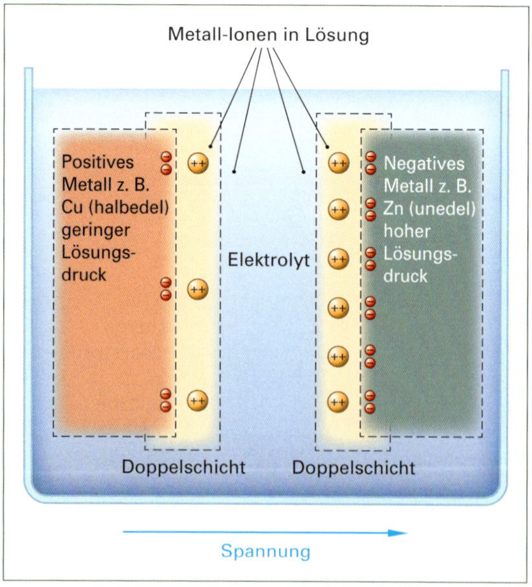

Bild 1: Ladungstrennung

wird dabei jeweils von dem unedleren Metall gebildet. Je unedler, d. h. reaktionswilliger oder lösungsbereiter das Metall, desto größer ist die sich ausbildende Spannung gegenüber einer bestimmten edleren Elektrode, die den positiven Gegenpol bildet.

So hatte *Volta*[1)] bereits experimentell eine Art „Ranking" von Metallen erstellt. Später stellte sich heraus, dass sich diese Aufreihung nicht nur durch weitere Metalle, sondern auch durch Metallverbindungen und Gase erweitern lässt. Letztere müssen dann eine Edelmetallelektrode umspülen, um Elektronen austauschen zu können.

Leider sind die einzelnen Reaktionspotentiale nicht direkt messbar, sondern nur deren Differenz. Um definierte Aussagen über einzelne Elektroden machen zu können, wurde ein **Standardpotential** festgelegt. Es entspricht dem einer Wasserstoffelektrode (von Wasserstoffgas umspülte Platinelektrode) und wurde als **S**tandard-**H**ydrogen-**E**lektrode **(SHE)** willkürlich mit 0 V definiert **(Bild 1)**.

Die Gesamtspannung U eines elektrochemischen Elements ergibt sich, indem man den Wert der Elektrode mit dem negativeren Potential (gegen die SHE) von dem der positiveren Elektrode (gegen die SHE) abzieht.

Am Beispiel einer Kupfer/Zink-Paarung ergibt sich folgende Zellenspannung:

$U_{(Cu/Zn)}$ = Kupferpotential gegen SHE minus Zinkpotential gegen SHE

$U_{(Cu/Zn)} = +0{,}52\ V - (-0{,}76\ V) = 1{,}28\ V.$

Eine Zelle aus Lithium ($-3{,}04\ V_{SHE}$) und Fluor ($+2{,}87\ V_{SHE}$) würde theoretisch (!) die höchstmögliche Zellenspannung von 5,91 V ergeben.

Aber nicht alle möglichen Stoffpaarungen, die sich aus der elektrochemischen Spannungsreihe ergeben, führen auch zu praktisch verwertbaren Stromquellen.

Umgekehrt nutzt die Akkutechnik auch Aktivmaterialien, die nicht in dieser Liste vermerkt sind. Dazu zählen Metalloxide oder Sulfate.

Letztere kommen vorzugsweise als Kathodenmaterialien zum Einsatz.

Stoff	Standardpotential/V
Fluor (F_2)	2,87
Gold (Au)	1,69
Chlor (Cl)	1,36
Platin (Pt)	1,20
Quecksilber (Hg)	0,85
Silber (Ag)	0,80
Kupfer (Cu)	0,52
SHE Wasserstoff (H_2)	0,00
Blei (Pb)	– 0,13
Nickel (Ni)	– 0,23
Cadmium (Cd)	– 0,40
Eisen (Fe)	– 0,41
Zink (Zn)	– 0,76
Mangan (Mn)	– 1,18
Aluminium (Al)	– 1,66
Titan (Ti)	– 1,77
Magnesium (Mg)	– 2,38
Natrium (Na)	– 2,71
Kalium (K)	– 2,92
Lithium (Li)	– 3,04

Bild 1: Elektrochemische Spannungsreihe

[1)] Alessandro Volta (1745 – 1827), italienischer Physiker

9.2 Bauarten elektrochemischer Zellen

Vor dem Design einer elektrochemischen Zelle sollte der spätere Einsatzzweck der Batterie geklärt worden sein.

- Geht es darum, ein Gerät möglichst langdauernd zu betreiben, wie es bei einem tragbaren Computer gewünscht ist?
- Oder kommt es darauf an, die gespeicherte Energie in möglichst kurzer Zeit verlustarm mobilisieren zu können, wie man dies von einer Kfz-Starterbatterie verlangt?
- Elektrofahrräder nehmen hier eine Mittelstellung ein. Zu entscheiden ist hier zwischen einer möglichen großen Reichweite in der Ebene einerseits und einer möglichst hohen Belastbarkeit am Berg andererseits.

Je nach Einsatzschwerpunkt wird man ein unterschiedliches Zellendesign wählen müssen. In erster Linie geht es dabei um die Zellengeometrie und das Verhältnis und die Anordnung der chemisch aktiven Masse zu den chemisch inaktiven Stromableitern.

9

Im oberen Teil von **Bild 1** weisen die Aktivmassen eine große Schichtdicke und damit ein entsprechendes Wirkvolumen auf. Es kann darin viel Energie gespeichert werden. Die Elektronen haben aber Mühe, an die Ableiter zu gelangen, weil die in der Praxis eingesetzten Aktivmassen oftmals schlechte Stromleiter sind. In der unteren Darstellung sind deshalb mehr und dickere Ableiter vorhanden, was aber bei gleichbleibendem Batterievolumen nur durch Einsparung von Aktivmasse erreichbar ist.

Es haben sich im Laufe der Batteriegeschichte unterschiedliche Bauformen herausgebildet, die später im Interesse einer einfachen Austauschbarkeit vielfach genormt wurden. Als klassisches Beispiel mag die *Leclanché*-Zelle (umgangssprachlich als „Taschenlampenbatterie" bezeichnet) mit ihrem konzentrischen Elektrodenaufbau dienen **(Bild 1a, S. 123)**.

Ein Zinkbecher bildet das Zellengehäuse, der zugleich Anode und Minusableiter ist. Er umschließt den eingedickten Elektrolyten aus Salmiaksalzlösung (Ammoniumchlorid NH_4Cl). Der Separator besteht im einfachsten Fall aus einem Textilsäckchen, welches das Kathodenmaterial aus Braunstein (Mangandioxid MnO_2 in Pulverform) aufnimmt. Der zentrale Kohlestab, oftmals fälschlicherweise als Kathode[1] bezeichnet, dient als Plusableiter.

[1] Die Begriffe Anode und Kathode sind über den Oxidations- bzw. Reduktionsprozess definiert. An welcher Elektrode oxidiert bzw. reduziert wird, hängt davon ab, ob die Zelle geladen oder entladen wird. Es hat sich bei der Betrachtung von Batterien eingebürgert, immer den Entladevorgang als Definition für die Begriffe Anode und Kathode zu verwenden.

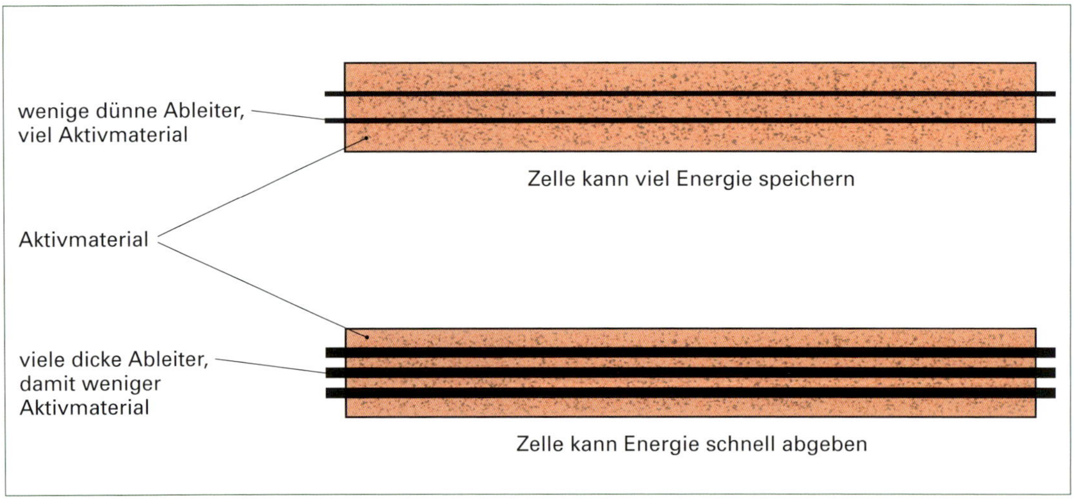

Bild 1: Zell-Design

Zu den Besonderheiten dieses Elements mit der batteriegeschichtlich längsten Nutzungsdauer gehört die „selbstverzehrende" Anode. Von Nachteil war, dass in den Batteriefächern von Geräten vergessene Zellen auslaufen konnten, wenn sie meist durch Selbstentladung zu tief entladen wurden. Heute werden Zink/Braunstein-Batterien durch einen korrosionsfesten Stahlmantel geschützt.

Problematisch bei Zellen ist ihre relativ geringe Belastbarkeit, hervorgerufen durch die schlechte Leitfähigkeit der Braunsteinkathode. Daher wurde bei deren Weiterentwicklung zur sogenannten Alkali-Mangan-Zelle die Elektrodenanordnung auf den Kopf gestellt **(Bild 1b)**. Die vergleichsweise gut leitfähige Anode, aus gelgebundenem Zinkpulver mit einem Metallnagel als Stromableiter hergestellt, liegt nun innen und ist umgeben von einer rohrförmigen Braunsteinelektrode von vergleichbarem Volumen (das Volumen bestimmt das Energiespeichervermögen). Das Ergebnis der veränderten Geometrie mit dem großen Querschnitt und der geringen Tiefe ist eine deutlich verbesserte Leitfähigkeit.

Häufig zu finden ist die Gitterplattenbauweise der Elektroden **(Bild 1, S. 124)**. Die Gitter wirken dabei als Stromableiter und Aufnehmer für die aktive Masse. Typisch ist diese Bauweise für Bleiakkus, wie sie beispielsweise als Starterbatterien zum Einsatz kommen. Die Trägerplatten sind, jeweils von Separatoren auf Abstand gehalten, mehrfach geschichtet, sodass sie beidseitig wirken. Diese Akkus haben meist eine prismatische Form.

Eine erweiterte Form der Plattenanordnung stellt die Folienbauweise dar: Dünne Metallfolien, die beidseitig mit der aktiven Masse beschichtet sind **(Bild 2, S. 124)**.

Bei zylindrischen Zellen sind die Elektroden meist spiralig um einen Kern aufgewickelt. Die Stromableitung kann am Wickelanfang bzw. am Wickelende erfolgen. Um eine widerstandsarme Stromableitung zu erzielen, sind die Ableiter an der Breitseite mehrfach mit Kontaktfahnen versehen. Die Plusableiter sind kopfseitig, die Minusableiter fußseitig angebracht.

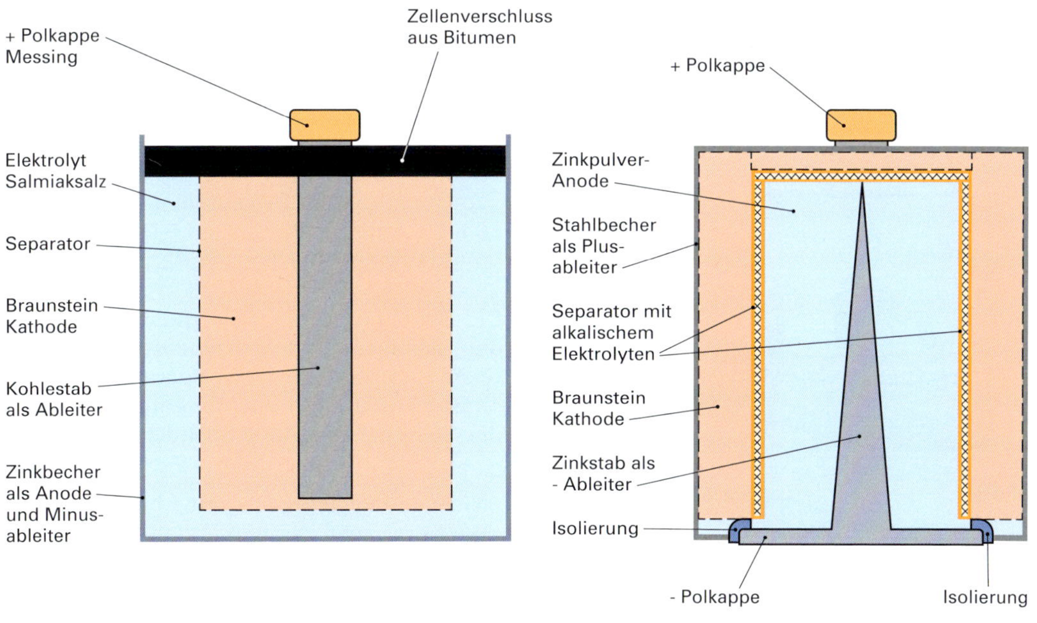

a) Herkömmliche Leclanché-Zelle auf Zink-/ Braunstein-Basis mit Salmiak-Elektrolyt

b) Neuartige Zink-/ Braunstein-Zelle mit alkalischem Elektrolyten

Bild 1: Zell-Braunstein-Zelle

Die Anoden- und Kathodenfolien mit der dazwischenliegenden Separatorfolie bilden eine Art Sandwich, das entweder aufgerollt, gefaltet oder (in einer aufwendigen Variante) geschichtet und dabei seitlich verbunden ist. Die Methoden unterscheiden sich in der Raumausnützung, aber auch im Herstellungsaufwand.

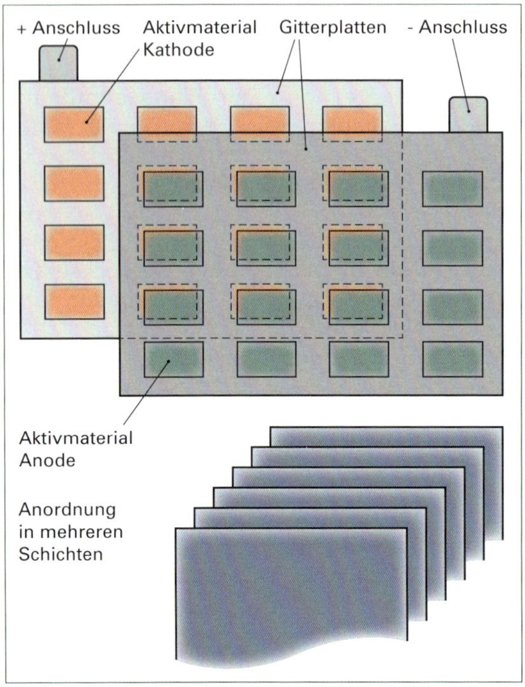

Bild 1: Platten-Elektroden

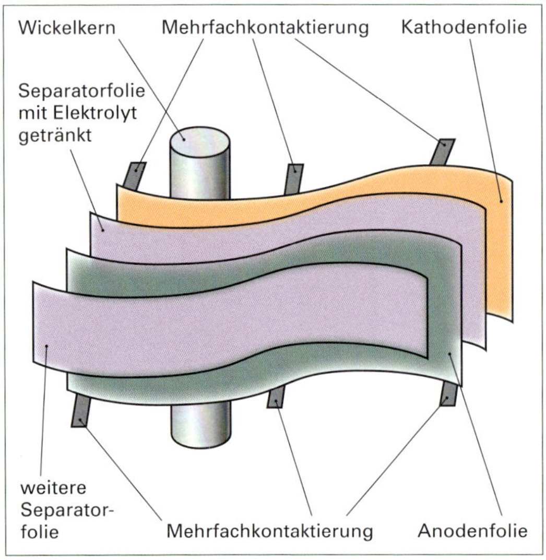

Bild 2: Folien-Elektroden

9.3 Elektrische Grundbegriffe in der Batterietechnik

In diesem Kapitel sollen die in der Batterietechnik relevanten Begriffe erläutert und die physikalischen Größen vorgestellt werden.

9.3.1 Zellenspannung und Innenwiderstand

An einer unbelasteten Zelle, an der kein Verbraucher oder Ladegerät angeschlossen ist, liegt eine bestimmte Spannung an. Ihr Betrag entspricht weitgehend der aus der Spannungsreihe errechneten Potentialdifferenz. Da die Zelle in diesem Zustand nicht belastet ist, spricht man von der Ruhespannung U_0 oder auch Leerlaufspannung. In der Fachliteratur findet sich zunehmend die aus dem Englischen abgeleitete Abkürzung **OCV** (**O**pen **C**ircuit **V**oltage). Der Ladezustand und die Temperatur der Zelle können Einfluss auf die Ruhespannung nehmen. Diese Einflüsse sind je nach Akkutyp unterschiedlich.

Als Orientierungswert für den Gebrauch der Batterie eignet sich die Ruhespannung aufgrund der aufgezeigten Abhängigkeiten nur bedingt. Daher wurde für jeden Batterietyp eine charakteristische Nennspannung U_N festgelegt. Sie wird unter Nennbedingungen über die Gesamtentladung einer Zelle als Mittelwert ermittelt.

Beispiel:
Beim Lithium-Ionen-Akku entlädt man eine vollständig auf 4,2 V aufgeladene Zelle mit 0,5 C (siehe S. 126) bis auf 3,0 V. Die so ermittelte Nennspannung beträgt 3,7 V.

Die Entladung einer Zelle muss beendet werden, wenn die Entladeschlussspannung U_S erreicht ist. Unterhalb dieser Spannungsschwelle – man spricht dann von Tiefentladung – droht das System bleibenden Schaden zu nehmen.

info

Nicht alle Systeme reagieren hier in gleicher Weise. Nickel-Cadmium-Zellen erweisen sich in diesem Punkt als relativ unempfindlich. Lithiumakkus benötigen dagegen eine elektronische Überwachungsschaltung, welche die Entladung vor Erreichen kritischer Werte beendet (siehe auch: Ladeüberwachung, Kapitel 9.10.1).

Ein elektrochemisches Element ist keine ideale Spannungsquelle. Wird ein Verbraucher angeschlossen, sinkt die Spannung an den Anschlüssen auf die Klemmenspannung U. Zur Veranschaulichung kann man sich eine ideale Spannungsquelle vorstellen, die unabhängig von der Strombelastung immer die gleiche Spannung liefert **(Bild 1)**.

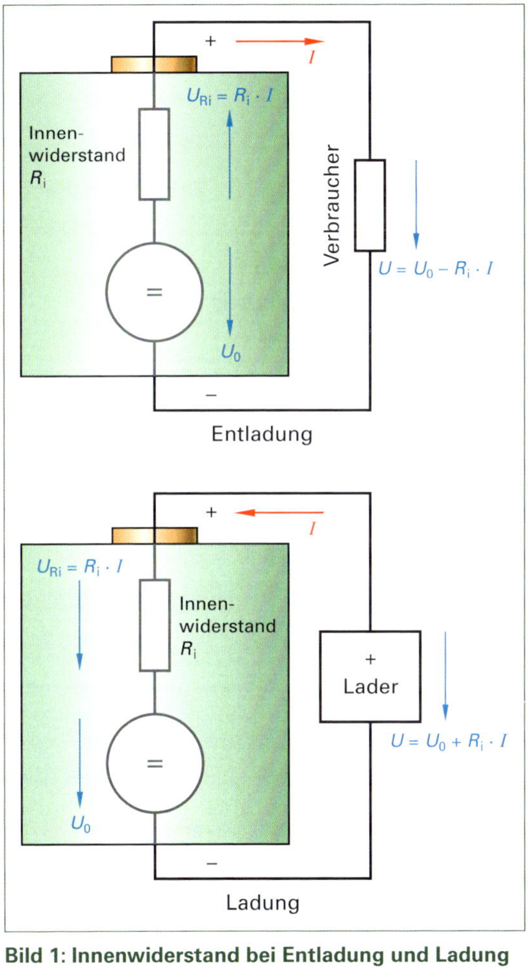

Bild 1: Innenwiderstand bei Entladung und Ladung

Aus gleichem Grund steigt beim Laden der Batterie die Klemmenspannung über den Betrag der Ruhespannung an. Bei der Ladespannung U addieren sich Ruhespannung und Spannungsabfall an R_i. Dieser Spannungsanstieg in der Zelle ist der Grund dafür, weshalb der Ladestrom bei Akkus ein bestimmtes Limit nicht überschreiten darf. So führt eine zu hohe Ladespannung beim Bleiakku zu einer forcierten elektrischen Zersetzung des Wasseranteils im Elektrolyten. Die Zelle „gast".

R_i ist temperaturabhängig und fällt mit steigender Temperatur. Andererseits wächst er mit der Alterung der Zelle, da die aktiven Materialien degenerieren (sich zurückbilden) und sich an deren Rändern auch Deckschichten ausbilden können, welche den Ionenzutritt erschweren.

Ein hoher Innenwiderstand lässt nicht nur die Klemmenspannung einer Zelle absinken, er verursacht auch innere Erwärmung. Man spricht in diesem Zusammenhang von der *Jouleschen* Wärme. Der Wert von R_i stellt daher den entscheidenden Indikator für die Hochstromtauglichkeit eines Zellentyps dar.

Die messtechnische Ermittlung des Gleichstrominnenwiderstands R_{idc} kann durch zwei kurz aufeinanderfolgende kombinierte Strom-/Spannungsmessungen erfolgen. Was den zeitlichen Abstand der Messungen betrifft, gilt einerseits ein „so kurz wie möglich", um den Lade- und Temperaturzustand der Batterie im Messzeitraum nicht zu verändern. Andererseits sollten nach dem Stromsprung, auf den eine Spannungsänderung als Antwort erfolgt, die dynamischen Vorgänge in der Zelle abgeklungen sein. Üblicherweise ist dies innerhalb einer Sekunde der Fall. Die Konzentrationsbeeinflussung erfolgt jedoch mit hoher Zeitkonstante. Man kann ihren Gleichgewichtszustand nicht abwarten, ohne gegen die eingangs formulierte Regel zu verstoßen. Daher misst man gewöhnlich im Abstand von 3 bis 5 Sekunden, zuerst mit kleinem Strom, anschließend mit einem Mehrfachen davon **(Bild 2)**.

Der kleine „Schönheitsfehler", dass der Quotient bei korrekter Zuordnung der Indizes (tiefgestellte Ziffern) einen negativen Wert annimmt, lässt sich beseitigen, indem man den Entladestrom mit negativem Vorzeichen ansetzt oder nur mit den Zahlenbeträgen rechnet.

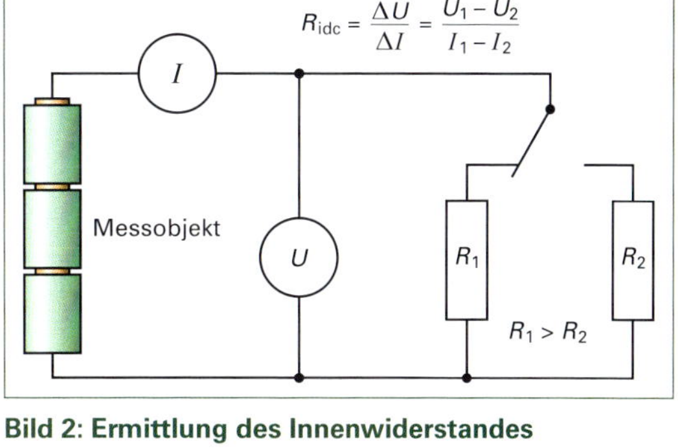

Bild 2: Ermittlung des Innenwiderstandes

9

9.3.2 Kapazität und Stromrate

In Zusammenhang mit dem Speichervermögen eines Akkus wird der Begriff Kapazität (C) verwendet. Man versteht darunter die Ladungsmenge, die ein Akku speichern kann.

Die Einheit der Akkukapazität ist die Amperestunde (Ah). Dies entspricht einem 1 Stunde (h) lang fließenden Strom von 1 A. Oftmals wird bei kleineren Akkus die Teileinheit Milliamperestunde (mAh) (= 1/1000 Ah) bevorzugt.

Da die Bedingungen wie Temperatur und Stromhöhe, unter denen die Energieentnahme erfolgt, nicht ohne Einfluss auf die Ladungsmenge bleibt, definiert man eine Nennkapazität C_N. Sie wird unter Nennbedingungen bei einer Raumtemperatur von 20 °C und für den jeweiligen Akkutyp charakteristischen Stromstärke ermittelt. Findet die Entladung unter veränderten, meist weniger idealen Bedingungen statt, ist oftmals nur noch ein Teil der Nennkapazität verfügbar. Man bezeichnet diese als die entnehmbare Kapazität, und man sollte dazu vermerken, unter welchen Bedingungen sie zustande kam.

9

Beispiel:
Beim Bleiakku kann die tatsächlich nutzbare Kapazität einer Starterbatterie in der kalten Jahreszeit auf einen Bruchteil des Nennwertes absinken.

Anmerkung: Die Parameter wie Tieftemperatur- und Hochstromverhalten hängen stark vom Akkutyp und vom Zellendesign ab. Im Allgemeinen verrät das Datenblatt, bei welcher Stromlast welche Kapazität noch verfügbar ist.

Die Stromlast eines Akkus bleibt nicht ohne Einfluss auf die Klemmenspannung und seine entnehmbare Kapazität. Von der Akkugröße hängt es ab, inwieweit ein bestimmter Strom als „Last“ empfunden wird. Es ist sinnvoll, diese in Relation zur Nennkapazität zu setzen. Das ist zulässig, weil bei elektrochemischen Stromquellen Energiespeicher und Energiewandler eine stoffliche Einheit bilden. Bei zunehmender Kapazität sinkt somit – gleiche Art und Bauform unterstellt – auch der Innenwiderstand, was einer gestiegenen Belastbarkeit gleichkommt.

Die Stromlast wird als Stromrate C definiert. Dies ist der Strom in Ampere, welcher zahlenmäßig der Nennkapazität in Ah entspricht.

Beispiel:
Wird ein Akku mit einer Kapazität von 8 Ah mit 8 A belastet, spricht man von einer 1 C-Last; bei 16 A wären es 2 C. Entsprechendes gilt für die Ladung.

Damit gelten entsprechende Empfehlungen nicht nur für einzelne Akkugrößen, sondern für die gesamte Baureihe.

Beispiel:
Ladung mit 0,3 C oder Entladung mit max. 5 C.

In der Fachliteratur finden sich abweichende Bezeichnungen. So ist oftmals von der CA-Rate die Rede.

9.3.3 Energie, Leistung und Wirkungsgrad

Die in einer Zelle gespeicherte Energie W wird in Wattstunden Wh gemessen und ergibt sich aus dem Produkt von mittlerer Zellenspannung U_M und Kapazität C. Es ist heute üblich, den Energiegehalt einer Batterie aus dem Produkt aus Nennspannung (U_N) und Nennkapazität zu ermitteln.

$$W = U_N \cdot C_N$$

Die Kapazität C, auch umgangssprachlich als Speicherkapazität bezeichnet, ist die in einer Akkuzelle gespeicherte Menge an elektrischen Ladungen. Sie wird in Amperestunden (Ah) bzw. Milliamperestunden (mAh) angegeben.

Bild 1, Seite 127, zeigt eine Akkuzelle mit allen Kennwerten: Kapazität 8000 mAh, Energie 59,2 Wh, Anordnung der Elemente in der Batterie 2s1p, Nennspannung 7,4 V, dauernde Belastbarkeit 25 C, kurze Belastbarkeit 40 C.

Bezieht man die gespeicherte Energie auf die Batteriemasse, lässt sich die spezifische Energie w des Speichers ermitteln. Sie wird in Wattstunden pro Kilogramm (Wh/kg) angegeben. Die spezifische Energie des 0,4 kg schweren Akkus aus Bild 1 beträgt

$$w = \frac{59{,}2\ \text{Wh}}{0{,}4\ \text{kg}} = 148\ \frac{\text{Wh}}{\text{kg}}$$

Wird das Speichervermögen in Bezug auf das Batterievolumen angegeben, bestimmt sich die volumetrische Energiedichte in Wattstunden pro Liter (Wh/l).

Bild 1: Modellbau-Hochstrombatterie mit allen Kennwerten

Das Leistungsvermögen einer Batterie kennzeichnet die Fähigkeit, möglichst viel Energie in kurzer Zeit abgeben zu können. Dabei sind primär die Qualitäten des Energiewandlers innerhalb der Zelle gefragt. Von elementarer Bedeutung für die Leistung einer Batterie (Hochstromzelle) ist ein niedriger Innenwiderstand, damit der interne Spannungsabfall und die Wärmeentwicklung in Grenzen bleiben.

Der Modellbau-Akku aus **Bild 1**, der bei der Kapazität von 8 Ah und bei der Belastbarkeit von 25 C eine Stromstärke 200 A liefern kann, „brilliert" mit einer spezifischen Leistung von (theoretisch) 3700 W/kg.

8000 mA · 25 C → 200 A

$$P = U \cdot I = 200\ \text{A} \cdot 7{,}4\ \text{V} = 1480\ \text{W}$$

$$p = \frac{P}{m} = \frac{1480\ \text{W}}{0{,}4\ \text{kg}} = 3700\ \text{W/kg}$$

Der Speicherwirkungsgrad η (eta) eines Akkus gibt an, wie viel Prozent der ursprünglichen Ladung bei der Entladung tatsächlich wieder abrufbar sind. Interessiert das Verhältnis der Ladungsmengen, spricht man vom Amperestundenwirkungsgrad η_{Ah} oder dem Coulombschen Wirkungsgrad.

$$\eta_{Ah} = \frac{\textbf{entnehmbare Ladung}}{\textbf{zugeführte Ladung}}$$

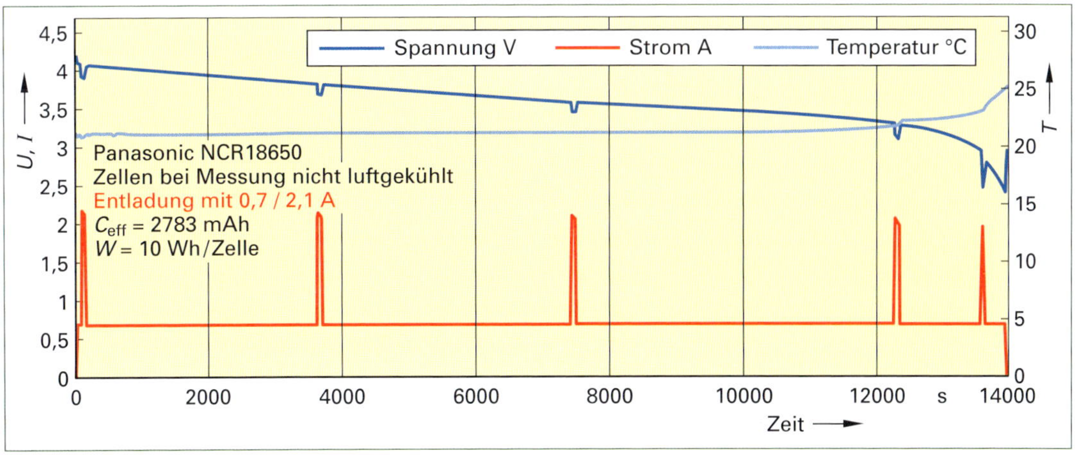

Bild 2: Entladung einer LiIon-Zelle mit wechselnder C-Rate. Gut erkennbar die Spannungseinbrüche bei den Stromspitzen. Messergebnisse: Die entnehmbare Kapazität C_{eff} liegt bei 2,783 Ah, die gespeicherte Energie bei 10 Wh.

9

Die Differenz zwischen der entnehmbaren und der zugeführten Ladungsmenge wurde innerhalb des Akkus nicht gespeichert oder intern schon verbraucht. Dies ist auf chemische Nebenreaktionen innerhalb der Zelle zurückzuführen. Im Allgemeinen wachsen die Ladungsverluste mit der Alterung der Batterie. Zudem sind sie vom Ladezustand abhängig. So ist beispielsweise bei alkalischen Akkus im mittleren Ladezustand (40 bis 60 % geladen) ein besonders guter Ladewirkungsgrad zu beobachten, der dann in Richtung Vollladung drastisch abnimmt. Andererseits hat bei diesem Akkutyp die Ladegeschwindigkeit positiven Einfluss, weil bei schnellerem Laden weniger Ladungsmenge durch Selbstentladung verloren geht.

In der Praxis wird der Begriff Ladefaktor LF verwendet. Er stellt den Kehrwert des Amperestundenwirkungsgrades dar und ist damit > 1.

$$\mathbf{LF} = \frac{1}{\eta_{\mathrm{Ah}}} = \frac{\textbf{zugeführte Ladung}}{\textbf{entnehmbare Ladung}}$$

Wenn dann noch berücksichtigt wird, dass die Spannung beim Laden höher ist als beim Entladen (Grund: Spannungsabfall am ohmschen Innenwiderstand), beeinträchtigt dies die Speicherbilanz noch weiter.

Der Energiewirkungsgrad η_{Wh} oder Wattstundenwirkungsgrad gibt die Gesamtenergiebilanz an. Es ist das Verhältnis aus entnommener Energie und zugeführter Energie:

$$\eta_{\mathrm{Wh}} = \frac{\textbf{entnehmbare Energie}}{\textbf{zugeführte Energie}}$$

Tabelle 1: Typische Wirkungsgrade der Akkusysteme

	η_{Wh}	η_{Ah}	LF
Pb	0,8 … 0,85	0,9	> 1,1
NiCd	0,6 … 0,7	0,7 … 0,8	> 1,2
NiMH	0,65 … 0,75	0,7 … 0,8	> 1,2
LiIon	0,95 … 0,97	0,99	≈ 1

9.3.4 *Temperaturverhalten und Selbstentladung*

Elektrochemische Stromquellen zeigen ein aktives und ein passives Temperaturverhalten. So rufen die chemischen Reaktionen zellenintern unterschiedlich gerichtete Temperaturveränderungen hervor.

In diesem Zusammenhang ist an die durch Stromfluss und Innenwiderstand bedingte Joulesche Verlustwärme zu denken, die bei jedem stromdurchflossenen Leiter anfällt. Ihr Beitrag ist immer temperatursteigernd, der Stromhöhe proportional und kann dieser ein Limit setzen. Oftmals werden deshalb in Batteriepacks Temperatursensoren eingebaut. Daneben kommt es zu weiteren Temperaturreaktionen, die temperatursteigernd oder abkühlend wirken. So kühlt sich ein NiCd-Akku anfangs beim Laden von innen heraus ab, um sich dann, wenn er sich der Vollladung nähert, wieder zu erwärmen. Bei Lithium-Ionen-Akkus sind diese Wärmeeffekte vernachlässigbar.

Akkus reagieren auf Temperaturänderungen, weil sich chemische Abläufe bei höherer Temperatur bekanntlich beschleunigen. Dies gilt zuerst für die Elektrodenreaktionen, den chemischen Abläufen an der Grenzfläche zwischen Elektronen- und Ionenleiter.

Auch der Elektrolyt verbessert mit zunehmender Temperatur seine Leitfähigkeit, was einen verringerten Innenwiderstand bewirkt. So gesehen wäre es von Vorteil, Akkus bei möglichst hohen Temperaturen zu betreiben. Dagegen spricht, dass sich als Folge alle chemischen Nebenreaktionen beschleunigen, wie etwa die Selbstentladung. Damit steigen die Speicherverluste, was faktisch zu einem Kapazitätsschwund führt.

Bei Temperaturen weit oberhalb des zulässigen Bereichs können Nebenreaktionen allein so viel Wärme generieren, dass die Zellentemperatur ohne äußeres Zutun weiter steigt.

Die Zelle gerät dann thermisch außer Kontrolle; man spricht vom „*Thermal Runaway*" **(Bild 1, S. 129)**. Passieren kann dies, wenn beispielsweise der Separator zwischen den Elektroden wegschmilzt.

So zählt es zu den wichtigsten Aufgaben der Batterieentwickler, diese Möglichkeit weitestgehend auszuschließen.

Ob ein Akku bei einem äußeren Kurzschluss in Brand geraten kann, hängt unter anderem von seiner Energiedichte (siehe S. 126) bzw. der spezifischen Energie im Verhältnis zu der eigenen Wärmekapazität ab. Erlaubt es die gespeicherte Energie einer Batterie, sich selbst im Kurzschlussfall bis über eine kritische Temperaturgrenze hinaus aufzuheizen, so kann sie thermisch „durchgehen". Dies ist nach heutigem Stand der Technik nur bei einigen Varianten von Lithium-Ionen-Akkus möglich, und auch nur in weitgehend vollgeladenem Zustand. Dies begründet die Forderung, solche Akkus nur in teilgeladenem Zustand zu versenden und zu lagern.

Der Temperatureffekt erklärt, warum Akkus bei Kälte nur beschränkt „arbeitswillig" sind. Allerdings tritt bei Entladung mit nennenswerten Strömen ein Selbstheilungseffekt auf: Der nun erhöhte Innenwiderstand erzeugt eine stärkere Erwärmung, die den Akku allmählich aus der „Kältestarre" führt.

Kritisch kann es bei der Ladung werden, denn der bei Kälte erhöhte Innenwiderstand (siehe Kapitel 9.3.1) lässt für die Zellenchemie schädliche Überspannungen entstehen. Deshalb wird in den meisten Fällen vor einer Schnellladung bei extremen Temperaturen gewarnt. Generell ist festzuhalten, dass Batterien bei Temperaturen von 15 bis 40 °C hinsichtlich Effizienz und Lebensdauer optimal arbeiten.

9.3.5 Zyklenzahl, Alterung und Lagerung

Als Zyklus bezeichnet man bei Akkus die Abfolge von Ladung und Entladung. Dabei ist zwischen Vollzyklen und Teilzyklen zu unterscheiden, je nachdem, ob 100 % der Kapazität oder nur Teile davon umgesetzt werden.

Der Ladezustand („Füllgrad") eines Akkus wird durch die Abkürzung **SOC** (**S**tate **O**f **C**harge) als Prozentzahl ausgedrückt.

Der State of Charge (SOC) ist ein Maß für den Ladezustand einer Batterie und berechnet sich aus der aktuellen Kapazität C_a und der maximalen Kapazität C_{max}. C_{max} ist die maximal entnehmbare Kapazität des letzten Vollzyklus.

Ein SOC von 100 % bedeutet vollständig geladen, 0 % vollständig entladen.

$$SOC = \frac{C_a}{C_{max}} \cdot 100\ \%$$

Die Art der Zyklen hat Einfluss auf die Lebenserwartung eines Akkus. Am „gesündesten" sind Teilzyklen, die um einen mittleren Ladezustand kreisen (30 bis 70 % SOC). Der Grund: Die vom Ionenstrom verursachten Volumenänderungen bleiben an den aktiven Elektroden gering. Eine Ausnahme stellt der Bleiakku dar, der vollgeladen gelagert werden sollte. Die nutzungsbedingte Alterung von Zellen hängt ebenfalls von Stromhöhe und Temperatur ab.

Daneben ist die nutzungsunabhängige kalendarische Alterung eines Akkus zu erwähnen, die von Nebenreaktionen herrührt.

Beispiel:

Ein kühl gelagerter Akku bleibt stets länger nutzbar. Dies sollte aber nicht dazu führen, Akkus im Kühlschrank überwintern zu lassen, denn zwischen 10 und 20 °C sind die Unterschiede geringfügig. Die Lebensdauer eines Akkus gilt definitionsgemäß dann als abgelaufen, wenn er nur noch über 80 % seiner Nennkapazität verfügt, was nicht unbedingt das Nutzungsende eines Energiespeichers bedeutet.

Bild 1: Reste eines Lithium-Polymer-Akkus nach einem „Thermal Runaway"

9.3.6 Ladeverfahren

Das Ladeverfahren beeinflusst Lebensdauer, Leistung, Ladezeit und somit auch die Einsatzhäufigkeit eines Akkus. Hier gerät der Nutzer in einen Zielkonflikt: Auf der einen Seite sind es die langsamen, längere Zeit beanspruchenden Ladeverfahren, die eine hohe Lebensdauer/Zyklenzahl fördern, andererseits erhöht ladetechnisches „Fast Food" die Nutzungsdichte eines Akkus und erspart u. U. einen Batteriewechsel. Anders gesagt: Ein Akku, der sich in einer knappen Stunde wieder aufladen lässt, kann mehrmals am Tag genutzt werden.

Geeignet ist ein Ladeverfahren, wenn es

- möglichst rasch, aber schonend einen hohen Ladezustand erreicht,
- dabei eine Überladung sicher verhindert, sowie
- keine kritischen, lebensdauer- oder leistungsmindernden Effekte auslöst.

Werden nicht nur einzelne Zellen, sondern Batterien (das sind meist Reihenschaltungen von Zellen, siehe Seite 131) geladen, sollte das gewählte Ladeverfahren eine Angleichung der Ladezustände der einzelnen Zellen herbeiführen (siehe Batteriemanagement). Unverzichtbar ist das sichere Erkennen des Vollladezustandes eines Akkus. Die Kriterien dafür sind bei den verschiedenen Arten von Akkus unterschiedlich.

Ein Ladegerät hat die Aufgabe, für einen hinsichtlich Ladestrom, Ladespannung und Ladezeit jeweils typgerechten Ladeablauf zu sorgen.

Dabei genügt es schon, eine der Einflussgrößen des Ladegerätes zu steuern. Bei der I-Ladung (Stromkennlinie, **Bild 1**) wird von der Ladeelektronik der Strom auf einen Höchstwert begrenzt, wobei dieser die Ladegeschwindigkeit beeinflusst.

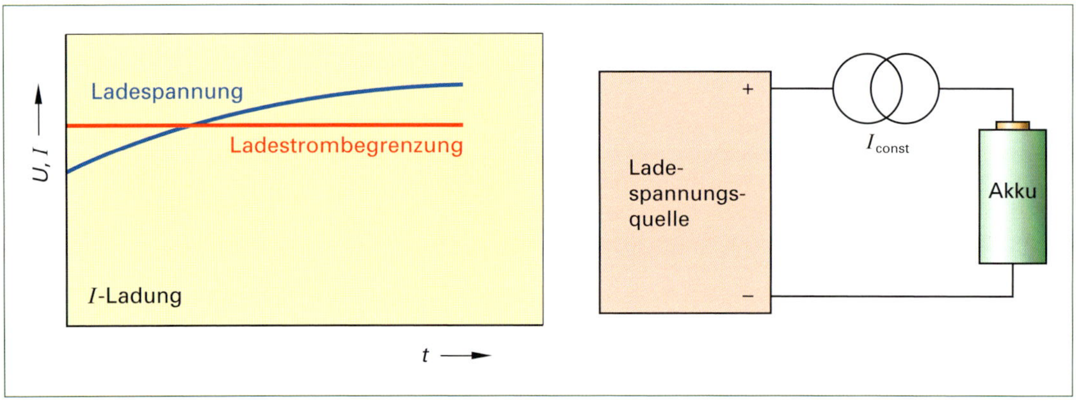

Bild 1: *I*-Ladung

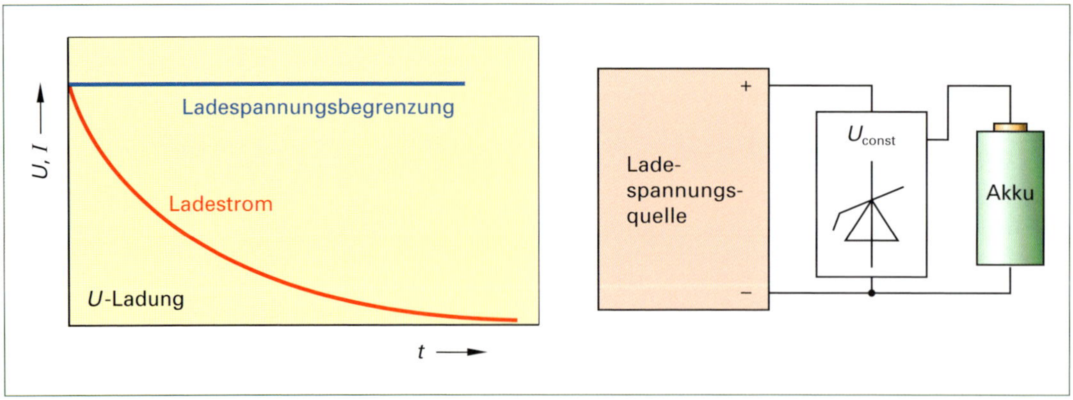

Bild 2: *U*-Ladung

Bei der *U*-Ladung (Spannungskennlinie, **Bild 2, S. 130**) ist die Ladespannung limitiert. International sind hierfür das Begriffspaar **CC**-charge (**C**onstant **C**urrent) und **CV**-charge (**C**onstant **V**oltage) üblich.

Oftmals werden Ladekennlinien kombiniert. Bei der für Blei- und Lithium-Ionen-Akkus empfohlenen *IU*-Ladung **(Bild 1)** wird anfangs der Strom durch das Ladegerät begrenzt. Dabei steigt die Ladespannung bis zum eingestellten Höchstwert. Zu diesem Zeitpunkt tritt die Spannungsbegrenzung in Kraft. Ab hier sinkt der Strom bis zu einem Minimalwert, an dem die Ladung beendet wird.

9.3.7 Verbinden von Zellen zu Batterien

Die Zellenspannung ist durch die elektrochemische Spannungsreihe (siehe S. 121) begrenzt. Höhere Spannungen erzielt man durch Reihenschaltung (Hintereinander- oder Serienschaltung) einzelner Zellen **(Bild 2, links)**. Dabei addieren sich die Spannungen der einzelnen Elemente. Man kennzeichnet dann eine Anordnung aus beispielsweise 2 seriengeschalteten Elementen als 2s-Batterie. Es sollten nur gleichartige Zellen in gleichem Ladezustand zu einer Batterie verbunden werden.

Bei einer Parallelschaltung von Akkuzellen addiert sich das Speichervermögen (Kapazität) der einzelnen Zellen **(Bild 2, rechts)**.

> Beispiel:
> Eine Anordnung aus 3 parallelgeschalteten Elementen bezeichnet man als 3p-Batterie. Kritisch ist die Parallelschaltung von alkalischen Zellen, weil dort kein eindeutiger Zusammenhang zwischen Ladezustand und Zellenspannung besteht. Sie müssen daher getrennt voneinander geladen werden.

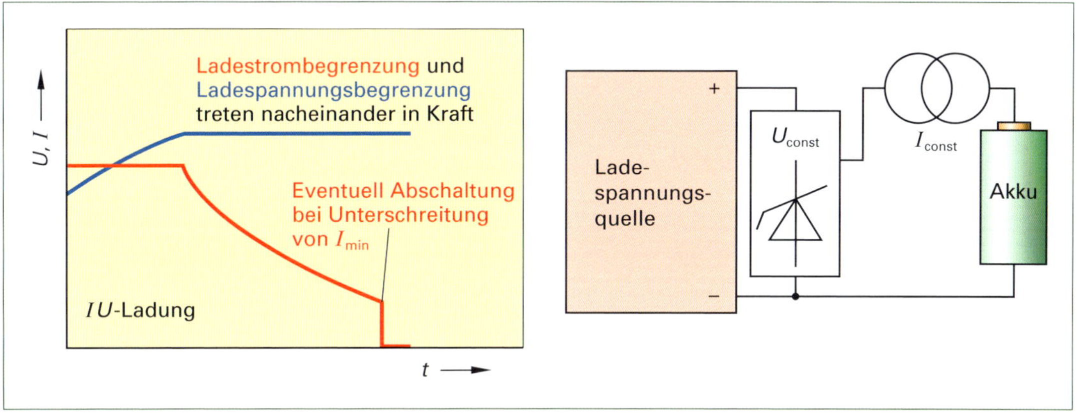

Bild 1: *IU*-Ladung

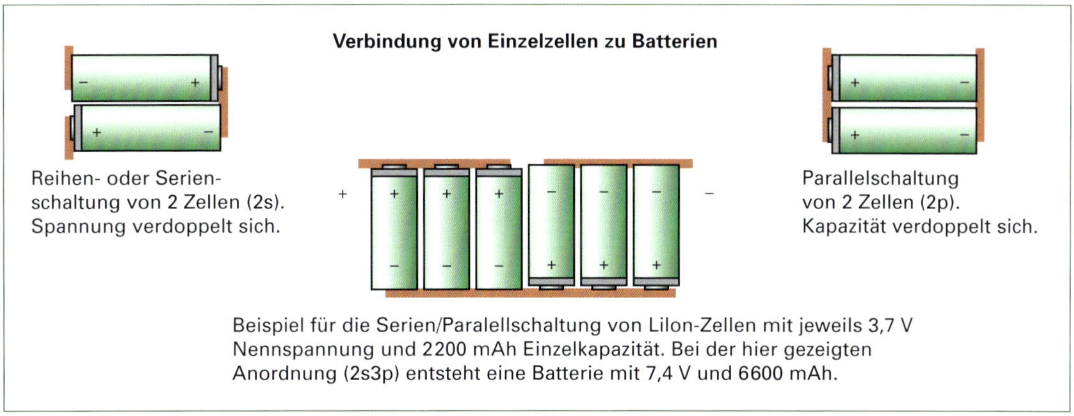

Bild 2: Batterievarianten

Oftmals werden beide Möglichkeiten kombiniert **(Bild 2 Mitte, S. 131)**. Sind höhere Kapazität und eine größere Spannung gefordert, werden parallelgeschaltete Zellenpacks (mehr Kapazität) zusätzlich in Reihe geschaltet (mehr Spannung). Bei E-Bike-Batterien ist das die Regel. So kann eine Batterie beispielsweise aus 3 Parallelzellen bestehen, wovon 10 dieser 3er-Packs in Reihe liegen. Die Kurzbezeichnung lautet 10s3p.

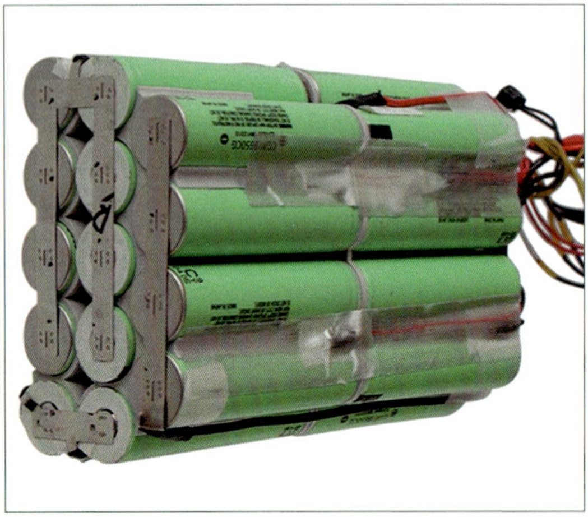

Bild 1: Pedelec-Akku aus 28 Zellen (7s4p)

9.4 Bleiakkus

Obgleich in der heutigen Antriebstechnik von Elektrofahrrädern vorwiegend Lithium-Ionen-Akkus zum Einsatz kommen, lohnt ein Blick auf andere gängige Akkuarten, weil sich immer wieder feststellen lässt, dass Behandlungsfehler auf die Verwechslung von unterschiedlichen Akkutypen zurückgehen. Denn so wie es *den* Akku nicht gibt, existiert auch keine allgemeingültige Empfehlung für Behandlung, Ladung und Pflege von Akkus. Vielmehr stellt jeder Akkutyp spezifische Anforderungen und es lohnt sich, die Hintergründe zu kennen.

Der erste Bleiakku wurde 1864 von *Joseph Sinsteden* gebaut und fünf Jahre später von *Gaston Planté* zur heutigen Form weiterentwickelt. Trotz seines Alters von mehr als 150 Jahren stellt der Bleiakku immer noch die meistverwendete wiederaufladbare elektrochemische Stromquelle dar. Dies hat gute Gründe: ausgereifte Technik, günstige Kosten und leicht recyclebar.

Dieser Akkutyp enthält als Elektrodenmaterial (abgesehen von Legierungszusätzen) nur Blei, sodass die Wiederaufarbeitung vergleichsweise wirtschaftlich erfolgen kann. Ein schon vor vielen Jahren eingeführtes Pfandsystem trägt in Deutschland dazu bei, dass sich dieser Wertstoffkreislauf überwiegend schließt.

Die niedrigen Batteriekosten sichern dem Bleiakku, neben dem Massenmarkt der Kfz-Starterbatterien, auch bei Großanwendungen – so etwa bei der unterbrechungsfreien Versorgung von Telekommunikationsknoten und Funkstationen – noch andauernde Nachfrage. Dabei handelt es sich um stationäre Anlagen, bei denen das Gewicht eine untergeordnete Rolle spielt.

Den Vorzügen stehen auch einige Nachteile wie geringe Energiedichte (bis 40 Wh/kg) sowie eine geringe Widerstandsfähigkeit gegen Tiefentladung gegenüber.

Funktionsprinzip des Bleiakkus

Grundsätzlich basiert die Bleizelle auf Bleidioxid (PbO_2) als positiver Aktivmasse (Kathode) und metallischem Blei (Pb) als negativer Aktivmasse (Anode). Trägermaterialien sind zu Gittern geformte Bleiplatten **(Bild 2)**.

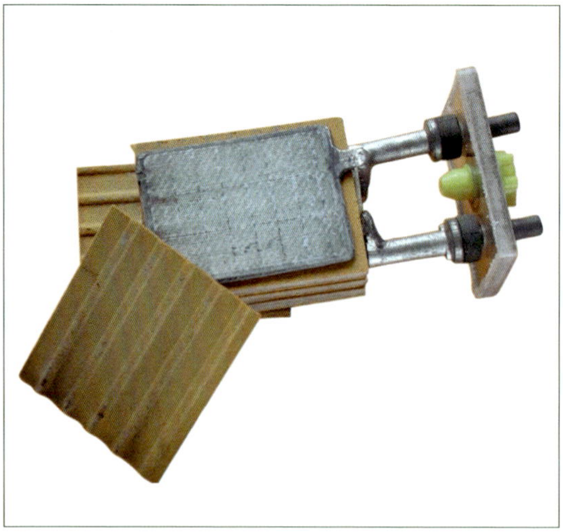

Bild 2: Geöffnete Pb-Zelle. Gut erkennbar die Gitterstruktur der Blei-Trägerplatten. Dazwischen das Separatormaterial.

Als Elektrolyt dient eine Mischung von Schwefelsäure (H_2SO_4) und Wasser (H_2O). Beide Komponenten nehmen an den chemischen Prozessen beim Laden und Entladen teil und verändern damit ladezustandsabhängig ihr Mischungsverhältnis.

Die Hauptreaktionen lassen sich wie folgt darstellen:

Pluselektrode:

$$PbSO_4 + 2\,H_2O_{\text{laden}} \rightarrow PbO_2 + SO_4^{2-} + 4H^+ + 2e^-$$

Minuselektrode:

$$PbSO_4 + 2e^-_{\text{laden}} \rightarrow Pb + SO_4^{2-}$$

Gesamtreaktion:

$$2PbSO_4 + 2H_2O_{\text{laden}} \rightarrow PbO_2 + Pb + 2SO_4^{2-} + 4H^+$$

Der Ladevorgang verbraucht Wasser und es bildet sich dissoziierte Schwefelsäure ($4H^+ + 2SO_4^{2-}$). Das ist der Grund, warum sich bei offenen Bleiakkus der Ladezustand an der Säuredichte mit einer Senkwaage ablesen lässt.

Beim Entladen verläuft der Vorgang unter Energieabgabe umgekehrt ab, indem sich beide Aktivmaterialien wieder in Bleisulfat zurückverwandeln.

Geschlossene Bleiakkus tragen nur gasdurchlässige Verschlussstopfen. Sie verfügen über eine nicht ganz unproblematische Überladeschutzreaktion: Ab einer Ladespannung von 2,39 V zersetzt sich das Zellenwasser in Sauerstoff (O_2) und Wasserstoff (H_2). Die nicht mehr speicherbare Energie erzeugt brennbaren Wasserstoff:

Pluselektrode:

$$H_2O_{\text{überladen}} \rightarrow 1/2\ O_2 + 2H^+ + 2e^-$$

Minuselektrode:

$$2H^+ + 2e^-_{\text{überladen}} \rightarrow H_2$$

Gesamtreaktion:

$$H_2O_{\text{überladen}} \rightarrow H_2 + 1/2\ O_2 \text{ (Knallgaserzeugung)}$$

Da bei einer Überladung Knallgas freigesetzt wird, gibt es bei Großbatterieanlagen strenge Vorschriften zur Batterieraumbelüftung.

Im mobilen Bereich dominiert heute die verschlossene Zelle mit einem durch Kieselgur-(SiO_2^-)Gel oder einem Elektrolyten aus Glasfaser-Vlies. Bei ihr ist ein lageunabhängiger Betrieb möglich. Die verschlossene Pb-Zelle ist nicht vollkommen gasdicht, sondern benötigt aus Sicherheitsgründen ein Überdruckventil.

Im Gegensatz zur geschlossenen Zelle verhindert eine verschlossene Zelle, dass Wasserstoff freigesetzt wird. Die Gasung beschränkt sich auf plusseitig produzierten Sauerstoff, der dann am Minuspol verzehrt wird. Durch Risse im Gel oder aber durch Luftblasen im Vlies kann der gasförmige Sauerstoff zum Minuspol gelangen. Er wird dort unter Wärmeabgabe zu Wasser gebunden, womit sich der Sauerstoffkreislauf intern schließt. Dabei darf der Ladestrom einen definierten Wert nicht überschreiten.

Im Einzelnen laufen an der negativen Elektrode folgende Reaktionen ab:

$$Pb + 1/2\ O_{2\,\text{überladen}} \rightarrow PbO$$

$$PbO + 2H^+ + SO_4 + 2e^-_{\text{überladen}} \rightarrow PbSO_4 + H_2O$$

$$PbSO_4 + 2e^-_{\text{überladen}} \rightarrow Pb + SO_4$$

Die Besonderheit des Bleiakkuprinzips mit dem bei der Umsetzung chemisch aktiven Elektrolyten (sonst dient er nur als Ionenleiter) bringt es mit sich, dass sich Säuredichte und damit Ruhespannung und Innenwiderstand während der Ladung und Entladung verändern. Das mindert das Leistungsvermögen des Energiespeichers bei fortschreitender Entladung.

Gerade zum Entladeschluss führt der rasch anwachsende Innenwiderstand zu einem förmlichen Abstürzen der Entladekennlinie, was ursächlich mit der Sulfatbildung zusammenhängt. Der Grund: Bleisulfat ist ein schlechter Stromleiter und bremst bei zunehmender Schichtstärke den Elektronenfluss zwischen Elektrolyt und Ableiter drastisch ab. Daher eignet sich der Bleiakku weniger dazu, über längere Zeit hohe Ströme zu liefern.

Die Kapazität eines Bleiakkus ist für eine 20-stündige Entladung definiert (0,05 C). Doch auch dann ist die vollständige Ausnutzung der Nennkapazität kritisch. Das Reaktionsprodukt Bleisulfat ($PbSO_4$) hat gegenüber den Ausgangsprodukten Pb und PbO_2 einen erhöhten Platzbedarf. Dies beansprucht die Trägermaterialien. Zudem besteht bei Tiefentladung (Begriff siehe S. 146) die Gefahr, dass Aktivmasse aus den Bleikammern hervorquillt, herausfällt und am Zellenboden eine Schlammschicht ausbildet. Allgemein wird empfohlen, bei Bleibatterien nicht mehr als 60 % der Nennkapazität zu nutzen.

Das Entladeprodukt Bleisulfat neigt bei längerer Lagerung zur Bildung von Großkristallen, die sich bei der Wiederaufladung kaum auflösen. Diesen Vorgang bezeichnet man als Sulfatierung. Daher sollen Bleiakkus möglichst vollgeladen gelagert werden. Weniger bekannt ist, dass bei tiefer Entladung der Gefrierpunkt des Säureelektrolyten zum Problem werden kann. So klettert der Gefrierpunkt der Säuremischung von ca. – 67 °C bei vollem Akku auf Werte von – 10 °C bei Tiefentladung.

9

Blei-Ladetechnik

Üblicherweise wird ein Bleiakku nach der *IU*-Kennlinie geladen. Das heißt, das Ladegerät gibt die maximale Ladespannung vor, begrenzt aber gleichzeitig den Ladestrom auf einen Wert von 0,2 bis 0,5 C, in Ausnahmefällen bis 2 C. Wenn je nach Batteriezustand 60 bis 80 % der Kapazität geladen sind, hat sich die Akkuspannung der Ladespannung so weit angenähert, dass die verbleibende Spannungsdifferenz den eingestellten Strom nicht mehr aufrechterhalten kann. Ab jetzt greift in der „*U*-Phase" die Spannungsbegrenzung des Ladegeräts. Der Strom fällt nun bis auf einen geringen, primär von der Selbstentladung getragenen Restwert ab.

In der *U*-Ladungsphase hat die gewählte Ladespannung starken Einfluss auf die Ladedauer. Üblich sind Ladespannungen von 2,23 bis 2,4 V je Zelle. Je höher die Ladespannung, desto schneller werden die Akkus voll. Spannungen > 2,3 V pro Zelle sind nicht mehr für Dauerladebetrieb geeignet. Bis zu diesem Wert (das sind bei einer 6-zelligen 12 V-Batterie 13,8 V) ist bei Normaltemperatur keine weitere Ladeüberwachung nötig. Die Akkus können dauerhaft am Ladegerät verbleiben, was den Akkutyp für alle Arten von Notstromversorgung qualifiziert.

9.5 Alkalische Akkus

In diese Kategorie fallen der **Nickel-Cadmium-(NiCd-)Akku** sowie der daraus weiter entwickelte **Nickel-Metallhydrid-(NiMH-)Akku.** Beide verwenden Kalilauge als Elektrolyt, den besten aller bekannten Ionenleiter. Damit eignen sich diese wiederaufladbaren Akkutypen hervorragend für Anwendungen mit hohem Strombedarf bei kurzen Ladezeiten. In ihrer Funktionsweise sind sich beide Akkutypen so ähnlich, dass sie im Folgenden gemeinsam dargestellt werden.

Alkalische Akkus wurden zu Beginn des 20. Jahrhunderts von dem Amerikaner *Thomas Alva Edison* und dem Schweden *Waldemar Jungner* nahezu zeitgleich erfunden. Beide experimentierten erfolgreich mit den Materialpaarungen Nickel/Cadmium und Nickel/Eisen.

Die Akkus wurden bei der 1913 gegründeten Deutsche Edison Akkumulatoren Companie für verschiedene Anwendungsgebiete weiterentwickelt. Die gasdichten, wiederaufladbaren Akkus galten als zuverlässig, langlebig, vergleichsweise pflegeleicht, waren aber nur begrenzt belastbar. Das änderte sich, als die Nachfrage nach leistungsfähigen Akkus für Elektrowerkzeuge (Powertools) weltweit expandierte. Hier war es vor allem die japanische Firma Sanyo, welche die Entwicklung mit großen Anstrengungen vorantrieb. Seitdem gelten NiCd-Zellen in der Anwendungssicherheit und Robustheit als Optimum **(Bild 1, S. 135)**.

Erstmals konnten Kleinakkus in weniger als einer Stunde schnellgeladen und dauerhaft mit mehr als der Stromrate 10 C (Erläuterung siehe S. 126) belastet werden. Aufgrund ihrer vergleichsweise geringen Nennspannung von 1,2 V hielt sich die Energiedichte dieses Akkutyps mit anfangs 35 Wh/kg in Grenzen. Durch besonders gestaltete Elektroden mit künstlich vergrößerter Oberfläche gelang eine Steigerung bis circa 50 Wh/kg. Doch mit dem Aufkommen von Mobiltelefonen und dem einsetzenden Boom tragbarer Unterhaltungselektronik genügten die bis dahin erreichten Kapazitäten nicht mehr.

Bild 1: Alkalischer NiCd-Akku

Erweiterte Potentiale versprach der Nickel-Metallhydrid-Akku (NiMH-Akku, **Bild 2**) mit mehr als doppelter Energiedichte. Aufgebaut ist die Zelle wie eine NiCd-Zelle, nur ist die Cadmium-Elektrode durch ein Metallhydrid ersetzt. Die nominale Zellenspannung beträgt wie beim NiCd-Akku 1,2 V.

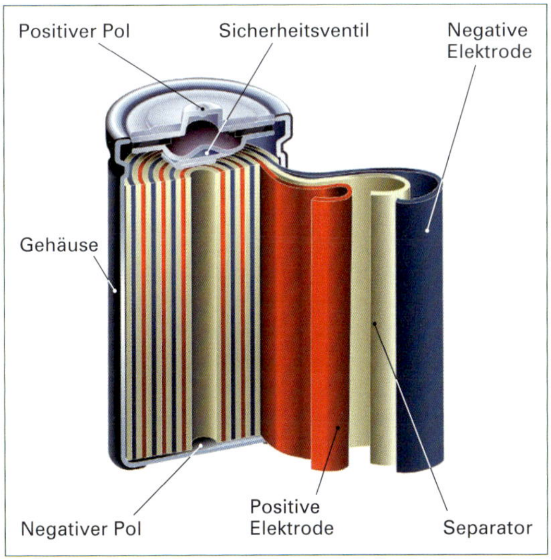

Bild 2: Aufbau eines NiMH-Akkus (Panasonic)

Gleichzeitig geriet der NiCd-Akku wegen des in der Anode enthaltenen giftigen Schwermetalls ins Visier der Umweltschützer. Heute dürfen NiCd-Zellen EU-weit nur noch zur Deckung des kommerziellen Ersatzbedarfs hergestellt und verkauft werden.

Bald zeigte sich, dass der NiMh-Akku einige Nachteile mit sich brachte. Zwar gelang es, die Energiedichte bis auf Werte über 90 Wh/kg zu steigern, die neuen Zellen hatten jedoch eine hohe Selbstentladung und waren empfindlicher gegen Über- und Tiefentladung.

Viele Nachteile konnte man beseitigen. Geblieben ist ein Problem: Aufgrund der stark temperaturabhängigen Wasserstoffdiffusion in der Anode bricht das Leistungsvermögen des NiMH-Akkus bei niedrigen Temperaturen besonders stark ein – ungeeignet somit für den Einsatz von Akkuwerkzeugen im Bauhandwerk. Beispielhaft sind die Empfehlungen der Handyhersteller aus jener Zeit, die Geräte im Winter in der Innentasche zu tragen.

Funktionsprinzip alkalischer Akkus

Beim NiCd-Akku besteht das Aktivmaterial der positiven Elektrode aus Nickelhydroxid NiOOH, die Minuselektrode aus Cadmium Cd, der Elektrolyt ist verdünnte Kalilauge KOH. Das Nickelhydroxid geht während der Ladung bzw. Entladung nur von einer Oxidationsstufe in eine andere über, wechselt also zwischen NiOOH und $Ni(OH)_2$ hin und her. Diese über viele Zyklen hochreversible „Minimalreaktion“, bei der das Aktivmaterial nicht in Lösung geht, ist der Grund für die Robustheit und hohe Lebenserwartung des NiCd-Akkus.

Auf der Minuselektrode ist metallisches Cadmium (Cd) redoxaktiv, das sich bei der Entladung letztendlich in Cadmiumhydroxid $Cd(OH)_2$ umwandelt. Der Elektrolyt Kalilauge nimmt (im Gegensatz zum Bleiakku) nicht an den Umsetzungsreaktionen teil. Die Hauptreaktionen sind:

Pluselektrode $_{\text{beide}}$:

$$2Ni(OH)_2 + 2OH^-{}_{\text{laden}} \rightarrow 2NiOOH + 2H_2O + 2e^-$$

Minuselektrode $_{\text{NiCd}}$:

$$Cd(OH)_2 + 2e^-{}_{\text{laden}} \rightarrow Cd + 2OH^-$$

Minuselektrode $_{\text{NiMH}}$:

$$M + H_2O + e^-{}_{\text{laden}} \rightarrow MH + OH^-$$

(M steht für Speichermetall)

Gesamtreaktion $_{Nicd}$:

$$Ni(OH)_2 + Cd(OH)_{2\ laden} \rightarrow 2NiOOH + 2H_2O + Cd$$

Gesamtreaktion $_{NMH}$:

$$Ni(OH)_2 + M_{\ laden} \rightarrow NiOOH + MH$$

NiCd-Zellen sind dank einer überdimensionierten Cadmium-Anode gut gegen Überladung (je nach Typ 0,2 bis 0,5 C) und auch vor Tiefentladung geschützt.

Als bedeutsamer Nachteil dieses pflegeleichten Akkutyps wird der sog. **Memoryeffekt** angeführt, der nur bei älteren NiCd-Akkus auftrat und seit den 1980er Jahren als eliminiert gelten kann. Damit wird der Kapazitätsverlust bezeichnet, der bei häufiger Teilentladung auftritt. Der Akku scheint sich den Energiebedarf zu merken. Mit der Zeit stellt er anstelle der ursprünglichen nur die bei den bisherigen Entladevorgängen benötigte Energiemenge zur Verfügung. Der Effekt äußert sich in einem frühen Spannungsabfall und bedeutet eine Verringerung der nutzbaren Kapazität.

9

Der Memoryeffekt wird aufgrund ähnlicher Symptome oft mit dem **Batterieträgheitseffekt** (Lazy-Battery-Effekt) verwechselt. Dieser Effekt tritt auf, wenn die Batterie ständig nur geladen oder lange Zeit nicht mehr ganz entladen wurde und äußert sich in einem Anwachsen des Innenwiderstandes, und da mit einem Absinken der Klemmenspannung unter Last. Abhilfe schafft es, die Zellen gelegentlich vollständig bis auf eine Spannung unter 0,8 V zu entladen.

Entgegen werbetechnischen Verlautbarungen sind NiMH-Batterien gegen den Lazy-Battery-Effekt nicht immun. Die Beseitigung muss hier jedoch deutlich vorsichtiger erfolgen. Zellenspannungen unter 0,8 V gelten bereits als kritische Tiefentladungen. Sie können, wenn länger andauernd, zur Oxidation und damit zur Degradation (siehe Fachbegriffe im Anhang) des anodenseitigen Speichermetalls führen.

NiCd- wie auch NiMH-Zellen tragen im Zellenkopf (Pluspol) ein Sicherheitsventil, das inneren Überdruck als Folge krasser Fehlbedienung abbaut und so die Zelle vor einer Explosion schützt. Hierbei geht direkt oder indirekt der Elektrolyt verloren und die Zelle trocknet langsam aus.

Ladetechnik von NiCd- und NiMH-Akkus

Ursprünglich wurden NiCd-Akkus zeitgesteuert geladen. Der zuvor gänzlich entladenen Zelle wird eine aus Strom und Zeit berechnete Ladungsmenge einschließlich eines Ladefaktorzuschlags zugeführt.

Beispiel:

Einem 1 Ah-NiCd-Akku wird 12 h lang ein Strom von 0,1 A und damit eine Ladung von 1,2 Ah zugeführt. Es stellt sich jedoch heraus, dass es andere, komfortablere Methoden gibt, der Batterie, auch wenn nur teilentladen, die jeweils passende Ladungsmenge zuzuführen.

Möglich ist die Thermoüberwachung, die im einfachsten (wenn auch nicht unbedingt zuverlässigsten) Fall mit der aufgelegten Hand erfolgen kann. Denn es wird bei Überladung plusseitig Sauerstoff generiert, der den Innendruck und damit die Temperatur der Zelle ansteigen lässt. Das bleibt so lange unschädlich, solange das Gas minusseitig rasch genug wieder gebunden werden kann – noch ehe das Sicherheitsventil anspricht.

Bei Powertools sorgt ein im Akkupack integrierter Thermosensor dafür, dass der Ladestrom bei einer vorgewählten Temperatur von 40 bis 45 °C abgeschaltet wird. Auch hier ist der NiCd-Akku einfacher zu handhaben, weil bei ihm die Erwärmung erst im Bereich der Vollladung wirksam wird.

Bei NiMH-Akkus verlässt man sich auf das Minus-Delta-Peak-Abschaltekriterium. Es leitet sich daraus ab, dass die Spannung von alkalischen Akkus erheblich von der Zellentemperatur beeinflusst wird: Die Spannung sinkt mit steigender Temperatur. Das hat zur Folge, dass der Anstieg der Zellenspannung während der Ladephase bei vollem Akku stagniert, um anschließend – bei beginnender Überladung – trotz weiterer Ladungszufuhr zu sinken. Mit den Mitteln heutiger Ladeelektronik stellt es kein Problem dar, das Überschreiten der Ladespannungsspitze zu ermitteln und auszuwerten. Voraussetzung dabei ist eine Laderate von mindestens 0,5 C (besser 1 ... 2 C), damit sich der Spannungsrückgang deutlich ausprägt. Diese fühlerlose Überwachungsmethode ist bei NiCd Akkus die Methode der Wahl.

Aus diesem Zusammenhang geht eine weitere Erkenntnis hervor: Es ist bei alkalischen Akkus nicht möglich, einen definierten Spannungswert zu benennen, der die Zelle als vollgeladen kennzeichnet. Der Wert kann sich je nach Ladestrom, Innenwiderstand und Temperatur zwischen 1,45 und 1,75 V pro Zelle bewegen. Daher ist es nicht erlaubt, NiCd oder NiMH-Akkus während des Ladens parallel zu schalten. Der Ladestrom würde sich je nach Innenwiderstand und/oder höherer Temperatur ungleich unter den Parallelzellen verteilen.

9.6 Lithium-Ionen-Akkus

Lithium-Ionen-Akkus (LiIon) repräsentieren eine neue Generation wiederaufladbarer elektrochemischer Energiespeicher **(Bild 1)**. Sie zeichnen sich durch eine hohe Nennspannung und damit verbunden eine hohe Energiedichte bzw. spezifische Energie aus, die bis 400 Wh/kg erreichen kann.

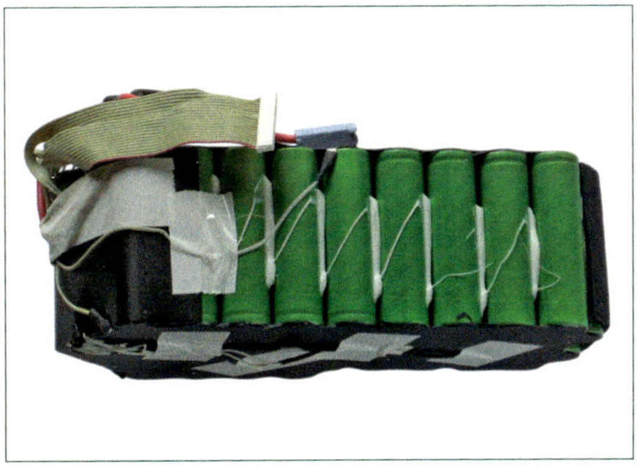

Bild 1: Lithium-Ionen-Akku

Die Lebenserwartung von LiIon-Akkus übertrifft frühere Akkugenerationen. Voraussetzung ist die strikte Einhaltung definierter Grenzwerte bei Ladung und Entladung, was nur durch elektronische Überwachung der einzelnen Zellen (Akkumanagement) mit hinreichender Sicherheit zu erreichen ist. Dies ist der Grund, warum die Lithium-Technologie lange mit Skepsis betrachtet wurde.

Lithium (Li) weist einige Besonderheiten auf. Es ist mit einer Dichte von 0,53 g/cm^3 das leichteste aller Metalle und besetzt mit einem Reaktionspotential von – 3,04 V_{SHE}[1)] die negative Extremposition der elektrochemischen Spannungsreihe: beste Voraussetzungen für ein Batteriesystem mit geringer Masse und hoher Nennspannung (siehe S. 121).

Die starke chemische Aktivität des Lithiums hat Nachteile: Es ist die Reaktionsneigung mit Wasser, wobei das Alkalimetall Lithium dem Wasser den Sauerstoff entzieht und brennbaren Wasserstoff freisetzt. Daher können keine wasserhaltigen Elektrolyte wie Säuren oder Laugen verwendet werden.

Schon in den 1960er Jahren gab es Lithium-Primärzellen mit einer metallischen Lithium-Anode und einer Mangandioxid-Kathode. Die Zellenspannung betrug 3 V. Versuche, zyklenfeste und anwendungssichere wiederaufladbare Zellen auf Basis einer Lithiumanode zu entwickeln, scheiterten.

Das Lithium-Ionen-Akku-Prinzip[2)]

Ende der 1970er Jahre gelang es den Wissenschaftlern, das reaktionsfreudige Alkalimetall Lithium in das Kristallgitter anderer chemisch leichter beherrschbarer Elektrodenmaterialien einzubetten. Diese Wirtsmaterialien nehmen Lithiumatome „gastweise" auf, ohne ihnen die Beweglichkeit zu nehmen, und stellen so die eigentlichen Elektroden dar. Verlassen können die Lithiumatome das Kristallgitter nur in Form von Ionen. Daher die Bezeichnung Lithium-Ionen-Akku.

1) Standardpotential der Wasserstoff-Elektrode, Abkürzung SHE. Bezugspunkt für die elektrochemische Spannungsreihe = 0 V

2) 2019 erhielt John Goodenough, Stanley Wittingham und Akiva Yoshino den Chemie-Nobelpreis für die Entwicklung von Lithium-Ionen-Akkus

9

1991 brachte Sony einen serienreifen LiIon-Akku auf den Markt. Die Japaner verwendeten statt reinem Lithium eine Verbindung von Lithium mit einem Metalloxid wie Cobaltdioxid ($LiCoO_2$) als aktive Masse an der Pluselektrode (Kathode). An der Anode diente amorpher Kohlenstoff (Ruß) als lithiumspeichernde Wirtselektrode.

Später ersetzte man den Ruß durch Graphit (C_6) und erzielte einen deutlichen Zuwachs an Energiedichte. Die Elektrodenkonstellation $LiCoO_2$/C_6 stellt heute die Standardkonfiguration von LiIon-Zellen dar.

Beide Elektroden müssen durch einen Separator auf Abstand gehalten werden. Als Separator dient eine ionendurchlässige Membran, die Anode und Kathode elektrisch voneinander trennt. Der Separator besteht aus hochporösen Polyethylen- oder Polypropylenfolien, die auch Keramikfasern enthalten können. Dessen Poren füllt der Elektrolyt aus.

Man verwendet hierfür organische Flüssigkeiten aus der Familie der Carbonate, in denen Lithiumsalze wie Lithiumhexafluorphosphat ($LiPF_6$) lösbar sind und eine Ionenleitung ermöglichen.

9

Problematisch ist der niedrige Siedepunkt solcher Fluide, weshalb sie schon bei Temperaturen von weniger als 100 °C verdampfen und damit für einen steigenden Zellendruck sorgen. Solche ionenleitfähigen Mischungen müssen vor Luftfeuchtigkeit geschützt werden, damit sich keine stark ätzende Flusssäure (HF) bildet. LiIon-Zellen benötigen ein dicht schließendes Gehäuse.

Bild 1 zeigt die Vorgänge in einer LiIon-Zelle mit Lithium-Cobaltdioxid-Kathode und Graphitanode: Die Stromableiter tragen die Aktivmassen. Plusseitig kann als Leiter kein Kupfer verwendet werden, da dieses bei den hohen Spannungen korrodieren würde. Man verwendet daher als Ableitermaterial Aluminium, das allerdings wegen des geringeren Leitwerts etwas dicker ausfallen muss.

Aufladen: Das Ladegerät entzieht der positiven Elektrode Elektronen, die die besonders reaktionsfähigen Lithiumatome unproblematisch abgeben. Die Lithiumatome werden damit zu positiv geladenen Lithiumionen Li^+. Von der negativen Elektrode, der Anode, angezogen, wandern die Lithiumionen durch den Elektrolyten. An der Anode „docken" sie zwischen den Graphitschichten an (Intercalation) und bilden die aktive Lithiumanode. Durch Rücknahme des fehlenden Elektrons aus dem negativen Ladungsüberschuss an der Minuselektrode verwandeln sich die eingelagerten Li^+-Ionen wieder zurück in neutrale Lithiumatome.

Die Reaktionsgleichungen für den Ladevorgang sind (x = Teilchenanzahl):

Kathode:
$$LiCoO_{2\ \text{laden}} \rightarrow Li_{1-x}\,CoO_2 + xe^- + xLi^+$$

Anode:
$$C_6 + xLi^+ + xe^-{}_{\text{laden}} \rightarrow Li_xC_6$$

Dieser Vorgang wird fortgeführt, bis alle Li^+-Ionen im Graphitgitter eingelagert und mit einem Elektron e^- versehen sind.

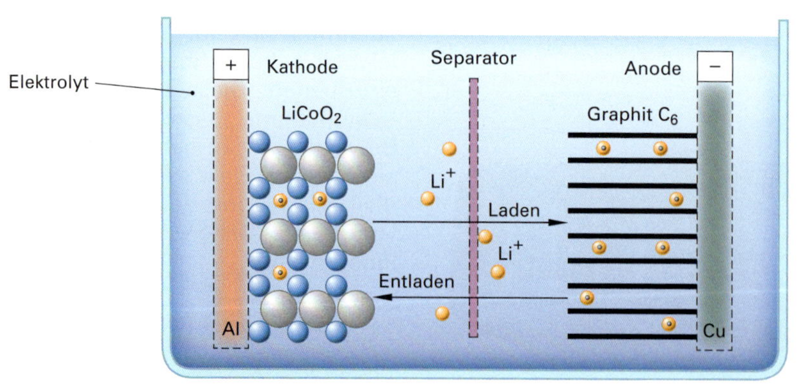

Bild 1: Li-Ionen-Prinzip

Entladen: Beim Entladen läuft der Vorgang unter Energieabgabe umgekehrt ab, indem die minusseitigen Lithiumatome oxidieren, ihr Valenzelektron an die Graphitoberfläche abgeben und wieder zu Lithiumionen werden. Die Elektronen wandern durch den äußeren Stromkreis zum Pluspol, während die Ionen den Weg durch den Elektrolyten zurück zum Pluspol nehmen. Dort angekommen erhalten die Ionen ihr Elektron zurück und werden erneut als Lithiumatome eingelagert.

Die Gesamtreaktion stellt sich folgendermaßen dar:

$$Li_{1-x}CoO_2 + Li_xC_{6\ \text{entladen}} \rightarrow\leftarrow {}_{\text{laden}}\ LiCoO_2 + C_6$$

Das Grundprinzip besteht darin, dass Lithiumionen beim Laden und Entladen zwischen der positiven und negativen Elektrode hin und her wandern, was dem Batteriesystem anfangs die Bezeichnung „rocking chair battery" eintrug.

Zusammenfassung: Im geladenen Akku wird die elektrische Potentialdifferenz der Lithiumionen, die sich im Material der negativen Elektrode befinden, und der Lithiumionen im Material der positiven Elektrode zur Stromerzeugung genutzt. Metallisches Lithium ist nicht beteiligt.

Während die Anode heute generell aus Graphit[1)] besteht, können die Wirtsmaterialien auf der Plusseite je nach Akkutyp und Verwendungsbereich variieren. Mit ihnen verändern sich die Eigenschaften der Zellen. Das klassische $LiCoO_2$ verhilft dem Akku zu umfassenden Grundeigenschaften wie eine respektable Kapazität und gutem Hochstromverhalten. Erklärung: Wenn ein Akku innerhalb sehr kurzer Zeit Ladungen aufnehmen oder abgeben kann, ist er *hochstromfest*. Akkus mit dieser Kathode dürfen bis auf 2,5 V entladen werden, bevor sie Schaden nehmen.

Leider gilt das Material als chemisch nicht stabil. Es neigt bei überhöhter Ladespannung oder hohen Temperaturen dazu, sich unter Abgabe von Sauerstoff zu zersetzen, was in extremen Fällen zum *Thermal Runaway* führt. Fachsprachlich ausgedrückt: Das Material ist nicht eigensicher.

Es gibt die Möglichkeit, Cobalt durch Nickel zu ersetzen. Die Zellen gewinnen zwar an Kapazität, verlieren aber weiter an Stabilität. Von anderer Qualität sind Kathoden aus Manganspinell ($LiMnO_4$). Das Material erweist sich als resistenter gegen Überladung, ist leistungsfähig und gilt als weitgehend eigensicher, reagiert jedoch empfindlich auf Tiefentladung unter 3 V.

Erfolgreich waren Entwicklungsbemühungen, die Vor- und Nachteile der drei beschriebenen Metalloxide durch eine geeignete Mischung positiv zu verändern. Solche Mischkathoden kennzeichnet die Formel $Li(Ni_xCo_yMn_z)O_2$, wobei über das Mischungsverhältnis die Ausprägung der einzelnen Eigenschaften steuerbar ist. Auch Metalle wie Magnesium und Aluminium kommen als Mischanteile infrage.

Es müssen nicht immer Metalloxide sein, die sich als Kathodenmaterial eignen. Ein geeignetes Material stellt Lithium-Eisen-Phosphat ($LiFePO_4$) dar[2)]. Die nutzbare spezifische Kapazität liegt in der Spitzengruppe der möglichen Kathodenmaterialien, das Spannungspotential dagegen deutlich unter den Oxiden **(Bild 1)**. 9

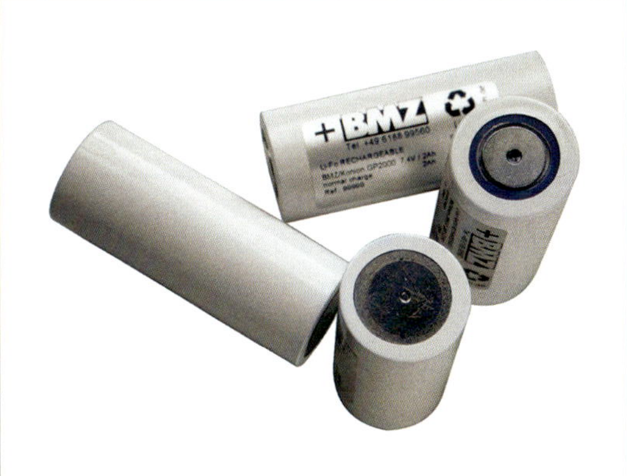

Bild 1: $LiFePO_4$-Rundzelle

Zellen aus $LiFePO_4$ und C_6 erreichen nur eine Nennspannung von 3,3 V, weisen jedoch besonders hohe Stabilitätswerte auf (kein „Durchgehen" selbst in vollgeladenem Zustand) und sind, bei allerdings geringerer Energiedichte, genauso belastbar wie herkömmliche LiIon-Zellen.

---

1) Vielversprechende Versuche mit Siliziumfäden sind noch nicht serienreif

2) Üblich sind auch Kürzel wie LiFe oder auch LiPh

Das Kathodenmaterial verfügt über ein Höchstmaß an Langzeitstabilität. So ist es bei $LiFePO_4$-Zellen vergleichsweise unkritisch, wenn die Ladeschlussspannung von 3,6 V pro Zelle kurzzeitig bis ca. 4 V überschritten wird. Die Zellen stellen geringere Anforderungen an die Ladetechnik und können bei Rekuperation schnell Ladung aufnehmen. Laut einem amerikanischen Hersteller[1)] liegt die Lebenserwartung bei mehreren tausend Zyklen. Aufgrund des günstigen Preises für das Rohmaterial und dessen weltweit hoher Verfügbarkeit erscheint die Hoffnung auf künftig fallende Preise nicht ganz unberechtigt.

Ein noch nicht vollständig gelöstes Problem stellt die relativ geringe Elektronenleitfähigkeit der Phosphatverbindung dar. Hier sucht man mit Dotierungs- und Leitzusätzen, aber auch durch Strukturverbesserung, mit den wachsenden Möglichkeiten der Nanotechnik nach Auswegen.

Bei der Herstellung werden die Aktivmaterialien mit speziellen Verfahren auf die Ableiterfolien aufgebracht und ausgewalzt. Eine funktionsfähige Batterie entsteht durch das enge Zusammenfügen von Anoden- und Kathodenfolie – unter Zwischenlage einer Separatorfolie, die auch den Elektrolyten aufnimmt **(Bilder 1 und 2)**.

Bild 1: Abgewickelte Folie einer Li-Ionen-Zelle

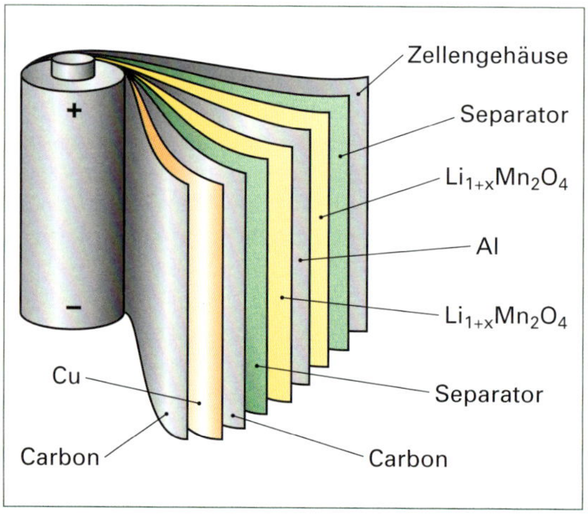

Bild 2: Zylindrische Li-Ion-Zelle mit Manganspinell-Kathode

Li-Ion-Zellenvarianten

Nach der Gehäuseform unterscheidet man Becherzellen und Pouchzellen. Bei den **Becherzellen (Bild 3)** sind die straff aufgewickelten Folienelektroden in einem zylindrischen Alubecher untergebracht. Am gängigsten ist die Bechergröße 18650 mit 18 mm Außendurchmesser und 65,0 mm Höhe. Sie weisen Kapazitäten von etwa 2000 bis 3500 mAh auf, wobei erhöhte Kapazitätswerte typischerweise höhere Innenwiderstandswerte und damit kleinere C-Raten nach sich ziehen.

Der Becher fungiert gleichzeitig als Minuspol der Zelle. Davon isoliert ist der Zellendeckel mit dem Pluspol verbunden. Die Zelle wird gasdicht verschlossen. Ein durch Temperatur und/oder Überdruck gesteuertes Ventil sorgt dafür, dass die Stromzufuhr zum Pluspol irreversibel unterbrochen wird und der entstandene Überdruck im Extremfall entweichen kann.

Bild 3: Becherzellen der Größen 18650 und 26650

[1)] A123 Systems

Mit Becherzellen werden derzeit die höchsten Energiedichtewerte erreicht. Im Übrigen garantieren hohe Produktionszahlen eine geringe Streuung von Kapazität und Innenwiderstand, was beim Zusammenstellen großer Batterien nicht unwichtig ist.

Die wachsende Nachfrage nach Energiespeichern mit hoher Kapazität bringt es mit sich, dass in jüngerer Zeit zunehmend auch größere Zellen mit der Bechergröße 26650 (26 mm Durchmesser und 65,0 mm Höhe) produziert werden[1]. Als Nachteil großer Becherzellen gelten die schlechtere Wärmeableitung aus dem inneren Bereich sowie die wenig flexible Gestaltungsmöglichkeit der Batteriepacks durch die genormte Bechergröße.

Im Gegensatz dazu haben die Batteriedesigner bei Batterien aus **Pouchzellen** mehr Spielraum. Diese flexiblen Zellen (oftmals als Folien- oder Coffee-Bag-Zellen bezeichnet) haben kein festes Gehäuse **(Bild 1)**.

Die Umhüllung ist eine tiefgezogene, mit Aluminium beschichtete, an den Rändern dicht verschweißte Kunststofffolie, bei der die Ableiter als dünne Metallstreifen einseitig (seltener beidseitig) herausgeführt werden. Elektrodenmaterialien und Zellchemie sind mit den Becherzellen vergleichbar. Eine Polymermatrix hält hier die verschiedenen Folien zusammen. Diese sorgt dafür, dass der Elektrolyt, der zusätzlich durch ein Gel eingedickt sein kann, im Fall einer Zellwandbeschädigung nicht ausläuft.

Das leichte Gehäuse ermöglicht es, mehr Energie bei gleichem Gewicht zu speichern. Meistens sind Pouchzellen auf hohe Lade- und Entladeströme optimiert.

Dies ist besonders in der Modellbauszene zu beobachten, wo sie als LiPos bezeichnet werden und Entladeströme bis zu 60 C ermöglichen. Empfindlich sind Coffee-Bag-Zellen gegen äußere Gewalteinwirkung. Gelegentlich ist zu beobachten, dass sich Folienzellen bei Überlastung oder als Folge von Fehlbehandlung aufblähen und im Extremfall platzen können. Als besonders empfindlich gilt der Bereich der Foliennaht, an dem die Stromableiter herausgeführt sind.

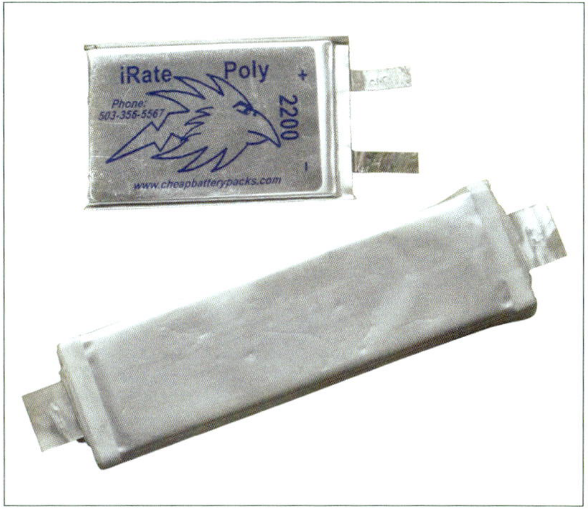

Bild 1: Pouchzellen

Lithium-Ionen-Ladetechnik

Voraussetzung für ein sicheres Arbeiten mit Li-Akkus ist die Anwendung der richtigen Ladetechnik wie auch die Verwendung geeigneter Ladegeräte. Li-Akkus zeigen wenig Toleranz gegen Fehlbehandlung.

info

Lithium-Akkus dürfen ausnahmslos nur mit dafür geeigneten Ladegeräten aufgeladen werden.

So erlauben Li-Akkus keine Überladung. Bis heute verfügen sie über keinerlei „innere Mechanismen", die eine Überladung unschädlich abbauen. Es kommt hinzu, dass der Übergang in die Überladephase anfangs nicht, wie bei dem sich heftig erwärmenden NiCd-Akku, an außen fühlbaren Reaktionen kenntlich wird. Ein Lithium-Akku nimmt jenseits des Limits weiter Energie auf und speichert sie ab. Die Zellenspannung steigt über den erlaubten Grenzwert. Zudem setzen beim Überschreiten des Grenzwertes sofort chemische Reaktionen mit irreversiblen Folgen ein, die anfangs weitgehend unerkannt bleiben.

[1] Neu: 21700 „3Tron" vom BMZ mit 60 % größerer Kapazität

Diese sind u. a. dadurch verursacht, dass der positiven Elektrode zu viel Lithium entzogen wird, wodurch sie chemisch instabil wird und im Extremfall Sauerstoff abgeben kann. Dies gilt vor allem bei Kathoden auf Cobalt- und Nickelbasis. Zudem können sich an der bereits vollgeladenen negativen Elektrode Lithiumatome außen ablagern und dort unerwünschte Beläge und Grenzschichten ausbilden (sog. *Plating*).

Sobald Indizien wie Erwärmung, Aufblähung oder ventilgesteuerter Druckabbau erkennbar werden, ist der Akku bereits geschädigt. Eine mögliche Überladung muss deshalb durch eine geeignete Ladeelektronik ausgeschlossen werden.

Li-Akkus werden nach der *IU*-Kennlinie geladen **(Bild 1)**.

Anfangs begrenzt das Ladegerät den Strom. Gleichzeitig sorgt es dafür, dass die in diesem Bereich ansteigende Ladespannung das vorgegebene Limit nicht überschreitet. So kommt es zu einem fließenden Übergang von Konstantstromladung mit steigender Spannung zur Konstantspannungsladung mit fallendem Strom.

Die Ladezeit hängt nicht allein vom eingestellten Ladestrom ab (den man deshalb zutreffender als **„Anfangsladestrom"** bezeichnen sollte), sondern auch vom Gesamtwiderstand. Zum Gesamtwiderstand tragen alle Leitungs- und Übergangswiderstände des Ladekabels und der eventuell vorhandenen Steckverbindungen bei. Sein Gesamtwert wird jedoch in entscheidendem Maße vom Innenwiderstand des Akkus bestimmt. Die Gesamtladezeit nimmt mit wachsendem Akkualter immer mehr zu und ist als Gradmesser zu betrachten.

Die Hersteller empfehlen üblicherweise, einen Anfangsladestrom der Größenordnung 0,5 C einzustellen, tolerieren meist aber Laderaten bis 1 C. Darüber hinaus steigt die Gefahr der Ausbildung von Anodenablagerungen. Eine Ausnahme bilden Zellen mit einer $LiFePO_4$-Kathode, bei denen laut Datenblatt bis zu 4 C statthaft sind.

Die Ladezeit wird nicht halbiert, wenn der Ladestrom verdoppelt wird, weil der Zeitpunkt des Übergangs auf die *U*-Ladung bei niedrigerem Ladegrad erfolgt. Der von hier an absinkende

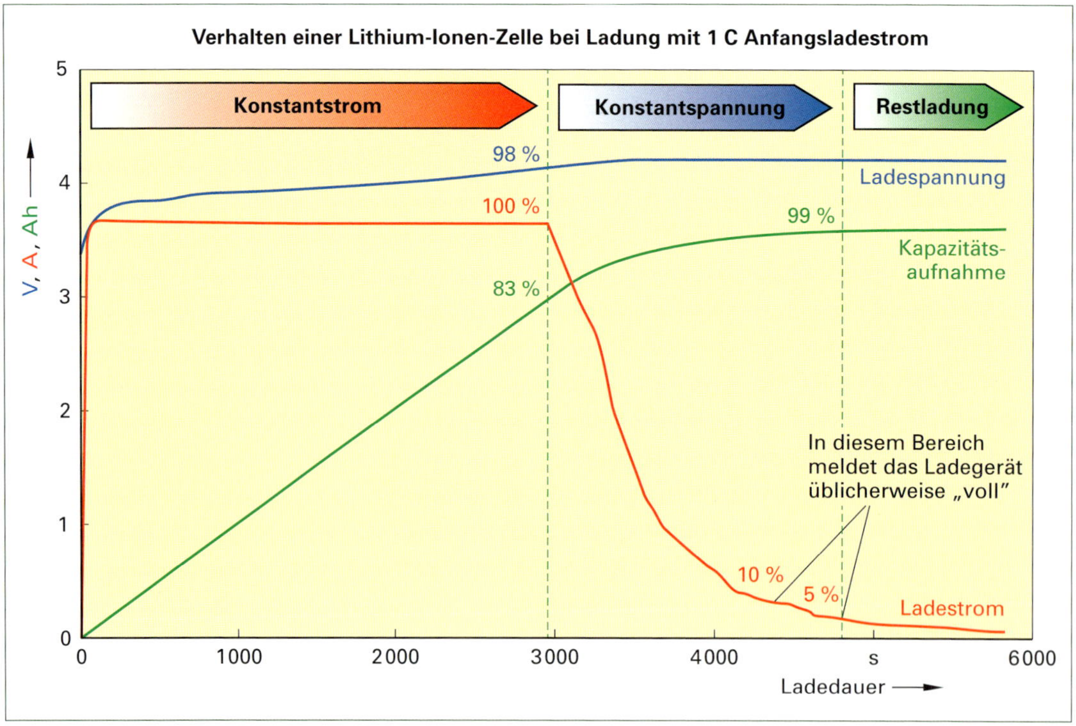

Bild 1: Ladekennlinie eines LiIon-Akkus

Ladestrom folgt dem ohmschen Gesetz, bevor das Ladegerät endgültig abschaltet, wenn der Restladestrom auf 10 bis 5 % des Anfangswertes abgesunken ist. Dies ist aus Gründen der Ladesicherheit nicht zwingend nötig, weil der Ladestrom langfristig gegen Null tendiert, erspart dem Akku aber den „Langzeitaufenthalt“ in der Nähe des Spannungslimits, wo bereits Nebenreaktionen einsetzen.

Lithium-Ladegeräte enthalten noch weitere Sicherheitsfunktionen, so den Vorladetest (Pre Charge Test). Hierbei wird geprüft, ob der Akku im Falle einer niedrigen Zellenspannung in einem ladefähigen Zustand ist, weil dies vom Kurzschluss einzelner Zellen herrühren könnte. Daher wird mit geringem Strom vorgeladen. Nur wenn die Akkuspannung innerhalb eines definierten Zeitraums einen Schwellwert überschreitet, kann mit normalem Strom geladen werden.

Ladezeitverkürzung

Mit den bei Elektrofahrrädern heute gängigen Lademethoden dauert die Aufladung eines zuvor vollständig entladenen Akkus 2 – 4 Stunden.

Der Möglichkeit, den Akku schneller laden zu können, sind Grenzen gesetzt, da bei erhöhtem Anfangsladestrom der Akku die Konstantspannungsphase früher erreicht (siehe Bild 1, S. 142). Eine Verdoppelung des Anfangsladestromwerts führt somit nicht zu einer Halbierung der Ladezeit, weil der Akku den Ladestrom in der Endphase der Ladung von sich aus begrenzt. Ursache hierfür ist der Widerstand im Ladekreis, der, wenn die Zellenspannung sich der Ladeschlussspannung von z. B. 4,2 V stark angenähert hat, wegen der nunmehr zu kleinen Spannungsdifferenz nicht mehr den vollen Strom zulässt.

Einige Ladegeräte nutzen den Umstand, dass der dynamische Innenwiderstand (Wechselstromwiderstand R_{iAC}) der Akkuzellen kleiner ist als der statische Innenwiderstand (Gleichstromwiderstand R_{iDC}). Somit wird in der Endphase mit Impulsströmen geladen, wodurch sich die Ladezeit reduziert **(Bild 1)**. Wegen der damit verbundenen messtechnischen Herausforderung kommt das Verfahren jedoch nur im hochprofessionellen Bereich zum Einsatz.

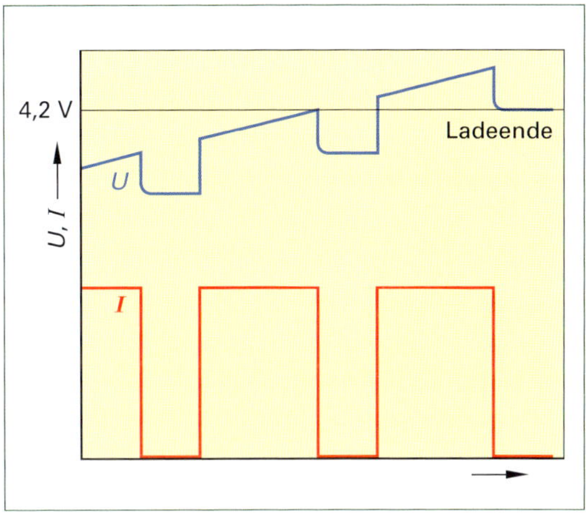

Bild 1: Spannungs- und Stromverlauf bei einer Impulsladung von LiIon-Akkus

9.7 Akkupraxis

Akkus speichern die Energie für den motorischen Antrieb. Es ist daher naheliegend, sie als „Stromtanks“ zu begreifen. Dass dieser Vergleich nicht in jedem Fall zutrifft, wird nachfolgend deutlich: Ein Kraftstofftank fasst unabhängig von Alter und Nutzungsdauer immer die gleiche Stoffmenge. Es ist weitgehend egal, wie er befüllt und geleert wird. Die Art der Vorbehandlung bleibt ohne Bedeutung, es ist immer die gleiche Menge zu entnehmen. Allein schon das lässt sich auf den Stromspeicher nicht übertragen. Wie „gut“ ein Akku seine Aufgabe erfüllt, hängt daher nicht nur von seinen Kennwerten (z. B. Nennspannung, Kapazität, Energieinhalt), sondern auch von der vorausgegangenen Pflege und den jeweiligen Einsatzbedingungen ab.

9.7.1 Akku-„Fitness“

Energie, die in chemischer Form im Akku gespeichert ist, kann nicht verlustfrei in elektrische Energie umgeformt werden. Im Wesentlichen sind es zwei Verlustarten, die im Akkubetrieb auftreten:

- Selbstentladung
- Interne Spannungsverluste

Die Selbstentladung spielt beim LiIon-Akku nahezu keine Rolle mehr. Sie liegt im Normalfall unterhalb von 1 % je Monat. Chemische Nebenreaktionen können hierfür die Ursache sein (siehe Kap. 9.7.2). Hohe Temperaturen wirken beschleunigend.

Nicht ganz zu vernachlässigen sind Ladungsverluste, verursacht durch die im Batteriegehäuse integrierte Elektronik. Ein modernes Batterie-Management-System (BMS, **Bild 1**) benötigt zwar nur wenig Energie, weil es sich bei längerem Nichtgebrauch selbsttätig in den Schlafmodus versetzt, es kann aber in einer mehrmonatigen Winterpause doch zu einem messbaren Ladungsverlust beitragen.

Hierdurch kam es in der Anfangszeit, als die Module noch nicht energieoptimiert waren, öfters zu schädigenden Tiefentladungen. Der Grund: Nahezu „leergefahrene" Akkus wurden in der darauffolgenden Lagerzeit vom Ruhestrom des BMS vollends tiefentladen.

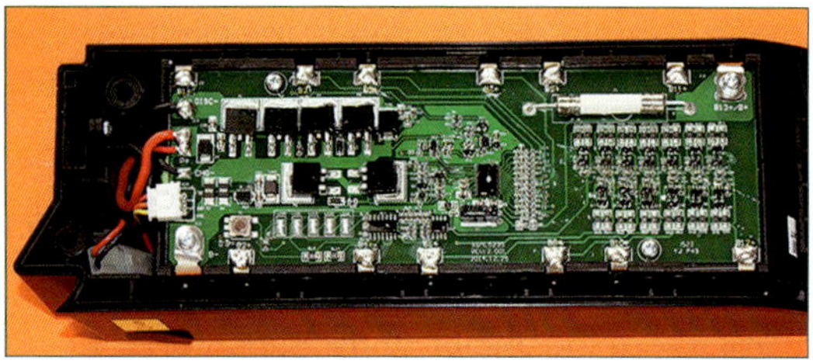

Bild 1: Die BMS-Elektronik ist integraler Bestandteil des Batteriepacks und wird von der Batterie mit Strom versorgt. Bei modernen Systemen ist der Ruhestrom gering.

Es empfiehlt sich *nicht*, vollständig entladene E-Bike-Akkus länger, wie beispielsweise über die Winterpause, zu lagern. Man sollte sie ca. halbvoll geladen (alles zwischen 30 % und 70 % SOC ist in Ordnung, SOC siehe S. 129) aufbewahren und den Ladezustand alle 4 bis 6 Wochen überprüfen (**Bild 2**). Dieser lässt sich bei modernen E-Bike-Akkupacks mit der eingebauten LED-Anzeige kontrollieren.

Schwerer wiegen in der Verlustenergiebilanz die durch den Innenwiderstand des Akkus verursachten Spannungsverluste. Sie steigen proportional mit dem Entladestrom und dem Zellenwiderstand.

Bild 2: LED-Spannungsmonitor am Batteriepack. Richtiger Einlagerungszustand, wenn 2 oder 3 (von 4) grünen LEDs leuchten.

Der Zellenwiderstand ist bei Akkus bauart- bzw. typbedingt und steigt mit der Alterung. Bei den überwiegend zum Einsatz kommenden 18650er LiIon-Zellen liegt er bei intakten Zellen im Bereich von 20 bis 100 mΩ (bei 20 °C) je nach Bauart der Zelle.

Sind die Zellen parallel geschaltet, vermindert sich dieser Wert um den Faktor der Parallelzellenzahl. Bei Reihenschaltung multipliziert sich der Widerstandswert mit der Zahl der Reihenzellen.

Beispiel:
Die Einzelzelle eines neuen 10s5p-Akkupacks weist (bei 20 °C) einen Gleichstrominnenwiderstand R_i von 20 mΩ auf. Dann kommt man bei einer Parallelschaltung von 5 Zellen nur noch auf einen Innenwiderstand von

$$R_{i(5p)} = \frac{20\ \text{m}\Omega}{5} = 4\ \text{m}\Omega$$

Schaltet man 10 dieser 5p-Packs in Serie, ergibt sich ein Gesamtbatterie-Innenwiderstand $R_{i(10s5p)}$ von

$$R_{i(10s5p)} = 4\ \text{m}\Omega \cdot 10 = 40\ \text{m}\Omega = 0{,}04\ \Omega$$

Wird dieser Akku mit 10 A belastet, so errechnet sich ein Spannungsverlust von

$$U_{Ri} = I \cdot R_{i(10s5p)} = 10\ \text{A} \cdot 0{,}04\ \Omega = 0{,}4\ \text{V}$$

Das entspricht bei einer Ladespannung von 42 V einem Verlust von ca. 1 %.

Die anfallende Verlustleistung P_v fällt mit $P_v = I^2 \cdot R_{i(10s5p)} = (10\ \text{A})^2 \cdot 0{,}04\ \Omega = 4\ \text{W}$ moderat aus.

Sind die Zellen jedoch stark gealtert und/oder aus Gründen früherer Fehlbehandlung degeneriert, kann sich der Wert des Innenwiderstandes vervielfachen **(Bild 1)**. So wurde bei einem Akku nach einmaliger Tiefentladung (bis auf 1 V/Zelle) ein Innenwiderstand von 200 mΩ gemessen. Nun ergibt dieselbe Berechnung einen Gesamtwiderstand von 0,4 Ω.

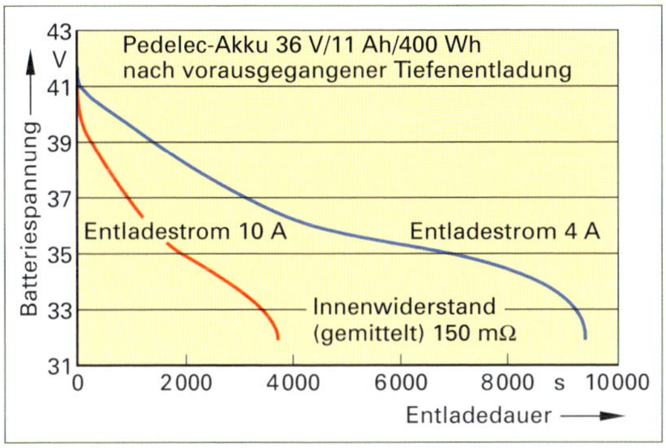

Bild 1: Spannungsverlauf eines vorgeschädigten Akkus bei unterschiedlichen Belastungsströmen.

Wird dieser Akku mit 10 A belastet, wird sich auch der Spannungsverlust auf 4 V verzehnfachen.

Das Beispiel geht weiter:
Der Akku, der auf 42 V geladen wurde, gibt an seinen Klemmen nur noch 38 V ab. Nahezu 10 % der Spannung „verbleiben" als Verluste im Akku.

Die anfallende Verlustleistung ist nicht mehr vernachlässigbar. Sie entspricht der Heizleistung eines mittelgroßen Lötkolbens:

$$P_v = I^2 \cdot R_{i(10s5p)} = (10\ A)^2 \cdot 0{,}4\ \Omega = 40\ W$$

Das einzig Positive an der Veränderung: Die Akkutemperatur steigt damit an, wodurch der Innenwiderstand wieder etwas sinkt. Bei eher kühlen Außentemperaturen kann dieser Effekt willkommen sein, da sich der Akku nun selbst „warmarbeitet".

Unmittelbar bemerkt der Fahrer den Spannungsverlust bei normaler Belastung nicht, da der Motor dann nur mit einem Teil der Akkuspannung (Kapitel 8.6) betrieben wird.

Doch es verändert sich infolge der gesunkenen Spannung an den Akkuklemmen das Puls-Pausenverhältnis der PWM, was im Ergebnis einer höheren Stromaufnahme gleichkommt. Für den E-Bike-Fahrer läuft dies auf eine Reduzierung der Reichweite hinaus, denn es fließt nicht nur mehr Strom aus dem Akku, sondern das BMS meldet aufgrund des inneren Spannungsabfalls auch früher „Batterie leer".

Der Einfluss des Innenwiderstands lässt sich verdeutlichen, wenn man die Entladekurven eines Akkus bei verschiedener Belastung darstellt **(Bild 1)**. Hier wurde der Akku aus dem letzten Beispiel (36 V, 11 Ah ≈ 400 Wh) mit Dauerstrom unterschiedlicher Höhe entladen. 4 A entspricht im Mittel einer leichten Unterstützungsstufe (z. B. Stufe eco), während ein gemittelter Strom von 10 A den Fahrer schon forciert unterstützt.

Wie aus den Kurven hervorgeht, hängt die Spannung, die ein Akku abgibt, sowohl vom jeweiligen Entladezustand als auch von der anliegenden Belastung ab.

Daher sind Rückschlüsse von der Akkuspannung auf die Restkapazität nur im unbelasteten Zustand der Batterie einigermaßen sinnvoll.

Doch hier ist die Relation zwischen Restkapazität und Spannung nicht linear. Entlädt man den Akku, wie im Diagramm gezeigt, mit konstantem Strom, fällt die Spannungskurve anfangs moderat ab, um dann in einen flacheren Verlauf überzugehen. Ganz am Ende stürzt dann die Kennlinie förmlich ab. Diesen Bereich gilt es möglichst zu vermeiden. Um eine grobe Vorstellung vom Zusammenhang zwischen Spannung und Restkapazität zu vermitteln, mag folgendes Zahlenbeispiel helfen:

Ein Spannungsmonitor für eine 10s LiIon-Batterie (Nennspannung 37 V) mit 4 grünen LEDs lässt folgende Rückschlüsse auf die Leerlaufspannung zu.

4 LEDs hell	U_0 = 42,0 … 39,0 V
3 LEDs hell	U_0 = 39,0 … 37,0 V
2 LEDs hell	U_0 = 37,0 … 36,3 V
1 LED hell	U_0 = 36,3 … 35,3 V
Rote LED hell	U_0 < 35,3 V

Die Werte können je nach Fabrikat abweichen. Der Spannungsverlauf hängt unter anderem von der Akkuchemie ab. Hierbei spielt die Zusammensetzung der Kathode Kap. 9.6 eine ausschlaggebende Rolle **(Bild 1)**.

info

Der LED-Spannungsmonitor misst lediglich die Akkuspannung und liefert daher nur einen groben Anhaltspunkt für die im Akku verbliebene Ladungsmenge. Auswertbare Rückschlüsse auf die Restkapazität erlaubt aber nur die Leerlaufspannung. Um eine brauchbare Einschätzung zu gewinnen, sollte man den Kontrollknopf der LED-Anzeige daher nur drücken, wenn der Akku zu diesem Zeitpunkt weder geladen noch entladen wird.

Leistungsentscheidend ist die Wahl des richtigen Akkutyps. Nicht immer ist der Akku mit der höheren Wattstundenangabe für alle Einsatzfälle besser geeignet. Denn obgleich die Weiterentwicklung der LiIon-Akkutechnik von den Herstellern tatkräftig vorangetrieben wird, so ist es immer noch nicht möglich, eine Zelle nach allen Zielrichtungen zu optimieren.

Wird mehr Kapazität gewünscht, geht das nur um den Preis eines höheren Innenwiderstandes. Der Akku kann dann zwar mehr Kapazität speichern, gibt aber bei gleichem Entladestrom weniger Spannung ab, da ein größerer Teil davon am höheren Innenwiderstand R_i verloren geht. Relevant wird dies beim Einsatz in vorwiegend steilem Gelände. Nochmals hingewiesen werden soll hier auf den allgegenwärtigen Einfluss der Temperatur. Grundsätzlich steigt bei allen elektrochemischen Stromquellen der Innenwiderstand bei Kälte an.

Andererseits begünstigen hohe Temperaturen die schädlichen Nebenreaktionen in den Zellen. Die ideale Arbeitstemperatur liegt bei Lithium-Ionen-Akkus im Bereich zwischen 15 °C und 40 °C und deckt sich somit wenigstens teilweise mit dem „Wohlfühlbereich“ der meisten der E-Bike-Fahrer.

9.7.2 Akkupflege

Die Energieerzeugung bei Akkus beruht auf elektrochemischen Reaktionen. Dabei unterscheidet man zwischen den gewollten Hauptreaktionen und ungewollten Nebenreaktionen. Letztere finden ihre Ursache zumeist in kleinen Verunreinigungen, wie sie bei industriellen Fertigungsprozessen nie vollständig auszuschließen sind.

Es zählt daher zu den großen Herausforderungen der Zellenherstellung, während des gesamten Produktionsprozesses ein Höchstmaß an Reinheit zu garantieren. Bei den etablierten,

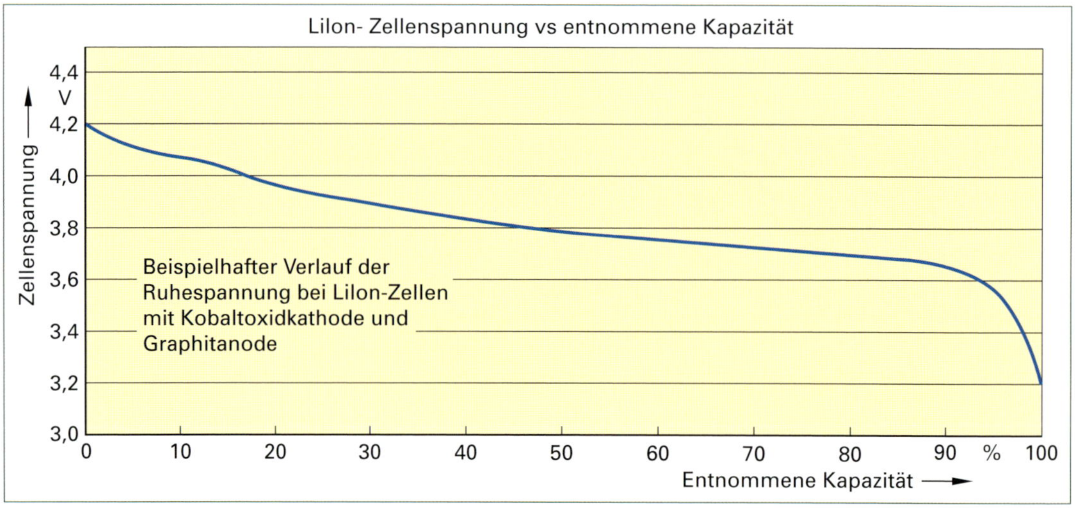

Bild 1: Der Zusammenhang von Zellenspannung und entnommener Kapazität ist zellentypabhängig und nicht linear.

derzeit ausschließlich in Fernost beheimateten Marken wie LG, Panasonic, Samsung, Sanyo und Sony ist dies weitgehend garantiert. Bei den No-Name-Produkten kann es anders aussehen. Bei einer eventuellen Ersatzbeschaffung von Akkuzellen ist dies zu beachten. Ein weiterer Grund für degenerative Veränderungen innerhalb einer Batteriezelle liegt in der Eigenart des Ionenstroms. Lade- und Entladevorgänge basieren auf einem Ionenfluss zwischen den Polelektroden und dem Anlagern von Ionen an der aktiven Elektrodensubstanz. Dabei verteilen sich die Anlagerungen nicht immer in der gewünscht homogenen Weise über den Elektroden. Es kommt zu einer Art „Geländebildung“, erhabener Stellen bis hin zu sog. Dendriten, die in Form von Spitzen durch den Separator hindurchwachsen und auf der anderen Seite zu Kurzschlüssen führen können **(Bild 1)**.

Bei Lithium-Ionen-Zellen wird dieses Dendritenwachstum prinzipiell verhindert, allerdings nur, wenn die Zelle keine Behandlungsfehler wie etwa Überladung oder Tiefentladung erfahren hat.

Grundsätzlich unterliegen alle elektrochemischen Stromquellen einem Alterungsprozess. Vom Erreichen der Altersgrenze spricht man bei Akkus, wenn sie nur noch über 80 % ihrer ursprünglichen Kapazität verfügen. Dies ist erwähnenswert, weil viele Elektrofahrradhersteller diese Grenze bei 70 % angeben, was zu einer höheren Zahl von Zyklen führt. Einer weiteren Nutzung mit reduzierter Reichweite steht in beiden Fällen bei E-Bikes nichts entgegen. Problematisch wird es erst, wenn der Innenwiderstand so weit angestiegen ist, dass der Antrieb keine angemessene Leistung mehr erbringt.

Beschleunigt wird die Zellenalterung bei Lithium-Ionen-Akkus durch:

- Zu schnelles Laden, insbesondere bei tiefen Temperaturen (< 10 °C). Sollte das Ladegerät dem Nutzer die Wahl zwischen schneller (1 h bis 2 h) und langsamer (2 h bis 4 h) Ladung ermöglichen, fördert die Langzeitladung grundsätzlich die Lebensdauer, namentlich bei Niedrigtemperaturen. Im Normalfall reduziert das BMS den Ladestrom bei ungünstigen Temperaturverhältnissen selbsttätig. Bei Minusgraden lohnt es sich, den Akku auf Zimmertemperatur vorzutemperieren.

- Lagern und Betreiben bei hohen Temperaturen (> 50 °C). Diese können durch zu hohe Entladeströme entstehen, was beim Einsatz in E-Bikes eher unwahrscheinlich ist und durch das BMS wirksam verhindert wird, denn es überwacht sowohl die Temperatur des Akkupacks wie auch den Entladestrom.

Daher sollte das Augenmerk den äußeren Temperatureinflüssen gelten. Es ist dringend abzuraten, den Akku längere Zeit auf der Heizung zu lagern oder ihn den Temperaturen in einem geschlossenen Pkw auszusetzen, wo bei starker Sonneneinstrahlung Temperaturen von deutlich mehr als 60 °C auftreten können. Selbst unter Fahrrad-Transportschutzhüllen können durch den Treibhauseffekt extreme Temperaturen entstehen.

- Längeres oder häufiges Lagern im vollgeladenen Zustand **(Bild 1, S. 148)**

- Ständiges oder häufiges vollständiges Entladen

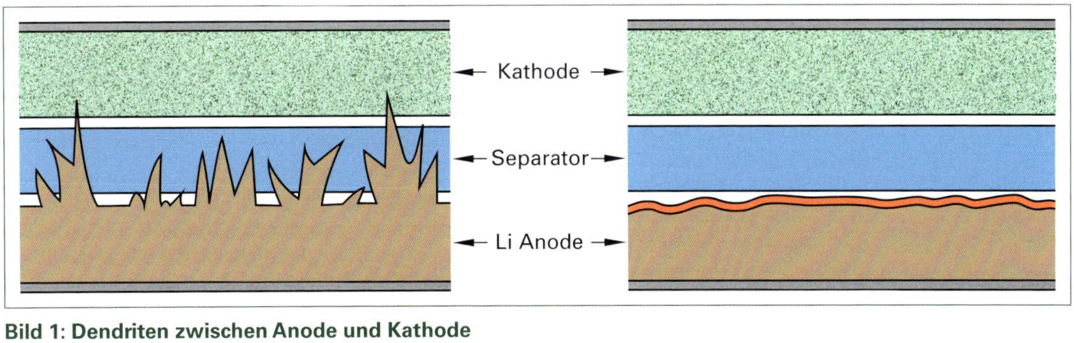

Bild 1: Dendriten zwischen Anode und Kathode

9

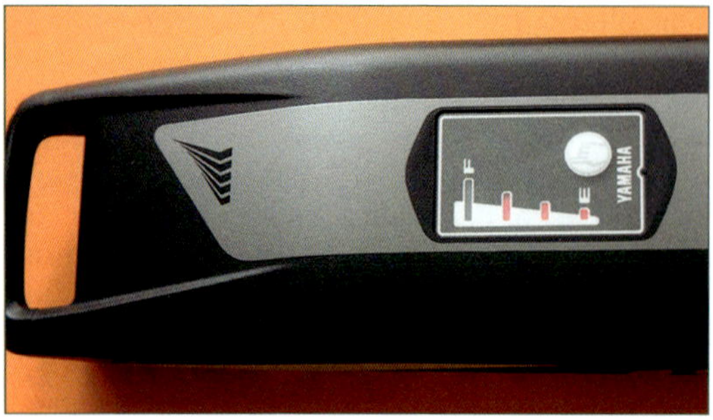

Bild 1: Zum Zwischenlagern geeignet: Mittlerer Ladezustand. Anzeige 2 ... 3 von 4 LEDs

Die letzten beiden Punkte bedürfen einer vertieften Betrachtung: Mit jedem Lade-/Entladezyklus verliert der Akku einen (geringen) Teil seiner Kapazität. Einflussgebend ist der Energiedurchsatz:

Dabei erscheint es zuerst egal, ob der Energiedurchsatz mit wenigen Vollzyklen (SOC ≈ 0 bis 100 %) oder einer entsprechend vermehrten Zahl von Teilzyklen (z. B. SOC ≈ 50 % bis 100 %) erfolgt.

9

Allerdings haben bei Lithium-Ionen-Akkus (wie auch bei den meisten anderen Akkutypen) extreme Ladezustände einen alterungsbeschleunigenden Einfluss. So ist es beispielsweise besser, einen Akku nie ganz „leer" zu fahren, sondern die Entladung, wenn möglich, bei SOC 20 % ... 15 % (auf dem Akku-Ladedisplay leuchtet noch eine LED) zu beenden. Wenn es dann doch zu einer tieferen Entladung kommt, empfiehlt sich ein zeitnahes Wiederaufladen auf SOC 30 % ... 50 %.

Ähnlich verhält es sich mit dem oberen Grenzwert. Wer den Akku immer nur zu 80 % ... 85 % voll lädt, erhöht dessen Lebenserwartung. Diese Empfehlung steht im Widerspruch zu dem Bestreben, möglichst viel Energie mit auf den Weg zu nehmen, und sei es nur, um den Akku, wie oben erwähnt, nicht vollständig „leer" fahren zu müssen.

Trotzdem ist es klug, absehbar kurze Touren nicht mit vollem Akku anzutreten. Es empfiehlt sich, die Dauer des vollgeladenen Akkuzustands anwendungsorientiert zu begrenzen, den Akku also erst kurz vor der geplanten Fahrt wirklich vollzuladen. Gegen ein die Restladezeit verkürzendes „Vorladen" des Akkus auf SOC 70 % bis 80 % spricht hingegen nichts.

Neben den hier genannten weitgehend vom Nutzer steuerbaren Einflussgrößen spielt bei der Akkualterung die Zeit eine Rolle. Man geht davon aus, dass bei Lithium-Ionen-Akkus nach 6 ... 7 Jahren erkennbare Degenerationserscheinungen auftreten können. Man spricht dabei von „Kalendarischer Alterung".

9.8 Akkusicherheit

Der Akkusicherheit wird herstellerseitig aufgrund einschlägiger Erfahrungen ein hoher Stellenwert eingeräumt, denn LiIon-Akkus sind wenig fehlertolerant. Daher muss eine periphere Elektronik (BMS) den Akku so weit wie möglich vor Fehlbehandlung schützen.

Aus diesem Grund sind bei Bosch-Akkus die Batteriepole nicht direkt mit der Steckerleiste verbunden. Man kann die aktuelle Batteriespannung nicht direkt messen. Der Akku muss über die dritte Anschlussklemme via CAN-Bus erst aktiviert werden. Somit ist es nicht möglich, den Akku ohne Fahrrad zu entladen.

Auch die Ladung funktioniert erst, wenn das richtige Ladegerät angeschlossen ist. Der Preis dafür: Batteriediagnosen sind daher für sachverständige Laien kaum durchführbar.

Andere Fabrikate lassen an den Batterieklemmen nur hochohmige Messungen zu. Sobald man die Buchsen nennenswert belastet, bricht die Spannung zusammen. Damit soll verhindert werden, dass es über ungeeignete Prüfmethoden zu Tiefentladungen kommt. Ältere Akkupacks verfügen teilweise noch nicht über solche Schutzmechanismen (**Bild 2**).

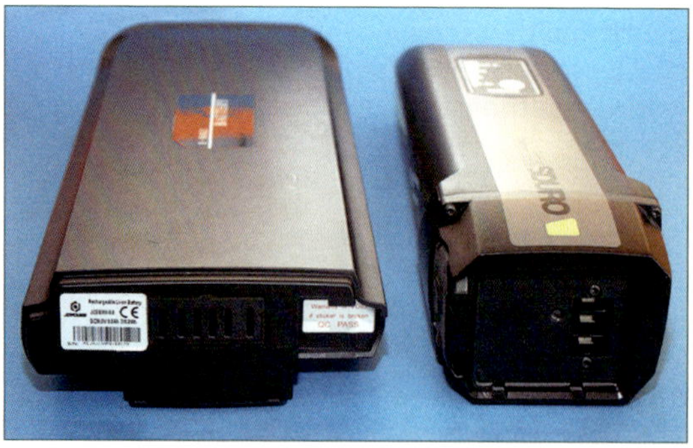

Bild 2: Bei manchen Akkutypen (rechts) lässt sich an den mit + und – bezeichneten Buchsen die Spannung zwar (hochohmig) messen, die Stromquelle ist aber ohne Aktivierung durch die Fahrradelektronik nicht belastbar. Bei dem linken Akku sind solche Schutzvorrichtungen nicht eingebaut.

Immer wieder ist von brennenden Akkus die Rede, ein Thema, das die Sensationspresse gerne aufgreift **(Bild 1)**. Fahrradbatterien sind davon nicht ausgenommen. Dabei handelt es sich fast ausschließlich um moderne Akkus auf Lithium-Ionen-Basis. Warum ist gerade diese Technologie dafür anfällig? Der Hauptgrund ist die hohe Energiedichte. LiIon-Zellen können mehr Energie speichern als zur Selbstentzündung nötig. Das war z. B. bei Pb- oder NiCd-Akkus noch nicht der Fall. Zudem verfügten beide Akkutypen über zumindest zeitweilig wirksame Überladeabwehr-Mechanismen.

Bild 1: Ein Akkubrand beginnt meist mit starker Rauchentwicklung. Atemschutz!

Beispiele:

- Beim Bleiakku wird im Überladefall der wässrige Anteil des Elektrolyts zersetzt (Gasung).
- Bei alkalischen Akkus verwandelt sich die nicht mehr speicherbare Überladeenergie in Wärme.
- Lithium-Ionen-Akkus hingegen verfügen bis heute über keine eingebaute Überlade-Abwehrstrategie. Dennoch zielt die Entwicklung auf das Erreichen immer höherer Energiedichten ab. Hinzu kommt, dass Akkus auf Lithiumbasis statt wässriger Elektrolyte organische Lösungsmittel enthalten, die allesamt als gut brennbar einzustufen sind.

Bei extrem hohen Zellentemperaturen (> 150 °C) kann sich bei bestimmten Zellentypen das Kathodenmaterial unter Sauerstoffabgabe zersetzen. Das Brandrisiko ist *systemimmanent* und kann nur durch äußere Vorkehrungen verhindert werden.

Hierzu dient die Anwendung einer speziellen Lithium-Ladetechnik sowie verschiedene elektronische Schutzschaltungen, bekannt unter dem Sammelbegriff Batteriemanagementsystem (BMS).

info

Wird die elektronische Überwachung entfernt oder unwirksam gemacht, kann es zu einem Brand führen. Allerdings schwindet die Brandgefahr mit zunehmender Entladung der Zellen. Auch deshalb macht es Sinn, Akkus nicht in vollgeladenem Zustand aufzubewahren.

9.8.1 Typische Gefahrenquellen

Mechanische Beschädigung

Einschlägige Vorschriften besagen, dass Fahrradakkus vor der Zulassung verschiedene Testzyklen durchlaufen müssen. Hierzu zählen unter anderem die mechanische Beanspruchung bei simulierten Stürzen oder Unfällen. Gleichwohl ist nicht 100-prozentig auszuschließen, dass infolge mechanischer Gewalteinwirkung und daraus folgender Gehäusedeformierung sog. Hotspots im Zelleninneren entstehen können.

Das sind eine Art Mikrokurzschlüsse, die nicht sofort bemerkt werden. Es handelt sich dabei um sich allmählich erhitzende Zonen, die zu einer fortschreitenden Zerstörung des Separators und nach einer gewissen Verzögerungszeit zu wirklichen Kurzschlüssen führen können. Wenn dann immer noch genügend Energie im Akku vorhanden ist, kann dieser sich entzünden.

info

Es empfiehlt sich, Akkus nach einer sichtbaren Beschädigung der Gehäuse (beispielsweise infolge versehentlichen Herunterfallens) erst einmal für einige Stunden im Freien zu lagern und anschließend von einer Fachwerkstatt inspizieren zu lassen.

Vorsicht ist geboten, wenn im Inneren der Batterie einzelne Zellen schwere Dellen oder gar Löcher aufweisen. Wurde dabei die Separatorfolie, welche die beiden Elektroden auf Abstand hält, aufgescheuert oder durchlöchert, ist die Trennung der Elektroden nicht weiter gewährleistet. Es kann dann im Extremfall zu inneren

Kurzschlüssen kommen. Im Allgemeinen sind E-Bike-Akkus durch die Batteriegehäuse wirksam geschützt (Schock-Absorber). Kommt es dennoch zu erkennbaren Beschädigungen, sollte vor der nächsten Ladung unbedingt eine Fachwerkstatt zurate gezogen werden.

Ersatzakkus sind mitunter recht teuer. Damit erhebt sich die Frage der Reparierbarkeit beschädigter Batterien. Grundsätzlich spricht nichts gegen die Auswechslung einzelner defekter Zellen in einem Batteriepack, sofern diese Zellen durch Gleichartige ersetzt werden. In der Praxis dürfte es dem Amateur schwerfallen, hier „unfallfrei" zu agieren. Denn zum einen ist es wichtig, dass die neu eingesetzten Zellen den gleichen Ladezustand wie die im Pack verbleibenden aufweisen. Ansonsten kann es während des Verbindungsvorgangs zu Ausgleichsströmen von unkontrollierbarer Heftigkeit kommen.

Bei der werkseitigen Konfektionierung der Batterien werden die Zellenpole mit den Zellverbindern punktverschweißt **(Bild 1)**.

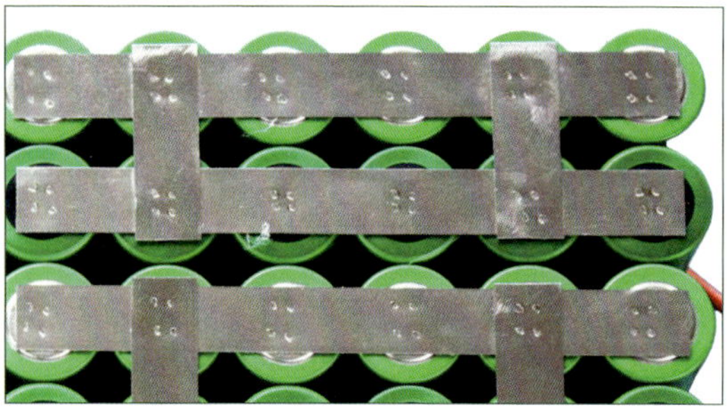

Bild 1: Die Zellenpole sind über je 4 Schweißpunkte mit den Ableiterstreifen verbunden. Diese Technik setzt beim Verbinden weniger Hitze frei als Löten.

Im Reparaturfall ist man meist auf Lötverbindungen angewiesen. Es ist nicht auszuschließen, dass bei unvollkommener Löttechnik die Zellen selbst beschädigt werden. Dies gilt vor allem für Lötvorgänge am hitzeempfindlichen Pluspol.

Hochgefährlich sind „vagabundierende" Lötzinnperlen, welche benachbarte Leiterstreifen kurzschließen können. Von eigenen Reparaturversuchen an E-Bike-Akkus ist daher abzuraten **(Bild 2)**.

Falsche Ladetechnik

Werden Akkus mit einem nicht für sie bestimmten Ladegerät aufgeladen, so ist nicht gewährleistet, dass ihre Vollladung rechtzeitig erkannt wird. In diesem Falle kommt es zu Überladung, die von einem intakten BMS verhindert werden sollte (so dieses nicht selbst durch das falsche Ladegerät zerstört oder in ihrer Funktion beeinträchtigt wurde). Selbst wenn eine Überladung nicht sofort zum Brand führt, wird die Batterie dadurch irreversibel geschädigt.

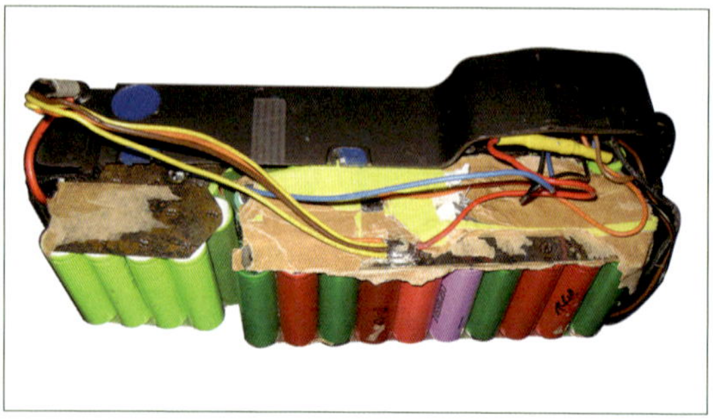

Bild 2: Es bleibt fraglich, ob dieser Batteriepack fachmännisch repariert wurde.

Allerdings sind bei modernen Elektrofahrrädern einige Sicherheitsvorkehrungen getroffen worden. Dazu kommuniziert das Ladegerät mit dem BMS über (mindestens einen) zusätzlichen Signalanschluss. Nur wenn sich das Ladegerät mit dem richtigen Signalcode meldet, gibt das BMS die Ladung frei.

Gefahrenzuwachs durch Parallelzellen

Fahrradakkus bestehen überwiegend aus Becherzellen der Größe 18650. Dieses Zellenformat verfügt derzeit über ein Kapazitätsspektrum von 2 Ah bis 3,5 Ah. Es müssen also, um die heute üblichen Kapazitäten von 8 Ah bis 14 Ah zu erreichen, immer mehrere Zellen zu Zellenbänken parallel geschaltet werden **(Bild 3)**.

Bild 3: Teil eines Pedelec-Akkus. Links sichtbar die Parallelverbindung von 5 Pluspolen. Die parallelen 5 Minuspole in Bildmitte sind mit weiteren 5 Pluspolen in Reihe geschaltet. Der abgebildete Akku hat die Zellenkonfiguration 3s5p.

Dies geschieht in den Akkupacks durch direktes Verschweißen der Ableiter ohne dazwischen geschalteten Sicherungsdraht, wie das etwa beim Batteriepack des Elektroautoherstellers Tesla der Fall ist (dort sind bis zu 10 000 Zellen gleicher Größe verbaut).

Ein interner Kurzschluss einer einzelnen Zelle kann hier bewirken, dass sich nicht nur die Energie dieser einen Zelle, sondern die der gesamten Parallelschaltung entlädt. Bei Qualitätszellen ist es glücklicherweise unwahrscheinlich, dass bei einzelnen Zellen interne Kurzschlüsse auftreten.

Extern verursachte Kurzschlüsse

Wird der Akku direkt an den Klemmen kurzgeschlossen, muss das BMS den Strom wirksam begrenzen oder besser ganz verhindern. Für den ungünstigsten Fall ist eine 25-A-Schmelzsicherung eingebaut. Sie darf auf keinen Fall entfernt und / oder überbrückt werden **(Bild 1)**.

Große Vorsicht ist geboten, wenn das Batteriegehäuse geöffnet oder großflächig beschädigt wurde. Die nunmehr freiliegenden Leiterbahnen dürfen auf keinen Fall mit leitenden Gegenständen in Berührung kommen. Kurzschlussströme von mehreren hundert Ampere wären möglich.

Bild 1: Teil einer BMS-Platine eines 48 V-Akkus mit 13 Balancereinheiten (Mitte rechts) und Schmelzsicherung (oben)

9.8.2 Brandschutzvorkehrungen

Entgegen verbreiteter Sensationsmeldungen sind Akkubrände auch bei Lithium-Ionen-Akkus äußerst selten. Auch sind seit Jahren keine Fälle mehr bekannt geworden, bei denen sich Akkus nachweislich ohne äußere Einwirkung oder vorausgegangene grobe Behandlungsfehler entzündet haben. Zur Ängstlichkeit oder gar Panik besteht kein Anlass.

Gleichwohl sollte man dafür sorgen, dass im Brandfalle die Flammen nicht auf brennbare Gegenstände in der Umgebung übergreifen können. Also: Auf feuerfester Unterlage und nicht in der Nähe brennbarer Gegenstände laden und lagern. Wenn verdächtige Erscheinungen wie starke Erwärmung, Knistern im Inneren oder gar Rauchbildung beobachtet werden, wenn immer möglich, den brennenden Akku umgehend auf eine freie Fläche befördern. Entstehende Gase nicht einatmen!

Sand gilt als bestgeeignetes Löschmittel. Zwar kommt in LiIon-Zellen im Normalfall (!) kein metallisches Lithium vor, sodass auch Wasser als Löschmittel geeignet sein kann.

9

Dies gilt allerdings nur so lange, wie der Akku nicht durch Fehlbehandlung vorgeschädigt ist. In diesem Fall kann sich metallisches Lithium außerhalb der Elektroden abgeschieden haben, das dann (wie alle Alkalimetalle) bei Wasserkontakt heftig reagiert.

Es sei wiederholt: Warum sollte ein wie oben beschrieben sachkundig gepflegter Akku überhaupt brennen?

9.8.3 Entsorgung

Akkus sind aufgrund ihrer Inhaltsstoffe in jedem Falle Sondermüll und dürfen daher nicht in den normalen Müllkreislauf gelangen.

In Deutschland ist der Handel verpflichtet, ausgediente Akkus zurückzunehmen und einer ordnungsgemäßen Entsorgung zuzuführen. Auch kommunale Entsorgungsbetriebe nehmen Altbatterien an **(Bild 1, S. 152)**.

Bild 1: Akku mit Behandlungs- und Entsorgungshinweisen

Leider steckt das Lithium-Zellen-Recycling noch in den Kinderschuhen. Es gibt jedoch eine interessante Zweitverwertung von LiIon-Zellen: Akkus, die für mobile Anwendungen nicht mehr energiereich genug sind, können in stationären (Solar-) Stromspeichern, bei denen die Energiedichte nur noch von untergeordnetem Interesse ist, noch viele Jahre gute Dienste leisten.

9.9 Akkuanbringung

Mit üblicherweise 3 bis 4 Kilogramm Masse und einem durchschnittlichen Volumen von bis zu 3500 cm^3 (= 3,5 Litern) ist der Pedelec-Akku ein echter „Unterbringungsfall".

Der Akku sollte sich dort am Fahrradrahmen befinden, wo keine Nachteile aufgrund zu großer Leitungslänge entsteht und der Schwerpunkt des Bikes möglichst mittig und tief zu liegen kommt. Zudem muss die Struktur, an der er angebracht wird, sein Gewicht problemlos tragen können und er sollte im Falle eines Sturzes im Idealfall unbeschädigt bleiben.

Der Pedelecfahrer wünscht sich, dass der Batteriepack gut zugänglich und zwecks Transport und Aufladung leicht entnehmbar ist. Dass er sich harmonisch in die Rahmenkonstruktion einfügt, um damit optisch den Fahrradcharakter zu erhalten, gilt als bleibende Forderung der Marketingseite.

Bei den ersten aus Ostasien kommenden Pedelecs wurde der Akku zwischen Sitzrohr und Hinterrad montiert, was sich günstig auf den Schwerpunkt auswirkte. Diese Anordnung konnte nicht ohne Einfluss auf die Rahmengeometrie bleiben und führte zwangsläufig zu einer unerwünscht vergrößerten Hinterbaulänge **(Bild 2)**. Heute findet man diese Akkuanordnung nur noch in Ausnahmefällen und bei Klapprädern mit geringer Laufradgröße (20" und kleiner).

Bild 2: Akku zwischen Sitzrohr und Hinterrad

Als wenig auffällig galt es, den Akku ober- oder unterhalb des Gepäckträgers zu platzieren. Von Nachteil ist die hohe, nach hinten versetzte Schwerpunktlage sowie die vergrößerte Leitungslänge **(Bild 3)**.

Bild 3: Akku oberhalb des Gepäckträgers

Wird der Akku als Werkzeugtasche oder Trinkflasche „getarnt", steht nur ein begrenzter Einbauraum zur Verfügung, was die Akkugröße und damit den Energievorrat limitiert **(Bild 1, S. 153)**.

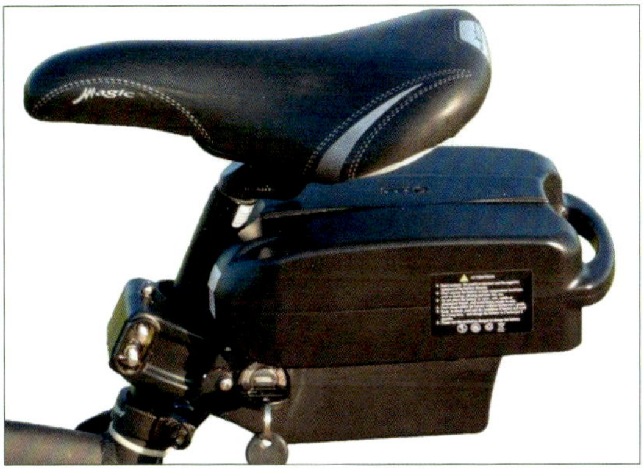

Bild 1: Akku an der Sattelstütze

Gleiches gilt grundsätzlich für das „Verstecken" der Akkuzellen innerhalb der Rahmenrohre oder gar der Antriebsnabe.

Als gute Lösung kann der im Bereich des Unterrohres montierte Akku gelten. Er kommt bei Mittelmotorantrieben mit kurzen Zuleitungslängen aus und verschiebt den Schwerpunkt des Rades nicht nennenswert aus dem Zentrum. Von hier ist es nur noch ein kurzer Weg zur Integration des Akkus in das Unterrohr, was allerdings eine räumliche Modifikation dieses Rahmenteils voraussetzt **(Bild 2)**.

Bild 2: Im Unterrohr integrierter Akku (BMW Aktive Hybrid 2020 mit Broseantrieb)

Wird dabei auf eine einfache Entnahmemöglichkeit verzichtet und der Akku fest in das Rahmenrohr verbaut (Intube-Akku), ist dies technisch einfach lösbar, mit dem nicht unbedeutenden Nachteil, dass der Akku zum Laden sowie zum Transport nicht entnommen werden kann.

Dies zu vermeiden führte zu der Lösung eines U-förmig erweiterten, einseitig offenen Unterrohrs, in das die Batterie eingeklickt wird und bei Bedarf leicht entnommen werden kann **(Bild 3)**.

Bild 3: Intube-Akku Bosch

Ein Problem wird gerne verschwiegen: Ein offenes U-Rohr verlangt bei gleicher Stabilität nach einer weit größeren Materialstärke als ein geschlossenes Rundrohr. Das oftmals schon diskussionswürdige Gewicht des Pedelecs erhöht sich damit weiter.

9.10 Ladegerätetechnik

Wer ein Pedelec erwirbt, bekommt gewöhnlich ein passendes Ladegerät mitgeliefert **(Bild 4)**. Es handelt sich dabei üblicherweise um ein sog. Netzladegerät, das an eine 230-V-Steckdose angeschlossen wird. Von seiner elektrischen Auslegung ist es gewöhnlich so dimensioniert, dass ein leerer Akku damit in 2 bis 6 Stunden aufgeladen werden kann. Damit erreicht man bei LiIon-Akkus einen guten Kompromiss zwischen Ladegeschwindigkeit und Lebensdauer.

Bild 4: Ladegeräte verschiedener Markenhersteller

Das Ladegerät ist dabei nicht nur Energielieferant. Es muss sich bei modernen Systemen dem BMS gegenüber „legalisieren“ und – wenn akzeptiert – einen hinreichend großen Ladestrom (z. B. 4 A) bei passender Systemspannung (z. B. 42 V) liefern.

Die tatsächliche Stromhöhe bestimmt zu Ladeanfang die Elektronik (Anfangsladestrom), zum Ladeschluss hin sorgt die ansteigende Akkuspannung für ein kontinuierliches Absinken des Stroms. Die Ausgangsspannung des Netzgerätes muss groß genug sein, um ein vollständiges Aufladen der Batterie auf SOC 100 % zu erlauben.

Leider sind die Angaben auf den Typenschildern der einzelnen Geräte uneinheitlich.

Manche Geräte geben die Nennspannung des Akkus an (z. B. 36 oder 37 V DC), andere die maximale Ladespannung (z. B. 42 V DC). Beide Angaben können denselben Akku kennzeichnen. Benötigt werden tatsächlich 42 V, um einen Akku aus 10 Serienzellen voll aufladen zu können.

Akkus aus 13 Serienzellen sind gewöhnlich mit 48 V Nennspannung klassifiziert. Ihre volle Ladespannung liegt dann bei 54,6 V. Nur noch selten anzutreffen sind heute Akkupacks aus 7 Serienzellen. Ihre Nennspannung liegt bei 25,2 V. Die maximale Ladespannung beträgt 29,4 V.

Es handelt sich bei den aktuellen Ladegeräten ausnahmslos um sog. Schaltnetzteile. Sie richten die 230-V-Netzspannung gleich, zerhacken diese Gleichspannung elektronisch, um sie dann via Transformator auf das benötigte niedrigere Spannungsniveau zu bringen **(Bild 1)**. Weil sie mit hoher Frequenz (> 20 Kilohertz) arbeiten, können die Geräte kompakt und leicht gebaut werden. Der Wirkungsgrad solcher Schaltregler liegt üblicherweise bei 85 % bis 90 %. Die Kosten einer Batterieladung liegen damit trotz ständig steigender Energiepreise im Cent-Bereich.

Der Fahrradkunde wünscht sich ein kompaktes und leicht transportables Ladegerät.

9.10.1 Ladeüberwachung

Ladegeräte für LiIon-Akkus können ohne ein Batterieüberwachungssystem ihre Aufgabe nicht betriebssicher erfüllen. Sie arbeiten daher eng mit dem BMS zusammen, das neben der Strom- und Temperaturüberwachung des Akkus auch das *Zellenbalancing* sicherstellt. Denn es ist nicht garantiert, dass alle Zellen in einer Reihenschaltung, obwohl sie vom gleichen Ladestrom durchflossen werden, immer den gleichen Ladezustand haben. Ursache hierfür sind produktions- oder nutzungsbedingte kleine Kapazitätsstreuungen, wie sie bei hochwertigen Zellen nicht vollständig auszuschließen sind. Kritisch können solche Unterschiede vor allem in der Endphase der Ladung werden, wenn einzelne Zellen die Ladeschlussspannung von 4,2 V vor den anderen erreichen. In diesem Fall kann die Summenspannung, wie die Tabelle zeigt, durchaus stimmen.

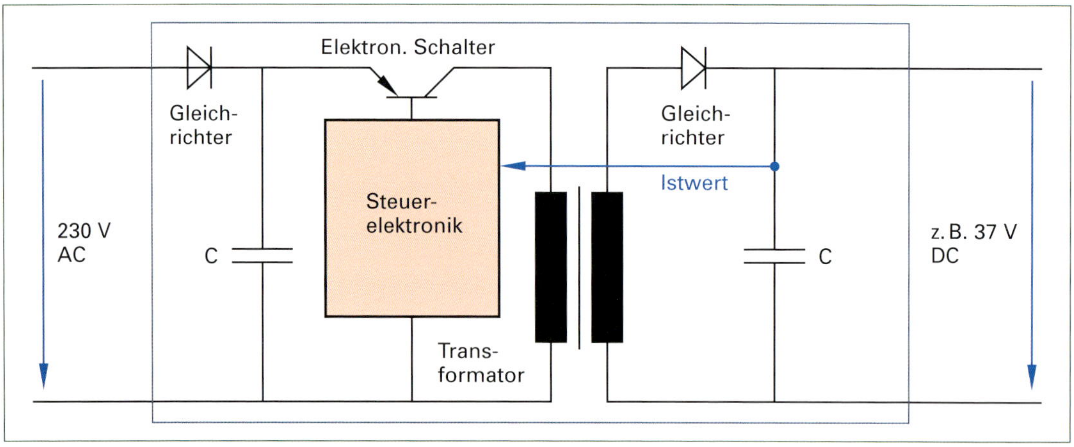

Bild 1: Schema Schaltnetzteil

Da die Zellen 1 und 2 noch nicht ganz vollgeladen sind, kann Zelle 10 dabei bereits einen kritischen Überladezustand annehmen, ohne dass sich dieser in der Gesamtspannung widerspiegelt.

Zellennummer	Zellenspannung
1	4,18 V
2	4,17 V
3	4,20 V
4	4,20 V
5	4,20 V
6	4,20 V
7	4,20 V
8	4,20 V
9	4,20 V
10	4,25 V
Gesamtbatterie	42,00 V

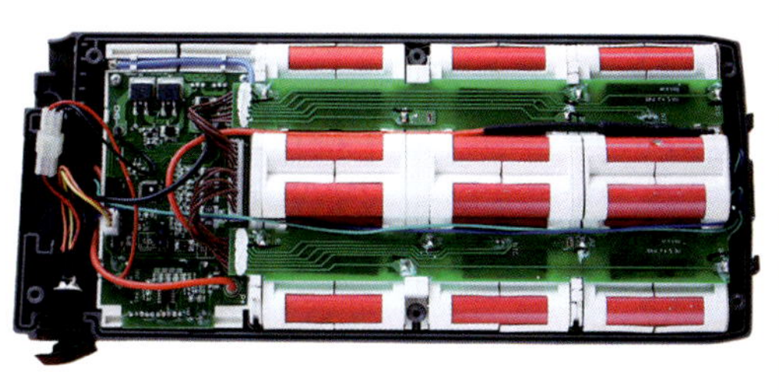

Bild 1: Einzelzellenabgriffe über Platinen geführt

Hier setzt das Zellenbalancing ein. Stellt das BMS fest, dass einzelne Zellen die Ladeschlussspannung überschreiten, werden sie über Transistoren und Widerstände gezielt entladen, und zwar so lange, bis die spannungsarmen Zellen (in der Tabelle 1 und 2) aufgeholt haben. In dieser Phase kann der Ladestrom reduziert werden, um die Entladewiderstände nicht zu überlasten.

Für das Balancing muss die BMS mit allen einzelnen Zellen in Verbindung stehen. Die Batterien verfügen deshalb über Einzelzellenabgriffe **(Bilder 1 und 2)**.

9

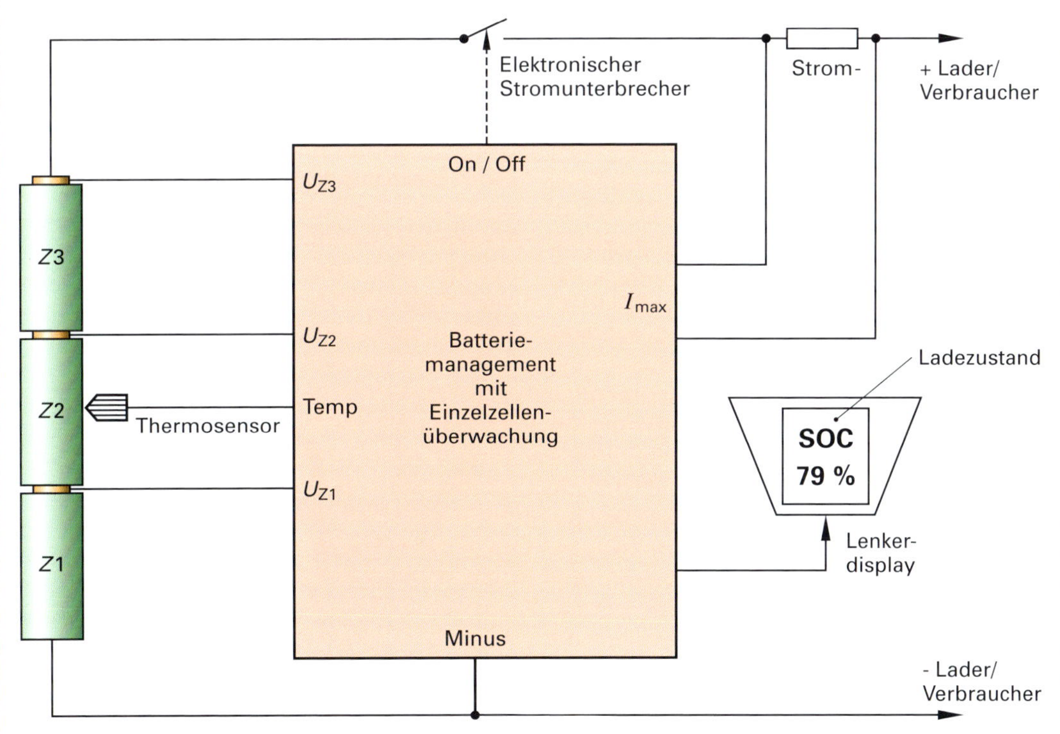

Bild 2: Batteriemanagementsystem (BMS) mit Einzelzellenüberwachung

9.11 Ausblicke

Auch in den nächsten Jahren werden Elektrofahrräder weiterhin von Lithium-Ionen-Akkus mit Energie versorgt werden. Derzeit dominieren eindeutig noch die Rundzellen der Größe 18650, die ursprünglich für Laptop- und Powertool-Anwendungen konzipiert wurden.

Dank riesenhafter Produktionzahlen stehen diese zu einem unschlagbar günstigen Preis und in höchster Qualität zur Verfügung. Als nachteilig wird der hohe Aufwand an Verbindungstechnik empfunden. Mit größeren Zellen wäre zudem eine verbesserte Energiedichte zu erreichen **(Bild 1)**.

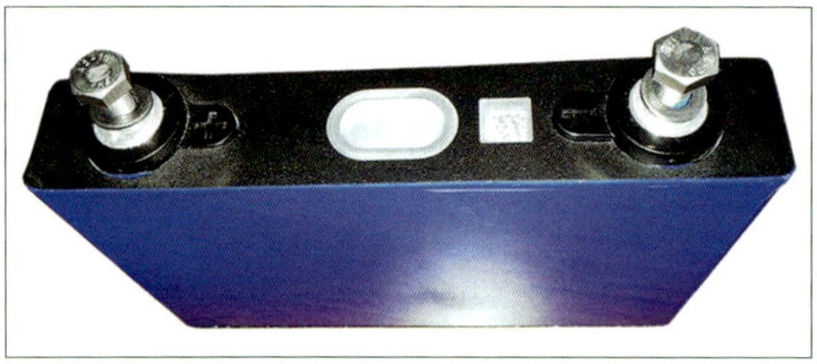

Bild 1: Prismatische LiIon-Großzelle aus chinesischem Labor. Daten: $C = 30{,}5\ \mathrm{Ah}$, $R_i = 0{,}63\ \mathrm{m\Omega}$

Andere Verheißungen überlegener alternativer Energiespeichertechnologien entbehren derzeit noch einer wissenschaftlich abgesicherten Grundlage. Dennoch bieten Batterien, die als einen von zwei Reaktionspartnern den Sauerstoff der Umgebungsluft verwerten, langfristig noch spannende Perspektiven.

Auf ähnlicher Basis arbeitet die sog. Zink-Luft-Batterie **(Bild 2)**. Bisher gelang es aber lediglich, Primärzellen dieser Technologie in Serie zu bauen. Sie werden beispielsweise bei elektrischen Weidezäunen auf Pferdekoppeln eingesetzt. Eine Wiederaufladbarkeit ist möglich, wenn das umgesetzte Metall gegen frisches ausgetauscht wird, was einer Brennstoffzelle mit einem festen Brennstoffanteil gleichkäme.

Es gibt sie schon beispielsweise in Form von Brennstoffzellen **(Bild 3)**. Diese konnte sich wegen des vergleichsweise komplizierten Aufbaus und der weiterhin ungeklärten Wasserstofflogistik selbst bei der Automobiltechnik als Serienprodukt nicht durchsetzen.

Eine elektrische Wiederaufladung wäre anwenderfreundlicher, scheitert aber bisher an der Dentritenbildung, wie sie fast allen Systemen mit rein metallischen Elektroden eigen ist. Mit Zink-Luft-Batterien sind derzeit Energiedichten zu erreichen, die der LiIon-Zellen um das 2- bis 3-Fache übersteigen. So bringt es die in **Bild 1, S. 157** dargestellte Weidezaunbatterie bei bestimmungsgemäßer Verwendung auf eine spezifische Energie von nahezu 450 Wh/kg.

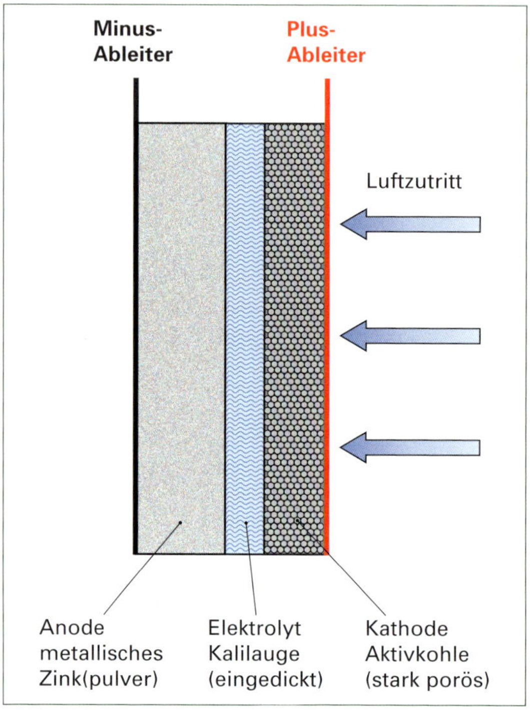

Bild 2: Funktionsprinzip einer Luft-Zink-Zelle

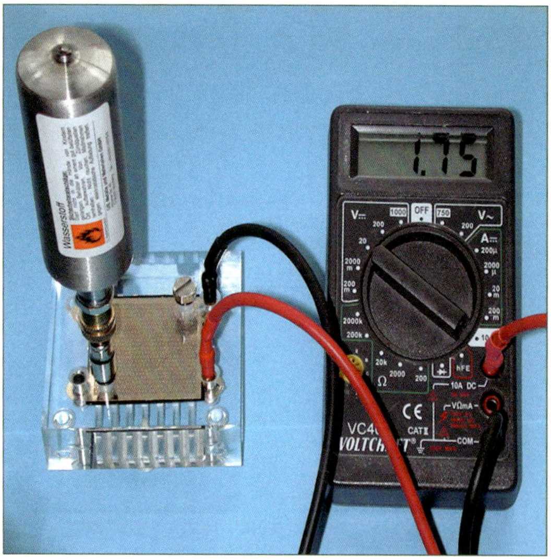

Bild 3: Versuchsanordnung mit Brennstoffzelle

Bild 1: Zink-Luft-Batterie, derzeit noch nicht wiederaufladbar.

Mehr noch versprechen Zellen auf Lithium-Luft-Basis. Hier wurden auch schon wiederaufladbare Labormuster getestet. Das ungelöste Problem dieser Technologie scheint derzeit an der geringen Alterungsbeständigkeit zu liegen. Allgemein verdient festgehalten zu werden, dass auch bei Batterien vom Reagenzglas bis hin zur Produktionsstraße ein langer Weg zurückzulegen ist.

Bei elektrischen Modellantrieben wird seit einigen Jahren schon mit sogenannten Hochvolt (HV)-Lithium-Polymerzellen experimentiert. Sie vertragen aufgrund veränderter Elektrolytmischungen eine Ladespannung von bis zu 4,35 V. Damit liegt die Entladespannung auf höherem Niveau, sodass von 3,8 bis 3,9 V Nennspannung (statt bisher 3,6 bis 3,7 V) ausgegangen werden darf. Dies scheint ein erfolgversprechender Weg bei der Weiterentwicklung der klassischen LiIon-Zellen zu sein. Derzeit krankt der Hochvolt-Zellentyp noch an einer unbefriedigenden Lebensdauer.

Neue Elektrodenmaterialien seitens der Zellenanode werden seit etwa 10 Jahren in den Entwicklungszentren getestet. Hier geht es um besonders dünne Graphitschichten (sog. Graphene) oder darum, das derzeit als Anodenmaterial verwendete Graphit durch schlanke, flexible Siliziumfäden zu ersetzen, was zu einer Mehr-als-Verdopplung der vorhandenen Speicherkapazität sowie zu einer noch höheren Lebensdauer führen könnte. Ziel der Weiterentwicklung ist eine größere Ladegeschwindigkeit der Batterien. Mit weiter miniaturisierten Ladegeräten wird es möglich und attraktiv sein, einmal zwischendurch den Akku nachzuladen.

Bei dem Balanceakt, hohe Leistung mit hoher Energiedichte und einem ausgedehnten Zyklenleben zu kombinieren, wird vorerst der Entwicklung eines weiter verfeinerten Batteriemanagements größte Bedeutung beigemessen. Mit anderen Worten: Es ist davon auszugehen, dass mit der Leistung der Batterien deren Empfindlichkeit weiter wachsen wird, was nur durch eine entsprechende Überwachungselektronik beherrschbar ist.

Bild 2: S-Pedelec mit Solarzellen im Anhänger

10 Bedienelemente und Kommunikation

10.1 Bedienelemente

Aus der Vielzahl unterschiedlicher Bedienungseinrichtungen an Elektrofahrrädern werden exemplarisch das Bosch eBike System und das elektronische Schaltsystem E14 der Firma Rohloff vorgestellt.

Beim kompakten Bosch *Purion* Display **(Bild 1)** sind Display und Bedieneinheit in einem Gerät zusammengefasst. Angezeigt werden Ladezustand, Geschwindigkeit, Fahrmodus, Reichweite, Trip-Distanz und Gesamtdistanz. Eine Intervallanzeige (optional) erinnert an Servicetermine. Über eine USB-Schnittstelle kann man den Zustand des E-Bikes überprüfen. Der Vorbau bleibt frei für einen vorhandenen Fitnesscomputer oder ein Navigationssystem.

Bild 1: Bosch Purion Bedieneinheit und Display

Eine Erweiterung ist das Bosch *Intuvia* **(Bilder 2 bis 5 und 1 bis 3 Seite 159)**. Fünf Unterstützungsstufen (wie beim *Purion*) stehen zur Auswahl: Turbo (maximal), Sport, Tour, Eco und Off. Eine in zwei Stufen aktivierbare Schiebehilfe bis 6 km/h kann zugeschaltet werden. Eine (optionale) Intervallanzeige informiert über anstehende Servicetermine. Über eine USB-Schnittstelle kann unterwegs ein Smartphone aufgeladen werden. Vom Fahrrad abgenommen lassen sich alle Tourdaten abrufen und einsehen.

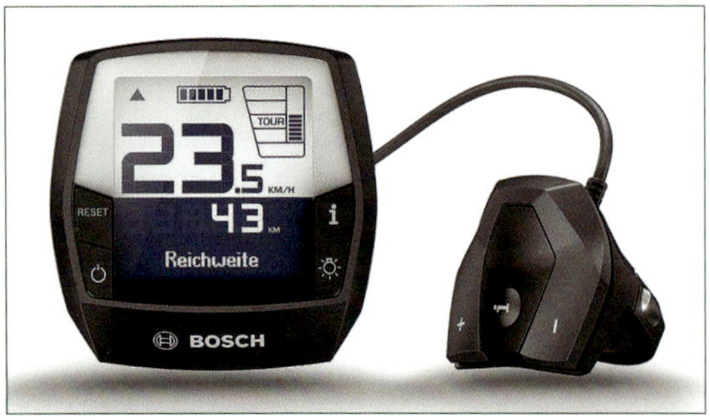

Bild 2: Bosch Intuvia Display mit Bedieneinheit

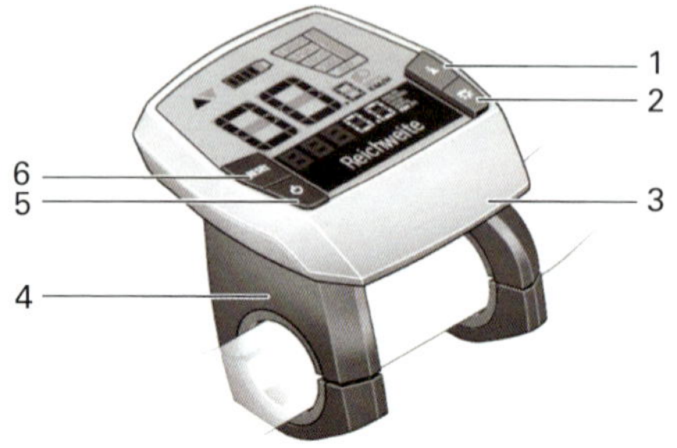

1 Taste Anzeigefunktion „i"
2 Taste Fahrradbeleuchtung
3 Bordcomputer
4 Halterung Bordcomputer
5 Ein-Aus-Taste Bordcomputer
6 Reset-Taste

Bild 3: Intuvia Display (Bosch)

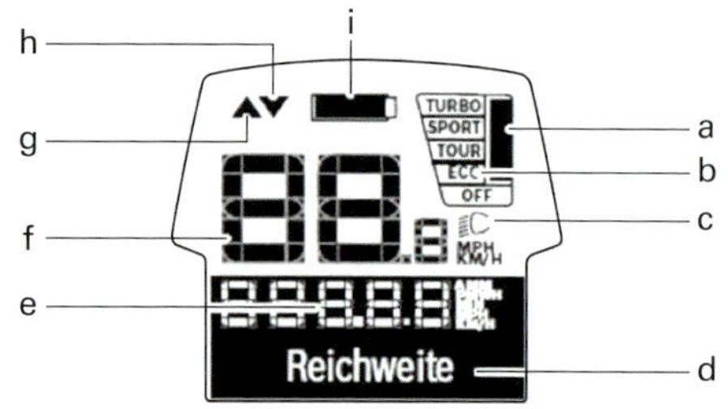

a Anzeige Unterstützung der Antriebseinheit
b Anzeige Unterstützungslevel
c Anzeige Beleuchtung
d Textanzeige
e Werteanzeige
f Geschwindigkeit
g Schaltempfehlung: größerer Gang
h Schaltempfehlung: kleinerer Gang
i Ladezustand des Bosch-Akkus

Bild 4: Anzeigeelemente am Intuvia (Bosch)

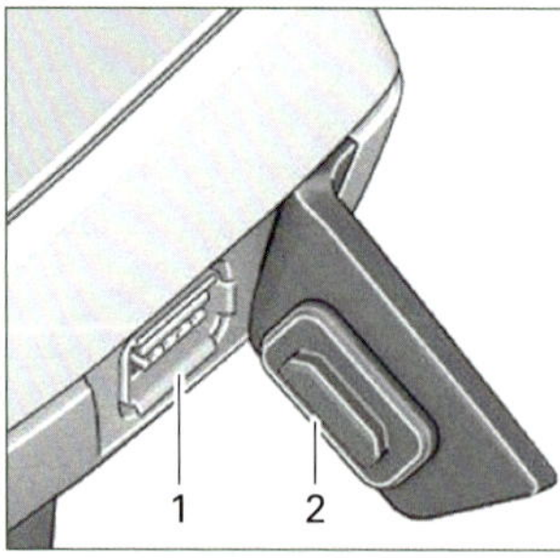

1 USB-Buchse
2 Schutzkappe der USB-Buchse

Bild 5: USB-Anschluss Bedieneinheit Intuvia (Bosch)

Schaltempfehlung

Das System erkennt, ob der Fahrer im optimalen Effizienzbereich fährt und empfiehlt (gegebenenfalls), einen Gang höher oder tiefer zu schalten (siehe die Pfeilsymbole g und h in **Bild 4, S. 158**). Bei Befolgung kann die erzielbare Reichweite deutlich erhöht werden.

Der Unterstützungslevel U (= Unterstützungsgrad Eco, Tour, Sport/eMTB oder Turbo) ist vom eingestellten Modus abhängig.

Zum Erhöhen des Unterstützungslevels betätigt man die Taste „+" an der Bedieneinheit (siehe **Ziffer 4** in **Bild 1**) so oft, bis der gewünschte Unterstützungslevel in der Anzeige b (siehe Bild 4, S. 158) erscheint, zum Senken die Taste „–" **(Ziffer 3)**. Die abgerufene Motorleistung erscheint dann in der Anzeige a.

Unterstützungslevel	Unterstützungsfaktor in % Beispiel: Kettenschaltung		
	Cruise	Speed	CX
ECO	50	55	50
TOUR	120	120	120
SPORT/eMTB	190	190	210 bis max. 300
TURBO	275	275	300

Hinweis: Eine tabellarische Übersicht von Fehlercodes finden Sie im Anhang S. 215.

10.2 Automatisches Schalten

Viele E-Bike-Hersteller bieten elektrisch unterstützte Schaltungen an. Bei dem Bosch-System *Intuvia* sind es die Schaltungsvarianten von NuVinci (neu: enviolo), SRAM und Shimano. Sie sind unter dem Begriff „eShift" zusammengefasst und werden über eine spezielle Schaltwippe bedient.

eShift mit NuVinci/enviolo

Ist das E-Bike mit der Enviolo-Nabe ausgestattet, kann über eine vordefinierte Wunsch-Trittfrequenz zwischen 30 und 80 U/min automatisch für die jeweilige Geschwindigkeit der optimale Gang eingestellt werden **(Bild 1, Seite 160)**.

In der Betriebsart „Trittfrequenz" wird mit den Tasten „–" bzw. „+" an der Bedieneinheit die Wunschtrittfrequenz erhöht bzw. verringert.

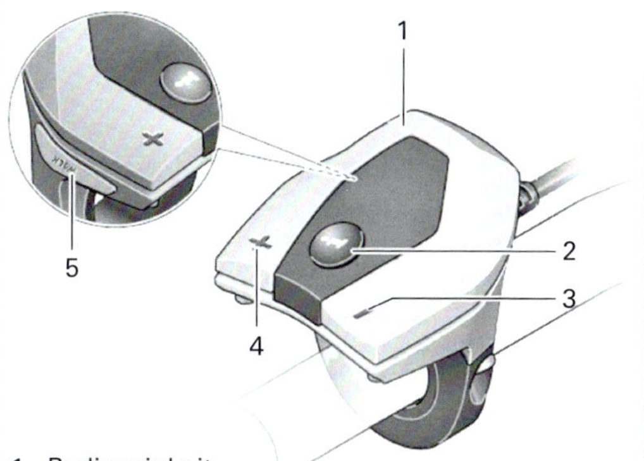

1 Bedieneinheit
2 Taste Anzeigenfunktion „i" an der Bedieneinheit
3 Taste Unterstützung senken/nach unten blättern „–"
4 Taste Unterstützung erhöhen/nach oben blättern „+"
5 Taste Schiebehilfe/Anfahrhilfe „WALK"

Bild 1: Einzelheiten Bedieneinheit Intuvia (Bosch)

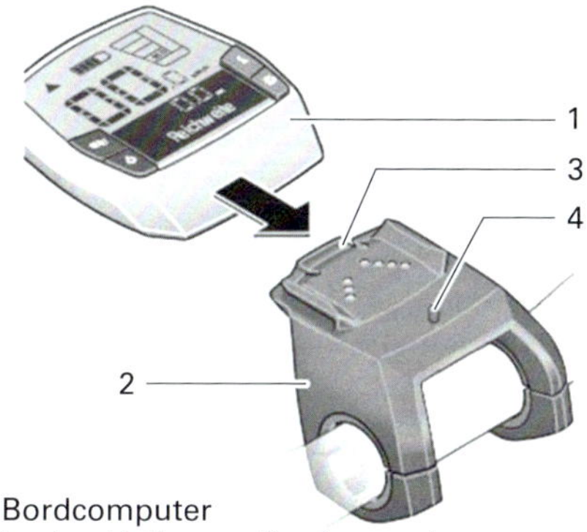

1 Bordcomputer
2 Lenker-Halterung Bordcomputer
3 Arretierung Bordcomputer
4 Blockierschraube M3 x 16

Bild 2: Einsetzen und Entnehmen des Bordcomputers Intuvia (Bosch)

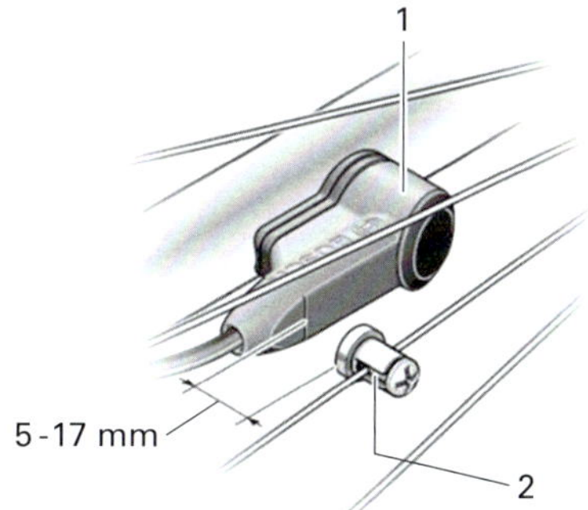

1 Geschwindigkeitssensor
2 Speichenmagnet des Geschwindigkeitssensors

Bild 3: Geschwindigkeitssensor an der Speiche

Werden die Tasten „–“ bzw. „+“ gedrückt gehalten, erhöht bzw. verringert sich die Trittfrequenz in Fünferschritten. Die Wunschtrittfrequenz wird auf dem Display angezeigt.

Auch das manuell/elektronische Wählen zwischen den neun Gängen ist weiterhin möglich.

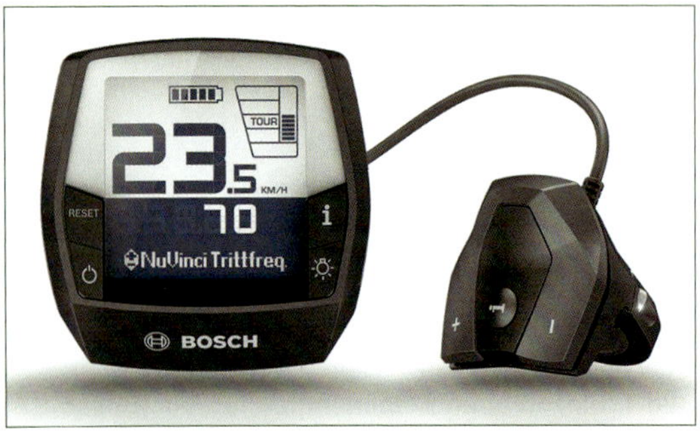

Bild 1: Bedienelement eShift NuVinci/enviolo

eShift mit SRAM DD3 Pulse

Die automatische Nabenschaltung der SRAM DD3 Pulse arbeitet geschwindigkeitsabhängig. Dabei wird unabhängig vom eingelegten Gang der Kettenschaltung einer der drei Gänge der Nabenschaltung automatisch eingelegt. Damit erfolgt eine große Übersetzungsbandbreite **(Bild 2)**.

10

Bild 2: eShift mit SRAM Dual Drive 3-Gang kombiniert mit einer Kassette

Bei jedem Gangwechsel der Nabenschaltung wird der eingelegte Gang kurzzeitig im Display eingeblendet. Beim Stopp schaltet die Automatik in den voreingestellten Anfahrgang zurück.

In der Betriebsart *Gang* kann man mit den Tasten „–“ bzw. „+“ an der Bedieneinheit zwischen mehreren definierten Übersetzungen vor- und zurückschalten.

Auch im manuellen Modus kann das System automatisch auf einen eingestellten Anfahrgang zurückschalten. Da die Antriebseinheit den Schaltvorgang erkennt und deshalb die Motorunterstützung kurzzeitig reduziert, ist auch ein Schalten unter Last oder am Berg möglich.

eShift mit Shimano Di2

Ist das E-Bike mit einer Shimano-Nabenschaltung Alfine 8, Alfine 11 oder Nexus 8 ausgerüstet, kann man bei der Version eShift die Gänge über die Shimano-Schaltwippe elektronisch unterstützt schalten. Bei jedem Gangwechsel wird der eingelegte Gang kurzzeitig im Display eingeblendet **(Bild 3)**.

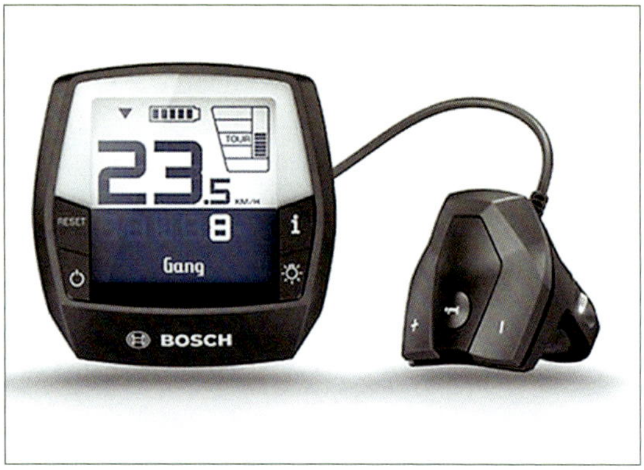

Bild 3: Bedienelement mit eShift Di2 (Shimano Nabenschaltung)

Beim Stopp schaltet das System automatisch auf einen eingestellten Anfahrgang *(auto downshift)* zurück. Der Anfahrgang kann im Grundeinstellungsmenü eingestellt werden. Damit wird ein oft geäußerter Kundenwunsch erfüllt: Die ideale Übersetzung für das Losfahren aus dem Stand.

Rohloff E-14

Multishift: Durch einen Tastendruck nimmt der Antrieb Last aus dem System und schaltet in schneller 3er-Sequenz alle Gänge der Nabenschaltung E-14 hoch und herunter. Im Display (Bedienung siehe Seite 166) wird der Gang permanent oder nach Gangwechsel kurz eingeblendet.

Single-Shift: Mit nur leichtem Tastendruck kann man Gang für Gang schalten. Der Gangwechsel erfolgt in nur 180 ms.

Auto-Downshift: Bei einem Stopp wird automatisch in einen frei wählbaren Anfahrgang zurückgeschaltet.

Updatefähig: Vom Smartphone aus werden mit der Rohloff-App Einstellungen und Updates vorgenommen und neue Funktionen genutzt.

10.3 Navigation

Der *Nyon* ist eine Weiterentwicklung des *Intuvia*. Er vereint alle Funktionen in einem Gerät: aktuelle Infos zu Geschwindigkeit, Trittfrequenz, Reichweite, Navigieren per GPS bis zur Analyse der persönlichen Fitness **(Bild 1)**.

Bild 1: Oberfläche des Nyon-Bordcomputers (Bosch)

Neu ist die Möglichkeit der Vernetzung mit der Smartphone App *ebike Connect* und dem Online-Portal *ebike-connect.com* **(Bild 2 und 3)**.

Dank der separaten Bedieneinheit muss der Fahrer die Hände während der Fahrt nicht vom Lenker nehmen, um etwas einzustellen. Welche Informationen auf dem Bildschirm angezeigt werden sollen, kann der Fahrer selbst entscheiden, indem er das Display seinen Bedürfnissen entsprechend anpasst.

Bild 3: Navigation mit Nyon (Bosch)

Möglichkeiten sind:

Eigene Routen einlesen

- Routen als GPX-Tracks in das Online-Portal eBike-Connect laden. (Daten können auch als GPX exportiert werden).
- Über das Smartphone Kartenmaterial via Bluetooth streamen.
- Entscheidung zwischen der schnellsten, der schönsten oder der Route für eMountainbiker auf vorwiegend unbefestigten Wegen. Für Speedbikes wird alternativ die kürzeste Strecke berechnet.
- Bis zu acht Zwischenziele einplanen.
- Zurück zur Heimatadresse (oder einer anderen Adresse) navigieren.
- Ansicht in 2D oder 3D.

Ein aktuelles Nyon-Update integriert Outdooraktivitäten mit den eingelesenen Radtouren.

„Outdooractive" ist ein Tourenportal für Outdoor-Sportler, das sich aus einer App und einer Online-Community zusammensetzt. Damit lassen sich E-Bike-Touren einfach auf Nyon übertragen und abfahren.

Bild 2: Verbindung Smartphone/Bordcomputer/PC

10.4 Smartphone-Funktion

Das von Bosch entwickelte Cobi.Bike-System verbindet das eigene Smartphone mit dem Bordcomputer **(Bild 1)**. Über eine Halterung am Vorbau und den Cobi-Hub wird das Smartphone am Lenker angebracht und fungiert als Display. So lassen sich viele Funktionen des Smartphones über die Cobi-Schnittstelle während der Fahrt nutzen – von der Navigation bis zur musikalischen Unterhaltung.

Über die Anbindung an Bluetooth-Sensoren können alle relevanten Fahrdaten angezeigt werden.

Bild 1: Cobi.Hub: Smartphone als Display (Bosch)

10

10.5 Elektronische Diebstahlsicherung

Laut Kriminalstatistik werden in Deutschland täglich etwa 800 Fahrräder gestohlen. Bei einem wertvollen E-Bike ist das besonders ärgerlich. Umso wichtiger ist es, geeignete Schutzmaßnahmen zu ergreifen. Ein mechanisches Schloss ist dafür unverzichtbar. Digitale Lösungen können das klassische mechanische Fahrradschloss nicht ersetzen, aber sinnvoll erweitern.

Mit der „Premium-Funktion Lock" hat Bosch einen digitalen Zusatzschutz entwickelt: Beim Abziehen des Bordcomputers von der Lenkerhalterung wird die Motorunterstützung deaktiviert und es kann nicht mehr mit Motorunterstützung gefahren werden.

Erst mit Aufstecken des Bordcomputers entriegelt sich die elektronische Sperre.

Der Motor erzeugt einen Ton und signalisiert dem eBiker beim Auf- und Abnehmen des Bordcomputers, ob Lock aktiviert oder deaktiviert wurde – ähnlich wie bei manchen Zentralverriegelungen beim Auto. Ein Schloss-Symbol auf der Statuszeile des Displays zeigt an, wenn der Antrieb „gelockt" ist.

10.6 Automatische Fahrwerkseinstellung

Mit „eSuspension" für MTBs mit dem E-Motor „Performance Line CX" hat Bosch eBike Systems ein integriertes elektronisch steuerbares Fahrwerk entwickelt.

FOX E-Live Valve lässt sich über den Bordcomputer über das Display „Kiox" steuern. Manuell einstellbar sind fünf Modi für unterschiedliche Fahrsituationen. Über eine ausgefeilte Sensorik werden 1000mal pro Sekunde die Gegebenheiten des Terrains ermittelt und die Federgabel und Dämpfer in Sekundenbruchteilen entsprechend angepasst.

Der Mountainbiker verfügt jederzeit über die ideale Fahrwerkseinstellung. Die Energieversorgung der eSuspension erfolgt über den E-Bike-Akku.

10.7 ABS

Mit einem Antiblockiersystem verringert sich für den E-Biker die Gefahr, beim Bremsen wegzurutschen oder sich zu überschlagen. Das Bosch eBike ABS wurde basierend auf dem bereits etablierten Motorrad-ABS entwickelt und besteht aus den Komponenten:

- ABS Kontrolleinheit **(Bild 1, Seite 163)**
- ABS Kontrollleuchte
- zwei ABS Radgeschwindigkeitssensoren, je einem am Vorder- und Hinterrad
- von Magura entwickelte Bremse mit ABS-Sensor, Bremsscheiben und ABS-Sensorscheiben

Durch die (fast) permanente Verfügbarkeit von elektrischer Energie ist die ABS-Technologie auch beim E-Bike möglich.

Bild 1: Kontrolleinheit Bosch-ABS

Denn das Antiblockiersystem aktiviert sich nach dem Einschalten bei erfolgreicher Überprüfung des Systems selbstständig. Diese Überprüfung ist typischerweise bei einer Fahrgeschwindigkeit von 6 km/h abgeschlossen; dann erlischt auch die ABS-Kontrollleuchte.

Abgebremst durch das ABS wird *nur das Vorderrad*. Sensoren an Vorder- und Hinterrad erkennen den Drehzahlunterschied der beiden Räder. Droht das Vorderrad bei zu starkem Bremsen zu blockieren, verringert das ABS kurzzeitig den Bremsdruck und baut ihn wieder auf. So wird die Fahrstabilität und Lenkbarkeit des E-Bikes verbessert – vor allem bei rutschigen Fahrbahnbedingungen.

Das *Hinterrad wird nicht* geregelt abgebremst – es soll nur bei extrem starkem Überbremsen des Vorderrades das „Abheben" des Hinterrades verhindern. Die Wahrscheinlichkeit eines Überschlags sinkt. Der E-Biker kann die Vorderradbremse aktiver und effizienter einsetzen.

Beispiel: Ein Trekking-Pedelec mit relativ langem Radstand und Nachlauf und vergleichsweise flachem Lenkkopf neigt weniger dazu, sich beim starken Bremsen zu überschlagen. Trotzdem ist auch beim heftigen Bremsen auf griffigem Belag bei einem Rad ohne ABS deutlich zu spüren, dass das Heck leichter wird.

Beim mit ABS ausgestatteten Pedelec ist *dagegen* beim starken Bremsen auf griffigen Asphalt nicht zu spüren, dass das Heck leichter wird oder abhebt. Das ABS passt die Bremskraft automatisch an die maximal mögliche Verzögerung an und macht unmerklich „auf", sobald die Sensoren melden, dass das Hinterrad beginnt abzuheben.

10.8 Unterstützungsstufe

Andere Begriffe sind Unterstützungsgrad, Unterstützungsfaktor oder einfach *U*-Faktor. Der *U*-Faktor drückt aus, mit welcher elektromotorischen Leistung der Fahrer zusätzlich zu seiner getretenen Leistung unterstützt wird. Je nach gewähltem Unterstützungsgrad ändert sich die Reichweite.

Die elektromotorische Unterstützung wird in Watt angegeben und beträgt beim Pedelec 25 in der höchsten Unterstützungsstufe 250 W, beim S-Pedelec 500 W. Erreicht der Fahrer höhere Geschwindigkeiten als für das Modell zugelassen, fällt die Unterstützung weg.

Oft wird der Unterstützungsgrad als Verhältniszahl angegeben, z. B. 1 : 1,5. Das bedeutet, 150 % der eigenen Tretleistung wird vom Elektromotor beigesteuert. Einige Autoren geben den Unterstützungsfaktor als Prozentzahl an, andere als Dezimalzahl, z. B. $U = 1{,}5$.

Beispiel:
Gesamte Antriebsleistung beträgt 200 W, die gemessene eigene Tretleistung 80 W, die ermittelte elektrische Leistung 120 W.

$$U = \frac{120\ \text{W}}{80\ \text{W}} = 1{,}5 = 150\ \%$$

Beispiele für eine eigene Tretleistung von 80 W:

Unterstützungsgrad *U*	hoch	mittel	niedrig
	1 : 2	1 : 1	1 : 0,5
Zusätzlich zur eigenen Tretleistung	200 %	100 %	50 %
Motorunterstützung	160 W	80 W	40 W
Antriebsleistung	240 W	160 W	120 W

Unterstützung durch den Elektromotor am Beispiel Pedelec-Modell „Impulse 2"

Der Impulse-Antrieb ermöglicht durch das Schalten in leichtere Gänge (beispielsweise beim Anfahren oder bergauf) stärker unterstützt zu werden. Beim Fahren mit höherer Trittfrequenz stellt der Motor mehr Leistung zur Verfügung.

Gang	Anderer Mittelmotor			Impulse-Antrieb		
	Umdrehungen der Kurbel/min	Geschwindigkeit (km/h)	Motordrehzahl	Umdrehungen der Kurbel/min	Geschwindigkeit (km/h)	Motordrehzahl
1	71	8	3000	86	12	4300
2	71	10	3000	86	13	4300
3	71	12	3000	86	15	4300
4	71	13	3000	86	19	4300
5	71	16	3000	86	22	4300
6	71	19	3000	85	25	4200
7	71	22	3000	73	25	3650
8	71	25	3000	64	25	3200

Bild 1: Vergleich Nabenmotor/Impulse Mittelmotor

In den drei höchsten Gängen kann man maximal 25 km/h schnell fahren und sich dabei mehr oder weniger unterstützen lassen.

Beispiele **(Bild 1)**: Man kann in der Ebene mit geringer Trittfrequenz entspannt fahren oder bergauf in einem leichteren Gang mit geringer Kraft die höchste unterstützte Geschwindigkeit ausreizen. Man fährt also entweder mit niedriger Trittfrequenz und höherem Kraftaufwand oder höherer Trittfrequenz und weniger Kraftaufwand.

Im Gegensatz zu einem Nabenmotor kann man mit dem (hier beispielhaft vorgestellten) *Impulse*-Mittelmotor-Antrieb immer in dem Wirkungsbereich des Motors fahren, der am energiesparendsten ist. Oder – wenn gewünscht – mit der höchsten zur Verfügung gestellten Leistung fahren **(Bild 2)**.

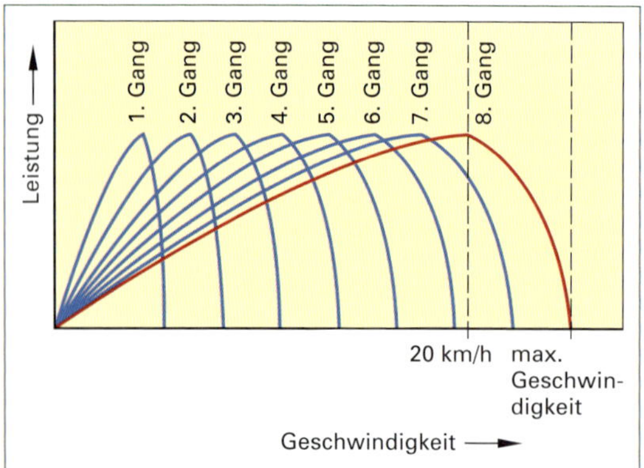

Bild 2: Leistungskurven in unterschiedlichen Gängen a) blau: Mittelmotor b) rot: Nabenmotor

Wie viel Antriebskraft der Motor entwickelt, hängt von drei Faktoren ab:

- Der Motor passt sich dem Kraftaufwand an, mit dem man selbst in die Pedale tritt. Tritt man stärker (z. B. bergauf oder beim Anfahren), registriert der Kraftsensor das und der Motor speist mehr Kraft ein, als wenn man nur geringen Pedaldruck ausübt (die Unterstützung steigt progressiv, wenn man selbst stärker in die Pedale tritt). Im POWER-Modus ist dieser Anstieg nochmals stärker ausgeprägt als in den Modi SPORT und EC. Die maximale Motorleistung begrenzt die Antriebskraft **(Bild 3)**.

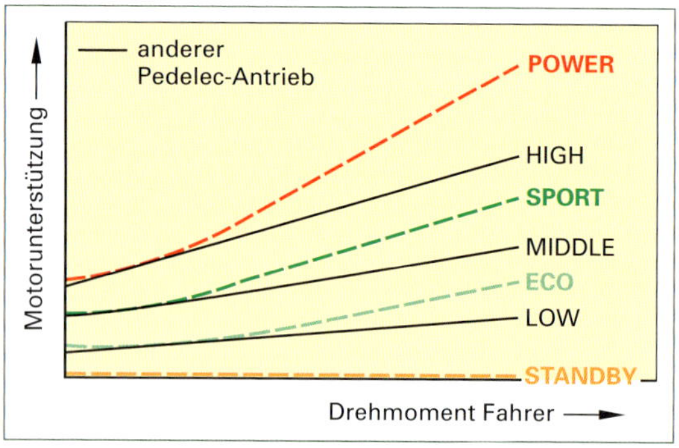

Bild 3: Unterstützung je nach Motortyp – hier Vergleich Impulse-Motor (gestrichelte Linie) und beliebiger Antrieb

- Welche Unterstützung man gewählt hat. In der Schaltstufe POWER unterstützt der Motor mit der höchsten Leistung, benötigt dann auch die meiste Energie.
- Wie schnell man fährt. Wenn man mit dem Pedelec startet und die Geschwindigkeit erhöht, steigt die Unterstützung an, bis man kurz vor der höchsten unterstützten Geschwindigkeit das Maximum erreicht hat. Dann wird die Unterstützung automatisch reduziert und schaltet bei ca. 25 km/h ab **(Bild 1, S. 165)**. Durch diese allmähliche Reduktion der Motorunterstützung erscheint der Übergang

in einen Fahrzustand ohne Motorunterstützung weniger abrupt. Dies gilt für die drei größten Gänge.

In allen anderen Gängen schaltet der Motor je nach Übersetzung früher ab.

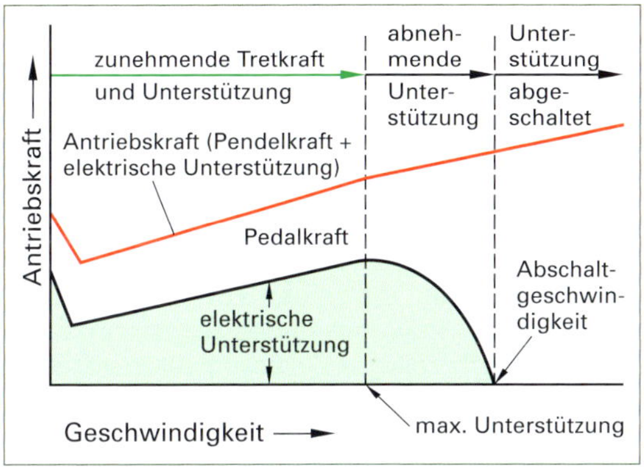

Bild 1: Unterstützung und Abschaltgeschwindigkeit

10.9 Shift-Sensor

Der Shift-Sensor (*Impulse 2-Motor*) soll die Lastwechselreaktionen beim Wechseln der Gänge reduzieren **(Bild 2)**. Der Sensor registriert die Einleitung von Schaltvorgängen und setzt daraufhin die Motorunterstützung für einen Sekundenbruchteil aus. Durch die kurze Zugunterbrechung rasten die Gänge geschmeidiger ein. Man kann weicher und deutlich schneller durch alle Gänge schalten.

Bild 2: Shift-Sensor Impulse 2.0

Das System verhindert den erhöhten Verschleiß von Getriebebauteilen und Kette. Vor allem Getriebenaben brauchen für einen sauberen und schnellen Gangwechsel eine kurze Entlastung im Antriebsstrang.

Über den Nahbedienteil und das Display (LCD-Big-Display Impulse 2.0) kann der Fahrer zwischen verschieden langen Unterbrechungen wählen **(Bild 3)**: Die Bandbreite geht von 50 ms bis 300 ms. Je höher man den Wert einstellt, desto länger fehlt die Motorunterstützung und die Schaltung hat mehr Zeit zum Schalten.

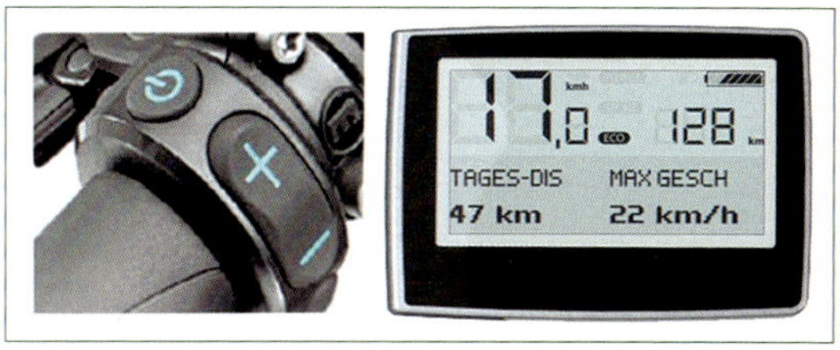

Bild 3: Bedienteil und Display Impulse 2.0

10.10 Climb Assist

Während des Fahrens registriert der im Motor integrierte Kraftsensor die vom Fahrer eingebrachte Trittkraft. Der Controller interpretiert die Trittkraftsignale und reagiert unterschiedlich – je nach Einstellung des Climb-Assist-Wertes **(Bild 4)**. Je niedriger man den Wert einstellt (z. B. 1), umso träger ist die Reaktion des Motors während der Unterstützung.

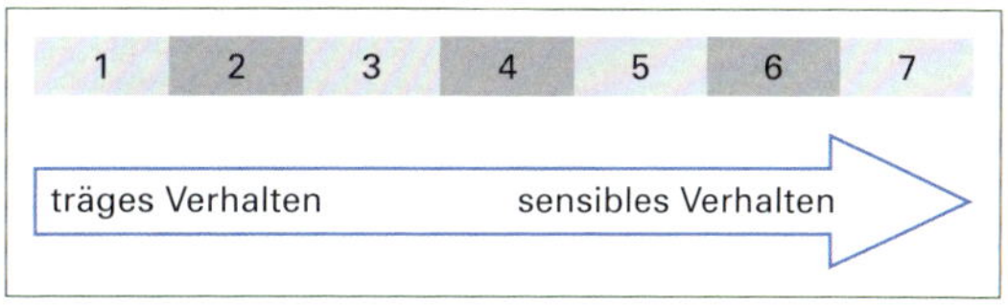

Bild 4: Climb-Assist-Werte

Je höher der Wert (z. B. 7), umso sensibler reagiert der Motor auf die Pedalkraft **(Bild 5)**.

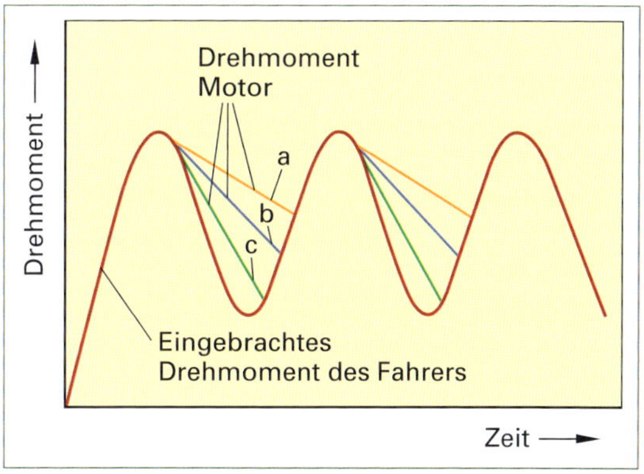

Bild 5: Climb-Assist: Motordrehmoment
a) niedriger Faktor = träges Verhalten
b) mittlerer Faktor = normales Verhalten
c) hoher Faktor = sensibles Verhalten

Insbesondere bei Bergauffahrten ist es von Vorteil, wenn der Kraftsensor träge reagiert, damit die Motorunterstützung gleichmäßig erfolgt.

10.11 Elektronisches Schaltsystem

Das elektronische Schaltsystem E 14 der Fa. Rohloff in Kombination mit der Mehrgang-Getriebenabe Speedhub 500/14 ermöglicht:

- Lastfreies Schalten in Verbindung mit dem Bosch- (oder Panasonic FIT) Antriebssystem
- Im Stand alle Gänge schaltbar
- Multishift-Funktion
- Erleichtertes Anfahren durch Anfahrgang/ Auto-Downshift
- Energieversorgung durch das E-Bike-Antriebssystem
- Erhöhter Fahrkomfort, größere Reichweite und damit eine Reduzierung der Anzahl der Akku-Ladezyklen

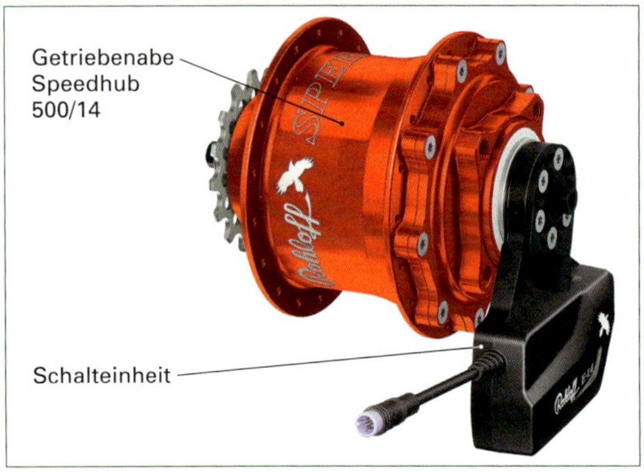

Bild 1: Rohloff Mehrgangnabe Speedhub 500/14 und Schalteinheit

Die Schalteinheit ist die elektromechanische Komponente, die die einzelnen Gänge der Speedhub 500/14 schaltet **(Bild 1)**.

Durch die direkte Anbindung des CAN-Bus erfolgt die kontinuierliche Auswertung der aktuellen Unterstützungsrate, die aktuelle Antriebskurbelstellung und die Leistungsabgabe des Radfahrers.

Nach Drücken der „+" oder „–" Taste **(Bild 2)** wird der ideale Zeitpunkt zum Gangwechsel abgestimmt und

- die Unterstützungsleistung des Antriebsmotors heruntergeregelt,
- die Schaltanweisung an die Rohloff E-14 Schalteinheit gesendet,
- der gewünschten Gang in optimaler Kurbelstellung schnell und präzise geschaltet und
- die Unterstützungsleistung des Antriebsmotors hochgeregelt und der Schaltvorgang in ca. 0.2 Sekunden abgeschlossen.

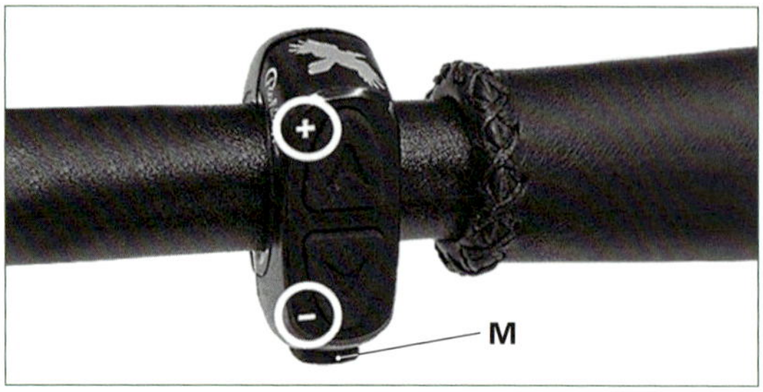

Bild 2: Lenkertaster Rohloff E-14 (N3)[3]

Für einen lastfreien Gangwechsel ist ein unterstützendes Verhalten durch den Radfahrer hilfreich. Optimal sind 50 – 80 Kurbelumdrehungen und das Vermeiden von hohen Lasten auf den Kurbeln während des Schaltvorgangs. Achtung: rechtzeitiges Zurückschalten vor Steigungen!

Bedienung des Bosch eBike Antriebssystems[4]

1. Einschalten durch Betätigung des Einschaltsymbols (Bild 3)

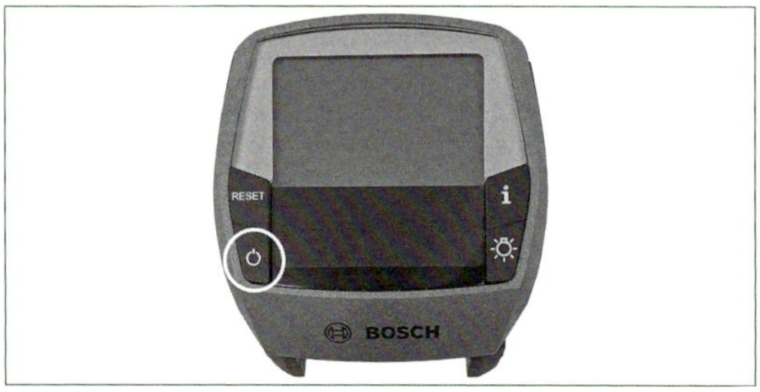

Bild 3: Einschaltsymbol (Display Bosch)

2. Ganganzeige aktivieren: Taste **i** am Display so oft drücken, bis im Display das Wort „Gang" erscheint. Die Ganganzeige ist damit dauerhaft sichtbar **(Bild 4)**. Befindet sich das Display in einer anderen Anzeige, wird nach jedem Schaltvorgang für 3 Sekunden der Gang angezeigt.

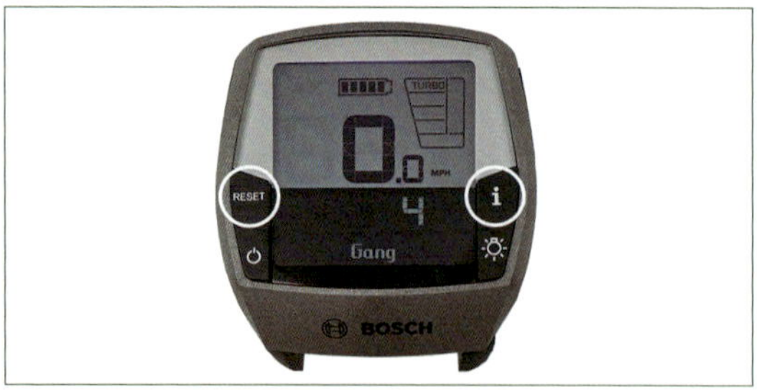

Bild 4: Ganganzeige (Display Bosch)

[3] Neuer ergonomischer Lenkertaster für 2021 geplant

[4] Bedienung des Panasonic-FIT-Antriebssystems siehe Handbuch Rohloff E-14

3. Schalten der Gänge
Gänge einzeln schalten

Beim Bosch E-Bike Antriebssystem erfolgen die Gangwechsel durch Betätigung der Tasten des Rohloff E-14 Lenker-Tasters (siehe **Bild 2, S. 166**). Hier befinden sich drei Tasten:

„+" Taste: Hochschalten in Richtung Gang 14
„–" Taste: Runterschalten in Richtung Gang 1

Sofort nach dem ersten Klick am Taster schaltet die Schalteinheit einen Gang hoch (+ Taste) oder einen Gang herunter (– Taste).

Die M-Taste hat im normalen Betrieb keine Funktion, sie dient der Autokalibrierung oder für Systemfunktionen.

4. Mehrere Gänge gleichzeitig schalten (Multishift-Funktion)

Funktion: Wird am Lenker-Taster die Plus- oder Minustaste *dauerhaft* gedrückt, schaltet die E-14 erst einen Gang und dann erfolgen die weiteren Gangwechsel automatisch in Dreierschritten. Die Schalteinheit schaltet dann jeweils drei Gänge hoch, bis der 14. Gang erreicht ist (+ Taste) oder drei Gänge herunter, bis der 1. Gang erreicht ist (– Taste).

Zwischen den einzelnen Dreierschritten liegt jeweils eine Pause von einer halben Sekunde.

5. Anfahrgang einstellen (Auto-Downshift)

Die elektronische Schaltung bietet zusammen mit dem Bosch E-Bike Antriebssystem die Möglichkeit, einen Anfahrgang einzustellen **(Bild 1)**.

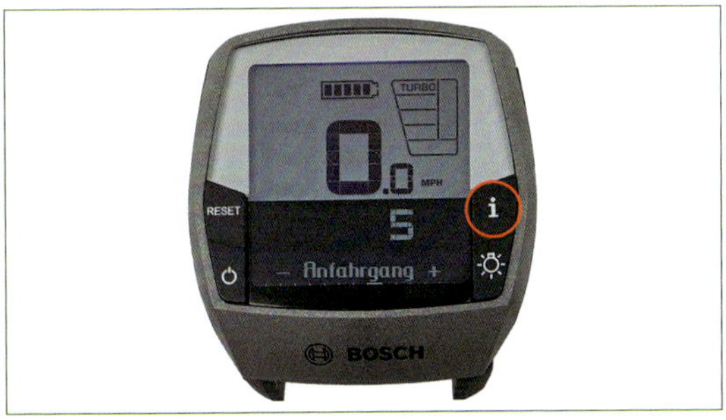

Bild 1: Anfahrgang (Auto-Downshift) am Display

Ist die Funktion "Anfahrgang" eingeschaltet, wird bei Stillstand des Fahrrades länger als 3 Sekunden (bzw. weniger als 3,5 km/h) automatisch in den eingestellten Anfahrgang heruntergeschaltet (Auto-Downshift). Das allerdings nur, wenn der letzte geschaltete Gang höher als der eingestellte Anfahrgang ist und die Fahrgeschwindigkeit zuvor schneller als 10 km/h war. Die Pedale sollten im Stillstand dazu entlastet sein.

Wird ein Anfahrgang eingestellt, ist die Funktion Auto-Downshift automatisch aktiviert. Wird kein Anfahrgang eingestellt, ist die Funktion automatisch deaktiviert.

Der Anfahrgang kann zwischen Gang 1 und Gang 9 eingestellt werden.

6. Einstellen des Anfahrganges am Beispiel „Intuvia Display"

- Nach dem Einschalten die Taste „Reset" und die Taste „i" gleichzeitig gedrückt halten, bis die Textanzeige „Einstellungen" erscheint **(Bild 2)**.

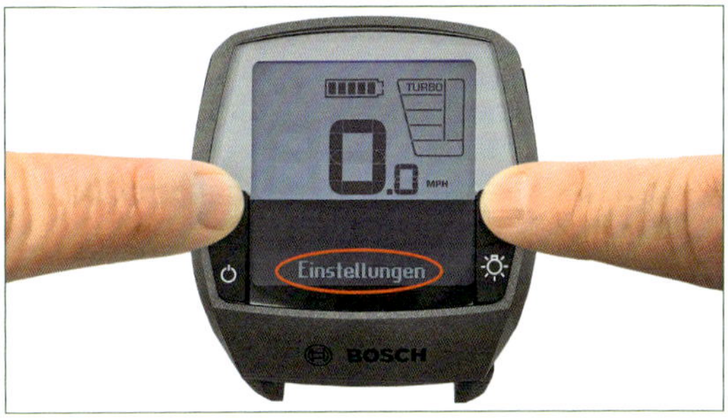

Bild 2: Einstellungen am Display

- Die Taste „i" so oft drücken, bis die Textanzeige „Anfahrgang" erscheint. Mit den Tasten „+" oder „–" an der Bosch Bedieneinheit den gewünschten Anfahrgang einstellen **(Bild 3)**.

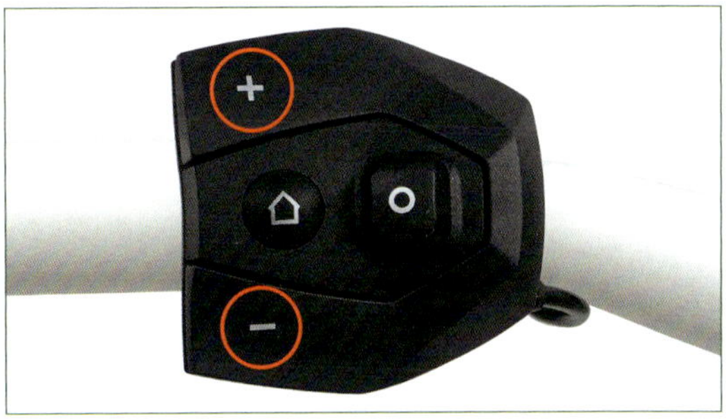

Bild 3: An der Bosch Bedieneinheit Anfahrgang einstellen

- Zum Speichern des gewählten Anfahrganges die Taste „Reset" ca. 3 Sekunden drücken **(Bild 1, S. 168)**.

---

5 Andere Bosch-Systeme sind Nyon- bzw. Kiox-Display

- Zum Speichern des gewählten Anfahrganges die Taste „Reset“ ca. 3 Sekunden drücken **(Bild 1)**.

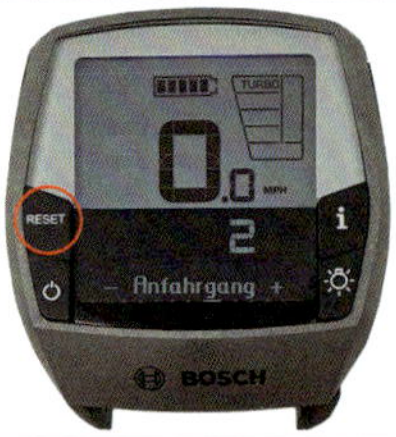

Bild 1: Anfahrgang speichern

- Zum Deaktivieren des Anfahrganges das Antriebssystem einschalten **(Bild 3, Seite 166)**. Taste „Reset“ und Taste „i“ gleichzeitig gedrückt halten, bis die Textanzeige „Einstellungen“ (siehe **Bild 2, Seite 167**) erscheint. Taste „i“ so oft drücken, bis Textanzeige „Anfahrgang“ erscheint. Tasten + oder – so oft an der Bosch Bedieneinheit drücken, bis die Anzeige „- -“ erscheint. Zum Speichern der Aktivierung die Taste „Reset“ für ca. 3 Sekunden drücken.

Diagnose des elektronischen Schaltsystems (Rohloff) E-14 (Bild 2)

1. Überprüfung der Schalteinheit

- E-Bike-System abschalten, Akku entfernen.
- Trennen der Steckverbindung direkt vor der Schalteinheit (3).
- Diagnose-Schalteinheit (8) an die Steckverbindung anschließen.
- Akku einsetzen, E-Bike-System einschalten.
- Die Diagnose-Schalteinheit ...
  - piept beim Einschalten und schaltet die Gänge: Die Schalteinheit ist defekt.
  - piept *nicht* beim Einschalten und schaltet die Gänge nicht: Nächster Schritt: Überprüfung des E-14 Verbindungskabels und des Lenkertasters.
  - piept beim Einschalten und schaltet die Gänge *nicht*: Nächster Schritt: Überprüfung des Lenkertasters

2. Überprüfung Lenkertaster

- E-Bike-System abschalten, Akku entfernen.
- Trennen der Steckverbindung des Lenkertasters (1).
- Diagnose-Lenkertaster an die Steckverbindung anschließen.
- Akku einsetzen, E-Bike System einschalten.
- Die Diagnose-Schalteinheit ...
  - piept beim Einschalten *und* schaltet die Gänge: Der Lenkertaster ist defekt. Alle anderen Diagnose-Komponenten durch Originalkomponenten ersetzen und erneut Funktion prüfen.
  - piept *nicht* beim Einschalten *und* schaltet die Gänge *nicht*: Nächster Schritt: Überprüfung der Verbindungskabel.
  - piept beim Einschalten *und* schaltet die Gänge *nicht*: Nächster Schritt: Überprüfung der Verbindungskabel.

3. Überprüfung Verbindungskabel und DC/DC-CAN-Konverter (Bild 3)

siehe Handbuch Rohloff.de/Service/E-14

Bild 3: DC/DC-CAN-Konverter

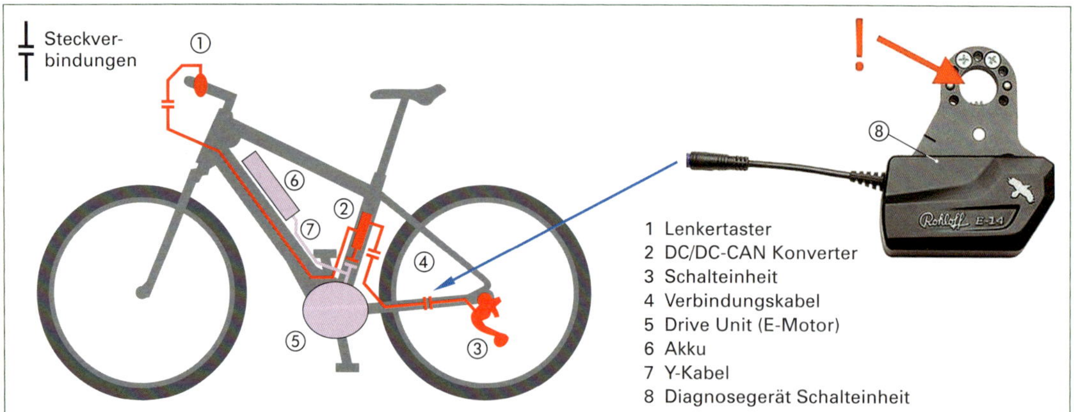

Bild 2: Übersicht elektronisches Schaltsystem E-14

11 Reichweite

Wie weit man mit einer voll aufgeladenen Batterie mit Motorunterstützung fahren kann, wird neben der **Batteriekapazität** (Energieinhalt in Wh, siehe Kapitel 9 und S. 193) von weiteren Faktoren beeinflusst:

Umgebungstemperatur

Bei geringen Außentemperaturen verringert sich die Reichweite. Um eine möglichst große Reichweite zu erzielen, sollte man den Akku vor Fahrtbeginn in einem beheizten Raum aufbewahren. Durch die Entladung im Motorbetrieb heizt sich der Akku ausreichend selbst auf, um bei niedrigen Außentemperaturen nicht zu stark an Leistung zu verlieren.

Bei extremer Sommerhitze ist es andererseits nicht ratsam, das (meist dunkle) Akkugehäuse praller Sonneneinstrahlung auszusetzen. In diesem Fall leidet zwar nicht die Leistung, es schadet aber der Lebensdauer.

Gewählte Unterstützung

Möchte man eine größere Strecke mit Motorunterstützung zurücklegen, wählt man eine kleinere Unterstützungsstufe und kleinere (leichter zu tretende) Gänge[1).

Fahrstil

Wenn man in „schweren" (großen) Gängen und mit hoher Unterstützung fährt, wird man vom Motor mit großer Kraft unterstützt. Das führt (wie schnelles Autofahren bei einer Bergauffahrt) zu höherem Verbrauch. Energiesparender fährt man, wenn man die Pedale über die ganze Kurbelumdrehung gleichmäßig belastet.

In diesem Zusammenhang ist zu erwähnen, dass das Schaltverhalten großen Einfluss auf den Energiebedarf hat. Es empfiehlt sich, beim Herannahen an Stoppstellen (Fahrbahnüberquerung, rote Ampel usw.) schon vor dem Anhalten einen niedrigeren Gang einzulegen.

Beim anschließenden Weiterfahren haben dann Mensch und Motor weniger Arbeit, was Kraft- und Stromreserven schont. Gleichermaßen energiesparend ist es, rechtzeitig vor Steigungen in einen niedrigeren Gang zu schalten anstatt nur den Unterstützungsgrad zu erhöhen.

Technischer Zustand des Pedelecs

Wichtig ist ein korrekter Reifenluftdruck. Bei zu geringem Luftdruck erhöht sich der Rollwiderstand. Dies gilt vor allem auf glattem Untergrund, z. B. Asphalt. Ist der Untergrund uneben, wie ein Feldweg oder Schotter, kann ein etwas reduzierter Luftdruck zu einem geringeren Rollwiderstand führen. Gleichzeitig steigt aber die Gefahr eines Reifendefekts.

Topografie

Wenn es bergauf geht, erhöht man die Pedalkraft. Das registriert der Kraftsensor und lässt den Motor ebenfalls stärker arbeiten. Bei ebener oder abschüssiger Fahrstrecke kann sich der Versuch lohnen, auch einmal ganz ohne elektrische Unterstützung zu fahren.

Wirtschaftlich Pedelec fahren[2)

Die Betriebskosten der Motorunterstützung für einen Akku (hier als Beispiel der 17Ah/36V-Akku von Impulse) werden folgendermaßen errechnet:

Ein neuer Akku kostet ca. 880 Euro.

Mit einer Aufladung kann man durchschnittlich 90 km weit fahren.

Man kann den Akku ca. 1000-mal aufladen.

1000 Aufladungen à 90 km = 90 000 km

880 Euro : 90 000 km = **0,98 ct/km**

Ein komplettes Aufladen des Akkus benötigt ca. 0,6 kWh. Bei einem Strompreis von 25 Cent/kWh kostet eine komplette Ladung 0,6 kWh · 25 ct/kWh = 15 ct.

Bei einer mittleren Reichweite von 90 km ergeben sich Stromkosten von **0,17 ct/km**.

Damit belaufen sich die Kosten für Verbrauch und Akku-Neukauf auf maximal 0,98 + 0,17 = **1,15 ct/km**.

1) Mit einem kleinen Gang legt man eine kleine „Entfernung" (Entfaltung) zurück, also eine kleine Wegstrecke pro Pedalumdrehung.

2) Überschlagsrechnung

Einfache Berechnung der Reichweite

Sind Drehmoment am Hinterrad und Nenndrehmoment des elektrischen Antriebs bekannt, lässt sich eine (vereinfachte) Bestimmung der Reichweite durchführen.

Beispiel:

Fahren in der Ebene mit $v = 18$ km/h, gewählter Unterstützungsgrad $U = 0{,}5$ (= 50 %)

Elektrische Daten

Akku-Nennspannung $U_n = 36$ V, Kapazität $C = 11$ Ah, Akku-Faktor[1] = 0,8, Nennleistung Motor $P_n = 250$ W, Wirkungsgrad Motor $\eta_M = 0{,}9$, Nenndrehmoment Motor $M_n = 10$ Nm (bei 36 V).

Mechanische Daten (Werte aus dem Beispiel auf S. 184)

Antriebsdrehmoment am Hinterrad $M_A = F \cdot r = 15\ \text{N} \cdot 0{,}36\ \text{m} = 5{,}4\ \text{Nm}$ (aus Laufradradius 28"-Rad = 0,36 m, Rollwiderstand = 3 N, Luftwiderstand = 12 N, Gesamtwiderstand = 15 N).

Der Motor muss nur 50 % vom Antriebsdrehmoment aufbringen: 2,7 Nm

Akkustrom im Nennbetrieb

$$P = U \cdot I \qquad I = \frac{P}{U} = \frac{250\ \text{W} \cdot 0{,}9}{36\ \text{V}} = 6{,}25\ \text{A}$$

Beim Nebenschlussmotor gilt $M \sim I$ bzw.

$$\frac{M}{I} = \text{konstant}$$

Das Verhältnis M_n/I_n am Motor gilt auch am Hinterrad M_A/I_A

$$\frac{M_n}{I_n} = \frac{M_A}{I_A} \qquad \frac{10\ \text{Nm}}{6{,}25\ \text{A}} = \frac{2{,}7\ \text{Nm}}{I_A}$$

$$I_A = \frac{2{,}7 \cdot 6{,}25}{10} = 1{,}7\ \text{A}$$

Von den 11 Ah des Akkus können nur $11 \cdot 0{,}8 = 8{,}8$ Ah angesetzt werden[2].

Mit $C = I \cdot t$ erhält man

$$t = \frac{C}{I} = \frac{8{,}8\ \text{Ah}}{1{,}7\ \text{A}} = 5{,}2\ \text{h}$$

mögliche Fahrzeit (in der Ebene bei $v = 18$ km/h)

Die mögliche Reichweite beträgt

$$s = v \cdot t = 18\ \text{km/h} \cdot 5{,}2\ \text{h} = 93{,}6\ \text{km}.$$

Nach einer Faustformel (E. Müller, 2. Auflage Fachwissen E-Bike, Akku-Kennzahl 0,7) beträgt die Reichweite

$$R = \frac{0{,}7 \cdot \text{Energieinhalt (Wh)}}{10\ \text{Wh/km}} \left(1 + \frac{1}{U}\right)$$

$$= \frac{0{,}7 \cdot 36 \cdot 11}{10} \left(1 + \frac{1}{0{,}5}\right) = 83{,}2\ \text{km}$$

Mittlerer spezifischer Energiebedarf von Verkehrsmitteln – pro **km** und **100 kg** bewegter Masse (siehe Tabelle).

Tabelle: Spezifischer Energiebedarf einiger Verkehrsträger in Wh/km

Verkehrsträger	Wh/km
Schiff	7
Güterzug	7
Fahrrad	10
Pkw	60
Flugzeug (Jumbo-Jet)	63
Fußgänger	65
Hubschrauber	280

Das Fahrrad schneidet beim spezifischen Energievergleich sehr günstig ab – wesentlich günstiger als ein Fußgänger. 10 Wh/km werden bei einer Tour im leicht hügeligen Gelände benötigt, ob nun der Fahrer, der Motor, oder beide zusammen die Fahrleistung erbringen. Der Mensch hat einen Wirkungsgrad von nur 25 %, der Wirkungsgrad des Akkuantriebs liegt bei etwa 70 %. D. h., aus Sicht der Energiebilanz ist es günstiger, nur mit Elektrokraft zu fahren.

[1] Abregelung durch das BMS (Schutz vor Tiefentladung, Temperatur), Unsicherheiten bei der Angabe der aktuellen Kapazität u. a.

[2] Der Faktor 0,8 berücksichtigt, dass die Akkukapazität nicht vollständig in Fahrleistung umgesetzt werden kann.

Reichweite und Trittfrequenz

Welchen Einfluss hat die Trittfrequenz auf die Reichweite des Elektrofahrrades? Was ist effektiver – gleiche Leistung vorausgesetzt – mehr Pedal(Bein)kraft und kleinere Trittfrequenz oder weniger Kraft bei höherer Frequenz? Zwei Gesichtspunkte sind zu berücksichtigen:

- Gibt es eine optimale Trittfrequenz und Pedalkraft für den E-Bike-Fahrer?
- Gibt es eine optimale Drehfrequenz für den Elektromotor?

Im Idealfall werden beide aufeinander abgestimmt – das ist die Aufgabe einer perfekten Motorsteuerung.

Eine für den Menschen optimale Trittfrequenz liegt vor, wenn bei gleicher Fahrleistung die geringste Kraft aufgewendet werden muss. Ärzte, Wissenschaftler, Sportler und viele andere sind sich darin einig, dass für die meisten Menschen eine Trittfrequenz von 60 Pedalumdrehungen pro Minute für Herz, Kreislauf, Muskeln und Gelenke günstig ist (Physiotherapeuten sprechen von 70 *U*/min).

Jetzt zum Elektromotor. Ist auch hier eine Drehzahl (umgerechnet über die Gesamtübersetzung) von 60 *U*/min effektiv? Oder: Befindet sich hier der Motor im effektiven Wirkungsgradbereich und trägt zu einer größeren Reichweite bei?

Anders gefragt: Sind bei hohen oder bei niedrigen Drehzahlen die Wärmeverluste ($P_v = U_A \cdot I_A$, siehe Formelsammlung S. 208) größer?

Eine Überschlagsrechnung soll die Frage beantworten.

Annahmen

- Elektrische (Unterstützungs)Antriebsleistung P_{mech} = 150 W
- Drehmomentkonstante k_m = 2 Nm/A
- Wicklungswiderstand R_A = 0,25 Ω (aus dem Datenblatt eines Herstellers)
- Trittfrequenz 1 f_1 = 1 1/s = 60 *U*/min
- Trittfrequenz 2 f_2 = 1,5 1/s = 90 *U*/min

Für die mechanische Leistung gilt:

$$P_{mech} = M \cdot \omega = M \cdot 2 \cdot \pi \cdot f \text{ (in W = Nm/s)}$$

Für die Verlustleistung (in dieser Rechnung sind nur die Kupferverluste berücksichtig) gilt:

$$P_V = I^2 \cdot R_A$$

Für den Wirkungsgrad gilt: $\eta = P_{ab}/P_{zu}$

Das Drehmoment bei f_1 = 1 1/s beträgt

$$M_1 = \frac{150}{2 \cdot \pi \cdot 1} \approx 24 \text{ Nm}$$

und bei f_2 = 1,5 1/s $M_2 = \frac{150}{2 \cdot \pi \cdot 1{,}5} = 16$ Nm

Mit der Drehmomentkonstanten k_m = 2 Nm/A ergeben sich die Ankerströme

$$I_1 = \frac{M_1}{k_M} = \frac{24 \text{ Nm}}{2 \text{ Nm/A}} = 12 \text{ A} \quad \text{und}$$

$$I_2 = \frac{16 \text{ Nm}}{2 \text{ Nm/A}} = 8 \text{ A}$$

und die Verlustleistungen

$$P_{V1} = I_1^2 \cdot R_A = 12^2 \cdot 0{,}25 = 36 \text{ W}$$

$$P_{V2} = I_1^2 \cdot R_A = 8^2 \cdot 0{,}25 = 16 \text{ W}$$

Der Motorwirkungsgrad bei der kleineren Trittfrequenz beträgt

$$\eta_1 = \frac{150 \text{ W}}{150 \text{ W} + 36 \text{ W}} \approx 0{,}8 = 80\ \%$$

und bei der höheren Frequenz

$$\eta_2 = \frac{150 \text{ W}}{150 \text{ W} + 16 \text{ W}} \approx 0{,}9 = 90\ \%$$

Ergebnis: Der Motorwirkungsgrad (und damit auch indirekt die Reichweite) ist bei der höheren Trittfrequenz von 90 U/min um ca. 9 % größer als bei der kleineren Frequenz von 60 *U*/min.

Eine Frage ist noch zu klären: Ab welcher Motordrehzahl fällt der Wirkungsgrad wieder ab? Dazu muss man die Kennlinien des Motors kennen, z. B. in Kapitel 4.6 und Seite 181.

12 CAN-Bus

Moderne Elektro-Leichtfahrzeuge (und Elektro-Zweiräder) verfügen über eine Vielzahl an elektronischen Systemen. Viele dieser Komponenten müssen miteinander kommunizieren. Aufgrund der Vielzahl an zu vernetzenden Komponenten ist eine konventionelle Verkabelung kaum noch möglich. An die Stelle des herkömmlichen „Kabelbaums", bei dem die Systeme durch einzelne Leitungen direkt miteinander vernetzt werden, sind sogenannte Bus-Systeme gerückt. CAN-BUS sendet ein digitales Signal, bei dem alle Komponenten des Systems (z. B. Steuergeräte, BMS, Display, Drehmomentsensor) permanent miteinander kommunizieren.

12.1 Allgemeines

Der Einsatz serieller Bussysteme anstelle konventioneller Verbindungstechniken ist Stand der Technik. Bussysteme haben eine höhere Flexibilität in Bezug auf Änderungen und Erweiterungen und ermöglichen darüber hinaus Einsparungen von Projektierungs- und Installationskosten. Programmierung und Diagnose von komplexen Systemen sind relativ leicht ausführbar. Serielle Bussysteme werden mittlerweile auch in Leicht-Elektrofahrzeugen (LEV) eingesetzt.

Die Vernetzung von Systemen mit einfacher Verkabelung über serielle Bussysteme hat sich im Bereich der fahrzeuginternen Elektroniksysteme durchgesetzt. Insbesondere das ursprünglich für den Einsatz in Fahrzeugen konzipierte Controller-Area-Network (CAN) hat in der Zwischenzeit eine weit über den Einsatz in Kraftfahrzeugen hinausgehende Bedeutung gefunden. Folgende Anwendungen existieren heute bereits:

- Datenkommunikation in der Produktionsautomatisierung
- Datenkommunikation in Kraftfahrzeugen
- Datenkommunikation in Gebäuden
- Datenkommunikation in Maschinen und Systemen
- Datenkommunikation in Leicht-Elektrofahrzeugen

Bei den Elektrofahrrädern gibt es bereits einige Antriebssysteme, die mit dem CAN-Bus arbeiten, darunter die Fabrikate Gebida, Bosch, BionX und MPF. MPF ist ein neues Antriebssystem mit Mittelmotor (ähnlich Boschantrieb), das in Österreich entwickelt und von dort vertrieben, aber in Taiwan hergestellt wird.

Bis jetzt existieren nur Insellösungen. Deswegen setzt sich insbesondere die Organisation *EnergyBus* für eine Standardisierung der Stecker- und Kabelverbindungen sowie eines einheitlichen Übertragungs-Protokolls in Elektro-Leichtfahrzeugen ein.

Mit dem von EnergyBus entwickelten offenen Bussystem werden 127 Komponenten zusammengeschlossen. Die interne Versorgungsspannung beträgt 12 V. Die Kommunikationssprache ist die Maschinensprache CAN. Im **Bild 1** ist ein Stecker zu sehen. Neben den zwei Hauptkontakten für den Kraftstrom sind rechts und links zwei Kontaktstifte vorhanden. Das eine Paar dient zur Datenübertragung, das andere der Versorgungsspannung.

Was die Schnittstelle **USB** (Universal Serial Bus) für den Computer ist, soll das EnergyBus-System für Elektro-Leichtfahrzeuge werden. Entsprechend wird dieses intelligente Verbindungssystem als **EBS** (EnergyBus Standard) bezeichnet.

EnergyBus gibt die Form der Stecker mit ihren Pins vor, die die Verbindungen der Batterie mit dem Motor, des Motors mit dem Display und aller anderen Komponenten herstellen. Der Standard-Stecker überträgt sowohl Energie als auch Daten und befähigt die Komponenten, dass sie einander verstehen und problemlos zusammenarbeiten.

Bild 1: Stecker mit Kontaktstiften

12

Mit dem angestrebten Bus-Standard für Elektro-Leichtfahrzeuge werden alle elektrischen Komponenten miteinander kompatibel. Dadurch können sie einfach konstruiert werden. Durch eine einheitliche Kommunikations-Sprache und einem Stecker-Set für alle Anwendungsfälle können sich die Entwickler von neuen Fahrzeugen auf Leistungsfähigkeit und Design konzentrieren, ohne sich um Hard- und Softwareprobleme zu kümmern. Das spart Zeit und Geld.

Auch Werkstätten und nicht zuletzt die Nutzer haben Vorteile von einer Vereinheitlichung. Komponenten können frei ausgetauscht werden, unabhängig vom Fabrikat, soweit sie dem EBS-Standard entsprechen.

12.2 Geschichtliches

- CAN wurde ab 1983 von Bosch auf Anforderung von Daimler-Benz und BMW als Automobilbus entwickelt. Die Notwendigkeit ergab sich aus der Tatsache, dass ein Mittelklasse-Pkw über 600 verschiedene Kabelbaumtypen mit mehr als 2000 Meter Kabellänge und über 100 kg Gewicht hatte.
- 1987 wurde der erste CAN-Chip von INTEL auf den Markt gebracht.
- Seit 1989 gibt es Serienbausteine für den Einsatz im Fahrzeug.
- Seit 1992 wird CAN in der Mercedes S-Klasse eingesetzt, später folgten andere Automobilhersteller.
- Mit der Zeit haben sich weitere Autobusprotokolle herausgebildet (z. B. VAN, ABUS). Sie sind inzwischen zugunsten von CAN aufgegeben worden.
- Seit 1994/95 ist CAN das am meisten verbreitete Protokoll für Automobilanwendungen.
- Seit 2002 wurde durch EnergyBus mit der Entwicklung eines Standards für Leicht-Elektrofahrzeuge begonnen. Für die Informationsübermittlung wurde der CAN-Bus gewählt. Als Protokoll kommt *CAN Open* zum Einsatz. Die elektrische, informatische und mechanische Definition wurde im Rahmen der *LEV Conference* im März 2011 in Hsinchu, China, publiziert und steht nun den Mitgliedern weltweit zur Verfügung.

12.3 Funktionsprinzip

Bei einer herkömmlichen Verkabelung wird für jede Information eine Leitung benötigt. Bei zunehmender Elektronik in Fahrzeugen wächst Umfang und Gewicht des Kabelbaums und die Steckervielfalt wird immer größer. Abhilfe schafft der CAN-Bus, der sämtliche Informationen über lediglich zwei Leitungen überträgt. Damit die Datenübertragung funktioniert, braucht natürlich jede Komponente im System einen Sender und Empfänger – die **Electronic Control Unit (ECU)**. Da die erforderliche Elektronik heute auf einen winzigen Chip untergebracht und preisgünstig hergestellt werden kann, überwiegen die Vorteile der digitalen Übertragung gegenüber der analogen.

Im Elektrofahrrad hält sich die Zahl der elektrischen Komponenten noch in Grenzen und man kommt ohne ein Bus-System zurecht. Doch mit zunehmender Elektronik und dem Wunsch nach einem universellen Stecker- und Informationsübertragungssystem ist die Einführung eines CAN-Busses, zugeschnitten auf die Bedürfnisse der LEVs, sinnvoll.

Alle vernetzten Geräte können die versendeten Informationen aufnehmen. Jedoch darf immer nur eines senden, ihm darf nicht „ins Wort gefallen" werden, sonst funktioniert der Informationsaustausch nicht mehr. In **Bild 1** ist nur die Vernetzung mit dem Datenbus dargestellt. In Wirklichkeit kommen dazu noch die Leitungen für den Kraftstrom und die Spannungsversorgung für Bedientableau und Sensoren.

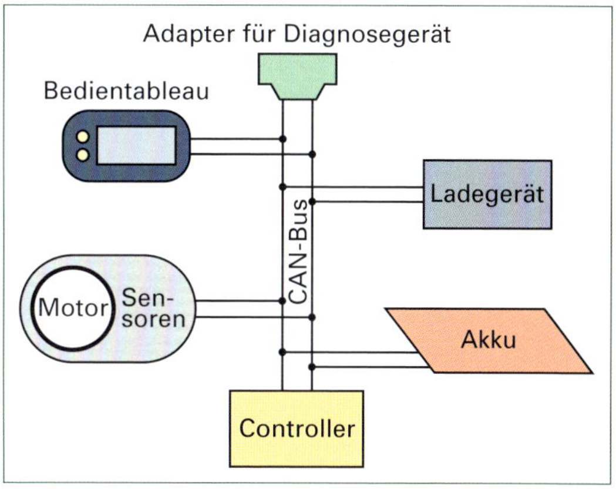

Bild 1: CAN-Bus im Elektrofahrrad. Alle Komponenten sind über den Datenbus (zwei Kabel) miteinander verbunden und können Informationen austauschen.

12

Die Informationsübertragung hat viel Ähnlichkeit mit dem Funksprechverkehr in der Luftfahrt. Wenn jemand funkt, empfangen alle Flugzeuge und Bodenstationen die Informationen, sofern sie ihr Funkgerät auf die betreffende Frequenz geschaltet haben. Der Sender muss immer den Adressaten und sich selber nennen. Der Angesprochene sollte beim Empfangen der Botschaft hellwach werden und auf alle Anweisungen sorgfältig achten. Die anderen Piloten lassen in der Regel die Daten an sich vorüberrauschen, ohne hinterher zu wissen, was gesprochen wurde. Im Gegensatz zum Telefonieren ist kein Gegensprechen möglich. Wenn zwei Funkgeräte auf einer Frequenz gleichzeitig funken, stören sie sich gegenseitig und es ist keine Datenübertragung möglich.

Bei der Datenübertragung im Fahrzeug spricht man dabei von **Halb-Duplex**: Jedes Gerät kann nur abwechselnd senden oder empfangen **(Bild 1)**. Dies ist das Standardverfahren in Fahrzeugen. Das Telefonieren oder die Datenübertragung im Internet funktioniert dagegen **Voll-Duplex**: Gleichzeitiges Senden und Empfangen ist möglich.

Die Datenübertragung erfolgt in der Regel bitweise seriell. Im einfachsten Fall sind zwei Geräte direkt miteinander verbunden.

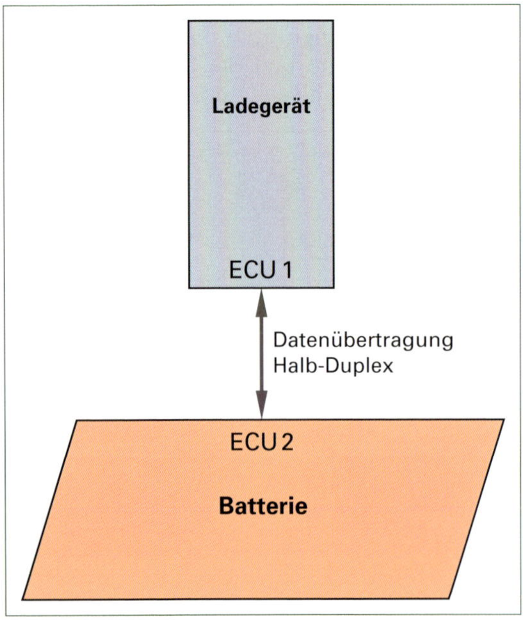

Bild 1: Datenübertragung zwischen zwei Geräten

info

Die Informationsübertragung zwischen Ladestation und dem Akku eines Elektrofahrzeuges ist die vordringlichste Aufgabenstellung bei Einführung der E-Mobilität. Städte, Länder und ganz Europa träumen von universalen Ladestationen – wie Tankstellen, überall im Land verteilt, mit denen Elektrofahrzeuge aufgeladen werden können. Diese Aufgabe kann nur durch einen einheitlich genormten Standard gelöst werden. An diesem Schnittstellenproblem arbeitet EnergyBus mit namhaften Weltfirmen.

12.4 Informationstechnische Grundlagen

Für die Anwendung in Fahrzeugen werden hier nur die wichtigsten Grundeigenschaften von Bussen dargestellt. Um tiefer in die Materie einzusteigen, ist auf weiterführende Literatur zurückzugreifen.

Die Verbindungen können als Ein-Draht- oder als Zwei-Draht-Leitung ausgeführt werden **(Bild 2)**. Bei der kostengünstigen Eindraht-Leitung erfolgt die Signalrückführung über den Fahrzeugrahmen (Masse). Derartige Verbindungen sind anfällig für die Ein- und Ausstrahlung elektromagnetischer Störungen.

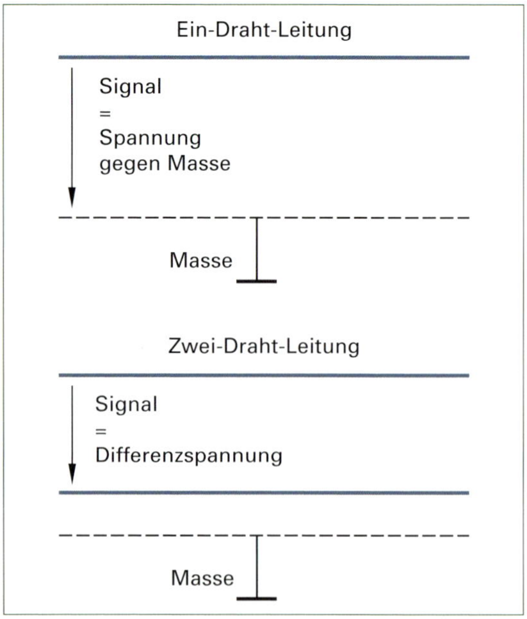

Bild 2: Ein-Draht- und Zwei-Draht-Leitung

Beim EnergyBus werden Zwei-Draht-Leitungen verwendet. Sie sind weniger anfällig für elektromagnetische Probleme und ermöglichen auch die Verbindung zwischen Ladestation und Fahrzeugbatterie. Bei der Zweidrahtlösung kann mit kleineren Signalpegeln und höheren Bitraten gearbeitet werden. Die digitale Übertragung erfolgt meist mit positiver Logik, d. h., die höhere Spannung *(High)* entspricht der *logischen 1*, die kleinere Spannung (Low) der *logischen 0*.

Da die elektromagnetische Störstrahlung umso größer ist, je steiler die Signalflanken sind und je häufiger sie auftreten, arbeitet man in der Regel mit **NRZ-Codierung** (NRZ = Non-Return-to-Zero), d. h. das Signal bleibt für die gesamte Dauer eines Bits konstant auf Low oder High.

Die heute üblichen Übertragungsgeschwindigkeiten liegen bei Bitraten im Bereich zwischen 10 kBit/s und 500 kBit/s. EnergyBus verwendet eine Geschwindigkeit von 250 kBit/s.

info

In der Geschichte der Informationsübermittlung hat die Datenübertragung durch hintereinander (seriell) gegebene Zeichen (Bytes) eine lange Tradition. Beim Telegrafieren über Land, in der Schifffahrt und später auch im Luftverkehr hat man sich über weite Strecken durch Morsen verständigt. Dies ist nichts anderes als eine bitweise serielle Datenübertragung. Ein langer Ton ist die logische 1, ein kurzer die logische 0. Der Kfz-Bus nach US Standard SAE J1850 arbeitet z. B. mit pulsweitenmodulierten Signalen (PWM = puls-width-modulation). In den Modellen von Ford und GM wird diese Art von Datenübertragung noch angewandt. In Europa wird dieses System nicht genutzt. Beim CAN-Bus ist die Bit-Breite immer gleich. „Lang" und „Kurz" werden durch unterschiedliche Spannungen ausgedrückt. In der modernen Luftfahrt wird das „Morse-System" immer noch angewandt. Alle Funkfeuer unserer Welt strahlen ihre Kennung über den Morse-Code aus.

Die Signalpulse (Bits) können unipolar oder bipolar sein. Beim unipolaren Signal liegen die *logische 1* und die *logische 0* im positiven Spannungsbereich, sie unterscheiden sich nur durch Spannungsdifferenz. Beim bipolaren Signal ist die *logische 1* positiv und die *logische 0* negativ.

Je steiler die Flanke eines Signals ist, umso mehr Störfrequenzen werden abgestrahlt. Die in **Bild 1** gezeichneten senkrechten Flanken sind am ungünstigsten. Man versucht daher die Steilheit der Signalflanken durch entsprechende Treiberschaltungen so zu verringern, wie für eine angestrebte Bitrate gerade noch zulässig.

Beispiel:
Im Norden von Stuttgart steht das UKW-Drehfunkfeuer *LUBURG*.

Es strahlt folgende Kennung aus:
._.. _... .._ (._.. = L, _... = B, .._ = U).

Hört nun der Pilot die aus Bits gebildeten Zeichen LBU in seinem Cockpit, so weiß er, dass er das Funkfeuer LUBURG angepeilt hat, welches ihn auf einer Luftstraße nach Stuttgart führt.

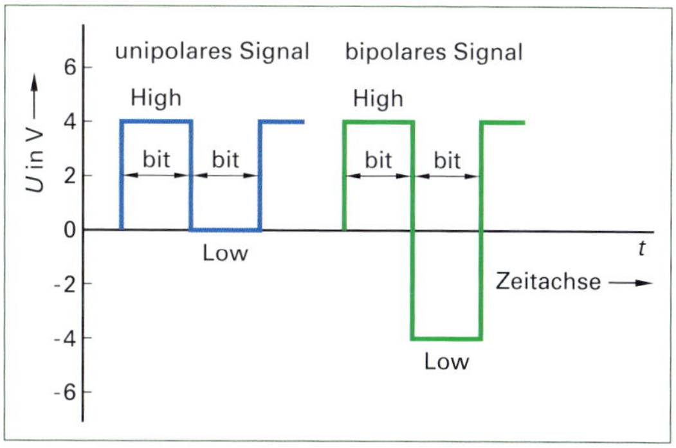

Bild 1: Unipolare und bipolare Signale

Ob nun zwei oder viele Geräte an einer Leitung angeschlossen sind, die Signalgebung und auch -verknüpfung erfolgt ähnlich wie beim Morsen. Beim Morsen wird durch Betätigung einer Taste das Signal eingeschaltet, beim Loslassen ausgeschaltet. Ähnlich funktioniert es auch durch die Electronic Control Unit (ECU), den Bordcomputer jeden Gerätes.

In **Bild 1** ist das Grundprinzip für eine Ein-Draht-Busleitung dargestellt.

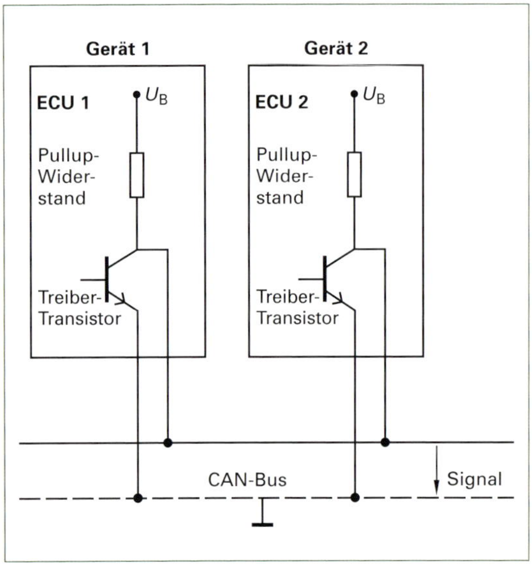

Bild 1: Sender im CAN-Bus

Wenn beide Steuergeräte ein *High*-Signal oder gar kein Signal senden wollen, bleibt der jeweilige Treibertransistor gesperrt. Durch die sogenannten Pull-Up-Widerstände wird die Busleitung dann auf den Pegel der Versorgungsspannung U_B gezogen.

Sobald ein Steuergerät ein *Low*-Signal senden will, schaltet es den jeweiligen Treibertransistor durch. Die Busleitung wird damit praktisch kurzgeschlossen und das Signal *Low* gesendet. Wenn dagegen gleichzeitig zwei Steuergeräte senden und ein Gerät *Low*, das andere *High* sendet, „gewinnt" das Steuergerät, das das *Low*-Signal auf den Bus legt. Man bezeichnet das *Low*-Signal in diesem Fall als dominant, das bei einer solchen Kollision „unterlegene" *High*-Signal als rezessiv. Um solche Kollisionen zu erkennen, muss jeder Sender die tatsächlich auf dem Bus liegenden Signalpegel überwachen und mit seinem Sendewunsch vergleichen.

12

12.5 Protokolle und Botschaften

Die Nachrichtenübertragung in einem System mit einer Anzahl von Geräten muss eine sauber spezifizierte Struktur haben. Man spricht dabei von einem Protokoll.

Die Nutzdaten werden mit zusätzlichen Informationen versehen **(Bild 2)**. Vor den eigentlichen Nutzdaten (Payload) wird üblicherweise ein Vorspann (Header) übertragen, der Adressinformationen enthält (Sender und Empfänger der Daten), Angaben über die Anzahl der zu übertragenden Daten und gegebenenfalls zu deren Art. An die zu übertragenden Nutzdaten wird häufig ein Nachspann (Trailer) angehängt, der Informationen zur Fehlerprüfung und -korrektur enthält.

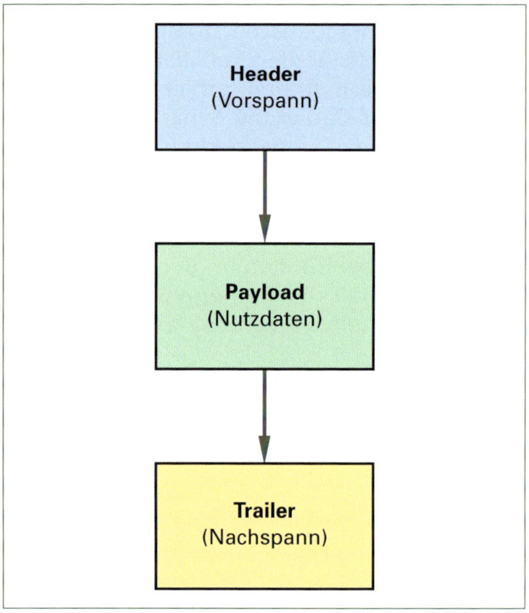

Bild 2: Aufbau eines Protokolls

Bei einigen Protokollen werden zwischen den Nutzdaten noch weitere Bits zur Übertragungssteuerung oder Trennung von Datenblöcken eingefügt.

Häufig ist die Länge einer Botschaft begrenzt. So erlaubt z. B. CAN nur maximal 8 Byte, d. h. 64 Bit Nutzdaten in einer Botschaft. Bei längeren Informationen wird die Nachricht in mehrere Botschaften aufgeteilt und beim Empfangen wieder zusammengesetzt.

Für die Adressierung von Botschaften gibt es zwei gängige Verfahren:

- Gerätebasierte Adressierung (Stations- oder Teilnehmeradressierung)
- Inhaltsbasierte Adressierung (Botschafts-Kennung)

Bei der gerätebasierten Adressierung (Stations- oder Teilnehmeradressierung) wird jedes Steuergerät durch eine eindeutige Adresse (Nummer) identifiziert, wobei jede Botschaft neben der Zieladresse, d. h. der Adresse des Empfängers, in der Regel auch die Quell-Adresse, d. h. die Adresse des Senders, enthält.

Anstelle der gerätebasierten Adressierung kann eine inhaltsbasierte Adressierung verwendet werden. Dabei wird eine Botschaft mit einer bestimmten adressähnlichen Kennung (Identifier) versehen, die den Inhalt der Botschaft kennzeichnet. Jedes Gerät, das sich für den Inhalt der Botschaft interessiert (z. B. Höhe des Motorstromes), kann die Daten verwenden. Die inhaltsbasierte Adressierung führt zu einer geringeren Busbelastung, wenn Daten häufig an mehrere Teilnehmer versendet werden müssen.

info

Zur Veranschaulichung eines Informationsaustausches wird im Folgenden ein Funksprechverkehr mit dem Datenaustausch in einem CAN-Bus-Netz verglichen.

a) Ein Flugzeug mit der Kennung D-ECFA nimmt Kontakt mit dem Flughafen Stuttgart auf.
   Flugzeug: Flughafen Stuttgart, hier D-ECFA, erbittet Landeinformationen.
   Flughafen: D-ECFA, hier Flughafen Stuttgart, Landebahn 26, Wind 7 aus 300°, Landung frei.
   Flugzeug: D-ECFA verstanden, Landung frei.

b) Eine Ladestation nimmt Kontakt mit einer Fahrzeugbatterie auf.
   Ladestation: Akku, hier Charger 36, erbitte Ladeinformationen.
   Batterie: Charger 36, hier Akku 10INR, 36 V, Ladestrom 4 A, max. Ladespannung 42 V.
   Ladestation: Charger 36 beginnt mit Ladung, max. Ladespannung 42 V.

Der Trailer (Nachspann) wurde bei dem virtuellen Datenaustausch in „Menschenworten" weggelassen. Im Funksprechverkehr kann ein „Ende" hinzugesetzt werden, im Netz ein Kontrollcode. Im CAN-Bus erfolgte der Datenaustausch natürlich mit Bits, die entweder 1 oder 0 signalisieren. Entschlüsselt ergeben sie aber den Sinn der in Worten dargestellten Übertragung.

12.6 Zugriffsverfahren

Wie bereits dargestellt, kommt es zu einer Kollision, wenn mehrere Steuergeräte gleichzeitig versuchen, über den Bus Daten zu senden. Alle Bussysteme müssen daher eine Strategie einsetzen, um Kollisionen zu vermeiden. Gemeinsamer Grundsatz ist dabei die Nicht-Unterbrechbarkeit laufender Übertragung. Die gerade auf dem Bus übertragene Botschaft wird in jedem Fall vollständig übertragen. Jeder Sender muss überprüfen, ob der Bus frei ist, bevor er mit einem Sendeversuch beginnt.

- **Master-Slave:** Es gibt nur ein Steuergerät (Master), das eine Datenübertragung beginnen darf. Slaves dürfen nur auf eine sie gerichtete Abfrage antworten. Untereinander können die Slaves nicht direkt kommunizieren.

- **Asynchron:** Jedes Steuergerät kann zu beliebigen Zeiten auf den freien Bus zugreifen. Wenn mehrere Steuergeräte gleichzeitig den Bus belegen, werden die elektrischen Signale auf dem Bus verfälscht. Da jedes Steuergerät ohnehin die Signale auf dem Bus überwacht, wird die Kollision erkannt und die Steuergeräte stellen die Übertragung sofort ein und versuchen es zu einem späteren Zeitpunkt nochmals.

- **Token-Passing:** Die Sendeberechtigung (Token) läuft reihum. Wenn seine Sendezeit abgelaufen ist, gibt das betreffende Steuergerät die Berechtigung an ein anderes Gerät ab. Das Verfahren ist bei Fahrzeug-Bussystemen nicht üblich.

- **Zeitsynchron:** Jedes Steuergerät erhält ein bestimmtes periodisches Zeitfenster, in dem nur dieses Steuergerät senden darf.

12.7 Merkmale von EnergyBus-Systemen

Das für Leicht-Elektrofahrzeuge entwickelte Bussystem hat folgende Merkmale:

- Die Adresse (Identifier) besteht aus 11 Bits
- Voll kompatibel mit CAN open
- Bis zu 127 Verbindungen

- Eine Botschaft besteht aus 8 Bytes (Zeichen) zu je 8 Bits
- Stets nur ein Master-Steuergerät (EnergyBus Controller = EBC) ist aktiv
- Verbindungen (Gateways) zu anderen Netzwerken sind möglich (Bluetooth, Ethernet, USB usw.)

In einem Fahrzeug ist nur ein EnergyBus Controller (EBC) erlaubt. Er übernimmt alle Steuerfunktionen. In diesem EBC ist auch die Software installiert. Der EBC regelt zudem den Energiefluss innerhalb und außerhalb des Busses. Außerdem prüft er das System und versucht es ggf. in eine stabile Situation zu bringen. Dies bezieht sich vor allem auf:

- Spannungsbegrenzung
- Unterspannungsschutz
- Überstromschutz für die Komponenten sowie Kabel und Stecker
- Managen von Mehrfach-Batterien und Hybrid-Systemen

Beim Einschalten führt der EBC einen Boot-Check durch, der folgende Funktionen beinhaltet **(Bild 1)**:

- Die Stecker werden auf Durchgang geprüft.
- Sind die Master-Funktion und die Versorgungsspannung 12 V aktiviert?
- Besteht Kommunikation zu allen Komponenten?
- Ist Software, Spannung und Strom von allen angeschlossenen Geräten miteinander kompatibel (d. h., befinden sie sich auf dem gleichen Level)?
- Ist alles in Ordnung, wird der Power-Bus eingeschaltet und das Fahrzeug kann in Betrieb genommen werden.

Bild 2: Werden ein High- und ein Low-Signal zur gleichen Zeit gegeben, so fällt der Spannungspegel auf 2,5 Volt. Die Geräte können daran erkennen, dass eine Kollision vorliegt.

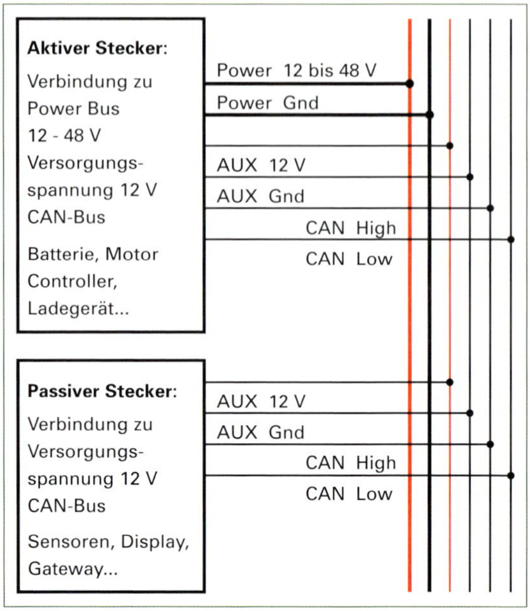

Bild 1: Aktive und passive Verbindungen beim EnergyBus-System

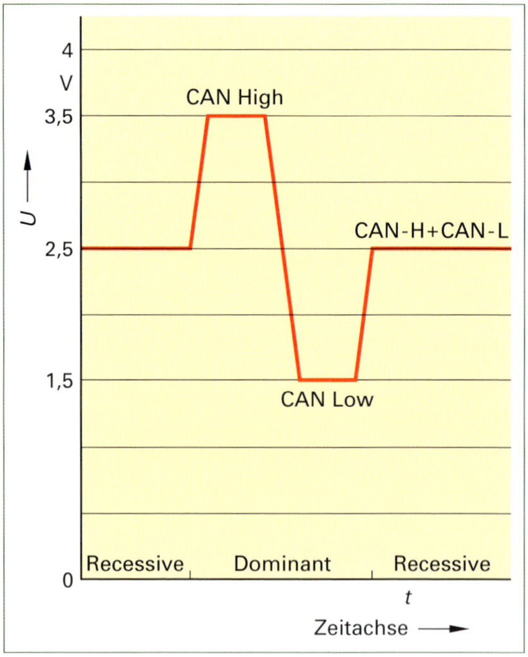

Bild 2: Bus-Level im EnergyBus-System

12

13 Leistungsprüfstand

In diesem Kapitel soll ein Einblick vermittelt werden, wie mit technischen Mitteln eine realistische Aussage über die mögliche erzielbare Reichweite eines Pedelec erfolgen kann **(Bild 1)**. Notwendig ist dazu ein Vergleichstest zwischen Prüfstands- und Außenversuch.

Im Vorfeld müssen folgende Fragen beantwortet werden:

- Wie groß sind die unterschiedlichen Fahrwiderstände?
- Wie hoch ist der Energiebedarf bei vorgegebener Streckenlänge ($W = F \cdot s$)?
- Welche menschliche (humane) Leistung wird benötigt, um diese Fahrwiderstände bei unterschiedlichen Geschwindigkeiten zu überwinden ($P = F \cdot v$)?
- Mit welchem Faktor U soll der elektrische Antrieb den Menschen unterstützen?

Mehrere Parameter müssen vorausgesetzt werden: Testrad und Testfahrer für den Außenversuch, Systemgewicht, bevorzugte Trittfrequenz, gewählte Getriebeübersetzung, menschliche, mechanische und elektrische Wirkungsgrade usw.

13.1 Modell eines Leistungsprüfstandes

Ein einfacher Versuchsaufbau **(Bild 2)** soll erklären, wie man die Leistung eines Motors bestimmen kann.

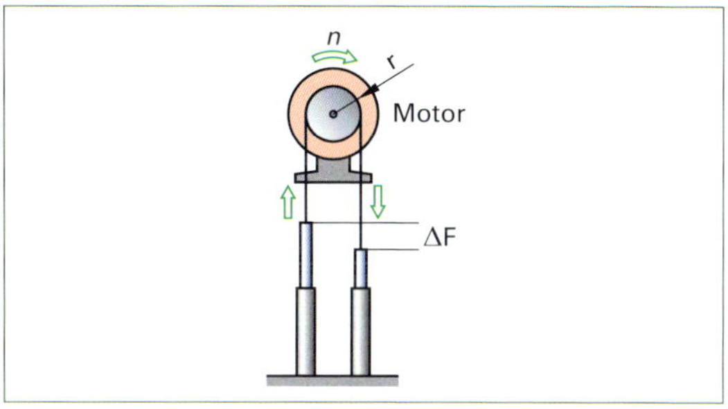

Bild 2: Modell eines Leistungsprüfstandes

Über die Riemenscheibe (Radius r) eines Motors wird ein Riemen gelegt, der durch zwei Kraftmesser **vorgespannt** ist. Solange der Motor steht, zeigen beide Kraftmesser den gleichen Wert an. Wird der Motor angetrieben, entsteht zwischen der Riemenscheibe und dem Riemen eine Reibung, deren Kraft F_R man als Differenz an den beiden Kraftmessern ablesen kann. Der Motor verrichtet die Reibungsarbeit ΔW:
$\Delta W = \Delta F_R \cdot \Delta s$

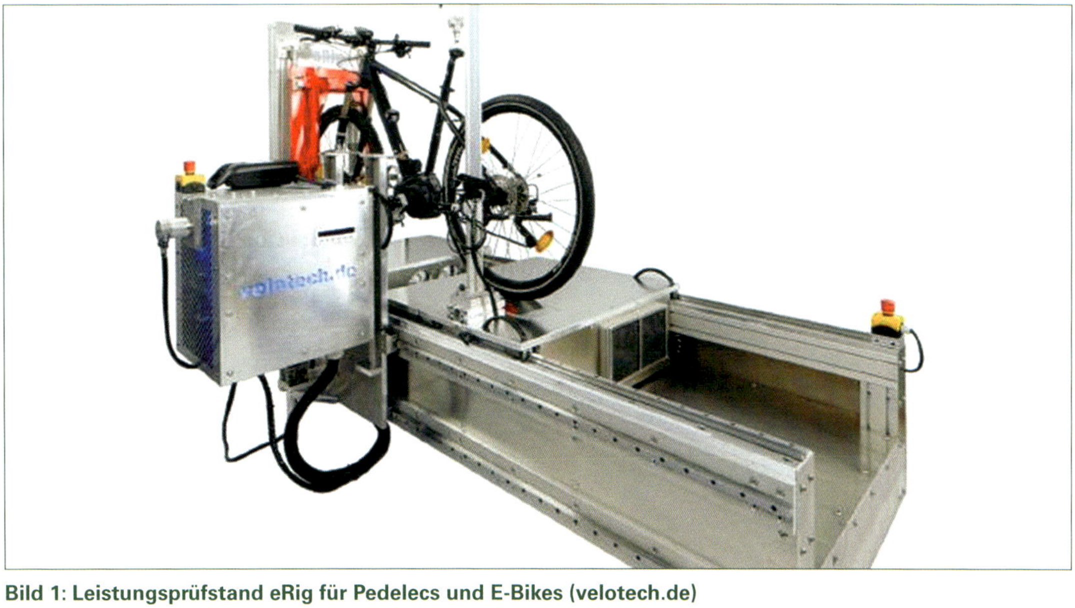

Bild 1: Leistungsprüfstand eRig für Pedelecs und E-Bikes (velotech.de)

13

Nun muss noch der in der Zeit Δt zurückgelegte Weg Δs bestimmt werden. Den Weg erhält man aus der Drehzahl n des Motors und dem Umfang der Riemenscheibe: Für eine Umdrehung ergibt sich für den Weg: $\Delta s = 2 \cdot \pi \cdot r$

Für n Umdrehungen: $\Delta s = n \cdot 2 \cdot \pi \cdot r$

Gibt man n in 1/s an, erhält man für die abgegebene Leistung P

$$P = \frac{F_R \cdot 2 \cdot \pi \cdot r \cdot n}{\Delta t}$$

Rechenbeispiel: $F_R = 60$ N, $r = 0{,}1$ m, $n = 10$ 1/s (= 600 U/min)

$$P = \frac{60\ \text{N} \cdot 2 \cdot 3{,}14 \cdot 0{,}1\ \text{m} \cdot 10}{1\ \text{s}} = 377\ \text{Nm/s}$$

$$P = 377\ \text{W}$$

Das Drehmoment M an der Motorwelle beträgt

$M = F \cdot r = 60\ \text{N} \cdot 0{,}1\ \text{m} = 6\ \text{Nm}$

Der Leistungsprüfstand eRig (velotech.de) ist mit einem Doppelrollensystem ausgestattet, da Pedelecs mit unterschiedlichen Antriebskonzepten (Nabenmotor an Vorder- oder Hinterrad, Mittelmotor) geprüft werden können **(Bild 1)**.

Wichtig ist, dass beide Laufräder mit exakt der gleichen Geschwindigkeit rotieren. Die beiden Rollen müssen schlupffrei ihre Antriebskraft übertragen und längenverstellbar sein, um unterschiedliche Fahrradgrößen aufnehmen zu können.

Ein mit den Daten des Straßenversuchs (Außenversuch) gespeister Datenlogger (Steuergerät 10 in **Bild 1** und **Bild 2**) steuert die Motoren 1, 2, 3 und 9.

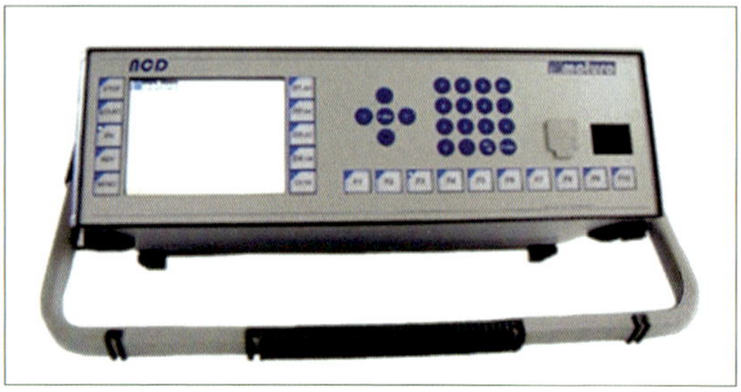

Bild 2: Datenlogger (Steuergerät, Controller) eines Leistungsprüfstandes (Fa. Maturo)

13.2 Prinzip des Leistungsprüfstandes

Das Pedelec wird auf den Prüfstand montiert. Ein Servomotor (2) erhält vom Steuergerät die Daten Drehzahl und Drehmoment und treibt den Pedelecmotor (9) an. So überträgt dieser die menschlich simulierte Fahrerleistung auf den Antriebsstrang.

Ähnlich dem menschlichen Tritt erfolgt ein sinusförmiger Drehmomentverlauf in der Tretlagerwelle. Der Pedelecmotor reagiert auf die eingebrachte (simulierte) Fahrerleistung wie bei einem aufsitzenden menschlichen Fahrer und kann (abhängig von der eingestellten Unterstützungsstufe) eine zusätzliche Leistung aufbringen.

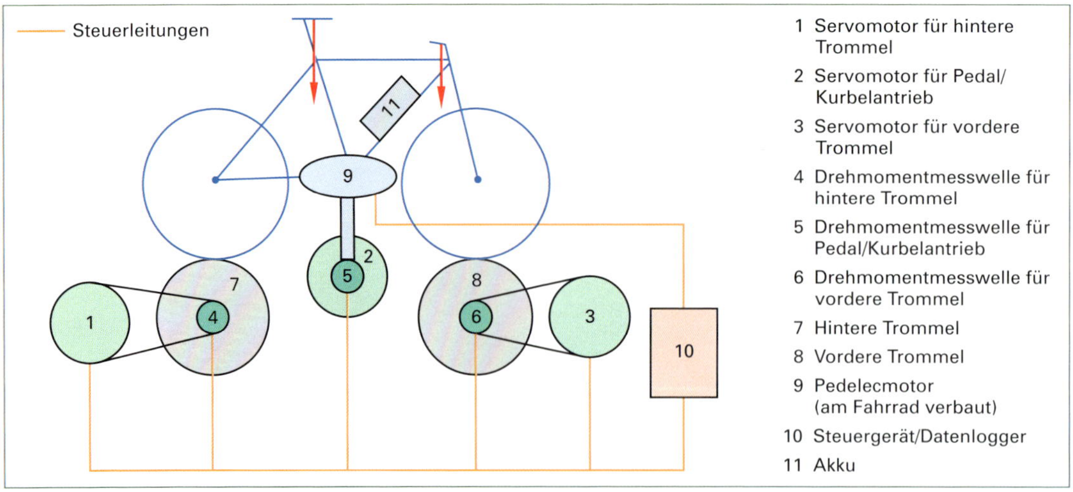

Bild 1: Prinzipskizze Leistungsprüfstand

Die eingehende Leistung aus Pedelecmotor (9) und Kurbelantrieb (2) wird über den Antriebsstrang des Rades auf die hintere Trommel (7) übertragen. Bedingt durch den Wirkungsgrad des Pedelecmotors sowie des Antriebsstrangs (u. a. Rollwiderstand des Reifens) entstehen Übertragungsverluste: Ein Teil der eingehenden Leistung geht auf dem Weg zur hinteren Trommel „verloren" (wird dissipiert).

Die Drehmomentmesswelle (4) an der hinteren Trommel ermittelt die abgegebene Leistung (Produkt aus Drehmoment und Drehzahl). Das nötige Bremsmoment an der hinteren Trommel wird über den Servomotor (1) erzeugt, der den Fahrwiderstand simuliert. Der gesamte Fahrbetrieb wird über das zentrale Steuergerät (10) geregelt und gespeichert.

Für Pedelecs mit Frontmotor wird entsprechend der Servomotor (3) für die Abbremsung genutzt. Das Rad rollt hierbei auf der vorderen Trommel (8), die die gleiche Geschwindigkeit wie die hintere Trommel (7) hält.

13.3 Geschwindigkeitsregelung

Über das Steuergerät wird eine feste Geschwindigkeit an der hinteren Trommel (7) vorgegeben. Unabhängig davon, wie viel an Leistung/Drehmoment auf die Trommel übertragen wird, sorgt der Servomotor (1) über das Steuergerät (10) dafür, dass diese Geschwindigkeit konstant gehalten wird.

So können am Pedelec verschiedene Unterstützungsstufen, Eingangsleistungen und Übersetzungen gewählt und die Leistung an der hinteren Trommel erfasst werden. Beispiel: Mittels Differenzmessungen (inkl. Schlupfbereinigung) lässt sich der Wirkungsgrad des Pedelecmotors allein oder des gesamten Systems (Pedelec) bestimmen.

Dabei muss die Spannung und die Stromstärke des Pedelecmotors (9) auch im Steuergerät gespeichert werden. Über diesen Betriebszustand lassen sich aufschlussreiche Kennlinien und Arbeitspunkte des Pedelecmotors auslesen und damit die verbindlichen Normen der EN 15194 für Pedelecs überprüfen **(Bild 1)**.

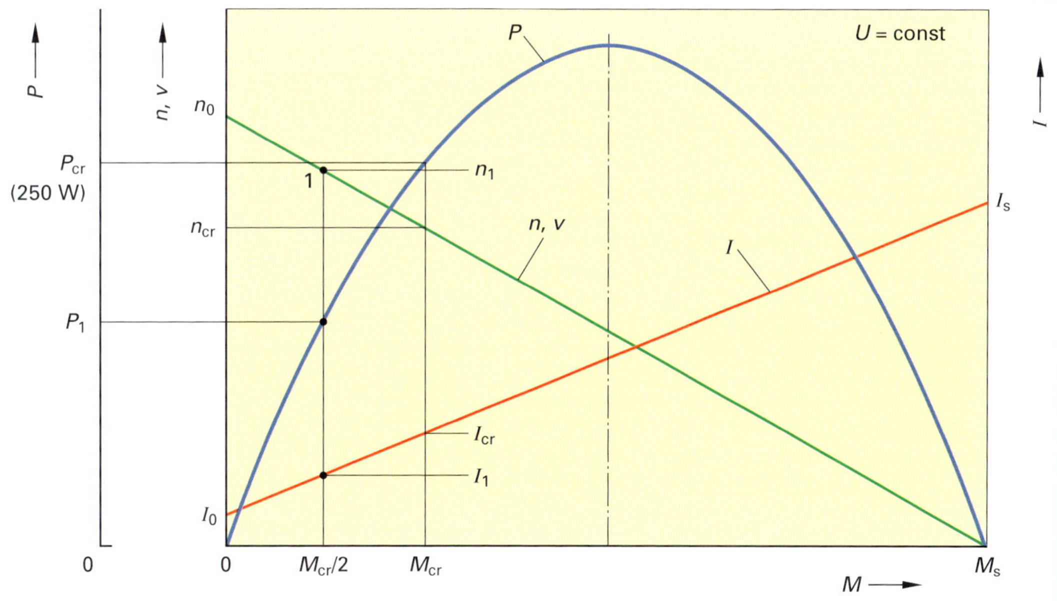

Legende/Größen

U Spannung [V]
M Drehmoment [Nm]
P Ausgangsleistung [W]
I_0 Leerlaufstrom [A]
n Drehzahl [min^{-1}]
v Geschwindigkeit [km/h]
I Stromstärke [A]

Kennziffern

cr Dauerleistung
s Stillstand
$n_0 = v_0$, $v_0 > 25$ km/h
0 keine Belastung
1 Belastungspunkt

Bild 1: Kennlinien eines Pedelecmotors nach EN 15194: Verhältnis zwischen *P*, *n* und *M*

13.4 Steuerungsstrategie

Das Diagramm **(Bild 1)** zeigt, wie empfindlich ein Pedelecmotor auf Eingangssignale reagiert. Hier wird ein fester Gang am Rad gewählt und die Geschwindigkeit und Trittfrequenz konstant gehalten.

Die Fahrerleistung wird von 10 W bis 300 W zügig erhöht. Der Test beginnt ohne elektromotorische Unterstützung (U = 0) und endet bei der maximalen Unterstützungsstufe (U = 2).

Die Motorleistung hängt linear von der eingebrachten Fahrerleistung ab. Der Verstärkungsfaktor nimmt mit jeder weiteren Unterstützungsstufe zu. Während der Fahrer in der kleinsten Unterstützungsstufe lediglich 50 W elektrische Motorunterstützung bei 125 W Kurbelleistung erhält, sind es bei der höchsten Stufe 570 W.

Das Auslesen dieser Kurven ermöglicht es, das subjektive Fahrgefühl, wie sich ein Motor verhält, verlässlich zu quantifizieren und zu vergleichen.

13.5 Bestimmung der Reichweite

Das Problem bei der Bestimmung von Reichweiten auf einem Prüfstand ist, dass es keine standardisierten Prüfbedingungen gibt (Stand 2018, inzwischen gibt es einen normierten Reichweitentest R_{200} für E-Bikes, siehe ZIV: contact@ziv-zweirad.de). Die Vielzahl und Unsicherheiten von Parametern machen es (fast) unmöglich, objektive Aussagen über Wirkungsgrade und Reichweiten von Pedelecs zu treffen.

Dieser Testzyklus simuliert einen geschwindigkeitsabhängigen Fahrwiderstand einschließlich der Massenträgheit unter verschiedensten Bedingungen. Man kann (wie in einem Straßenversuch) bis an die Leistungsgrenze des Prüfstands die Fahrgeschwindigkeit erhöhen.

Zunächst müssen die Fahrwiderstände simuliert werden. Diese lassen sich generell in Steigungs-, Roll- und Luftwiderstand aufteilen.

Reibungsverluste des Antriebsstrangs können vernachlässigt werden, da diese bei der Prüfung durch die menschliche Antriebssimulation an der Kurbel wie bei einer realen Testfahrt anfallen.

Nach der Auswahl realistischer Parameter wird ein gesamtes Kennlinienfeld simuliert. Dazu wird ein Vergleichstest zwischen Prüfstands- und Außenversuch durchgeführt, bei dem der *Energiebedarf* eines Pedelecs bei höchster Unterstützungsstufe verglichen wird.

Ein Testfahrrad mit Testfahrer wird ausgewählt. Mittels Bildanalyse wird die Frontfläche von Fahrer und Fahrrad bestimmt (dieser Parameter ist für die Simulation des Luftwiderstandes von Bedeutung). Für die Bestimmung des Roll- und Steigungswiderstand wird die Gesamtmasse ermittelt.

Mittels kalibriertem Leistungsmesssystem wird im Straßenversuch (Außenversuch) *ohne elektrische Unterstützung* die menschliche Fahrerleistung ermittelt. Auf ebener Strecke bei windstillen Bedingungen und einer definierten menschlichen Antriebsleistung von 70 W werden der Energiebedarf des Pedelecmotors sowie die gefahrene Geschwindigkeit über mehrere Kilometer gemessen.

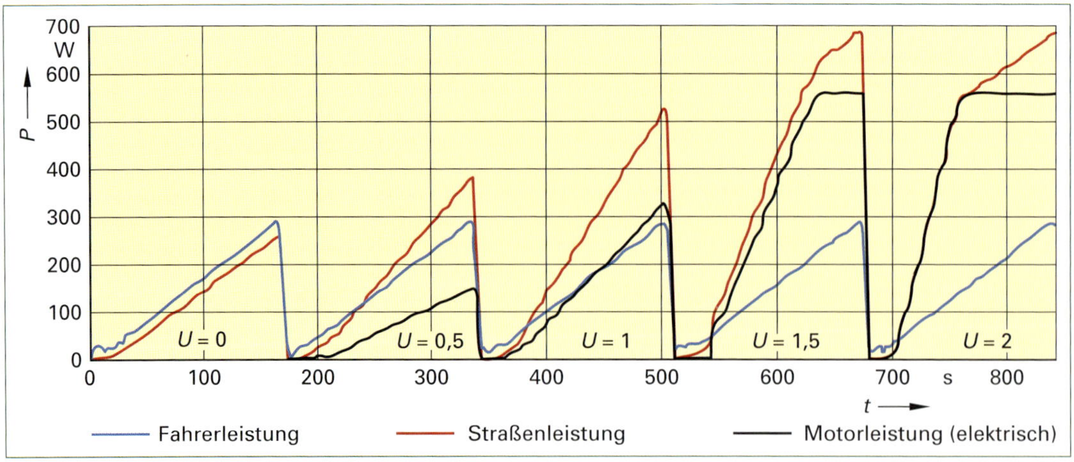

Bild 1: Steuerungskurve eines Mittelmotors über 5 Unterstützungsstufen

Diese Grundlage ist wichtig, um am Prüfstand ungewisse Parameter wie Rollreibungskoeffizient sowie c_w-Wert des Systems so anzupassen, dass die Daten aus dem Außenversuch (gleiche Geschwindigkeit, gleiche Fahrerleistung, gleicher Energiebedarf) mit dem Prüfstandsversuch übereinstimmen **(Bild 1)**. Diese Parameter werden im weiteren Testverlauf konstant gehalten.

In weiteren Straßenversuchen werden zahlreiche Außenstrecken mit gut asphaltierter Straße bei ähnlichen Wetterbedingungen abgefahren. Bei Steigungsstrecken bis zu 5 % soll der Testfahrer eine Leistung von 70 W an der Kurbel einbringen, ab 6 % wird die Leistung auf 110 W erhöht. Die Übersetzung wird stets so gewählt, dass eine Trittfrequenz nahe 60 U/min konstant bleibt.

Ziel der Versuche ist festzustellen, ob eine realistische Reichweitensimulation möglich ist, ohne ständig Parameter anpassen zu müssen. Dies gelingt mit einer mittleren relativen Abweichung von 5 %.

Bei niedrigeren Steigungen zeigen sich erwartungsgemäß die größten Abweichungen, da hier kleine Änderungen des Luftwiderstandes (Fahrerhaltung, Luftdichte durch Höhe, Wetterlage, Temperatur und Windgeschwindigkeit) sowie des Rollwiderstandes (Reifentemperatur und Rollreibungskoeffizient Reifen/Fahrbahn) hohe Auswirkungen auf den Energiebedarf haben.

Insgesamt stellen diese Versuche eine Grundlage dar, um vergleichbare Reichweitenangaben mit hoher Reproduzierbarkeit zu erhalten. Nach vielen Versuchen liegt die Wiederholungsgenauigkeit der Reichweitenmessung bei 3 % (dies wäre bei alleinigen Außenversuchen undenkbar).

Beispiel eines realen Reichweitentests

Auf dem Prüfstand werden die Parameter des Fahrwiderstandes aus dem Straßenversuch in das Steuergerät (10 in Bild 1, S. 180) eingegeben. Die Reifen werden auf 5 bar aufgepumpt.

Es werden mit jeweils vollem Akku vier Testläufe durchgeführt. Um thermische Einflüsse gering zu halten, wird der Pedelecmotor durch Ventilatoren gekühlt. Die Gangstufe wird so gewählt, dass eine Trittfrequenz von 60 U/min eingehalten wird. Das kalibrierte Leistungsmesssystem in der Tretkurbelwelle stellt sicher, dass die definierte Antriebsleistung eingehalten wird.

Die Fahrerleistung in der Ebene wird mit 75 W, bei der Steigungsfahrt mit 100 W eingegeben. Zwei Unterstützungsstufen $U = 0{,}5$ und $U = 2$ werden in der Ebene und in der Steigungsfahrt zugeschaltet.

In der Ebene :

$U = 75\ \text{W} \cdot 0{,}5 = 37{,}5\ \text{W}$ und $75 \cdot 2 = 150\ \text{W}$

Am Berg:

$U = 100 \cdot 0{,}5 = 50\ \text{W}$ und $100 \cdot 2 = 200\ \text{W}$

Während der Pedelecmotor (9) die Fahrerleistung weitergibt, liefert der Servomotor für den Tretkurbelantrieb (2) die elektrische Unterstützung. Der Energiebedarf dieser elektrischen Unterstützung begrenzt die Reichweite.

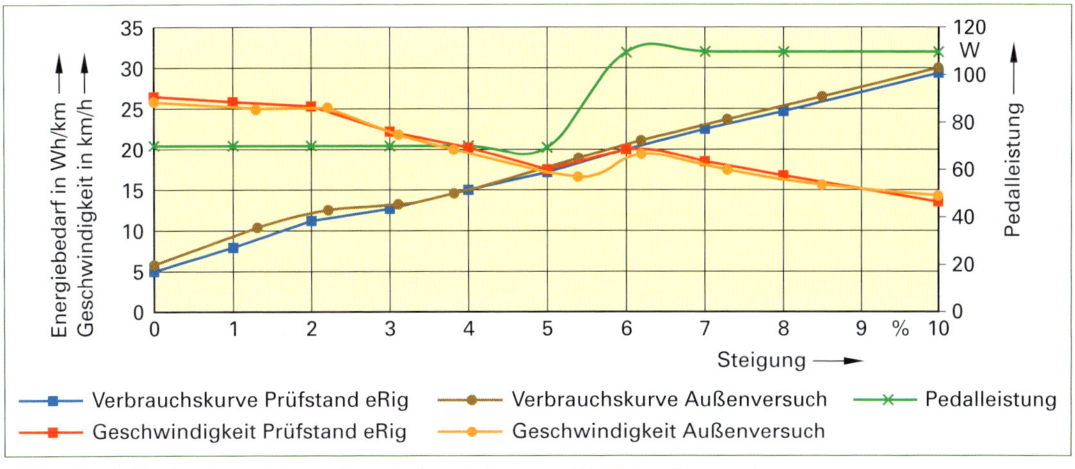

Bild 1: Vergleich des Energiebedarfs zwischen Außen- und Prüfstandsversuch

Strom und Spannung des Servomotors werden im Verlauf der Testdauer gemessen und multipliziert. Sie ergeben den Energiebedarf, der auf die zurückgelegte Strecke umgerechnet wird. Die Ergebnisse zeigt folgende Tabelle:

Tabelle 1: Pedelec mit Nexus-Achtgang-Nabengetriebe, Akku 11 V · 36 Ah = 396 Wh minus 10 % = 356 Wh

	Ebene		Berg 2 %	
Unterstützung	$U = 0{,}5$	$U = 2$	$U = 0{,}5$	$U = 2$
Energiebedarf in Wh/km	4,2	4,2	9,7	9,7
Eigenleistung in Wh/km	2,8	1,4	6,5	3,2
Elektrische Leistung in Wh/km	1,4	2,8	3,2	6,5
Reichweite in km	254	127	109	55

13.6 Kraft-, Energie- und Leistungsbedarf beim Straßenversuch

Der **Gesamtwiderstand** beim Radfahren setzt sich aus den einzelnen Fahrwiderständen (Beschleunigungswiderstand, Luftwiderstand, Steigungswiderstand und Kurvenwiderstand) und den reinen Fahrradwiderständen zusammen **(Bild 1)**. Zu den Fahrradwiderständen gehören der Rollwiderstand zwischen Reifen und Straße, der Reibungswiderstand der Antriebskomponenten und der Widerstand verursacht durch die Federung und Dämpfung bei gefederten Systemen.

Der Beschleunigungswiderstand F_a kann unberücksichtigt bleiben, da bei dem folgenden Prüfstandslauf die Datenerfassung erst nach der Beschleunigungsphase erfolgt. Auch die Reibungsverluste der drehenden Teile finden keine Berücksichtigung, da diese sowohl auf dem Leistungsprüfstand als auch bei einer realen Straßenfahrt anfallen.

1. Der Rollwiderstand hängt vereinfacht von zwei Größen ab: Der Normalkraft, die auf die Unterlage wirkt (in der Ebene ist es die Gewichtskraft F_G) und dem Rollwiderstandskoeffizienten c_R:

$$\boldsymbol{F_R = F_G \cdot c_R}$$

Beispiel:

Das Systemgewicht beträgt 1000 N, der Rollreibungskoeffizient 0,003. Damit ergibt sich ein Rollwiderstand von

F_R = 1000 N · 0,003 = 3 N

Die Energie zur Überwindung des Rollwiderstandes beträgt bei einer 2 km langen Strecke

$W_R = F_R \cdot s$ = 3 N · 2000 m = 6000 Nm = 6 kJ

Bei einer Geschwindigkeit von $v \approx$ 18 km/h (= 5 m/s) beträgt die Rollwiderstandsleistung

$P_R = F_R \cdot v$ = 3 N · 5 m/s = 15 Nm/s = 15 W

2. Der Luftwiderstand hängt von vier Größen ab: der Luftdichte ρ, der Fläche A, dem c_w-Wert und dem Quadrat der Geschwindigkeit v:

$$\boldsymbol{F_L = \frac{1}{2}\, c_w \cdot \rho \cdot A \cdot v^2}$$

Die Größen ρ, c_w und A können zu einem konstanten Faktor k zusammengefasst werden. Mit den (angenommenen) Werten von ρ = 1,3 kg/m³, c_w = 1,2 (aufrecht fahrender Radfahrer), A = 0,6 m² [1)] ergibt sich ein Faktor von k = 0,5 · 0,94 = 0,47. Bei einer Geschwindigkeit von 18 km/h (= 5 m/s) muss ein Luftwiderstand von $F_L = 0{,}47 \cdot 5^2 \approx$ 12 N überwunden werden.

Die erforderliche Luftwiderstandsleistung beträgt:

$P_L = F_L \cdot v$ = 12 N · 5 m/s = 60 W

Der Energiebedarf zur Überwindung des Luftwiderstandes über eine Strecke von 2 km beträgt

$W_L = F_L \cdot s$ = 12 N · 2 000 m = 24 000 Nm = 24 kJ

Gesamtleistung in der Ebene: 15 W + 60 W = 75 W **(Bild 1)**.

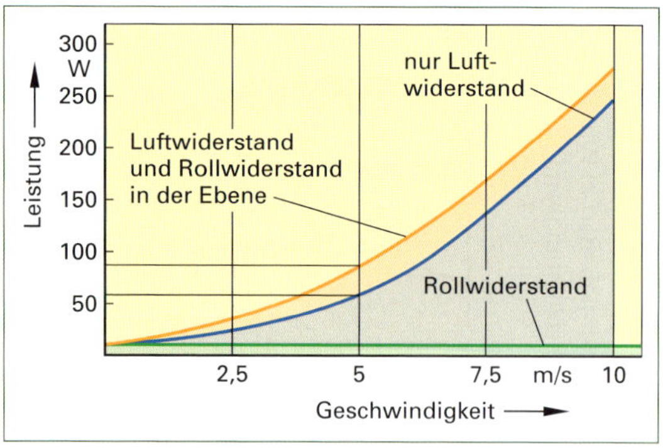

Bild 1: Leistungsbedarf in der Ebene

[1)] Die angeströmte Frontfläche kann als Schattenwurf und Bildanalyse bestimmt werden.

Der Energiebedarf für das Befahren der 2 km langen Teststrecke in der Ebene beträgt 6 kJ aus dem Rollwiderstand und 24 kJ aus dem Luftwiderstand: $W = 30$ kJ.

Umrechnung in elektrische Energieeinheiten:
1 Nm = 1 J = 1 Ws
30 kJ = 30 000 Ws = 30 000 : 3600 = 8,3 Wh

Der Energiebedarf pro Kilometer zurückgelegter Wegstrecke beträgt in der Ebene 8,3 : 2 = 4,15 Wh/km.

3. Der Steigungswiderstand (Hangabtriebskraft) hängt von zwei Größen ab:

- Gewichtskraft des Systems F_G
- Steigungswinkel α (vereinfacht kann mit der Steigungsangabe in % gerechnet werden, der Unterschied ist geringfügig).

$F_{St} = F_G \cdot \sin \alpha \approx F_G \cdot$ Steigungs %

Ein System der Masse $m = 100$ kg (Gewichtskraft $F_G = 1000$ N) muss auf einer Steigung von 2 % einen Steigungswiderstand von
$F_{St} = 1000 \text{ N} \cdot 0{,}02 = 20 \text{ N}$ überwinden.

Der Energiebedarf (Arbeit) zur Überwindung der 2 %-Steigung über eine Strecke von 2 000 m (Höhenunterschied = 40 m) beträgt
$W_{St} = 20 \text{ N} \cdot 2000 \text{ m} = 40\,000 \text{ Nm} = 40 \text{ kJ}$

Fährt der Fahrer mit einer Geschwindigkeit von 5 m/s (= 18 km/h) den „Berg" hoch, beträgt seine Steigungsleistung

$P_{St} = 20 \text{ N} \cdot 5 \text{ m/s} = 100 \text{ W}$

Zusammen mit dem Roll- und Luftwiderstand ergibt sich eine Gesamtwiderstandsleistung von $P = P_R + P_L + P_{St} = 15 \text{ W} + 60 \text{ W} + 100 \text{ W} = 175 \text{ W}$, die der Fahrer mit seiner Muskelkraft aufbringen muss **(Bild 1)**.

Gesamter Energiebedarf für die 2 km lange 2 %ige Steigungsstrecke:

$W = (F_{St} + F_L + F_R) \cdot 2000 \text{ m} = (20 \text{ N} + 12 \text{ N} + 3 \text{ N}) \cdot 2000 \text{ m} = 70\,000 \text{ Nm} = 70 \text{ kJ} = 19{,}4 \text{ Wh}$

Der Energiebedarf pro Kilometer Wegstrecke beträgt 19,4 Wh : 2 km = 9,7 Wh/km – ein für eine 2 %ige Steigungsfahrt realistischer Wert.

Info

Die Resultate aus dem Straßenversuch weichen von den rechnerischen Daten zu einem bestimmten Prozentsatz ab, z. B. 6 %. Die Unsicherheit wird bei der Auswertung des folgenden Reichweitentest berücksichtigt.

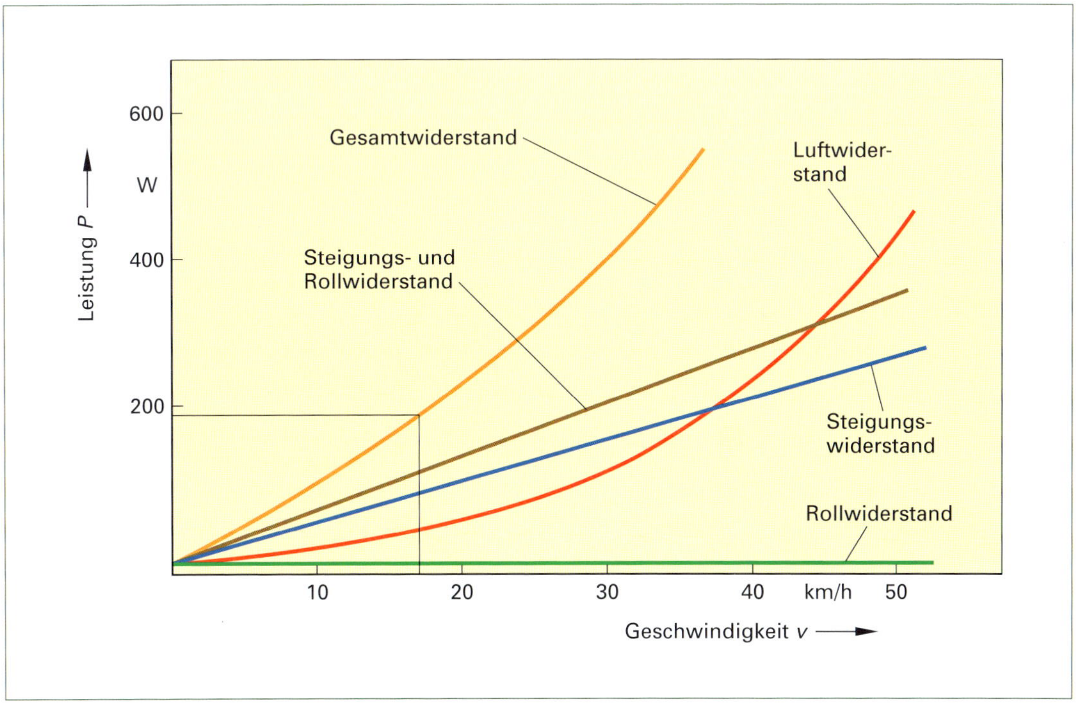

Bild 1: Leistungsbedarf bei einer 2 %-Steigung

14 Bauarten

Die weltweite Verbreitung von Fahrrädern (und fahrradähnlichen Fahrzeugen) mit elektromotorischer Unterstützung entwickelt sich dynamisch. Inzwischen haben fast alle bekannten Hersteller (und täglich kommen neue hinzu) mindestens ein E-Bike im Programm. Die meisten Hersteller bieten unterschiedliche Modelle an und bedienen so vielfältige Kundenwünsche. Ähnlich wie im traditionellen Zweiradbereich gibt es im E-Bike-Bereich eine Vielzahl von Bauarten.

- E-Touren/Trekking/Reiserad
- E-MTB
- E-City
- E-Urban
- E-Cross
- E-Rennrad
- E-Gravelbike
- E-Fatbike
- E-Kompaktrad
- E-Faltrad
- E-Kinder/Jugendfahrrad
- E-Lastenrad/Transportrad
- E-Sonderbauarten

Von den möglichen Bauarten werden im Folgenden einige Vertreter exemplarisch beschrieben.

Trekkingbike
Leicht geneigte Sitzposition, Trapez **(Bild 1)** oder Diamantrahmen **(Bild 2)**, auch Einrohrrahmen möglich, Kettenschaltung oder Nabenschaltung mit bis zu 11 Gängen oder Nabenschaltung mit bis zu 14 Gängen. Stabile Transportmöglichkeiten für Extragepäck. Vorderradantrieb und mechanische Felgenbremsen sind nicht empfehlenswert. StVZO-Ausstattung, Tretlagermotor oder hinterer Nabenmotor, hydraulische oder Scheibenbremse.

Bild 1: Trapezrahmen Traveller E-Light (Kettler)

Bild 2: Pedelec Tourenrad Delite (Riese und Müller)

Citybike
Aufrechte Sitzposition **(Bild 3)**, tiefer Durchstieg, Federgabel, gefederte Sattelstütze, Nabenschaltung, 3 bis 9 Gänge, selten Kettenschaltung, Kettenschutz.

Bild 3: E-Citybike (Gepida)

Urbanbike
Wert wird auf sportliche Optik gelegt **(Bild 4)**, stylistisches Merkmal: Weglassen von bestimmten Teilen (Schutzbleche, Gepäckträger, Lichtanlage durch Akkuleuchten ersetzt...)

Bild 4: E-Urban (Bulls)

MTB

Hardtail oder Fully (Vollfederung) für schwieriges Gelände und Downhill, breite Reifen auf 26", 27,5" oder 29"-Laufrädern **(Bild 1)**. Federwege bis 250 mm, meist mit Mittelmotor, Hinterrad-Nabenmotor möglich.

Bild 1: E-MTB KTM

Bild 3: Gravelbike Cannondale Synapse Neo Al2

Rennrad

Nicht weit verbreitet und bei Radsportlern umstritten. Der 200-W-Motor ist im Sitzrohr untergebracht, der 5,5-Ah-Akku (oft) in der Satteltasche oder als „Trinkflasche" versteckt **(Bild 2)**. Ohne Display, dafür An-/Ausschalter, eine Unterstützungsstufe. Bsp: 110 W bei einer Trittfrequenz von 75 oder 90. Unterstützung schaltet bei $v > 25$ km/h ab.

Bild 2: E-Rennrad Vivax, E-Motor im Sitzrohr (Vivax drive)

Gravelbike

Gravelbike deutsch etwa „Schotterrad", Mischung aus Rennrad und Mountainbike **(Bild 3)**, eher aufrechte Sitzposition, für wechselnde Untergründe vorgesehen, mehr Komfort als Rennrad, Reifenbreite bis 47 mm.

Kinderrad

Kleine Laufradgrößen 14", 16" oder 20". Hinterrad-Nabenmotoren sind für Kinder-E-Bikes aus mehreren Gründen von Vorteil: Sie sind leichter als gängige Mittelmotoren, der Freilauf ist integriert. Sie benötigen weniger Platz, sind wartungsarm und mit der Kettenschaltung können Kinder in jeder Situation weich schalten **(Bild 4)**.

Für die Benutzung eines Pedelec gibt es keine Altersbeschränkung. Eine normale Nutzung im Straßenverkehr für ein elektrisch unterstütztes Fahrrad ist aber erst ab etwa 14 Jahren sinnvoll. Eine speziell für Erwachsene geschriebene Gebrauchsanleitung beschreibt, wie das Tempo zunächst gedrosselt werden kann.

Bild 4: E-Kinderrad Ben-E-Bike

Faltrad/Kompaktrad

Urbane Pendler schätzen die problemlose Mitnahme im öffentlichen Nahverkehr – zudem kommen Falträder häufig in der Freizeit zum Einsatz. In Kombination mit Wohnmobilen, Wohnwagen, Booten oder auf Reisen mit dem Auto sind Falträder gewöhnlichen Fahrrädern überlegen. Vorteile: Die Räder können platzsparend aufbewahrt werden, können von Groß und Klein benutzt werden und haben ein geringes Gewicht **(Bild 1)**.

Im Gegensatz zum Faltrad lassen sich Kompakträder nicht zusammenklappen. Sie bieten aber die Möglichkeit, Winkel und Höhe des Vorbaus und die Sattelstütze an unterschiedliche Körpergrößen anzupassen. So können mehrere Familienmitglieder ein Kompakt-E-Bike benutzen.

Bild 1: E-Faltrad Flyer (Biketec)

Tandem

Tretlagermotor vorn, Scheibenbremse vorn und hinten, Kettenschaltung, Federgabel, gefederte Sattelstützen **(Bild 2)**.

Angeboten werden auch Modelle mit falt- oder teilbarem Rahmen. Ein Doppel-Akkusystem macht Sinn.

Bild 2: E-Tandem Flyer

Fatbike

Das Fatbike wurde in den 1980er-Jahren in den USA entwickelt und ist seit etwa 2012 in Deutschland immer populärer geworden. Leichtes Überwinden von schwierigem Untergrund und Hindernissen, Laufradgröße 26“ oder 27,5“. Breite Reifen bis 4,8“, Reifendruck ca. 0,5 bar, Carbon- oder Alurahmen **(Bild 3)**.

Bild 3: E-Fatbike (Specialized)

E-Lastenrad

Das E-Lastenrad ist die praktische Variante des Elektrorades **(Bild 4)**.

Je nach Modell bis 100 kg Zuladung möglich[1], Pedelec 25 oder S-Pedelec je nach Einsatzzweck, ein hohes Drehmoment ist günstiger als eine gute Beschleunigung und Endgeschwindigkeit, Automatik-Gangschaltung empfehlenswert. Eine umfangreiche Sammlung unterschiedlicher Lastenräder findet man unter www.nutzrad.de

Bild 4: E-Lastenrad Packster (Riese & Müller)

Mit Stand von 2/2020 ist die DIN-Norm DIN 79010-02 „Fahrräder-Transport- und Lastenfahrrad-Anforderungen und Prüfverfahren für ein- und mehrspurige Fahrräder“ in Kraft getreten.

[1] Schwertransporter bis 300 kg auf der Euro-Palette

E-Dreirad

Für Personen mit körperlichen Einschränkungen geeignet und solche, die unter Gleichgewichtsstörungen leiden. Durch das dritte Rad ist das Dreirad im Stand stabil. Erhältlich als Front- oder Heckdreirad **(Bild 1)**.

Bild 1: E-Dreirad (faltbar) Gekko fx20HP

Sonderbauarten

Der Bio-Hybrid von Schaeffler ist ein Blick in die Zukunft der urbanen Mobilität **(Bild 2)**. Die vierrädrige Bauart ist nah am Fahrrad positioniert und bietet Wetterschutz und Stauraum. Dank des Pedelec-Antriebs mit einer Begrenzung auf 25 km/h darf der Bio-Hybrid ohne Führerschein betrieben werden. Aufgrund der kompakten Abmessungen (2,1 m lang, 1,5 m hoch, 85 cm breit) und einer Spurweite von 80 cm lässt sich der Bio-Hybrid auch bequem auf Fahrradwegen bewegen. Der elektrische Rückwärtsgang ermöglicht ein müheloses Manövrieren.

Das extravagante Design unterstreicht den Lifestyle-Charakter und passt zur innovativen Dachkonstruktion, die sich über eine intelligente Schwenklösung im Fahrzeug unter dem Sitz verstauen lässt. Verbunden mit einem portablen Batteriesystem, einem variablen Gepäckfach und einer Automatikschaltung lässt sich der 1+1 Sitzer (2 Sitzplätze) in die bestehende Infrastruktur sowie in den Alltag integrieren.

Mit eingefahrenem Wetterschutz verwandelt sich der Bio-Hybrid zu einem Cabriolet. Durch eine bereits integrierte Smartphone-Anbindung ist der Fahrer mit zahlreichen Apps vernetzt.

Bis sich diese Art der individuellen Fortbewegung am Markt durchsetzen kann, sind wichtige infrastrukturelle Voraussetzungen unumgänglich. Metropolen und Großstädte müssen sich weiter wandeln – und das werden sie.

info

Städte wie London, Paris und Singapur investieren riesige Summen für den Ausbau von Radwegen. Highspeed-Radwege, die Städte wie beispielsweise im Ruhrgebiet verbinden, ermöglichen Ausbaustufen des Mikromobils mit höheren Geschwindigkeiten. In Deutschland gibt es Diskussionen, Radwege gesetzlich bis 40 km/h zu öffnen.

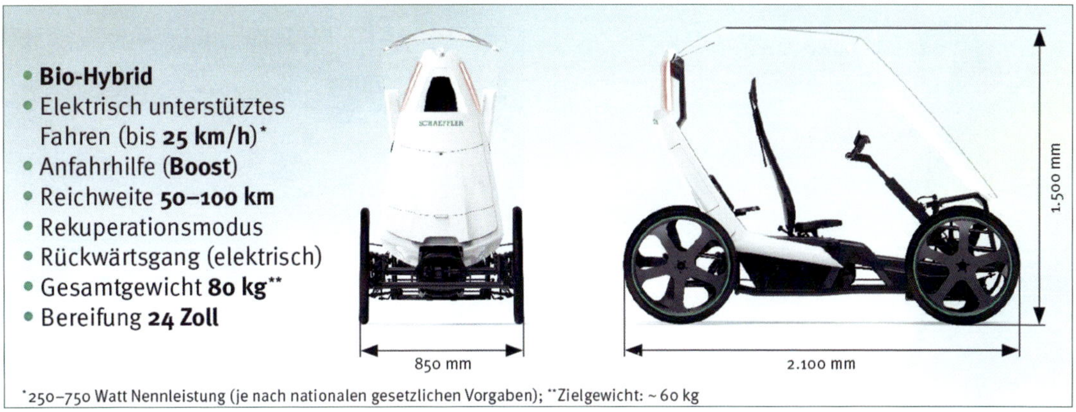

Bild 2: Bio-Hybrid (Schaeffler)

Podbike (Bild 1)

Das Podbike baut auf einem stabilen Chassis mit vier Rädern und Einzelradaufhängung auf. Angetrieben wird das Podbike per Serie-Hybrid-Antrieb ohne Kette oder anderer mechanischer Verbindung.

Der Fahrer speist über den Pedalantrieb seine mechanische Arbeit in einen Generator ein, der die erzeugte Energie in einer Batterie speichert. Diese wiederum versorgt die Steuerungselektronik und treibt die Nabenmotoren an den beiden Vorderrädern an. Dabei spielt es keine Rolle, ob man einen Berg oder eine Ebene befährt – die notwendige Kraft ändert sich für den Fahrer nicht.

Bild 1: Podbike

Das vierrädrige E-Cargobike (Bilder 2, 3 und 4) verspricht, bei großer Reichweite eine Zuladung von bis zu 300 kg zu transportieren. Das ca. 60 kg wiegende Fahrzeug (rechtliche Einstufung als Fahrrad) kann mit elektrischer Unterstützung auf 25 km/h beschleunigt und über eine Strecke von rund 200 km betrieben werden.

Bild 2: E-Cargobike Cit-Kar

Technische Daten Cit-Kar

Brose Mittelmotor 250 Watt, Unterstützung bis 25 km/h, Schiebehilfe bis 6 km/h

Lithium-Ionen-Akku 48 V/17 Ah = 816 Wh

Transportbox abnehmbar, bis 420 Liter Volumen

Einzelradaufhängung vorne und hinten, 280 mm Federweg der Federdämpfer

Display Brose LCD mit Lichtsteuerung

NuVinci Harmony N380 stufenlose Automatik Nabenschaltung, neuer Name: envido

Magura MT4 E mit Bremslichtschalter Magura Big Twin, hydraulische Scheibenbremsen

Differenzialgetriebe mit integrierter Antriebswelle

Räder: 5 Speichen Vollaluminium, Reifen 18" x 2

Rahmen: Stahl und pulverbeschichtetes Aluminium

Karosserie: Kunststoff

Vier Scheinwerfer mit je 150 Lux

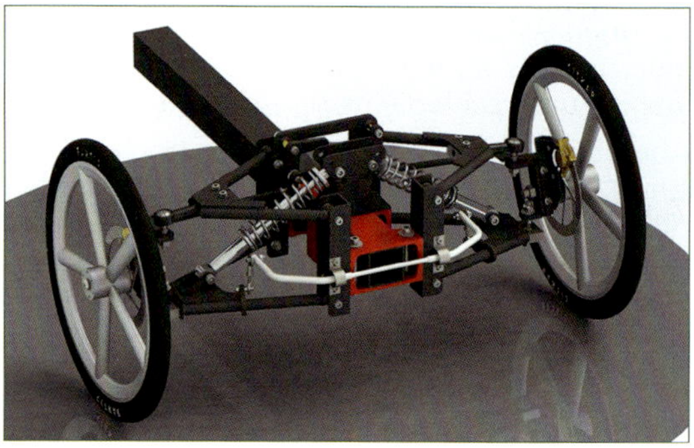

Bild 3: Frontachse im Cit-Kar

Bild 4: Prototyp Cit-Kar (J. Kremer)

15 Fachbegriffe

Abschaltgeschwindigkeit: Geschwindigkeit, die vom Elektrofahrrad zu dem Zeitpunkt erreicht ist, wenn der Strom auf null oder auf den Leerlaufwert abfällt.

Abwärts- (Step Down-)Wandler: Gleichspannungswandler, der aus einer höheren Eingangsspannung eine niedrigere Ausgangsspannung erzeugt.

Ah: Die Zahl der Ampere-Stunden (Ah) gibt die Kapazität eines Akkus an. Die Ah mit der Spannung *V* multipliziert, ergibt die verfügbare Energiemenge (Arbeitsvermögen des Akkus) in Wh (Watt-Stunden).

Akkumulator: (kurz Akku). Speicher für elektrische Energie. Oft synonym mit Batterie verwendet. Sie unterscheiden sich hauptsächlich durch den chemischen Aufbau (Blei-, NiMH-, Li-Ionen-Akkus). Im E-Bike werden derzeit fast nur noch Li-Ionen-Akkus verwendet, von denen es unterschiedliche Bauarten gibt.

Aufwärts- (Step Up-)Wandler: Gleichspannungswandler, der aus einer niedrigeren Eingangsspannung eine höhere Ausgangsspannung erzeugt.

Außenläufermotor: Elektromotor, bei dem sich der Stator im Zentrum und der Rotor außen liegt. Diese Motoren können ein höheres Drehmoment erzeugen. Nachteil: Weil das Gehäuse rotiert, kann der Motor nicht am Außenmantel befestigt werden.

Balancer (Balancing): Technik, die kleine Spannungsunterschiede zwischen den Serienzellen einer Batterie während der Ladung (und zuweilen auch der Entladung) ausgleicht.

Batterie: Ein Verbund von Einzelzellen, in einem Gehäuse untergebracht. Bei Lithium-Akkus werden dazu alle Zellen noch mit einer Überwachungselektronik (BMS) verbunden.

BATSO: Steht für *Battery Safety Organization*. Der Sicherheitsstandard wurde 2002 entwickelt und enthält Prüfungen zum Transport und Gebrauch von Batterien.

Bemessungsspannung: Betriebsspannung, mit der das Betriebsmittel dauerhaft betrieben werden kann (wird vom Hersteller angegeben). Nicht zu verwechseln mit Nennspannung.

Bewegungssensor: Misst die Pedalbewegung am Tretlager und gibt bei Trittbewegung den Elektroantrieb frei. Wird meist bei Pedelecs der einfacheren Bauart verwendet.

Bürstenloser Gleichstrom-Motor (*brushless direct current*). Der drehende Teil des Motors ist mit Dauermagneten bestückt. Die Strom-Wicklungen befinden sich im Stator, deshalb sind keine Schleifkontakte erforderlich. Der BLDC-Motor hat aufgrund seines besseren Wirkungsgrades und der Wartungsfreiheit den „Bürsten-Gleichstrommotor" im Elektrofahrrad weitgehend verdrängt.

Blockierstrom: Höchstmöglicher Strom bei einem Elektromotor, der bei blockierter Welle auftritt. Er darf nur kurzzeitig auftreten, da sonst der Motor zerstört wird.

Blockkommutierung: Die Stromimpulse, mit denen die Motorwicklungen beaufschlagt werden und annähernd Rechteck- bzw. Trapezform haben. Das Gegenteil davon ist die die *Sinuskommutierung*, bei der die Ströme annähernd sinusförmig sind.

BMS: *Batterie Management System*. Überwachungselektronik, die in der Batterie-Packung integriert ist und dafür sorgt, dass die Zellen keinen Schaden nehmen. Bei manchen Systemen (z. B. Bosch) informiert das BMS über die Anzahl der Ladezyklen und den aktuellen Ladezustand.

Brennstoffzelle: Wie im Verbrennungsmotor wird Kraftstoff mittels Sauerstoff verbrannt. Die chemische Energie wird dabei direkt in elektrische Energie umgesetzt. Bei der Wasserstoff-Sauerstoffzelle wird 50 % bis 60 % der im Treibstoff enthaltenen Energie in elektrische Energie umgewandelt. Im Fahrrad wird die Brennstoffzelle noch nicht serienmäßig eingesetzt.

bürstenlos (brushless): Gleichstrom-Motorprinzip, bei dem die Kommutierung elektronisch erfolgt.

***C*-Rating:** Mit dem *C*-Wert (*C*-Rating) wird der maximale Entladestrom und/oder der Ladestrom angegeben. Man multipliziert den *C*-Wert mit der Kapazität und erhält als Ergebnis den maximalen Strom in A.

Beispiel: Bei einem 10 Ah-Akku mit einem *C*-Rating von 2 C ergibt sich ein maximaler Lade-/Entladestrom von 20 A.

CAN-BUS: Das **C**ontroller **A**rea **N**etwork ist eine Technologie zur digitalen Datenübertragung. Das meist zweikabelige Leitungssystem vernetzt sämtliche elektronischen Komponenten wie Steuergerät, Motor, Sensoren, Akku und Display miteinander. Über eine Schnittstelle lassen sich Daten speichern, Fehler analysieren, Leistungsparameter anpassen und die neueste Software laden.

Controller: Multifunktionale Elektronik zur Motorsteuerung

Degradation: Bezeichnet die sukzessive Verringerung der Akku-Kapazität. Durch Benutzung und Alterung findet ein chemischer Stoffabbau bzw. eine Zerlegung der Elektrolyt-Verbindungen statt. Dazu kommen die inneren mechanischen Beanspruchungen bei der Einlagerung der Ionen in die Wirtsmaterialien der Elektroden. Die Elektroden erleiden dabei eine Volumenänderung, „atmen" sozusagen bei Ladung und Entladung durch, was zu einer zyklenabhängigen Alterung führt.

Dehnungsmessstreifen (DMS): Messeinrichtungen zur Erfassung von dehnenden Verformungen. DMS ändern schon bei geringen Verformungen ihren elektrischen Widerstand und werden als Dehnungssensoren eingesetzt. Man klebt sie mit Spezialkleber auf Bauteile, die sich unter Belastung minimal verformen. BionX verwendet einen Dehnmessstreifen an der Hinterachse für die Drehmomentsteuerung des Antriebes.

Dongle: Elektronisches Hilfsmittel, um in diesem Fall die Leistungs- bzw. Geschwindigkeitsbegrenzung bei Pedelecs zu umgehen.

Drehfeld: Ein Drehfeld ist das vom Stator erzeugte zyklisch umlaufende Magnetfeld, das den Rotor nachzieht.

Drehmoment: Drehkraft, die die Pedale oder der Motor an das System abgeben. Wird meist in Newtonmeter (Nm) angegeben. Es ist ein Indikator für die Vortriebs-Antriebskraft.

Drehmomentsensor: Meist in die (elastisch ausgeführte) Pedalwelle eingebauter Sensor, der die Stärke der Tretkraft misst. Daher auch als *Tretkraftsensor* bezeichnet.

Drehmomentstütze: Jede Kraft erzeugt eine Gegenkraft, so auch jedes Drehmoment ein Gegenmoment gleicher Größe. Das Gegenmoment muss sich am Fahrzeug abstützen. Treibt z. B. bei einem Mittelmotor die Motorwelle das E-Bike an, so versucht das Motorgehäuse in die Gegenrichtung zu drehen. Über die Aufhängung des Motorgehäuses wird die Stützkraft an das Fahrzeug weitergegeben. Bei einem Nabenmotor muss die Achse gegen Verdrehen gesichert sein.

Drehstrommotor: Bürstenloser Motor, der mit Drehstrom aus dem Netz oder über eine leistungselektronische Schaltung gespeist wird.

Drehzahlkonstante k_n: Sie gibt an, wie viele Umdrehungen pro Minute ein Motor je Volt angelegter Spannung im Leerlauf (unbelastet) absolviert. Einheit 1/Vs. Der Kehrwert von k_n ist die Spannungskonstante k_U.

15

E-Bike: Zwei- oder dreirädriges Gefährt mit Elektromotor, das auch tretunabhängig funktioniert (Vollantrieb). E-Bikes bedürfen in Deutschland einer Betriebserlaubnis und sind versicherungspflichtig. Ist die Unterstützung auf 20 km/h beschränkt (E-Bike 20), dürfen sie ohne Helm gefahren werden. Oft auch als Sammelbegriff für alle elektrisch angetriebenen Zweiräder benutzt.

Eisenverluste: Energieverluste, die durch den fortlaufenden Auf- und Abbau von Magnetfeldern im Eisen verursacht werden. Man unterscheidet Ummagnetisierungs-, Hysterese- und Wirbelstromverluste. Ihre Größen sind in erster Linie drehzahlabhängig.

Elektrofahrrad: Häufig verwendeter Oberbegriff für Pedelec 25, Pedelec 45 und E-Bike.

Elektronisch kommutierte Motoren (EC-Motoren): Der Rotor dreht sich mit der gleichen Geschwindigkeit wie das vom Stator erzeugte Magnetfeld. Es gibt keinen Schlupf wie bei der Asynchronmaschine. Speisung aus einer Elektronik (Umrichter, Steller, Regler, Verstärker). An den Klemmen liegt Wechselspannung mit (meist) trapezförmigem Stromverlauf.

E-Mobilität: Steht für den Fahrzeugverkehr mit Elektroantrieb. Zurzeit dominieren Zweiradfahrzeuge (Pedelecs, E-Bikes und E-Scooter). Sie sind ein Signal, dass die „E-Lawine" zu rollen beginnt. Voraussichtlich im Jahr 2040 werden die meisten Fahrzeuge abgasfrei unterwegs sein.

Energie/Arbeit: Die Energie wird mit W bezeichnet und wird in Wh (Wattstunden) oder kWh (Kilowattstunden) angegeben. Die Energie/Arbeit hängt mit der Leistung zusammen: $W = P \cdot t$.

Beispiel: Wird ein Motor mit seiner Maximalleistung von 250 W eine Stunde (1 h) betrieben, so wandelt er 250 W · 1 h = 250 Wh = 0,25 kWh elektrische Energie um.

Energiedichte: Energie, die in einem Kilogramm (Batterie) gespeichert werden kann. Einheit Wh/kg oder kJ/kg. Umrechnung: 1 kJ = 0,28 Wh, 1 Wh = 3,6 kJ. Ein 3-kg-Akku mit einem Energieinhalt von 360 Wh hat die Energiedichte 120 Wh/kg.

Energierückgewinnung: Siehe *Rekuperation*.

EnergyBus: Offener Standard für die Verbindung von elektrischen Komponenten in Leicht-Elektro-Fahrzeugen (LEV). Besteht aus einer Steckerfamilie und einem auf der Maschinensprache *CANopen* basierenden Kommunikationsprotokoll. Der Einsatz serieller Bussysteme ist Stand der Technik geworden und hält nun auch Einzug in den Elektrofahrrädern.

Entladeschluss-Spannung: Untergrenze der Zellen- oder Akkuspannung, bis zu der entladen werden darf, ohne dass eine Beschädigung der Zellen erfolgt.

Erregung: Wird an den Spulen des Stators elektrische Energie zugeführt, wird ein Magnetfeld erregt = aufgebaut.

E-Scooter, auch **E-Roller:** Zweirad-Elektrofahrzeug ohne Pedale. E-Scooter gelten als Kleinkrafträder und bedürfen einer Betriebserlaubnis und der Fahrerlaubnis Klasse M.

EPAC: In der Europäischen Gesetzgebung verwendeter Begriff für Pedelec 25. Er steht für *Electric Power Assistant Cycle*.

Feldorientierte Motorsteuerung: Die Magnetkraft zwischen Stator- und Rotormagnet hat zwei Komponenten: 1. Eine tangentiale Komponente, die im Luftspalt ein Drehmoment erzeugt. 2. Eine radiale Komponente, die die Motorlagerung belastet und in starkem Maße zur Geräuscherzeugung beiträgt.

Das Größenverhältnis beider Komponenten hängt von der jeweiligen Rotorstellung ab. Zweck einer feldorientierten Steuerung ist es, den Strom zeitlich so zu steuern, dass der drehmomentwirksame Kraftvektor dominiert.

Freilauf: Drehrichtungsabhängig arbeitende mechanische Kupplung. Eine Mitnahme des angekuppelten Teils erfolgt nur in einer Drehrichtung.

Gleichstrommotoren: Bürstenbehaftete Motoren, die mit Gleichstrom gespeist werden.

Hall-Sensor: Nach dem Erfinder *Edwin Hall* genannt. Wird oft zur kontaktlosen Lageerfassung verwendet. Im Elektrofahrrad werden Hall-Sensoren im Motor, im Leistungs-Drehgriff (Gas) und als Pedalsensor eingesetzt.

Höchstleistung: Die Höchstleistung ist die in einem schmalen Drehzahlbereich auftretende höchste abgegebene Leistung des Elektromotors.

Hybridfahrzeug: Fahrzeug, das mit zwei Antriebsarten betrieben wird. Beim Pedelec sind es die menschliche Muskelkraft und der Elektromotor. Bei Autos bezeichnet „hybrid" meist eine Kombination aus Elektro- und Verbrennungsmotor.

Innenwiderstand eines Akkus: Alle Spannungsquellen haben einen Innenwiderstand. Dieser ist ein Maß dafür, wieviel Spannung beim Entladen verloren geht, bzw. wieviel Spannung beim Laden mehr angelegt werden muss. Der durchfließende Strom erzeugt am Innenwiderstand Wärme.

Theoretisch erwünschte niedrige Innenwiderstände gehen allerdings oft einher mit einer geringeren Energiedichte. Man kann sich einen realen Akku als ideale Spannungsquelle (kein Spannungsabfall unter Last) und einem seriell verschalteten Widerstand (entspricht dem Innenwiderstand) vorstellen:

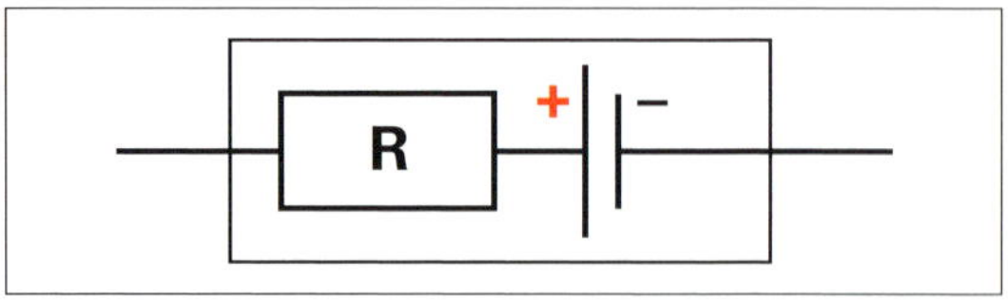

Kapazität: Siehe Ladungsmenge. Umgangssprachlich auch Speicherkapazität. Maßeinheit ist die Amperestunde (Ah).

Die Kapazität sagt aus, wie lange der Akku einen bestimmten Strom liefern kann, bis er leer ist.

Beispiel: 10 Ah. Der Akku kann 10 Stunden (h) lang einen Strom von 1 Ampere (A) liefern. Ebenso können 0,5 h ein Strom von 20 A entnommen werden.

Kleinkraftrad: Zweirädriges Kraftfahrzeug mit einer Höchstgeschwindigkeit von 45 km/h und einer Leistung bis 4 kW. Ist helmpflichtig, bedarf einer Betriebserlaubnis und einer Fahrerlaubnis der Klasse M. Mindestalter des Fahrers: 16 Jahre.

Kleinspannung: Nach IEC 60449 (oder VDE 0100) Gleichspannungen unter 120 V (< 120 V DC). Bei normaler Handhabung besteht keine lebensbedrohliche Situation.

Kommutator: Stromwender der Gleichstrommaschine. Die Bürsten und die Lamellen leiten den Strom je nach Lage in verschiedene Stromzweige. Elektronische Kommutierung: Kommutierung mit elektronischen Schaltelementen.

Kommutatormotoren: Bürstenbehaftete Motoren, die mit Wechselstrom (AC) oder Gleichstrom (DC) gespeist werden.

Kommutierung: Bezeichnet in der Antriebstechnik und der Leistungselektronik die Änderung der Stromrichtung oder die Änderung des stromführenden Pfades. Nur mit Kommutierung kann eine elektrische Maschine Bewegung erzeugen.

Kraftsensor: Dient bei Pedelecs mit Drehmomentsteuerung zur Erfassung der Trittkraft. Die Information ermöglicht dem Steuergerät (Controller) die Motorunterstützung in Relation zur Trittkraft abzugeben – entsprechend dem eingestellten Unterstützungsgrad.

Ladeschluss-Spannung: Lithium-Akkus dürfen nur auf ein bestimmtes Spannungsniveau geladen werden, da sie ansonsten irreparabel zerstört werden. Das Ladegerät muss auf den exakt notwendigen Wert eingestellt werden, um eine Überladung zu verhindern.

Ladezustand SOC: Der State of Charge (SOC) ist ein Maß für den Ladezustand einer Batterie und berechnet sich aus der aktuellen Kapazität C_a und der maximalen Kapazität C_{max}. C_{max} ist die maximal entnehmbare Kapazität des letzten Vollzyklus. Ein SOC von 100 % bedeutet vollständig geladen, 0 % vollständig entladen.

$$\text{SOC} = \frac{C_a}{C_{max}} \cdot 100\ \%$$

Ladezyklus: Entladung und anschließende Ladung eines Akkus (zu 100 %). Kann mehrere Teilladungen (z. B. 4 × 25 %) umfassen. 500 Ladezyklen bedeuten, dass der Akku mindestens 500-mal zu 100 % aufgeladen werden kann und danach noch 80 % von seiner Nennkapazität aufweist.

Ladungsmenge: Die in einer Akku-Zelle gespeicherte Menge an elektrischen Ladungen – sie entspricht der Anzahl der freien aktiven Elektronen. Die Einheit der elektrischen Ladung ist die Amperesekunde As oder das Coulomb C. Ein Elektron hat eine Elementarladung von $1{,}6 \cdot 10^{-19}$ C. Ein Coulomb besitzt demnach $6{,}24 \cdot 10^{-18}$ Elementarladungen. Die im Akku insgesamt gespeicherte Ladungsmenge nennt man **Kapazität**, sie wird in Amperestunden Ah angegeben. Die Kapazität multipliziert mit der Spannung ergibt die verfügbare Energiemenge in Wh (Watt-Stunde).

Lastdrehzahl: Die Lastdrehzahl ist die Rotordrehzahl, die sich bei belasteter Motorwelle einstellt. Sie ist umso niedriger, je mehr Drehmoment der Motor abzugeben hat. In gleichem Maße steigt die Stromaufnahme.

Leerlaufstrom: Strom, den ein Elektromotor ohne äußere Belastung aufnimmt. Er dient zur Überwindung innerer Verluste wie Lager- und Luftreibung sowie der Ummagnetisierungs- und Wirbelstromverluste.

Leerlaufdrehzahl: Die Leerlaufdrehzahl ist die Rotor-Drehzahl, die sich bei unbelasteter Motorwelle einstellt. Sie hängt von der spezifischen Drehzahl und der angelegten Spannung ab.

Leistungsdichte: Abgebbare Leistung pro Kilogramm Akku, ohne dass die Batterie auf Dauer Schaden nimmt – Einheit: W/kg.

Leistungsabgabe: Die Leistungsabgabe ist die mechanische Leistung, die der Elektromotor an der Welle zur Verfügung stellt. Sie berechnet sich aus Drehzahl mal Drehmoment.

Leistungsaufnahme: Die Leistungsaufnahme ist die elektrische Leistung, die der Elektromotor an seinen Klemmen aufnimmt. Sie berechnet sich aus Spannung mal Stromstärke. Sie kann nicht vollständig in Abgabeleistung umgewandelt werden.

LED-Anzeige: Anzeige eines bestimmten Betriebzustandes mittels Leuchtdioden (LEDs) auf einem Bedientableau oder Akku.

LCD-Anzeige: Anzeige bestimmter Zustände direkt in Zahlenwerten oder Grafiken auf einem Display.

LEV: *Light Electric Vehicle* (Leicht-Elektro-Fahrzeug) ist der Oberbegriff für elektrisch angetriebene Leichtfahrzeuge bis 250 kg Gewicht. Dazu gehören u. a. Pedelecs, E-Bikes, E-Scooter, E-Rollstühle und E-Rasenmäher.

Leistungselektronik: Steuert und regelt in Pedelecs, E-Bikes und in den dazugehörigen Ladegeräten die Arbeitsströme.

Li-Ion-Akku: Akkumulator mit Lithium-Ionen als Ladungsträger. Lithium-Batterien werden gegenwärtig in fast allen Elektrofahrrädern eingesetzt. Die Lithium-Technologie hat gegenüber anderen Systemen den Vorteil, dass sie mehr Energie je Volumen oder Gewichtseinheit speichern kann.

L1e: EU-Fahrzeugklasse für zweirädriges Kraftfahrzeug (Kleinkraftrad) mit Höchstgeschwindigkeit von 45 km/h und bis zu 4 kW Leistung. E-Scooter und Mofas fallen darunter.

Memoryeffekt: Erscheinung trat bei einer früheren Entwicklungsstufe von Nickel-Cadmium-Akkus auf. Wurden die ständig nur teilentladen, so reagierten sie bei tieferer Entladung mit einem Spannungseinbruch. Der Effekt spielt bei modernen Akkus keine Rolle mehr.

Mittelmotor: Am Rahmen zwischen den Rädern befestigter Antriebsmotor. Der Motor wirkt entweder auf die Fahrradkette oder treibt direkt das Hinterrad an (z. B. über einen Zahnriemen). Ein Tretlagermotor ist ebenfalls ein Mittelmotor, bei dem das Tretlager sich in der Antriebseinheit befindet. Mittelmotoren sind meist Innenläufer: Spulen außen, rotierende Magnete innen.

Mofa-Prüfbescheinigung: Wer auf öffentlichen Straßen ein S-Pedelec (Pedelec 45) oder ein E-Bike führt, muss in einer Prüfung nachweisen, dass er ausreichende Kenntnisse über die Verkehrsvorschriften hat und mit den Gefahren des Straßenverkehrs vertraut ist.

15

MOSFET: Ein Metall-Oxid-Halbleiter-Feldeffekttransistor (*metal-oxide-semiconductor field-effect transistor*, **MOSFET** auch **MOS-FET**, selten **MOST**) ist ein Transistor mit mindestens drei Anschlüssen (Elektroden): G (gate = *Steuerelektrode*), D (drain = *Abfluss*), S (source = *Quelle*). MOSFETs wirken wie spannungsgesteuerte Widerstände, das heißt, über die Steuer-Spannung kann der Widerstand und somit der Arbeits-Strom um mehrere Größenordnungen geändert werden. Im E-Bike-Controller läuft der gesamte Arbeitsstrom über MOSFETs.

Motorbremse: Der Elektro-Antriebsmotor wird dabei in den Generatorbetrieb umgeschaltet und der erzeugte Bremsstrom lädt den Akku auf (Rekuperation). Die Bremskraft kann entweder in Stufen oder stufenlos eingeschaltet werden. Derzeit nur bei wenigen Elektrofahrrädern mit Nabenmotoren eingesetzt.

Motorsteuerung: Meist als Controller bezeichnet. In ihm befindet sich die Leistungselektronik, die die Batteriespannung auf unterschiedliche Höhe transformiert (Gleichstromsteller) und bei bürstenlosen Motoren zusätzlich ein Drehfeld erzeugt (Drehstromsteller).

Nabenmotor: Motor, durch den die Achse des Vorder- oder Hinterrades läuft. Nabenmotoren haben einen guten Wirkungsgrad, da zusätzliche Elemente zur Kraftübertragung wegfallen. Nabenmotoren sind Außenläufer: Magnete rotieren außen, feste Spulen als Stator innen.

Nenndauerleistung: Bei Pedelecs sind maximal 250 W vorgeschrieben (siehe DIN EN 15194). Das Prüfverfahren ist nach UN-ECE Regelung Nr. 85 definiert und räumt dem Hersteller einen Ermessensspielraum ein. Der Motor, der 250 Watt Nutzleistung (P_{mech}) mit einer vom Hersteller empfohlene Drehzahl an der Antriebswelle erbringt, darf während eines 30minütigen Tests nur so viel Abwärme produzieren, dass die Motortemperatur um nicht mehr als 20 °C ansteigt – ausgehend von einer 4-stündigen Vortemperierung des Motors auf 25 °C.

Nennlast: Die Nennlast ist die höchste Belastung, mit der ein Elektromotor im Dauerbetrieb betrieben werden kann, ohne zu überhitzen.

Negative Unterstützung: Ein Motor unterstützt negativ proportional, wenn je weniger getreten wird, desto mehr Unterstützung erfolgt. Das ist gut am Berg und schlechter in der Ebene.

Nennspannung: Spannungswert, bei der (z. B. ein Elektromotor) typischerweise betrieben werden soll. Vom Hersteller vorgegeben. Liegt zwischen der Entlade- und Ladeschlussspannung.

Nominal-Spannung: Die Nominal-Spannung eines Akkus ergibt sich aus der Anzahl der seriell verschalteten Zellen und deren Nominal-Spannung. Nominal-Spannung einiger Zellentypen:

LiIon 3,6 V, $LiFePO_4$ 3,3 V, LiPo 3,7 V

Die Ladeschluss-Spannung liegt stets deutlich über der Nominal-Spannung, die Entladeschluss-Spannung deutlich darunter. Im Verlauf des Entladevorgangs sinkt die Spannung von der anfänglichen Ladeschluss-Spannung über die Nominal-Spannung bis auf die Entladeschluss-Spannung.

Pedalsensor (Tretsensor): Zeigt an, dass der Radfahrer die Pedale aus eigener Kraft bewegt. Besteht normalerweise aus einer auf der Pedalwelle befestigten Magnetscheibe und einer feststehenden Hallsonde, die bei Pedalbewegung charakteristische Impulse an die Motorsteuerung abgibt.

Pedelec 25: Wortschöpfung von *Susanne Brüsch*, aus dem Begriff ***Ped****al* ***El****ectric* ***C****ycle* gebildet. Das Pedelec 25 ist die am meisten verbreitete Elektrofahrrad-Gattung. Der Motor unterstützt nur wenn getreten wird, bis zu einer Geschwindigkeit von 25 km/h. Die Motornennleistung ist auf 250 Watt begrenzt. In Europa gelten diese Fahrzeuge als Fahrräder.

Pedelec 45: Auch als S-Pedelec oder schnelles Pedelec bezeichnet. Der Motor unterstützt beim Treten bis 45 km/h. Die Motor-Nennleistung ist auf 500 Watt beschränkt. Notwendig sind ein Versicherungskennzeichen und als Fahrerlaubnis eine Mofa-Prüfbescheinigung. Die meisten Pedelec 45 besitzen einen Taster oder „Gasgriff", mit dem sie bis zu 20 km/h rein elektrisch fahren können (beinhalten also auch ein E-Bike 20).

Permanentmagnet (Dauermagnet): Stoff, der beständig magnetische Kräfte zeigt. Polarität liegt fest.

***Peukert*-Effekt:** Benannt nach *Wilhelm Peukert*, beschreibt das Speichervermögen eines Akkumulators in Abhängigkeit vom Entladestrom. Je höher der Entladestrom, desto weniger Energie kann einem Akkumulator entnommen werden. Dieser Effekt wird *Peukert*-Effekt oder Rate-Capacity-Effekt genannt. Gründe für den *Peukert*-Effekt sind die mit zunehmendem Strom steigenden Verluste am Akku-Innenwiderstand. Bei Li-Ion-Akkus hat er nur noch untergeordnete Bedeutung.

Positive Unterstützung: Ein Motor unterstützt positiv proportional, wenn umso schneller getreten wird, desto mehr Unterstützung hinzukommt. Das ist unvorteilhaft am Berg und beim Anfahren, aber von Vorteil in der Ebene.

Pulsweitenmodulation (PWM): Hier werden über Transistoren die Gleichspannung der Batterie in schneller Folge ein- und ausgeschaltet. Die Breite des Spannungsimpulses steuert den Arbeitsstrom des Motors.

Rastmoment: Phänomen bei elektrischen Maschinen. Durch die Änderung des Luftspalts beim Vorbeistreichen der Permanentmagnete an den Ständernuten variiert der magnetische Widerstand und damit die Kraft auf den Läufer. Rastmomente führen zu schwankenden Drehmomenten und unruhigem Lauf, insbesondere bei kleinen Drehzahlen. Der Rotor bleibt nach dem Auslaufen in bestimmten Stellungen stehen.

Reichweite: Gibt die Strecke an, die mit Motorkraft zurückgelegt werden kann. Wird von Herstellern oft als Schätzwert angegeben. Als Erfahrungswert gilt: 10 Wh pro Kilometer im mittelschweren Gelände, wenn mehr Motorkraft als Muskelkraft eingesetzt wird. Hat ein Akku 10 Ah und 36 V (Energieinhalt 360 Wh), dann kommt man damit mindestens 36 km weit.

Rekuperation: Rückspeisung von Bremsenergie in den Akku. Einige Antriebe können zum Bremsen in den Generatormodus umschalten. Bei dem geringen Gewicht und den niedrigen Geschwindigkeiten von Fahrrädern ist im flachen Gelände die Rückgewinnungsrate unbedeutend. Im Gebirge kann sich die Reichweite um bis zu 10 % erhöhen.

Rollwiderstand: Summe aus Walk-, Abroll- und Fahrbahnwiderstand. Vor dem Reifen bildet sich ein Wulst, über den das Laufrad ständig rollen muss. Je größer der Raddurchmesser und je höher der Luftdruck im Reifen, desto geringer ist der Rollwiderstand. Breite Reifen rollen zudem leichter als schmale, da sie bei gleichem Luftdruck weniger tief einfedern.

Rotor (Läufer): Der bewegliche Teil des Elektromotors.

Schaltnetzteil: Spannungswandler, welche die zum Laden von Akkus nötige Gleichspannung aus der Netzwechselspannung von 230 V herstellen. Dabei bedienen sie sich verlustoptimierter und platzsparender Schaltelektronik, welche die Eingangsspannung hochfrequent zerhacken, transformieren und anschließend wieder gleichrichten.

Scheibenläufermotor: Sonderform der Gleichstrommaschine. Der Anker besteht aus einer dünnen Scheibe, auf der beidseitig Kupferwicklungen aufgebracht sind. Das Magnetfeld verläuft axial.

Schiebehilfe, Anfahrhilfe: Wird durch Drehgriff bzw. Taster geschaltet und muss dauerhaft aktiviert sein. Beschleunigt das Pedelec bis zu 6 km/h, ohne dass in die Pedale getreten werden muss. Praktisch an Rampen, wenn der Fahrer nebenher laufen muss und beim Anfahren am Berg.

Schrittmotoren (Stepper-Motors): EC-Motoren, bei denen die Phasen sequentiell eingeschaltet werden und mit jedem Stromimpuls eine Schrittweite bewegt werden.

SE-Magnet: Permanentmagnet mit besonders hoher Stärke. Solche Magnete werden unter Verwendung von Seltenen Erden (SE-)-Metallen wie z. B. Samarium oder Neodym hergestellt.

Selbstentladung: Selbstständiger, ständiger Ladungsverlust eines Akkus durch innere chemische Reaktionen, ohne dass er nach außen Energie abgibt.

Shiftsensor: Spricht beim Gangwechsel an. Bewirkt, dass die Antriebskraft während des Gangwechsels reduziert wird (Getriebeschonung).

SOC: Siehe *Ladezustand*

Stator: Der feststehende Teil des Elektromotors.

Synchronmotoren: Bürstenlose Motoren mit gleichem Aufbau wie die EC-Motoren, aber meist mit einer sinusförmigen Drehfeldbestromung. Der Rotor dreht sich synchron mit dem Magnetfeld des Stators. Entsprechend der Zahl der Permanentmagnetpole wird die Motordrehzahl untersetzt.

$$\text{Drehfrequenz} = \frac{2 \cdot \text{Stromfrequenz}}{\text{Zahl der Permanentmagnetpole}}$$

Teillast: Die Teillast ist die Belastung eines Elektromotors im Bereich zwischen Leerlauf und Nennlast.

Tempomat: Nach Betätigung hält das Fahrzeug die vorhandene Geschwindigkeit ein, ohne dass das Gas weiterhin betätigt werden muss. Beim E-Bike wird jedoch damit meist nur die gerade gefahrene Leistungsstufe festgelegt, sodass bei größer werdenden Fahrwiderständen die Geschwindigkeit trotzdem sinkt.

Thermal runaway: Durchgehen eines Li-Ion-Akkus. Wird beim Laden die Spannungsobergrenze für längere Zeit überschritten, findet eine Überladung des Akkus statt. Nachdem die aktive Lithiummasse vollständig zur Anode gewandert ist, zersetzt sich auch das Metalloxid der Kathode. Ihre Metalle wandern ebenfalls zur Anode und lagern sich dort an. Dabei wird der im Oxid gebundene Sauerstoff frei und geht mit dem organischen brennbaren Elektrolyt eine Verbindung ein (sobald die Zündtemperatur erreicht wird). Der Akku fängt Feuer. Ist die Batterie mit einem dichten und festen Gehäuse umgeben, kann sie dabei explodieren.

Thermisches Gleichgewicht: Temperaturen von Motorenteilen, die sich nicht mehr als 2 K je Stunde ändern.

Tiefentladung: Sinkt die Spannung einer Zelle unter der Entlade-Schlussspannung, spricht man von Tiefentladung – was bleibenden Schaden verursachen kann. In Lithium-Akkus sind meistens elektronische Überwachungsschaltungen eingebaut, um die Entladung vorher zu beenden.

Transistor: Halbleiterbauelement, das als elektronischer (kontaktloser) Schalter Anwendung findet. Auch zur Verstärkung von Signalen einsetzbar.

Tuning: Nachträgliche, individuelle Veränderung fertiger Produkte, meist in der Absicht, deren Leistung zu steigern.

Universalmotoren: Bürstenbehaftete Motoren, die für einen Einphasen-AC-Betrieb vorgesehen sind.

Unterstützungsfaktor: Bezeichnet die Kraft, die der Antrieb zusätzlich zur Trittkraft des Fahrers beisteuert. Beträgt der U-Faktor 1.5, wird das eingebrachte Pedaldrehmoment um 150 % verstärkt – sofern die Verstärkung noch im Leistungsbereich des Motors liegt.

Walkwiderstand: Beim Abrollen „plattet" sich ein Reifen ständig auf und ab. Diese Walkarbeit verschlingt Antriebsenergie. Je geringer der Reifendruck, desto höher wird die Walkarbeit. Der Walkwiderstand ist Teil des Rollwiderstandes. Er beträgt im Schnitt 20 % des Rollwiderstandes.

Wattstunde Wh: Tatsächlicher Energieinhalt des Akkus. Produkt aus Ladung (Ah) und Spannung (V). Ein 36 V Akku mit einer Kapazität von 10 Ah hat einen Energieinhalt von 360 Wh (36 V · 10 Ah).

Wechselrichter (DC/AC-Wandler): Er dient zur Umwandlung der von der Batterie in Form von Gleichstrom gelieferten Energie in dreiphasigen Wechselstrom (Drehstrom) für den Betrieb des BLDC-Motors.

Wicklungswiderstand: Hauptverlustposten bei Elektromotoren. Wird bestimmt durch Länge, Querschnitt und Material (überwiegend Kupfer) des Wicklungsdrahtes. Steigt zudem mit der Motortemperatur.

Winkelversatz: Beim BLCD-Motor dreht sich der Rotor mit der gleichen Frequenz wie das Drehfeld. Ein Winkelversatz stellt sich ein, wenn ein Drehmoment aufgebracht wird. Der Winkelversatz ist umso größer, je größer das Drehmoment ist.

Wirkstrom: Strommenge, die beim Elektromotor ein nutzbares Drehmoment hervorbringt.

Wirkungsgrad (η): Allgemein für das Verhältnis von Nutzen zu Aufwand. Bei technischen Geräten steht der Wirkungsgrad für das Verhältnis von genutzter Energie zu zugeführter Energie. η (eta) ist eine dimensionslose Zahl, die immer < 1 sein muss. Sie kann auch als Prozentzahl ausgedrückt werden. Zuweilen wird synonym auch der Begriff *Effizienz* verwendet.

Vektorsteuerung: Siehe *Feldorientierte Motorsteuerung*

Zyklenfestigkeit: Zahl der Entlade- und Ladevorgänge, bis die Speicherfähigkeit unter 80 % der Nennkapazität gesunken ist (DIN 43 539).

16 Formelsammlung

Elektrisches Feld, magnetisches Feld, Gleichstrommaschinen, Akkumulatoren

Elektrische Ladung *Q*

Fließt durch einen elektrischen Leiter 1 s lang ein Strom von 1 A, wird durch den Leiterquerschnitt eine Ladung von 1 Coulomb = 1 C transportiert.
1 C = 1 As

$$Q = I \cdot t$$

Der Ladungsmenge von 1 Coulomb entsprechen ca. $6{,}24 \cdot 10^{18}$ Elementarladungen.

Q Elektrische Ladung in As
I Stromstärke in A
t Zeit in s
In Akkus wird die Ladung in Ah angegeben.
1 Ah = 3600 As

Elementarladung *e*

$$e = 1{,}6 \cdot 10^{-19}\ \text{C}$$

Elektrische Feldstärke *E*

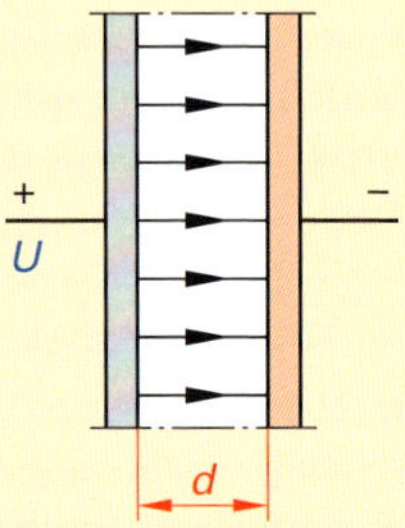

$$E = \frac{U}{l}$$

E Elektrische Feldstärke in V/m[1)]
U Spannung in V
d Plattenabstand

1) Andere Ableitung: E in N/C

Kraft *F* auf einen geladenen Körper

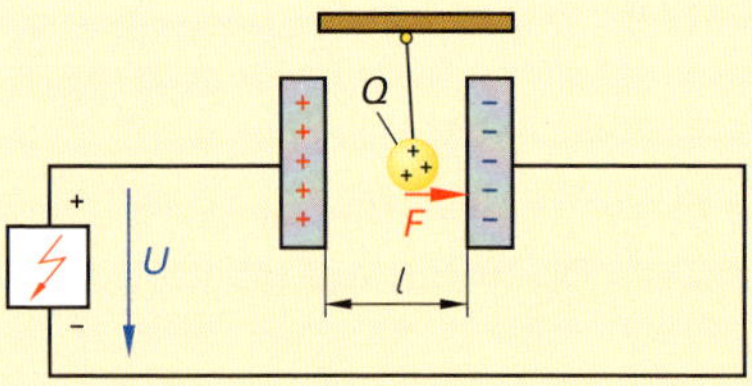

$$F = Q \cdot E$$

F Kraft auf eine Ladung in N
Q Elektrische Ladung in As
E Elektrische Feldstärke in V/m

Ableitung der Dimension von *F*

$$\frac{\text{As} \cdot \text{V}}{\text{m}} = \frac{\text{Ws}}{\text{m}} = \frac{\text{Nm}}{\text{m}} = \text{N}$$

1 C = 1 As

Elektrische Flussdichte *D*

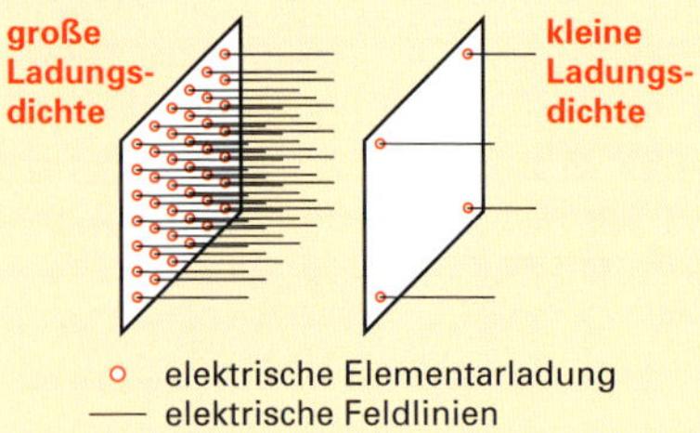

$$D = \frac{Q}{A}$$

D Flussdichte in As/m^2
A Fläche in m^2
Q Elektrische Ladung in As

Kondensator-Kapazität *C*

Die Höhe der Kapazität steigt,
je größer die Plattenoberfläche A,
je kleiner der Plattenabstand d
und je größer die Dielektrizitätszahl ε_r ist.

$$C = \frac{Q}{U}$$

$$C = \frac{\varepsilon_r \cdot A}{d}$$

C Kapazität in As/V = F
Q Ladung in As
U Spannung in V
ε_r Dielektrizitätszahl

Zeitkonstante τ

$$\tau = R \cdot C$$

$$\tau \approx 5 \cdot \tau$$

$$\tau = \frac{L}{R}$$

- τ Zeitkonstante in s
- t Lade/Entladezeit in s
- R Widerstand in Ω
- C[1] Kapazität in As/V
- L Induktivität

Energie des geladenen Kondensators

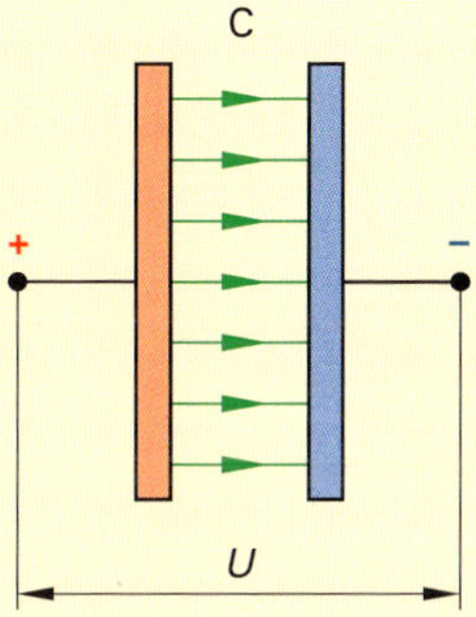

$$W = \frac{1}{2} CU^2$$

- W Energie in Ws
- C Kapazität in As/V
- U Spannung in V

Beispiel:

C = 100 µF, U = 110 V

$$W = \frac{100 \cdot 10^{-6} \cdot 110^2}{2} = 0{,}605 \text{ Ws}$$

1 µF = 10^{-6} F

Durchflutung Θ

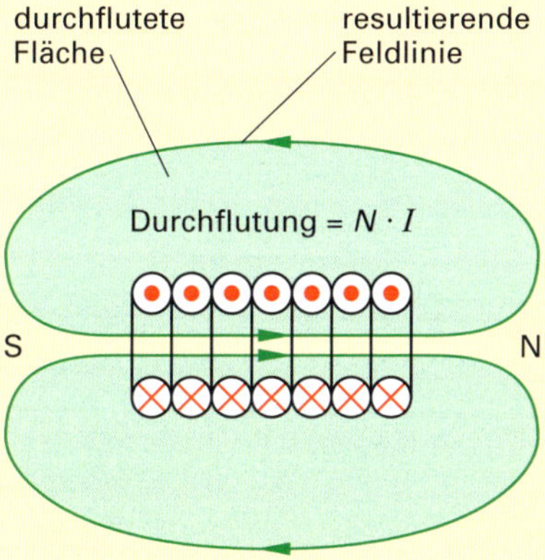

$\Theta = N \cdot I$ Einheit A

Ein stromdurchflossener Leiter erzeugt ein Magnetfeld. Die Durchflutung ruft den magnetischen Fluss ϕ hervor und ist vergleichbar mit der Quellenspannung des elektrischen Stromkreises ($\Theta \triangleq U$).

Beispiel:

a) Spule mit N = 100 Windungen, Stromstärke I = 0,4 A

b) Spule mit N = 200 Windungen, I = 0,2 A

a) Θ = 100 · 0,4 A = 40 A

b) Θ = 200 · 0,2 A = 40 A

Die Durchflutung wird auch als magnetische Spannung bezeichnet.

Magnetische Flussdichte B

(auch als Feldstärke bezeichnet)

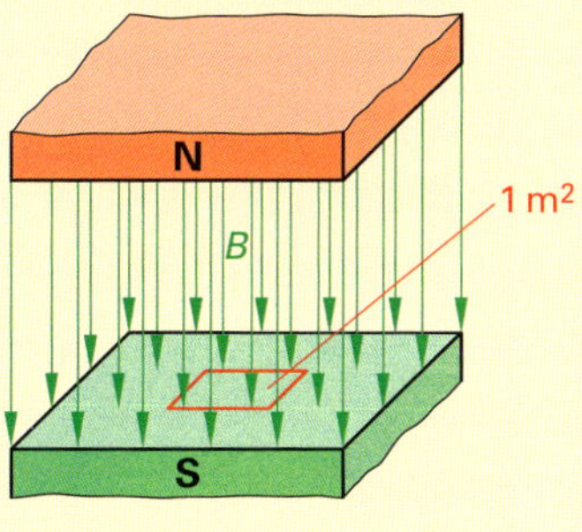

$$B = \frac{F}{I \cdot l} = \frac{\Phi}{A}$$

Andere Herleitung:
$F = B \cdot Q \cdot v$

Die magnetische Feldstärke beträgt 1 Tesla, wenn ein 1 m langer Draht, durch den der Strom 1 A fließt, eine Kraft von 1 N erfährt und der Draht senkrecht zur Feldrichtung steht.

- B Magnetische Flussdichte (Feldstärke) in T = N/Am bzw. Vs/m²
- Φ Magnetischer Fluss in Vs
- A Fläche in m²
- Q Elektrische Ladung in As
- v Geschwindigkeit des Leiters in m/s
- F Ablenkkraft in N, siehe Lorentzkraft
- I Stromstärke in A
- l Leiterlänge in m

[1] Nicht zu verwechseln mit C = Coulomb

Flussdichte *B* / Feldstärke *H*

$B = \mu_0 \cdot H$ *im Vakuum*
$B = \mu \cdot H$ *im stoffgefüllten Raum*

$\mu = \mu_0 \cdot \mu_r$

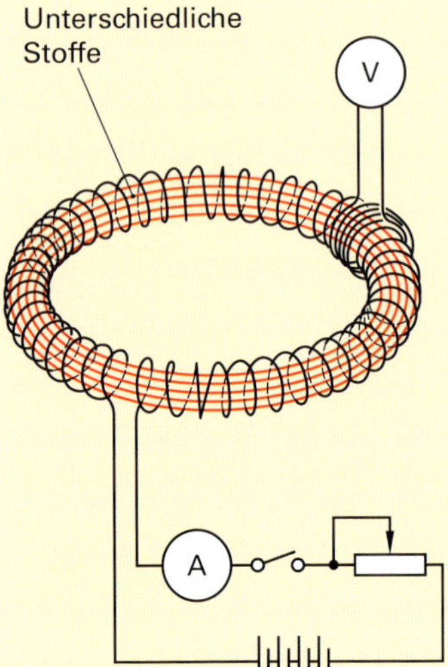

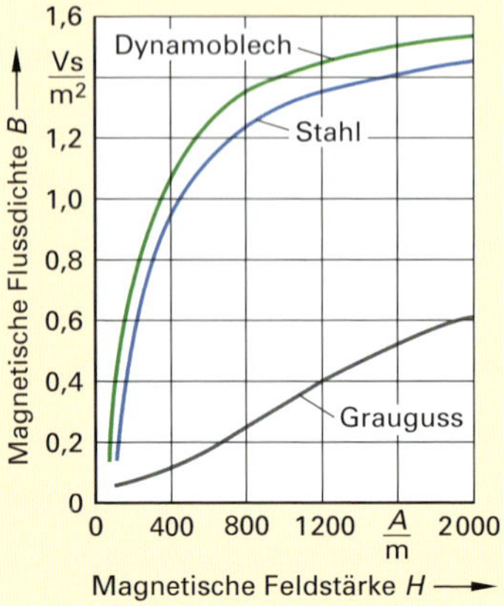

Zusammenhang zwischen Flussdichte *B* und Feldstärke *H*

H Magnetische Feldstärke

$H = \frac{\Theta}{l}$ in $\frac{A}{m}$

Θ Durchflutung (siehe Seite 201)

$\Theta = I \cdot N$

I = Stromstärke

N = Leiterzahl

l = Feldlinienlänge

Die magnetische Feldstärke berücksichtigt nur den das Feld erregenden Strom. Die magnetische Flussdichte berücksichtigt auch die Wirkungen der das Feld füllenden Materie.

Die Abhängigkeit von Flussdichte *B* und Feldstärke *H* kann man aus Magnetisierungskennlinien der einzelnen Werkstoffe ablesen.

μ_r gibt an, wie viel Mal stärker das Magnetfeld einer Spule mit Eisenkern gegenüber einer Luftspule ist.

$\mu_r < 1$ diamagnetischer Stoff

paramagnetische Stoffe

$\mu_{r\,(Luft)} \approx 1$ $\mu_{r\,\text{unleg. Eisen}}$ bis 6000

$\mu_{r\,\text{Dynamoblech}} > 6500$

$\mu_{r\,\text{Fe-Ni-Legierungen}}$ bis 300 000

Messanordnung zur Bestimmung von μ_r

$\mu \triangleq$ Gesamtpermeabilität

$\mu_r \triangleq$ Permeabilität des jeweiligen Materials

$\mu_0 \triangleq$ Magnetische Feldkonstante

Größe und Einheit von μ_0:
$4\pi \cdot 10^{-7}$ Vs/Am $= 4\pi \cdot 10^{-7}$ N/A²

Magnetischer Fluss Φ

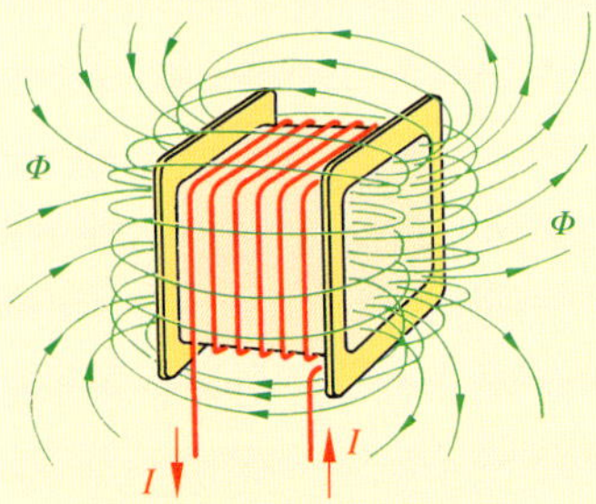

$\boldsymbol{\Phi = B \cdot A}$

mit $B \perp A$, sonst

$\boldsymbol{\Phi = B \cdot A \cdot \cos \alpha}$

Die Wirkung der Durchflutung ist der magnetische Fluss Φ. Φ ist die Summe aller aus einem Pol austretenden Feldlinien.

[1] Der magnetische Fluss Φ entspricht dem Stromfluss I im elektrischen Stromkreis. $\Phi \triangleq I$

Φ Magnetischer Fluss in Vs[1]
1 Vs = 1 Wb (Wb = Weber)

A Fläche in m², durch die alle Feldlinien laufen

B Magnetische Flussdichte (magn. Feldstärke) in Vs/m² (Einheit Tesla T)

Beispiel:
Die Polaustrittsfläche eines Magneten beträgt 2 cm · 2 cm, die Flussdichte 1,2 T. Wie groß ist der magnetische Fluss?

$\Phi = B \cdot A = 1{,}2 \, \frac{Vs}{m^2} \cdot 4 \cdot 10^{-4} \, m^2$

$\Phi = 4{,}8 \cdot 10^{-4}$ Vs

$\frac{N}{Am} = \frac{Nm}{Am^2} = \frac{Ws}{Am^2} = \frac{Vs}{m^2} = 1T$

16

Magnetischer Widerstand R_m

$R_m = \Theta/\Phi$ in A/V_S

vergleichbar mit $R = U/I$

Der magnetische Widerstand wird als Reluktanz bezeichnet.

Magnetische Feldstärke *H* einer Spule

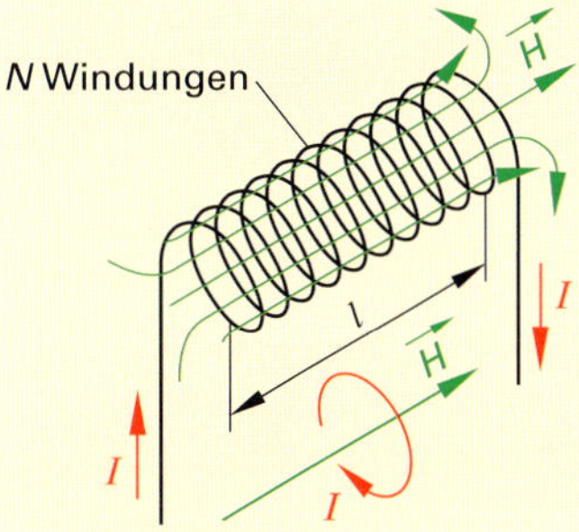

$$H = \frac{N \cdot I}{l} \qquad H = \frac{\Theta}{l}$$

Gesamtdurchflutung eines magnetischen Kreises als Summe der magnetischen Teilspannungen. Kraftwirkung eines Magnetfeldes auf andere Magnete.

- H Magnetische Feldstärke in A/m
- I Stromstärke in A
- l Spulenlänge in m
- N Windungszahl
- Θ Durchflutung in A

Beispiel:
Spule $l = 0{,}2$ m, $N = 750$, $I = 0{,}3$ A, $H = 1125$ A/m

Ladungsverschiebung durch einen bewegten Leiter im Magnetfeld

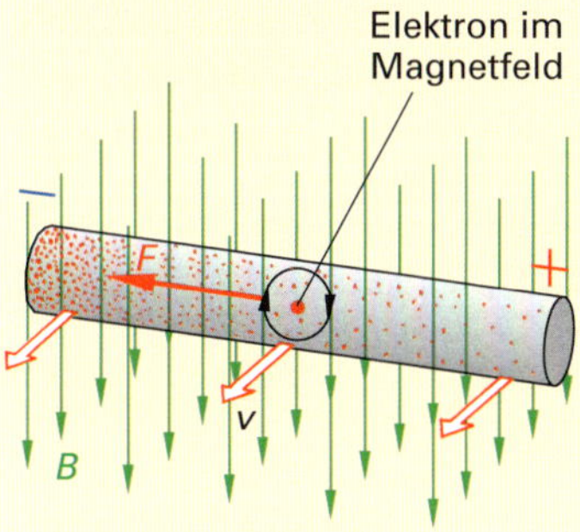

Wird ein gestreckter Leiter durch ein Magnetfeld geführt (v), so bewegen sich mit ihm auch seine freien Elektronen. Bewegte Elektronen werden im Magnetfeld durch die Lorentzkraft senkrecht zu ihrer Bewegungsrichtung abgelenkt.

Auf der einen Seite des Leiters bildet sich ein Elektronenüberschuss (–), auf der anderen Seite ein Elektronenmangel (+). Zwischen den Leiterenden entsteht eine Spannung, die Induktionsspannung U_i.

- B Flussdichte (Feldstärke)
- ⇨ Leiterbewegung mit der Geschwindigkeit v

Lorentzkraft *F*
Kraft auf einen stromführenden Leiter im Magnetfeld

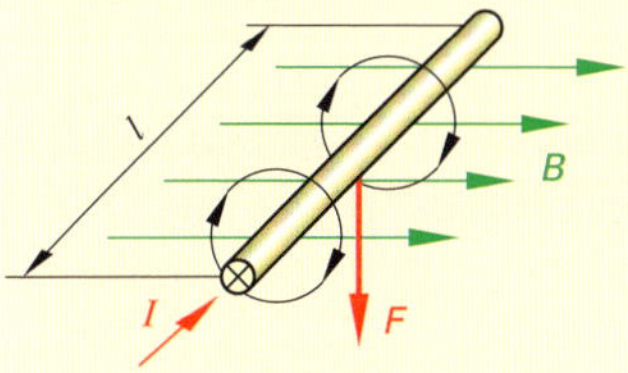

Andere Herleitung

$F = Q \cdot v \cdot B$, nur wenn $v \perp B$*)

- F Lorentzkraft
- Q Elektrische Ladung
- v Geschwindigkeit des Leiters
- B Flussdichte (Feldstärke)

*) sonst $F = Q \cdot v \cdot B \sin\alpha$

Elektrodynamisches Kraftgesetz

Translation:
$F = B \cdot I \cdot l \cdot N$

Rotation:
$M = c \cdot \Phi \cdot I$

Die Lorentzkraft wirkt stets senkrecht zur Stromrichtung und senkrecht zum Magnetfeld.

- F Kraft auf einen Leiter
- N Zahl der Windungen
- c Maschinenkonstante
- l Leiterlänge

Beispiel:
Drahtlänge $l = 0{,}2$ m, $B = 1{,}5$ T, $I = 10$ A, Draht quer zu den Feldlinien, $N = 1$

$F = B \cdot I \cdot l \cdot N$
$F = 1{,}5\ \text{T} \cdot 10\ \text{A} \cdot 0{,}2\ \text{m} \cdot 1 = 3\ \text{N}$

Allgemeines Induktionsgesetz

$$U_i = -N \frac{\Delta\phi}{\Delta t}$$

$$\phi = B \cdot A$$

- U_i Induktionsspannung in V
- N Zahl der Windungen
- $\Delta\phi$ Flussänderung in Vs
- Δt Zeitänderung in s
- A überstrichene Fläche in m^2
- B Magnetische Flussdichte

Induktion der Bewegung U_i
B = konstant, A = variabel

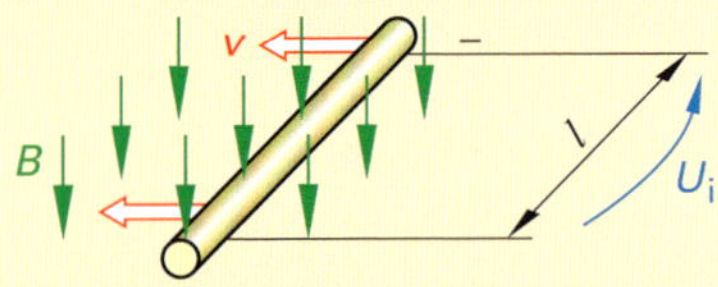

[1] Minus, da der Ursache (Flussänderung) entgegenwirkend. Im Motor Gegenspannung U_i zur antreibenden Ankerspannung U_A.

Translation

$$U_i = -B \cdot l \cdot v^{1)}$$

$$U_i = -B \cdot l \cdot 2 \cdot \pi \cdot n \cdot r \cdot \alpha$$

Ableitung der Einheit von U_i:

$$\frac{\text{Vs}}{\text{m}^2} \cdot \frac{\text{m}}{\text{s}} \cdot \text{m} = \text{V}$$

Rotation

$$U_i = c \cdot \phi \cdot n$$

- B Flussdichte in Vs/m^2
- v Geschwindigkeit des Leiters quer zu den Feldlinien in m/s
- l Leiterlänge in m
- n Läuferdrehzahl in 1/s
- r Läuferradius in m
- α Polbedeckungsverhältnis (meist < 1)
- c Maschinenkonstante

Beispiel: Starker Hufeisenmagnet, v = 1 m/s, Leiterlänge l = 0,1 m, Flussdichte B = 0,1 T

$$U_i = 0{,}1\,\frac{\text{Vs}}{\text{m}^2} \cdot 1\,\frac{\text{m}}{\text{s}} \cdot 0{,}1\,\text{m} \cdot 1$$

$$U_i = 0{,}01\,\text{V}$$

Induktion der Ruhe U_i
A = konstant, B = variabel

Transformatorprinzip

$$U_i = -N \cdot A \cdot \frac{\Delta B}{\Delta t}$$

$$U_i = -N \frac{\Delta \phi}{\Delta t}$$

- U_i induzierte Spannung in V
- A Durchflutete Fläche in m^2
- ΔB Änderung der Flussdichte in N/Am
- Δt Zeitdauer der Flussänderung in s
- $\Delta \phi$ Flussänderung in Vs mit $\phi = B \cdot A$
- N Windungszahl

Lenz'sche Regel

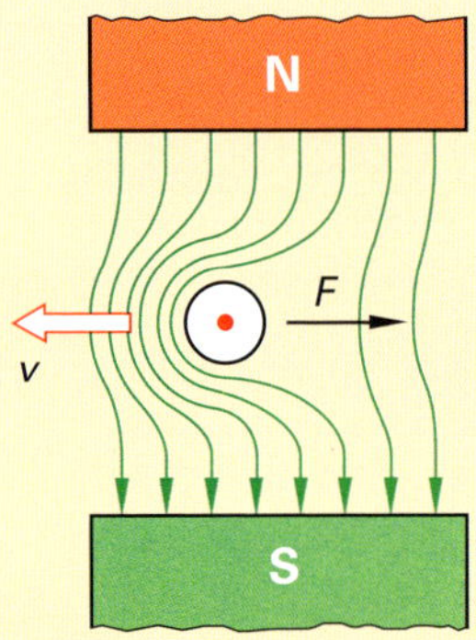

Ändert sich der magnetische Fluss durch eine Leiterschleife, wird eine Spannung induziert. Dadurch erzeugt der fließende Strom ein Magnetfeld, das der Änderung des magnetischen Flusses entgegenwirkt.

Die Arbeit (= Energie), die mit der Induktionsspannung verrichtet werden kann, ist immer ≤ der aufgewendeten Energie zur Erzeugung der Induktionsspannung.

Der Leiter wird in seiner Bewegung gebremst (siehe auch S. 81).

Selbstinduktionsspannung U_i

$$U_i = -L \cdot \frac{\Delta I}{\Delta t}$$

- L Induktivität in Vs/A
- ΔI Änderung der Stromstärke in A
- Δt Änderung der Zeitdauer in s

Induktivität L einer Spule

L ist das Maß für die elektrische Trägheit einer Spule. Die Einheit ist H (von Henry).

$$1\,\text{H} = 1\,\frac{\text{Vs}}{\text{A}}$$

Abgeleitet aus der Selbstinduktionsspannung

$$U_i = -L \cdot \frac{\Delta I}{\Delta t}$$

$$L = \mu N^2 \cdot \frac{A}{l} = N \cdot \frac{\phi}{I}$$

- U_i Induktionsspannung in V
- $\mu = \mu_r \cdot \mu_0$
- μ = Gesamtpermeabilität

Eine Spule hat die Induktivität 1 H, wenn bei Änderung der Stromstärke von 1 A/s eine Selbstinduktionsspannung von 1 V entsteht.

Energie W des Magnetfeldes einer Spule

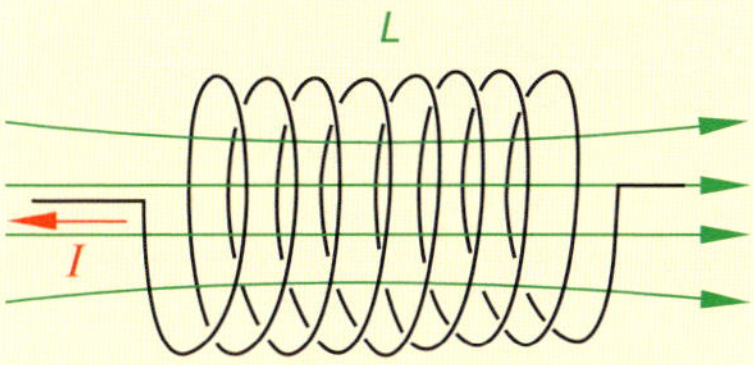

$$W = \frac{L \cdot I^2}{2}$$

andere Ableitung

$$W = U \cdot I \cdot t$$

L Induktivität in Vs/A

I Stromstärke in A

W Energie in Ws (= J)

Gegeben: Spule Induktivität $L = 2$ H, Gleichstrom $I = 40$ A.

Gesucht:
Energie W beim Abschalten.

$W = \frac{1}{2} \cdot L \cdot I^2 = 0{,}5 \cdot 2 \frac{\text{Vs}}{\text{A}} \cdot (40\text{ A})^2$

$W = 1600\text{ Ws} = 1{,}6\text{ kJ}$

Wirkwiderstand R

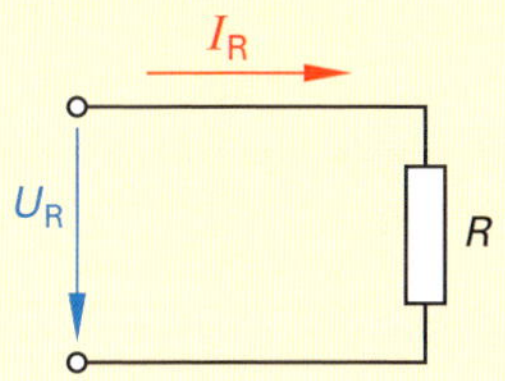

$$R = \frac{U}{I}$$

U Effektivwert Wechselspannung

I Effektivwert Wechselstrom

Ohmscher Widerstand, der im Wechselstromkreis die gleiche Wirkung hat wie im Gleichstromkreis. Keine Phasenverschiebung zwischen Strom und Spannung.

Induktiver Blindwiderstand X_L

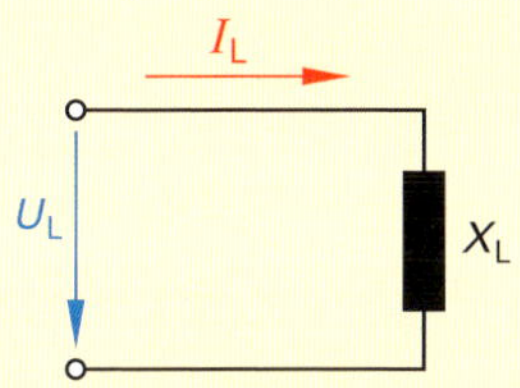

$$X_L = \frac{U_{bL}}{I_{bL}}$$

$$X_L = \omega \cdot L$$

Der induktive Blindwiderstand entsteht durch Selbstinduktion.

U_{bL} induktive Blindspannung

I_{bL} induktiver Blindstrom

Phasenverschiebung:
Wechselstrom eilt der Wechselspannung um 90° nach.

Beispiel:
Induktivität $L = 2$ H, $\omega = 50$ H

$X_L = 2 \cdot \pi \cdot f \cdot L$

$X_L = 2 \cdot \pi \cdot 50 \frac{1}{\text{s}} \cdot 2 \frac{\text{Vs}}{\text{A}} = 628\ \Omega$

Kapazitiver Blindwiderstand X_C

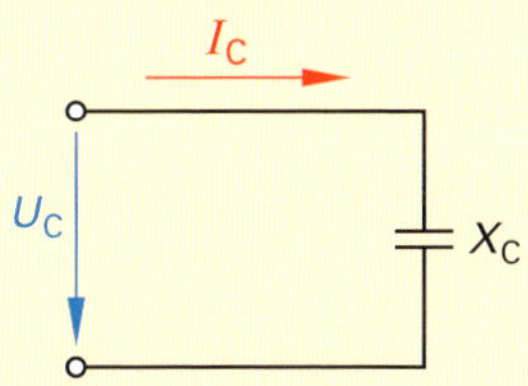

$$X_C = \frac{1}{\omega \cdot C} = \frac{U_C}{I_C}$$

C Kapazität[1] in As/V
1As/V = 1 s/1 Ω = 1 F[2]

X_C Kapazitiver Blindwiderstand in Ω

[1] Nicht zu verwechseln mit der Kapazität K von Spannungsquellen, z. B. Akkus (s. Seite 214)

[2] F von Farad

Scheinwiderstand Z
(bei Reihenschaltung) [3]

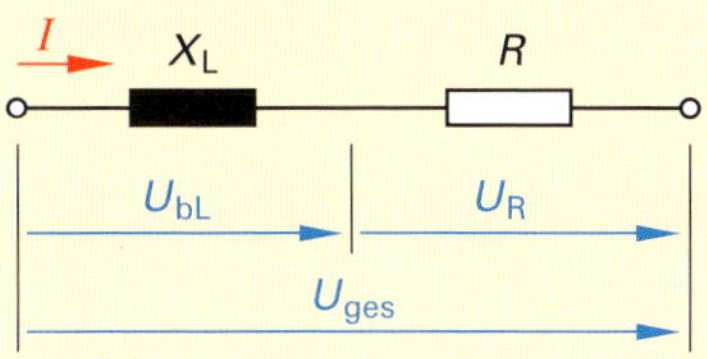

[3] Bei Parallelschaltung rechnet man mit Schein-, Wirk- und Blindleitwerten

$$Z = \sqrt{R^2 + X_L^2}$$

Z Scheinwiderstand in Ω

R Wirkwiderstand in Ω

X_L Blindwiderstand in Ω

U_R Spannungsabfall am ohmschen Widerstand

U_{bL} Spannungsabfall am induktiven Blindwiderstand

Leistung bei Drehstrom Hinweis: Symmetrische Last $\cos\varphi = \frac{P}{S}$	$S = U \cdot I$ $P = U \cdot I \cdot \cos\varphi$ $Q = U \cdot I \cdot \sin\varphi$	S Scheinleistung in VA P Wirkleistung in W Q Blindleistung in var $\cos\varphi$ Leistungsfaktor = Phasenverschiebung
Winkelgeschwindigkeit ω $\omega = \frac{\pi \cdot n}{30}$	$\omega = 2 \cdot \pi \cdot n$	ω Winkelgeschwindigkeit (Kreisfrequenz) in 1/s n Umdrehungsfrequenz (Drehzahl) in 1/min
Drehmoment M, Leistung P 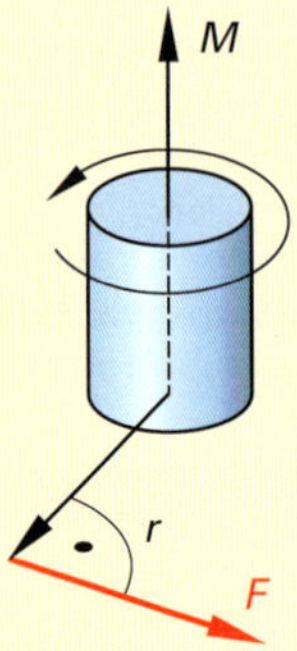 	$M = F \cdot r$ $P = M \cdot \omega$ $P = F \cdot r \cdot \omega$ $P = M \cdot n \cdot 0{,}105$ M in Nm n in U/min P in W Umrechnungsfaktor $\frac{2\pi}{60} = 0{,}105$	F Kraft in N (Lorentzkraft) r Hebelarm in m M Drehmoment in Nm ω Winkelgeschwindigkeit in 1/s P Leistung in W Beispiel: Bremskraft Motor $F = 100$ N, Hebelarm $r = 0{,}5$ m, Drehzahl $n = 1400$ 1/min. Gesucht: Mechanische (Motor)Leistung P $\omega = 2 \cdot \pi \cdot n = 146{,}6$ 1/s $P = F \cdot r \cdot \omega \cdot n$ $P = 100\ \text{N} \cdot 0{,}5\ \text{m} \cdot 146{,}6\ \text{1/s}$ $P = 7330\ \text{W} = 7{,}33\ \text{kW}$
Drehmoment M Abgeleitet aus Radius r, Drehkraft F und Lorentzkraft F_L 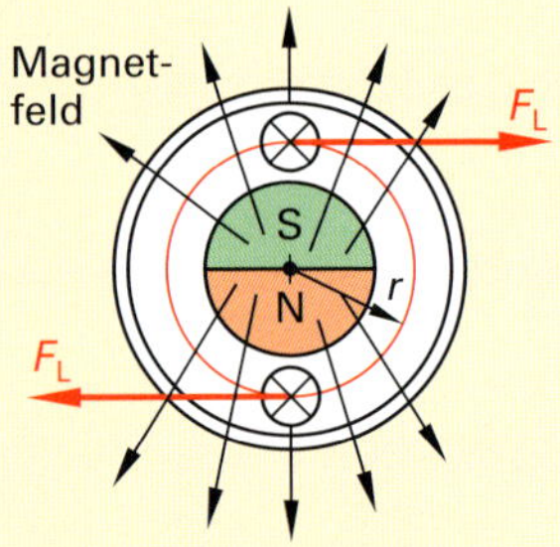 	$F = \frac{M}{r}$ $F_L = B \cdot I \cdot l$ $M = B \cdot l \cdot I \cdot r$ **Bei N Leitern:** $M = B \cdot l \cdot I \cdot r \cdot N$	Beispiel (Annahme $F = F_L$): Gegeben: Die Flussdichte im Luftspalt eines Gleichstrommotors beträgt $B = 0{,}8$ Vs/m², die wirksame Leiterlänge $l = 0{,}3$ m, der Leiterstrom $I = 10$ A, der Abstand des Ankerleiters von der Wellenmitte $r = 0{,}2$ m. Gesucht: das auf **einen** Leiter ausgeübte Drehmoment. $M = B \cdot l \cdot I \cdot r$ $M = 0{,}8\ \frac{\text{Vs}}{\text{m}^2} \cdot 0{,}3\ \text{m} \cdot 10\ \frac{\text{Nm}}{\text{s} \cdot \text{V}} \cdot 0{,}2\ \text{m}$ $M = 0{,}48$ Nm
Kraft und Drehmoment auf einer Leiterschleife 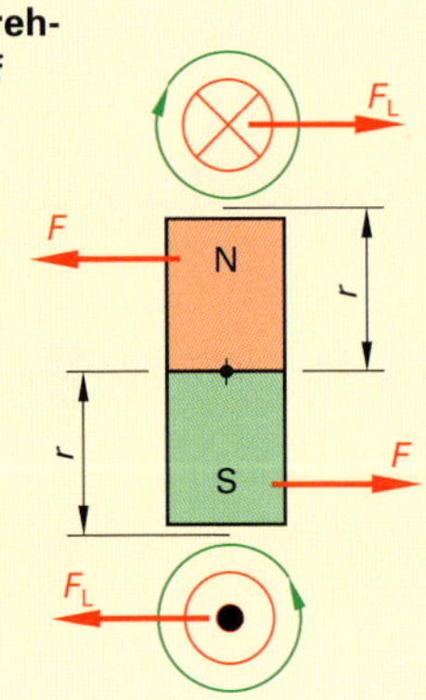 	Die Kraft F_L (Lorentzkraft) auf den stromdurchflossenen Leiter bewirkt über die Reaktionskraft F eine Drehung des beweglichen Rotors. Drehmoment $M = F \cdot r$ Gesamtes Drehmoment = $2M$ F_L Lorentzkraft F Reaktionskraft, Drehkraft Drehmoment aller Windungen N $M = B \cdot l \cdot I \cdot r \cdot N$ mit $B = \frac{\Phi}{A}$ $M = \frac{N \cdot l \cdot r}{A} \cdot I \cdot \varnothing$ $M = c \cdot I \cdot \varnothing$ c Maschinenkonstante	

16

Polzahl, Polpaarzahl *p*

Beispiel: Vierpolige Maschine

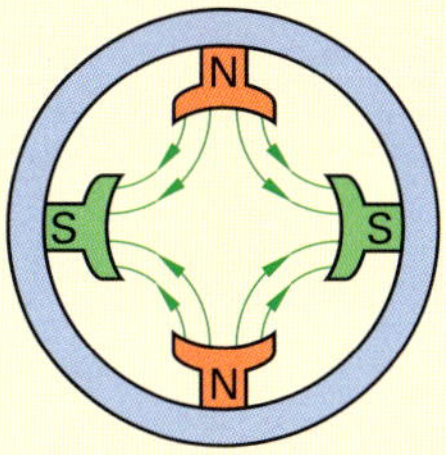

Beispiel:

Polpaarzahl $p = 2$

Polzahl $= 2 \cdot p = 4$

$$\boldsymbol{n = \frac{f}{p}}$$

f Drehfrequenz in 1/s
p Polpaarzahl
n Synchrondrehzahl in 1/s

Beispiel vierpolige Maschine:
Mit welcher Drehfrequenz muss der abgebildete Motor angesteuert werden, damit er mit 2000 1/min läuft?

$$f = n \cdot p = \frac{2\,000}{60} \cdot 2 \approx 67\,\frac{1}{s}$$

Verlustleistungen im Motor, E-Motor als Energiewandler

Zugeführte Leistung = Mechanische Leistung + vom Motor abgegebene Leistung

$P_{zu} = P_{elekt}$
$U \cdot I$

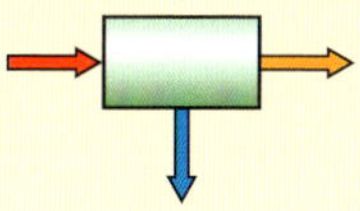

P_{mech}
$\omega \cdot M_{mech}$

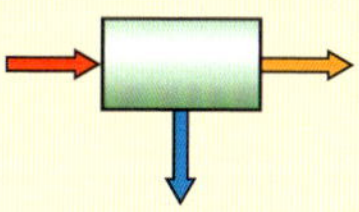

$P_{ab} = \omega \cdot M_{ab}$

Wärmeverluste
$P_v = U_A \cdot I_A$
$P_v = (I_A)^2 \cdot R_A$

Mechanische Verluste (Lager, Bürsten...)
hervorgerufen durch Reibungsmoment M_{reib}
$M_{mech} = M_{reib} + M_{ab}$
wenn $M_{reib} << M_{mech} \rightarrow M_{mech} \approx M_{ab}$ und $P_{mech} \approx P_{ab}$

Motor-Ersatzschaltbild

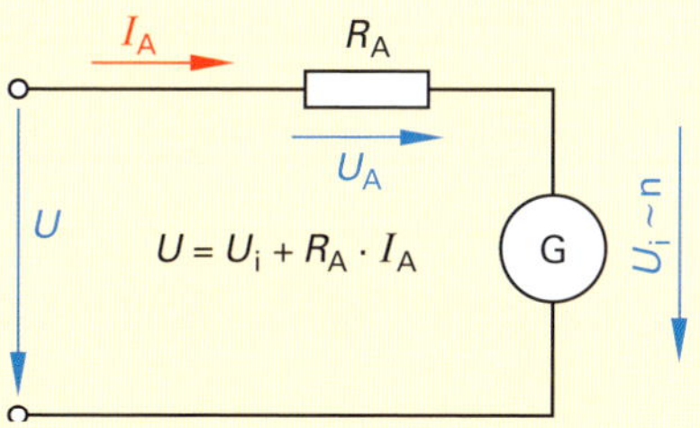

Jeder in Betrieb befindliche Motor ist auch gleichzeitig ein Generator, da Spulen im Magnetfeld bewegt werden. In den Ankerspulen eines laufenden Motors wird eine Spannung U_i induziert, die gegen die angelegte Netzspannung U gerichtet ist.

Beispiel

$R_A = 1\,\Omega$, $U = 36$ V, beim Anlaufen $U_i = 0$ V

$$I_A = \frac{U}{R_A} = \frac{36\text{ V}}{1\,\Omega} = 36\text{ A}$$

Motor dreht, U_i steigt $\sim n$, z. B. auf 10 V,

$$I_A = \frac{U - U_i}{R_A} = \frac{36\text{ V} - 10\text{ V}}{1\,\Omega} = 26\text{ A}$$

z. B. auf $U_i = 20$ V $\quad I_A = 16$ A

Durch das Ansteigen der induzierten Spannung (Gegenspannung) sinkt der Ankerstrom.

Gleichstrommotor – Generator

Ankerstrom positiv ($I_A > 0$) → Motorbetrieb: Maschine nimmt Energie auf und leistet mechanische Arbeit. Klemmenspannung U größer als die induzierte Spannung U_i.

Ankerstrom Null ($I_A = 0$) → Motor im Leerlauf, Klemmenspannung U gleich induzierte Spannung U_i.

Ankerstrom negativ ($I_A < 0$) → Maschine gibt Energie ab und leistet elektrische Arbeit. Klemmenspannung U kleiner als die induzierte Spannung U_i.

Ableitung Gleichstrommotor-Leistungsformel

Elektrische Leistung = Verlustleistung + mechanische Leistung $P_{el} = P_V + P_{mech}$

Elektrische Leistung = Klemmenspannung · Ankerstrom $P_{el} = U \cdot I_A$

Verlustleistung = Spannungsabfall am Anker · Ankerstrom $P_V = U_A \cdot I_A$

Spannungsabfall am Anker = Ankerwiderstand · Ankerstrom $U_A = R_A \cdot I_A$

Verlustleistung = Ankerwiderstand · Ankerstrom · Ankerstrom $P_V = R_A \cdot (I_A)^2$

Zusammenfassung: $P_{el} = U \cdot I_A = R_A \cdot (I_A)^2 + U_I \cdot I_A$

Drehmomentkonstante k_M

$$k_M = \frac{M}{I_A}$$

M Erzeugtes Drehmoment in Nm

I_A Ankerstrom in A

k_M Drehmomentkonstante in Nm/A

Drehzahlkonstante k_n

$$k_n = \frac{n}{U_i} \qquad k_n \approx \frac{1}{k_M}$$

n Drehzahl in 1/s oder U/min

U_i Induktionsspannung in V

k_n Drehzahlkonstante in 1/Vs oder U/min/V

Spannungskonstante k_U

Die Spannungskonstante ist der Kehrwert der Drehzahlkonstanten: $k_U = U_i/k_n$

Generator- und Motorbetrieb

Generatorbetrieb

$$U = U_i - I_A \cdot R_A$$

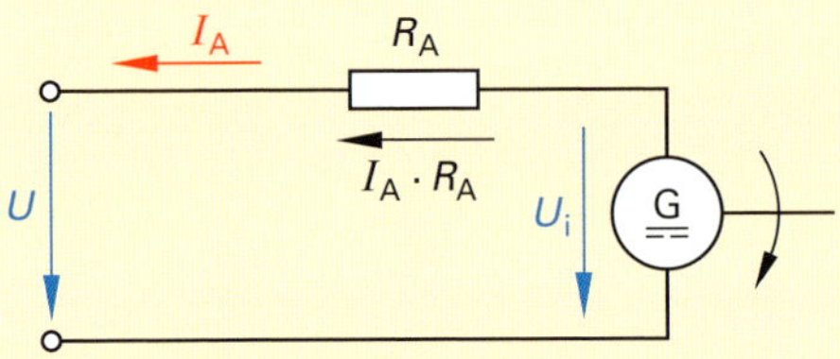

Ersatzschaltbild des Gleichstromgenerators

Motorbetrieb

$$U = U_i + I_A \cdot R_A$$

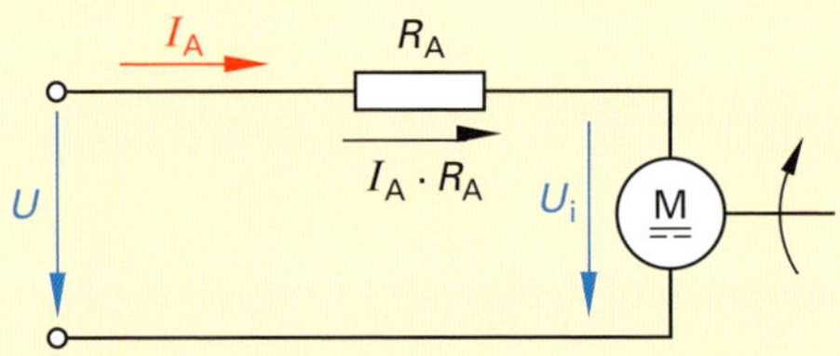

Ersatzschaltbild des Gleichstrommotors

Leistung Gleichstrommotor P_{mech}

$$P_{mech} = M \cdot \omega$$

P Leistung in W

M Erzeugtes Drehmoment in Nm

ω Drehfrequenz in 1/s

Drehmoment Gleichstrommotor M

$$M = \frac{P_{mech}}{2 \cdot \pi \cdot n} = \frac{U_i \cdot I_A}{2 \cdot \pi \cdot n}$$

Übersicht Schaltungen Kommutatormotoren

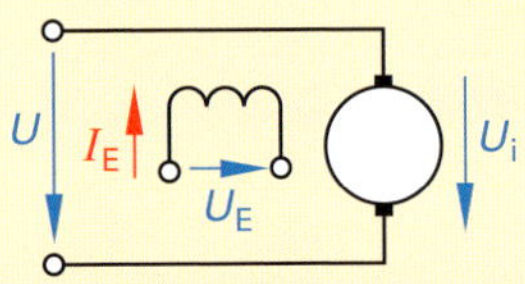

a) Fremderregte Maschine

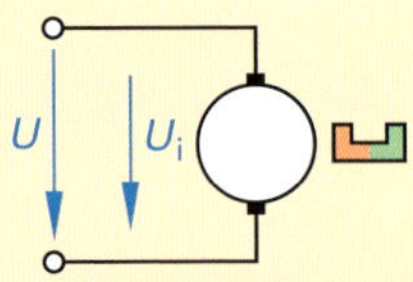

b) Dauermagneterregte Maschine

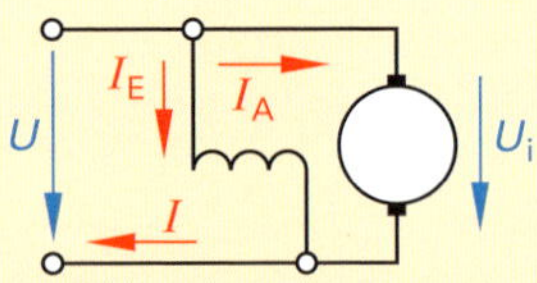

c) Nebenschlussmaschine

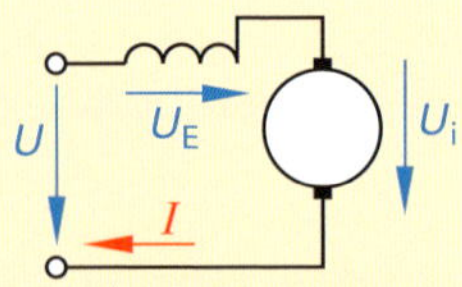

d) Reihenschlussmotor

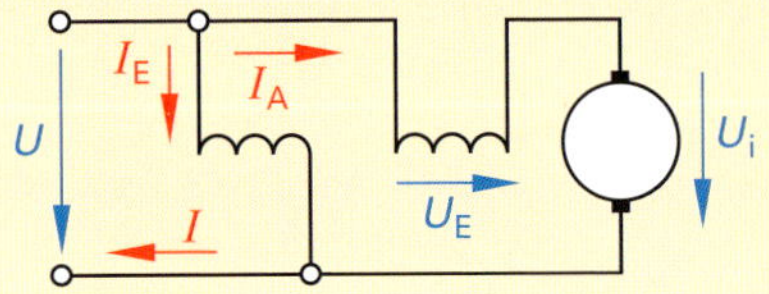

e) Kompoundmaschine

Es bedeuten:

U = Klemmenspannung

U_E = Spannungsabfall über der Erregerwicklung

U_i = induzierte Spannung/Gegenspannung/alt: EMK

I = Gesamtstrom

I_E = Erregerstrom

I_A = Ankerstrom

Nebenschlussmotor

Erregerwicklung parallel zur Ankerwicklung, Erregerstrom I_E ist unabhängig vom Ankerstrom I_A und hängt nicht von der Belastung ab.

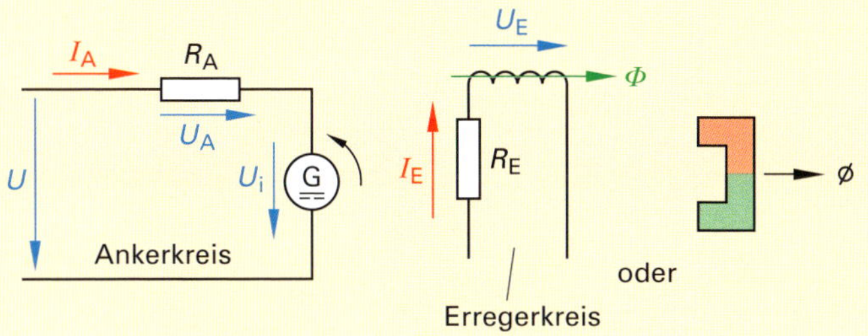

Ersatzschaltbild ohne Ankerinduktivität

Ankerkreis: $\boldsymbol{U = U_A + U_i = R_A \cdot I_A + U_i}$

Erregerkreis: $\boldsymbol{U_E = R_E \cdot I_E}$

$\boldsymbol{U_i = c \cdot \Phi \cdot \omega}$ $\quad$ $\boldsymbol{P_{mech} = M \cdot \omega}$

$\boldsymbol{n = \frac{U - R_A \cdot I_A}{c \cdot \Phi}}$ $\quad$ $\boldsymbol{c = N \cdot p}$

Die angelegte Spannung bestimmt die Drehzahl des Motors. Es fließt der Strom, der notwendig ist, um das geforderte Drehmoment zu liefern.

U Klemmenspannung
U_E Erregerspannung in V
R_A Ankerwiderstand in Ω
R_E Erregerwiderstand in Ω
U_i Induzierte Spannung
U_A Spannungsabfall am Ankerwiderstand
I_A Ankerstrom in A
I_E Erregerstrom in A
c Maschinenkonstante
Φ Erregerfluss in Vs
ω Winkelgeschwindigkeit in 1/s
M Drehmoment des Motors
P_{mech} Mechanische Leistung des Motors
n Drehzahl in 1/s
N Windungszahl
p Polpaarzahl

Nebenschlussmotor Kennlinien

Drehzahl-Kennlinie

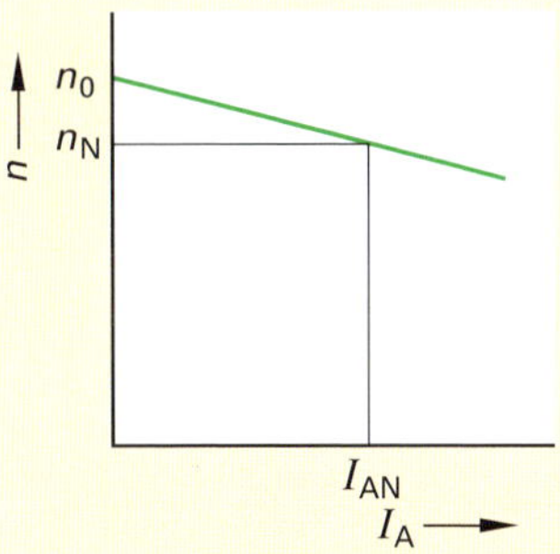

n_0 Leerlaufdrehzahl
n_N Nenndrehzahl
I_{AN} Nennankerstrom

Die Drehzahl nimmt mit zunehmender Belastung nur geringfügig ab.

Drehmoment-Kennlinie

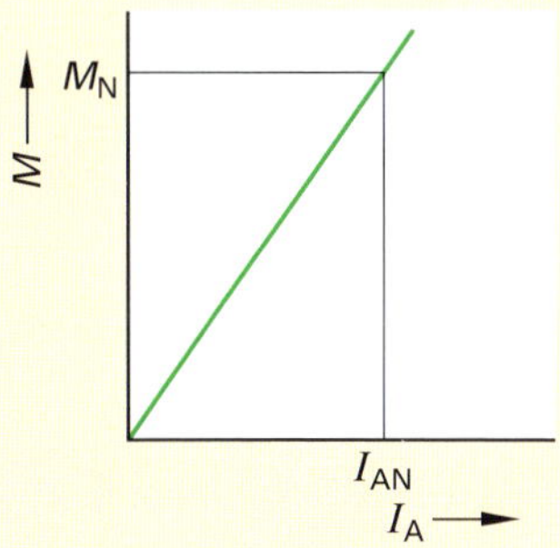

$\boldsymbol{M_N = c \cdot \phi \cdot I_A}$

$\boldsymbol{M_N \sim I_A}$

M_N Nennmoment in Nm
c Maschinenkonstante
ϕ Erregerfluss in Vs
I_A Ankerstrom in A

Drehzahl-Drehmoment-Kennlinie[1]

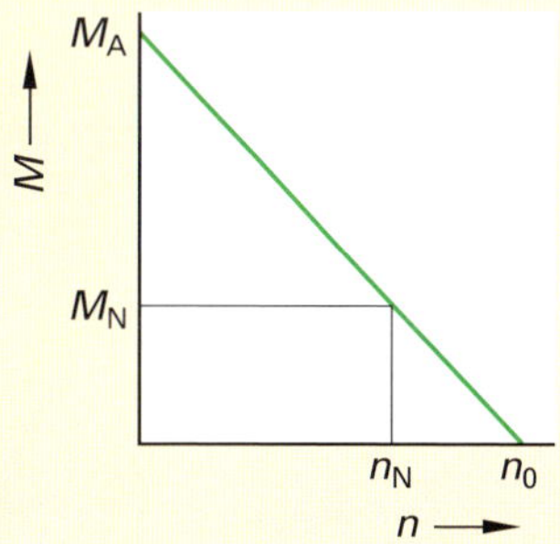

M_A Anzugsmoment
M_N Nennmoment
n_0 Leerlaufdrehzahl
n_N Nenndrehzahl

[1] In Wirklichkeit verläuft die Kennlinie viel steiler. M_A kann nicht angefahren werden.

16

Reihenschlussmotor

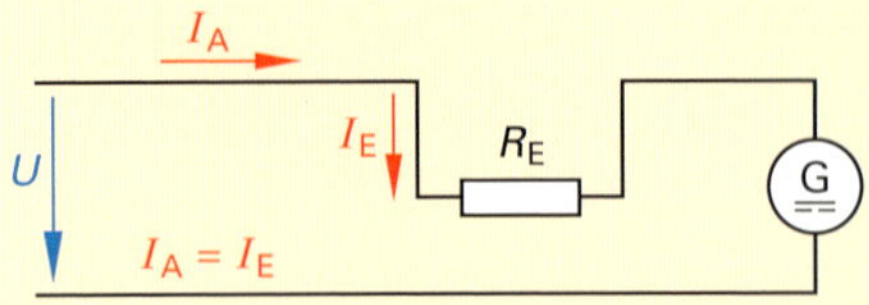

$$n = \frac{U_A - R_E \cdot I_A}{c \cdot \Phi}$$

Erregerwicklung in Serie zur Ankerwicklung

U Klemmenspannung

Erregerstrom I_E = Ankerstrom I_A

c Maschinenkonstante

Φ Magnetischer Fluss

Reihenschlussmotor Kennlinien

Drehzahl-Kennlinie

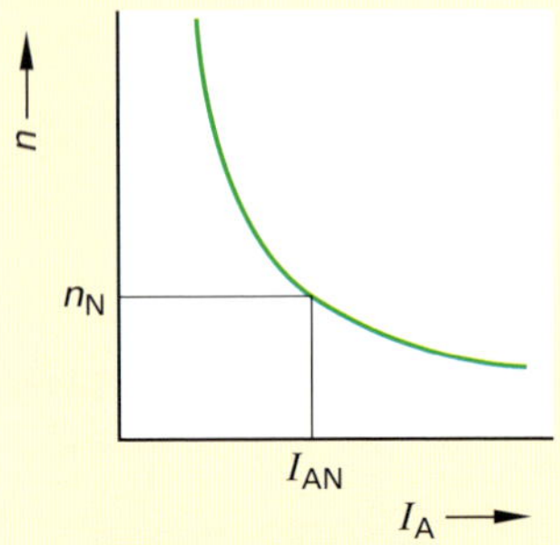

n_N Nenndrehzahl

I_{AN} Nennankerstrom

Bei Belastung steigen Anker- und Erregerstrom. Die Drehzahl nimmt mit zunehmender Belastung ab, bei Entlastung steigt die Drehzahl stark an.

Drehmoment-Kennlinie

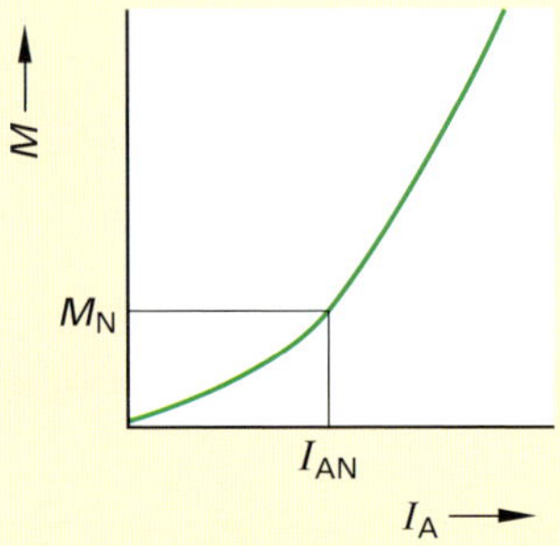

$\boldsymbol{M_N = c \cdot \phi \cdot I_A}$

$\boldsymbol{M_N \sim (I_A)^2}$

M_N Nennmoment

c Maschinenkonstante

ϕ Erregerfluss in Vs

I_A Ankerstrom in A

I_{AN} Nennankerstrom

Drehzahl-Drehmoment-Kennlinie

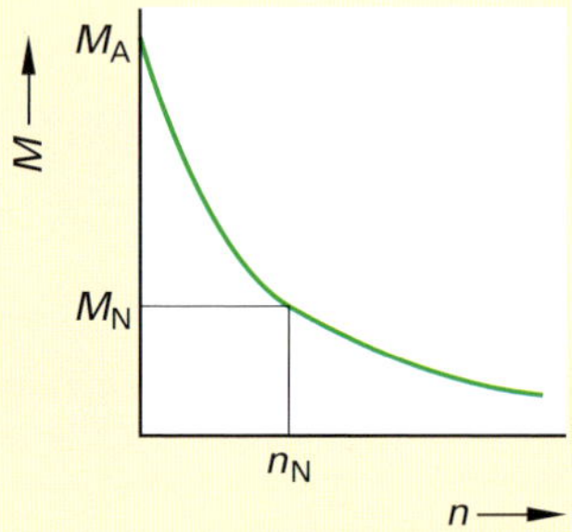

M_A Anzugsmoment

M_N Nennmoment

n_N Nenndrehzahl

Drehfeld-Motor

Räumlich und zeitlich veränderliches Magnetfeld wird im Ständer durch stromführende Spulen erzeugt.

Das Magnetfeld im Rotor wird durch stromführende Spulen oder durch Permanentmagnete erzeugt.

Das Magnetfeld im Ständer eines Drehfeldmotors läuft mit einer bestimmten Frequenz um, die höchstens gleich der Frequenz der Betriebsspannung sein kann.

Je nachdem, wie das Magnetfeld im Rotor erzeugt wird, unterscheidet man zwei Bauarten: Synchron- und Asynchronmotor.

Synchronmotor

Der Rotor besteht aus einem Dauermagneten oder aus einem mit Gleichstrom erregten Elektromagneten, der synchron mit dem Feld des Stators rotiert.

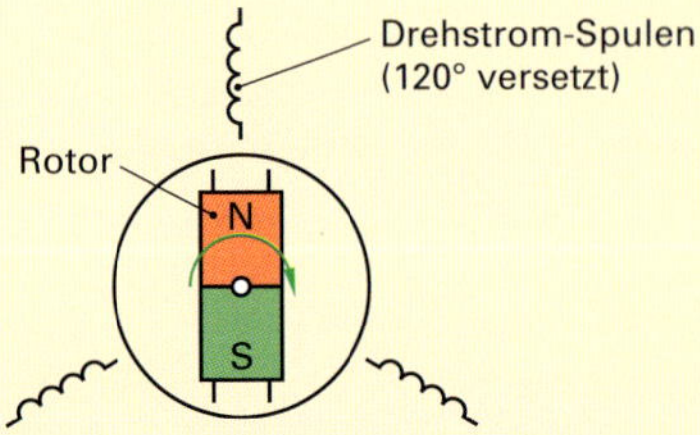

Asynchronmotor

Das Drehfeld des Stators induziert in den Leiterbahnen des Rotors Ströme, die ein Magnetfeld bewirken. Man bezeichnet diesen Motor auch als Induktionsmotor oder Kurzschlussläufer.

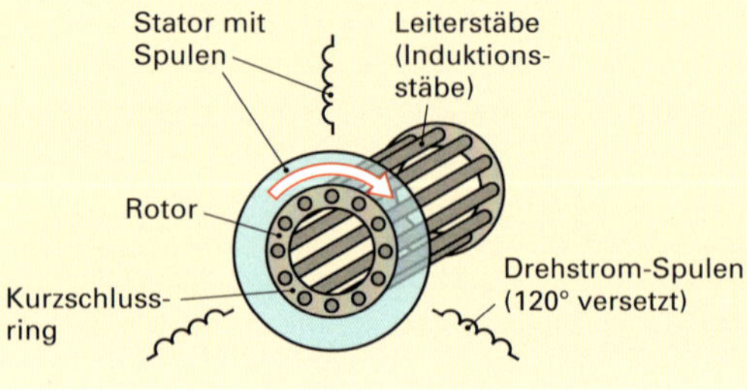

16

Impulsgrößen

Rechteck-impulse

Nadel-impulse

Sinus-impulse

Schwin-gungs-pakete

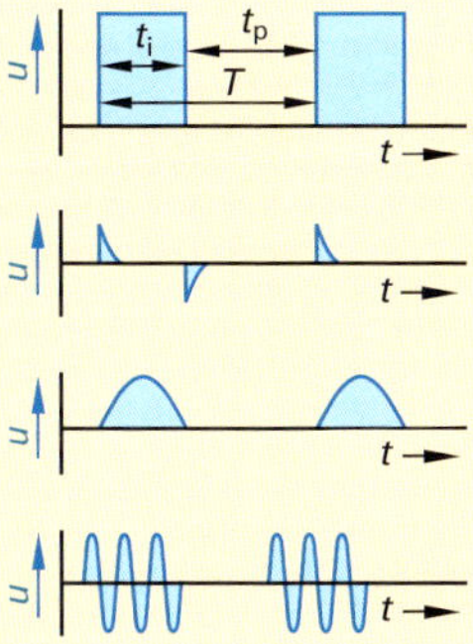

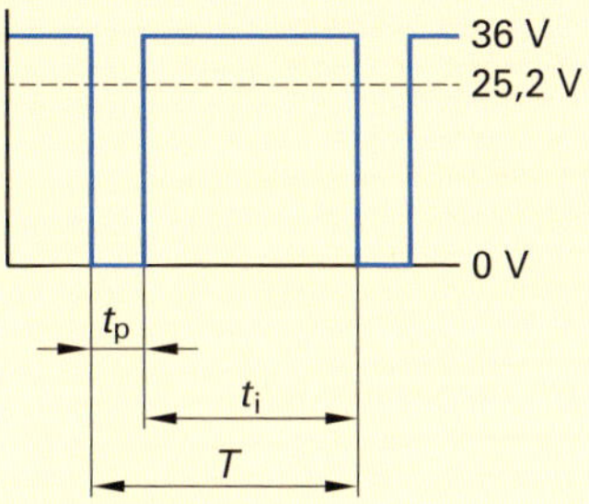

$$g = \frac{t_i}{T}$$

$$T = t_i + t_p$$

$$f = \frac{1}{T}$$

Tastgrad g der Motorspannung bei Verwendung eines PWM-Signals:[1)]

$$g = \frac{t_i}{T} = \frac{U_{mittel}}{U_{maximal}}$$

Beispiel:
Bei einem BLDC beträgt der Maximalwert der Spannung 36 V, der Mittelwert 25,2 V. Zu bestimmen ist der Tastgrad.

$$g = \frac{25{,}2\ \text{V}}{36\ \text{V}} = 0{,}7 = 70\ \%$$

[1)] PWM: Pulsweitenmodulation. Eine technische Größe (z. B. Spannung) wechselt zwischen zwei Werten.

g Tastgrad, Tastverhältnis
T Periodendauer
t_i Impulsdauer, Dauer der Einschaltzeit, Puls
t_p Pausendauer, Ausschaltzeit
f Frequenz

Beispiel:
Bei der Ansteuerung eines BLDC beträgt die Impulsdauer 2 ms und die Pausendauer 0,9 ms. Zu bestimmen sind der Tastgrad und die Frequenz.

$$g = \frac{t_i}{t_i + t_p}$$

$$g = \frac{2\ \text{ms}}{2\ \text{ms} + 0{,}9\ \text{ms}} = 0{,}7 = 70\ \%^{2)}$$

$$f = \frac{1}{T} = \frac{1}{t_i + t_p} = \frac{1}{2{,}9}$$

$$f = \frac{1}{0{,}0029} = 335\ \text{Hz}$$

[2)] Der Motor ist 70 % der Zeit eingeschaltet.

Wirkungsgrad η

Beispiel Nennlast

Nennspannung U = 6 V, Drehzahl n = 75 1/s, Stromaufnahme I_A = 1,7 A

$P_{auf} = U \cdot I_A = 10{,}2$ W

P_{mech} = 5,35 W (hier nicht abgeleitet[3)]

$P_{Verlust}$ = 10,2 W – 5,35 W = 4,85 W

$$\eta = \frac{5{,}35\ \text{W}}{10{,}2\ \text{W}} = 0{,}524 = 52{,}4\ \%$$

[3)] kann aus 2 Betriebszuständen ermittelt werden

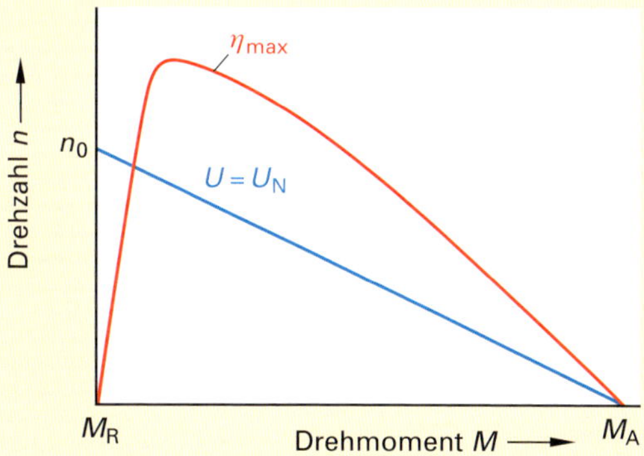

Der Wirkungsgrad gibt das Verhältnis von abgegebener zu aufgenommener Leistung an. Bei konstanter Spannung nimmt der Wirkungsgrad mit zunehmender Drehzahl und abnehmendem Drehmoment zu. Bei kleinen Drehmomenten überwiegen die Reibverluste, der Wirkungsgrad nimmt steil zu Null hin ab. Der maximale Wirkungsgrad tritt ca. bei 1/7 von M_A auf.

Abgabeleistung-Kennlinie

Die Abgabeleistung entspricht im Diagramm der Fläche unter der Drehzahl-Kennlinie.

Die maximale Abgabeleistung wird bei $1/2 \cdot n_0$ bzw. $1/2 \cdot M_A$ erreicht. Die Leistungskurve entspricht einer Parabel, deren Maximalwert quadratisch von der Motorspannung abhängt.

Leerlaufstrom I_0	Leerlaufdrehzahl n_0
Anlaufstrom I_A	Nennmoment M_N
Anhaltemoment M_A	Reibungsmoment M_R

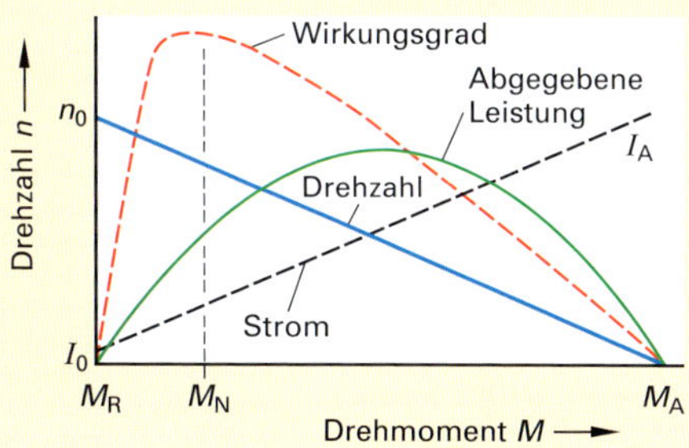

Anwendungsbeispiel Formelsammlung

Aus dem Datenblatt eines Pedelec mit Radnabenmotor entnimmt man folgende Motordaten:

U_N = 36 V (Versorgungsspannung), Nennleistung P_N = 250 W, Nenndrehmoment M_N = 11,4 Nm, Wirkungsgrad im Idealpunkt η = 0,85, Motor direkt auf der Hinterachse montiert, Radgröße 28", Radumfang 2,1 m.

Annahme: Die mechanischen Verluste des Motors bleiben im Nennbetrieb vorerst unberücksichtigt.

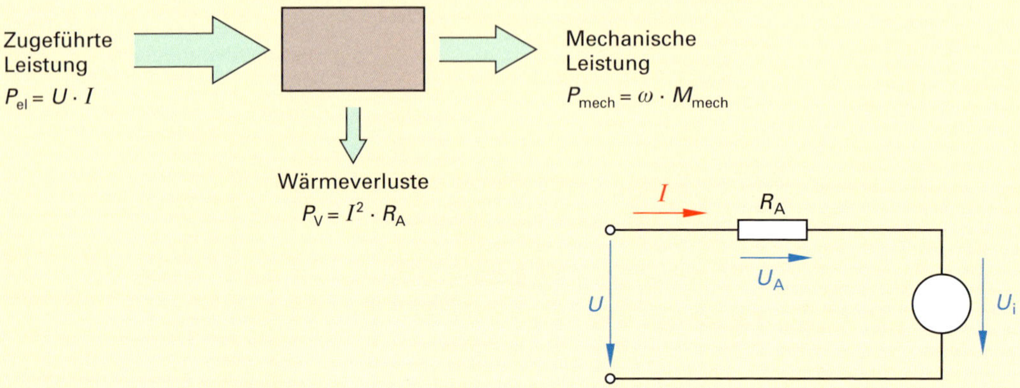

1 Mechanische Leistung im Nennbetrieb $P_{el} = P_N$

$P_{mech} = \eta \cdot P_N = 0{,}85 \cdot 250\ \text{W} = 212{,}5\ \text{W}$

2 Verlustleistung $P_V = P_N - P_{mech} = 250\ \text{W} - 212{,}5\ \text{W} = 37{,}5\ \text{W}$

3 Nenndrehzahl n_N $\quad P_{mech} = 2 \cdot \pi \cdot n \cdot M$

$\rightarrow n_N = \dfrac{P_{mech}}{2 \cdot \pi \cdot M_N} = \dfrac{212{,}5\ \text{W}}{2 \cdot \pi \cdot 11{,}4\ \text{Nm}} = 3\ \text{s}^{-1} = 180\ \text{min}^{-1}$

4 Zugehörige Geschwindigkeit $v = n \cdot$ Radumfang $\quad v = 3\ \text{s}^{-1} \cdot 2{,}1\ \text{m} = 6{,}3\ \text{m/s} \approx 23\ \text{km/h}$

Diese Geschwindigkeit würde im Nennbetrieb erreicht, wenn Reibung und Luftwiderstand ein Drehmoment von 11,4 Nm erfordern würden und allein der Motor den Antrieb übernimmt.

5 Stromaufnahme $P_{el} = U \cdot I \rightarrow I = \dfrac{P}{U} = \dfrac{250\ \text{W}}{36\ \text{V}} = 7\ \text{A}$

6 Drehmomentkonstante $k_M = \dfrac{M_N}{I} = \dfrac{11{,}4\ \text{Nm}}{7\ \text{A}} = 1{,}63\ \text{Nm/A}$

7 Ankerwiderstand $P_V = I^2 \cdot R_A \rightarrow R_A = \dfrac{P_V}{I^2} = \dfrac{37{,}5\ \text{W}}{7\ \text{A} \cdot 7\ \text{A}} = 0{,}77\ \Omega$

8 Spannungsabfall am Ankerwiderstand $P_V = \dfrac{U_A^2}{R_A}$

$\rightarrow U_A = \sqrt{P_V} \cdot \sqrt{R_A} = \sqrt{37{,}5 \cdot 0{,}77} = 5{,}4\ \text{V}$

9 Probe: Wirkungsgrad über Spannungen: $\eta = \dfrac{U - U_A}{U} = \dfrac{36\ \text{V} - 5{,}4\ \text{V}}{36\ \text{V}} = 0{,}85 = 85\ \%$

10 Induktionsspannung (erforderlich für weitere Berechnungen mit dem Motorersatzschaltbild)

$U_i = U - U_A = 36\ \text{V} - 5{,}4\ \text{V} = 30{,}6\ \text{V}$

11 Drehzahlkonstante $k_n = \dfrac{n_N}{U_i} = \dfrac{180\ 1/\text{min}}{30{,}6\ \text{V}} = 5{,}88\ \dfrac{1}{\text{Vmin}}$

Welche Spannung muss an den Motor angelegt werden, wenn er nur noch 25 % des an der Radachse wirkenden Drehmomentes aufbringen muss? Das restliche Drehmoment übernimmt der Fahrer. Die Geschwindigkeit soll unverändert bleiben. Der Motor muss zusätzlich ein Reibungsmoment von 0,6 Nm aufbringen.

Nennbetrieb: M_N = 11,4 Nm, I = 7 A, Nenndrehzahl $n_N = 3\ s^{-1}$, U_i = 30,6 V, $R_A = 0{,}77\ \Omega$, P_V = 37,5 W

1 25 %-Betrieb: M_{25} = 11,4 Nm, davon 25 % = 2,85 Nm + 0,6 Nm = 3,45 Nm

2 Stromaufnahme im 25 %-Betrieb: $\frac{M_N}{I} = \frac{M_{25}}{I_{25}} \rightarrow I_{25} = \frac{M_{25} \cdot I}{M_N} = \frac{3{,}45\ \text{Nm} \cdot 7\ \text{A}}{11{,}4\ \text{Nm}} = 2{,}12\ \text{A}$

3 Spannungsabfall am Ankerwiderstand. Anmerkung: Der Ankerwiderstand bleibt der gleiche wie im Nennbetrieb.

$U_A = R_A \cdot I_{25} = 0{,}77\ \Omega \cdot 2{,}12\ \text{A} \approx 1{,}6\ \text{V}$

4 Spannung U_{25} im 25 %-Betrieb. Anmerkung: Die induzierte Spannung U_i bleibt gleich, da die Drehzahl (und damit auch die Geschwindigkeit) gleich bleibt.

$U_{25} = U_A + U_i \quad U_{25} = 1{,}6\ \text{V} + 30{,}6\ \text{V} = 32{,}2\ \text{V}$

5 Zugeführte elektrische Leistung $P_{zu} = P_{25} = U_{25} \cdot I_{25} = 32{,}2\ \text{V} \cdot 2{,}12\ \text{A} = 68{,}3\ \text{W}$

6 Abgeführte Leistung $P_{ab} = P_{mech}$

P_{ab} = 25 % von $\omega \cdot M_N$ aus dem Nennbetrieb = $0{,}25 \cdot 2\pi \cdot n \cdot M_N = 53{,}7\ \text{W}$

7 Wirkungsgrad im 25 %-Betrieb $I = \frac{P_{ab}}{P_{zu}} = \frac{53{,}7\ \text{W}}{68{,}3\ \text{W}} = 0{,}79 = 79\ \%$

Planetengetriebe

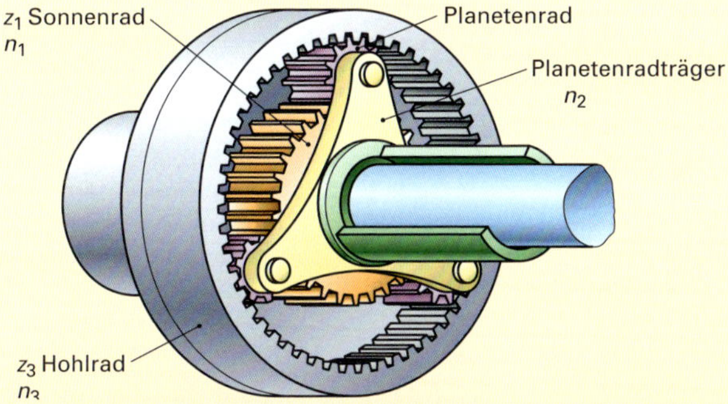

Schaltmöglichkeiten eines einfachen Planetenradsatzes

Die Planetenräder übertragen die Bewegung auf den Planetenträger. Auf die Größe der Übersetzung haben die Planetenräder keinen Einfluss.

Es bedeuten:
- n_1 Drehzahl Sonnenrad
- n_2 Drehzahl Planetenträger
- n_3 Drehzahl Hohlrad
- z_1 Zähnezahl Sonnenrad
- z_3 Zähnezahl Hohlrad
- i Übersetzungsverhältnis

Antrieb	Festes Bauteil	Abtrieb	Übersetzung Drehzahl	Übersetzung Zähnezahl	Übersetzung
Sonnenrad z_1	Hohlrad z_3 $n_3 = 0$	Planetenträger	$i = \frac{n_1}{n_2}$	$i = \frac{z_1 + z_3}{z_1}$	Große Übersetzung ins Langsame
Hohlrad z_3	Sonnenrad z_1 $n_1 = 0$	Planetenträger	$i = \frac{n_3}{n_2}$	$i = \frac{z_3 + z_1}{z_3}$	Kleinere Übersetzung ins Langsame
Sonnenrad	Sonnenrad mit Hohlrad gekoppelt	Planetenträger	$i = 1$	$i = 1$	Direkter Gang
Planetenträger	Sonnenrad z_1 $n_1 = 0$	Hohlrad z_3	$i = \frac{n_2}{n_3}$	$i = \frac{z_3}{z_3 + z_1}$	Kleine Übersetzung ins Schnelle
Planetenträger	Hohlrad z_3 $n_3 = 0$	Sonnenrad z_1	$i = \frac{n_2}{n_1}$	$i = \frac{z_1}{z_1 + z_3}$	Große Übersetzung ins Schnelle
Sonnenrad z_1	Planetenträger $n_2 = 0$	Hohlrad z_3	$i = \frac{n_1}{n_3}$	$i = \frac{z_3}{z_1}$	Rückwärts ins Langsame
Hohlrad z_3	Planetenträger $n_2 = 0$	Sonnenrad z_1	$i = \frac{n_3}{n_1}$	$i = \frac{z_1}{z_3}$	Rückwärts ins Schnelle

Innenwiderstand R_i einer Spannungsquelle

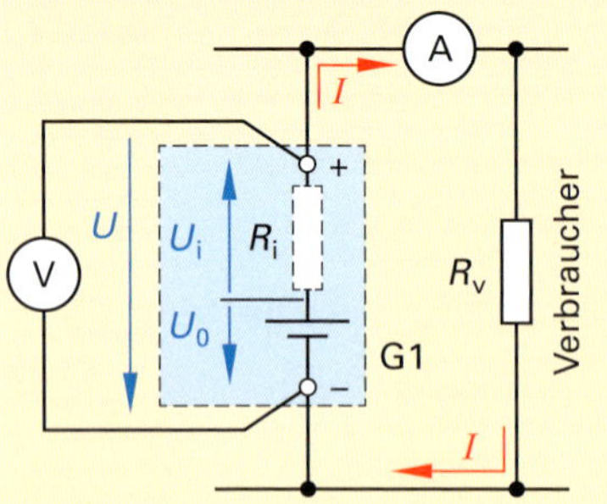

$$U_i = U_0 - U$$
$$U = U_0 - U_i$$
$$U = U_i + U_0$$

Der Innenwiderstand eines Akkus ist ein Maß dafür, wieviel Heizleistung beim Entladen anfällt. Je größer der Widerstand, desto größer die Erwärmung.

- U_i Innerer Spannungsverlust in Ω
- U_0 Leerlaufspannung in V
- U Klemmenspannung in V
- R_i Innenwiderstand in Ω
- I Stromstärke in A
- R_v Verbraucher in Ω

Kapazität K von Batterien

K gibt an, wie viel Ladung in einem Akku gespeichert werden kann.

Beispiel:
Aus einem Akku mit der Kapazität 10 Ah kann man einen Strom von 1 A für 10 h entnehmen bzw. 0,5 A für 20 h.

$$K = I \cdot t$$

- K Kapazität in Ah[1]
- I Stromstärke in A zum Laden und Entladen
- t Zeit in s, h beim Laden und Entladen

[1] Nicht zu verwechseln mit der Kapazität C von Kondensatoren

Akku-Pack-Schaltung

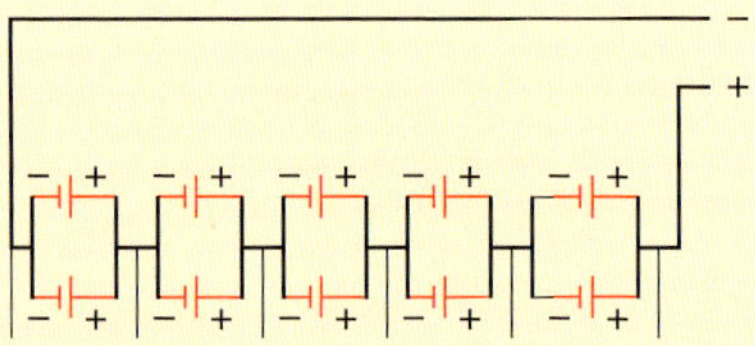

Beispiel:
Ein Akku soll eine Spannung von 18 V bei einer Kapazität von 4 Ah aufweisen. Jede Einzelzelle hat eine Spannung von 3,6 V und eine Kapazität von 2 Ah. Man muss 5 Blöcke aus je 2 parallelgeschalteten Zellen in Serie schalten. Die Kurzschreibweise des Akku-Packs lautet: 5s2p.

C-Rate

Gibt den maximalen Lade-/Entladestrom an.

Beispiel: 1 C entspricht dem Laden mit einem Ladestrom, der die Batterie mit einer Ladedauer von 1 Stunde vollständig auf- bzw. entlädt.

$$I = K \cdot C$$

- K Kapazität in Ah
- C C-Rate in 1/h

Beispiel:
Ein 10-Ah-Akku mit einer C-Rate = 2 C ergibt einen maximalen Lade- bzw. Entladestrom von 20 A.

Energiemenge W

Arbeitsvermögen der Batterie beim Entladen

$$W = U \cdot I \cdot t$$

- W Energiemenge in Ws bzw. kWh

Amperestunden-Wirkungsgrad η_{Ah}

$$\eta_{Ah} = \frac{K_E}{K_L}$$

- K_E Entladekapazität in Ah
- K_L Ladekapazität in Ah

17 Anhang

A1 Fehlercodes (Bosch)

Alle Komponenten des E-Bike-Systems werden ständig überprüft. Wird ein Fehler festgestellt, erscheint der entsprechende Fehlercode in der Textanzeige d (siehe **Bild 4, Seite 158**).

FB bedeutet: Falls das Problem weiterhin besteht, kontaktieren Sie Ihren Bosch E-Bike-Händler.
S bedeutet: Starten Sie das System neu

Code	Ursache	Abhilfe
410	Eine oder mehrere Tasten des Bordcomputers sind blockiert	Prüfen Sie, ob Tasten verklemmt sind, z. B. durch eingedrungenen Schmutz. Reinigen Sie die Tasten gegebenenfalls.
414	Verbindungsproblem der Bedieneinheit	Anschlüsse und Verbindungen überprüfen lassen
418	Eine oder mehrere Tasten der Bedieneinheit sind blockiert.	Prüfen Sie, ob Tasten verklemmt sind, z. B. durch eingedrungenen Schmutz. Reinigen Sie die Tasten gegebenenfalls
422	Verbindungsproblem der Antriebseinheit	Anschlüsse und Verbindungen überprüfen lassen
423	Verbindungsproblem des eBike-Akkus	Anschlüsse und Verbindungen überprüfen lassen
424	Kommunikationsfehler der Komponenten untereinander	Anschlüsse und Verbindungen überprüfen lassen
426	Interner Zeitüberschreitungs-Fehler	S. FB. Es ist in diesem Fehlerzustand nicht möglich, sich im Grundeinstellungsmenü den Reifenumfang anzeigen zu lassen oder anzupassen.
430	Interner Akku des Bordcomputers leer	Bordcomputer aufladen (in der Halterung oder über USB-Anschluss)
431	Software-Versionsfehler	S. FB
440 450	Interner Fehler der Antriebseinheit	S. FB
490	Interner Fehler des Bordcomputers	Bordcomputer überprüfen lassen
500	Interner Fehler der Antriebseinheit	S. FB
502	Fehler in der Fahrradbeleuchtung	Überprüfen Sie das Licht und die dazugehörige Verkabelung. S. FB
503	Fehler des Geschwindigkeitssensors	S. FB
510	Interner Sensorfehler	S. FB
511	Interner Fehler der Antriebseinheit	S. FB
530	Akkufehler	Schalten Sie das eBike aus, entnehmen Sie den eBike-Akku und setzen Sie den eBike-Akku wieder ein. S. FB
531	Konfigurationsfehler	S. FB
540	Temperaturfehler. Das eBike befindet sich außerhalb des zulässigen Temperaturbereichs.	Schalten Sie das eBike-System aus, um die Antriebseinheit entweder auf den zulässigen Temperaturbereich abkühlen oder aufwärmen zu lassen. S. FB
550	Ein unzulässiger Verbraucher wurde erkannt.	Entfernen Sie den Verbraucher. S. FB
580	Software-Versionsfehler	S. FB
591	Authentifizierungsfehler	Schalten Sie das eBike-System aus. Entfernen Sie den Akku und setzen ihn wieder ein. S. FB
592	inkompatible Komponente	Kompatibles Display einsetzen. FB
593	Konfigurationsfehler	S. FB
595, 596	Kommunikationsfehler	Überprüfen Sie die Verkabelung zum Getriebe. S. FB

A2 Fahrzeugeinstufung nach EU-Recht

L-Fahrzeugklassen

Zwei- oder dreirädrige Kraftfahrzeuge und leichte vierrädrige Kraftfahrzeuge und nach EU Nr. 168/2013 und KBA Nr. 011/2014[1)]

Klasse L1e

Unterklasse L1e-A	Unterklasse L1e-B
Fahrrad mit unterstützter Pedalfunktion	Leichtes zweirädriges Kleinkraftrad
bbH bis 25 km/h[2)]	bbH bis 45 km/h
Beispiel: Pedelec 25	Beispiel: Pedelec 45 bzw. S-Pedelec
Leistung ≤ 250 W[3)]	Leistung ≤ 4 kW
Zu dieser Klasse können auch drei- und vierrädrige Fahrzeuge gehören (Zulassung als Fahrrad)	V bis 50 ccm[4)]

Klasse L2e → Dreirädrige Leichtkrafträder, bbH ≤ 45 km/h, Leistung ≤ 4 kW
Unterklasse L2e-P für Personenbeförderung, L2e-U für Gepäckbeförderung

Klasse L3e → Zweirädrige Leichtkrafträder, bbH > 45 km/h, V ≤ 125 ccm, Leistung ≤ 11 kW,
Unterklassen L3e-A1 < 11 kW, L3e-A2 < 35 kW, L3e-A3 > 35 kW

Klasse L4e → Zweirädiges Kraftrad mit Beiwagen
Unterklassen L4e-A1, L4e-A2, L4e-A3 wie Klasse L3e

Klasse L5e → Dreirädrige Fahrzeuge, V > 50 ccm, bbH > 45 km/h, Unterklassen L5e-A und L5e-B siehe KBA

Klasse L6e → Vierrädriges Leichtkraftfahrzeug, Leermasse bis 350 kg, bbH < 45 km/h, V < 50 ccm, Leistung ≤ 4 kW, Unterklassen L6e-A, BP, BU siehe KBA

Klasse L7e → Vierrädriges Kraftfahrzeug, Leermasse bis 400 kg (bis 500 kg für Lastenbeförderung), Unterklassen L7e-A1, A2, B1, B2, CP, CU siehe KBA

1) KBA = Kraftfahrbundesamt
2) bbH = Bauartbedingte Höchstgeschwindigkeit
3) Bei Elektroantrieb Nennleistung
4) V = Hubraum bei Verbrennungsmotoren

A3 CE-Kennzeichnung und Konformität von Pedelecs (velotech.de)

Quelle: www.presto-cycling.eu

Der Hersteller muss das Pedelec mit einer EU-Konformitätserklärung und der CE-Konformitätskennzeichnung ausliefern, deren Mindestinhalte in Anhang II in der Richtlinie 2006/42/EG festgelegt sind.

Fahrzeuge dürfen nur auf den Markt gebracht werden und/oder in Betrieb genommen werden, wenn sie den Anforderungen gemäß Richtlinie 2004/108/EG in Bezug auf die elektromagnetische Verträglichkeit (EMV) und der Maschinenrichtlinie 2006/42/EG entsprechen.

Die Maschinenrichtlinie enthält eine Liste der notwendigen Gesundheits- und Sicherheitsanforderungen im Hinblick auf das Design und die Konstruktion einer Maschine, d. h. von Pedelecs.

In der Maschinenrichtlinie sind einige zusätzliche Verwaltungsverpflichtungen für die Hersteller aufgeführt. Sie müssen eine vollständige technische Dokumentation des Produkts zur Verfügung halten.

Das Fahrzeug muss über die CE-Konformitätskennzeichnung verfügen, die aus den Buchstaben „CE" besteht (**Bild 1**). Die CE-Kennzeichnung muss sichtbar, lesbar und unauslöschlich am Pedelec angebracht sein, in unmittelbarer Nähe zum Namen des Herstellers oder seines autorisierten Vertreters. Diese Kennzeichnung darf nur angebracht werden, wenn das Pedelec der Richtlinie VO Nr. 168/2013 in Bezug auf die elektromagnetische Verträglichkeit (EMV) und der Maschinenrichtlinie 2006/42/EG entspricht.

Die EMV-Richtlinie macht es erforderlich, dass Pedelecs nach Typbezeichnung, Baureihe, Seriennummer oder anderen geeigneten Angaben, die eine Identifikation des Fahrzeugs ermöglichen, zu identifizieren sind.

Um die Nachverfolgbarkeit zu vereinfachen, muss der tatsächliche Hersteller mit Namen und Anschrift angegeben sein. In Fällen, in denen der Hersteller nicht in der Europäischen Gemeinschaft ansässig ist, müssen auch der Name und die Anschrift des Bevollmächtigten angegeben sein (wenn beide nicht in der Gemeinschaft ansässig sind) bzw. der Person, die für das Inverkehrbringen des Pedelecs in der Gemeinschaft verantwortlich ist.

Diese Informationen müssen dem Pedelec beigefügt sein.

Bild 1: CE-Zeichen

Zusätzlich zu den Anforderungen von EN 14764 muss das EPAC[1] sichtbar und dauerhaft nach EN 15194 wie folgt gekennzeichnet sein:

- EPAC (nach EN 15194)
- XX km/h
  Abschaltgeschwindigkeit (< 25 km/h)
- XX W
  Maximale Nenndauerleistung des Elektromotors (< 250 W)

Typenkennzeichnungen an folgenden Bauteilen notwendig (ohne CE):

Motor, Akku, Controller, Bedienelement, Ladegerät

[1] EPAC: Electric Pedal Assist Cyde

A4 Checkliste für den Pedelec-Kauf *Quelle: velotech.de*

Checkliste für den Pedelec-Kauf Quelle: velotech.de						
	–					+
Grundsätzliche Kenndaten						
Fahrzeugtyp	☐	KFZ (> 25 km/h)				
	☐	Fahrrad (≤ 25 km/h)				
wenn Fahrrad: Typenschild und CE-Kennzeichnung?	nein	☐	ja	☐		
Preis (Richtwert 1500 bis 3000 €)						€
Gewicht (Richtwert: 15 bis 30 kg)						kg
zulässiges Gesamtgewicht [kg] (Empfehlung: mindestens 140 kg)	80 ☐	100 ☐	120 ☐	140 ☐	> 140 ☐	
Schwerpunkt (Fahrzeug anheben)	hecklastig	☐	frontlastig	☐	ausgeglichen	☐
Originalbetriebsanleitung						
in Papierform und deutscher Sprache vorhanden?	nein	☐	ja	☐		
inklusive EG-Konformitätserklärung?	nein	☐	ja	☐		
Tauglichkeit Kindertransport						
Kinderanhänger	nicht möglich	☐	möglich	☐		
Kindersitz	nicht möglich	☐	möglich	☐		
Fahrradtransport am PKW	Dachträger	☐	Heckträger	☐		
Antrieb						
Motorposition	Front	☐	Heck	☐	Mitte	☐
Anfahrhilfe vorhanden	nein	☐	ja	☐		
StVZO						
aktive und passive Beleuchtungseinrichtungen	n.i.O.	☐	i.O.	☐		
Glocke	n.i.O.	☐	i.O.	☐		
mindestens zwei Bremsen	n.i.O.	☐	i.O.	☐		
– ACHTUNG: Von Nachrüstsätzen sowie vom Händler verbauten Systemen ist abzuraten! –						
Akku						
im Rahmen abschließbar?	nein	☐	ja	☐		
Garantie [Jahre]	1 ☐	2 ☐	3 ☐	4 ☐	5 ☐	
Lebensdauer [Ladezyklen]	< 500 ☐	500 ☐	1000 ☐	1500 ☐	2000 ☐	
Größenangabe [Ah/Wh]						
Ersatzakku						
Verfügbarkeit	schlecht	☐	gut	☐		
Kosten						€
Fahrzeugfederung						
Federgabel	nein	☐	ja	☐		
Gefederte Sattelstütze (Fahrkomfort)	nein	☐	ja	☐		

Checkliste für den Pedelec-Kauf (Fortsetzung) Quelle: velotech.de

	–						+
Bremsen							
ACHTUNG: In der Regel höhere Masse und größere Durchschnittsgeschwindigkeiten als beim klassischen Fahrrad! Die Wirksamkeit der Bremssysteme ist unbedingt im Rahmen der Probefahrt zu überprüfen!							
Bauart:	Trommelbremse	☐	Scheibenbremse	☐			
	mechanische Felgenbremse	☐	hydraulische Felgenbremse	☐			
Gangschaltung							
HINWEIS: Wie viele Gänge nutze ich wirklich? (Qualität vor Quantität)							
Typ	Nabe	☐	Kette	☐	stufenlos	☐	
Anzahl der Gänge							
Gepäckträger							
vorhanden	nein	☐	ja	☐			
max. zulässige Beladung gekennzeichnet?	nein	☐	ja	☐			
Wert				kg			
Grundsätzliche Maschinensicherheit							
Motor darf bei eingeschaltetem Antrieb nicht anlaufen, wenn:							
man auf das Pedal tritt	n.i.O.	☐	i.O.	☐			
man die Pedale rückwärts dreht	n.i.O.	☐	i.O.	☐			
man das Rad rückwärts schiebt	n.i.O.	☐	i.O.	☐			
man das Rad rückwärts gegen den (Seiten-)Ständer schiebt	n.i.O.	☐	i.O.	☐			
man das Rad aus ca. 20 cm Höhe fallen lässt (z. B. Heben aus dem Zug, Treppen, Fahrradträger, Bordsteinkanten)	n.i.O.	☐	i.O.	☐			
Probefahrt							
HINWEIS: Eine längere Probefahrt, beispielsweise ein Ausleihen des Fahrrades über das Wochenende ist in jedem Fall zu empfehlen! Hierbei sollte das übliche Fahrverhalten (Beladung; Geschwindigkeiten; Stadt- oder Überlandfahrten, Touren, etc.) möglichst komplett geprüft werden.							
Bremsverhalten trocken und nass, jeweils Vorderrad und Hinterrad HINWEIS: Blockieren des Rades[1)] muss möglich sein	n.i.O.	☐	i.O.	☐			
Rahmenflattern bei freihändiger oder einhändiger Fahrt (Handzeichen)[1)]	ja	☐	nein	☐			
Geräusche in unterschiedlichen Unterstützungsstufen	n.i.O.	☐	i.O.	☐			
Vibration in unterschiedlichen Unterstützungsstufen	n.i.O.	☐	i.O.	☐			
Fahren mit und ohne Motorunterstützung	n.i.O.	☐	i.O.	☐			
Be- und Entladen: sicherer Stand gegeben? (beispielsweise Kinder in den Kindersitz heben oder bei Einkäufen)	nein	☐	ja	☐			
Reichweite bei üblichem Fahrverhalten [km]	20 ☐	30 ☐	40 ☐	50 ☐	60 ☐	70 ☐	> 70 ☐
Ladezeit Akku [h]	> 6 ☐	6 ☐	5 ☐	4 ☐	3 ☐	2 ☐	1 ☐

1) ACHTUNG: Fahrsicherheit! Sich selbst und andere nicht gefährden!

Literaturverzeichnis

Akkus und Ladetechnik, Verlag Franzis'

Allgemeine und Organische Chemie, Verlag Walter de Gruyter

Alternative Antriebe-E-Mobilität, P. Christiani

Bedienungsanleitung Pedelec Impulse, Kalkhoff

Bosch Kleinmotoren mit Permanenterregung, Broschürenreihe (1 u. 2)

Das E-Bike, Verlag Delius Klasing

Das eBike Handbuch, Bosch 2017

Das Pedelec-Buch, Independently published

Der E-Radgeber, Verlag Mainz

Der Weg zur modernen Physik (1 und 2), Verlag Moritz Diesterweg

DIN EN 15194 Fahrräder- Elektromotorisch unterstützte Räder

Drehzahlveränderbare Antriebe, VDE-Verlag Berlin

E-Bike Betriebsanleitung Bosch Performance/Intuvia, Riese & Müller

E-Bike und Pedelec, Stiftung Warentest

E-MTB: Wartung, Pflege und Reparatur, Verlag Delius Klasing

eRig, Reichweiten- und Leistungsmessung, velotech.de

EU-Typgenehmigung VO Nr. 168/2013

Fahrradphysik und Biomechanik (12), Verlag Delius Klasing

Gasdichte Nickel-Cadmium-Akkumulatoren, Varta Fachbuchreihe (9)

Grundlagen der E-Mobilität, Carl-Engler-Schule Karlsruhe

Grundlagen der Elektromobilität, Springer Vieweg

Moderne Akkumulatoren richtig einsetzen, I. Reichhardt Verlag

Motordaten und Betriebsbereiche von DC-Motoren, www.maxonmotor.com/academy

Original Bedienungsanleitung Performance Line Unit, Bosch

Sportmedizin, Physiologische Grundlagen, Verlag Reinbeck

Werkstatthandbuch Impulse Servic Unit, Derby Cycle/Raleigh Univerga

Bildquellenverzeichnis

Die aufgeführten Firmen haben die Autoren durch fachliche Beratung und Bildmaterial unterstützt. Es wird ihnen hierfür herzlich gedankt.

Aden GmbH, Wernau:
S. 67/3

Alternative Antriebe – E-Mobilität:
S. 87/1,2,3

Ansmann AG, Assamstadt:
S. 60/2

Ben-E-Bike Aperum, Gießen:
S. 187/4

Bionix GmbH, Salmdorf:
S. 61/3; S. 105/1

Boosty, Männedorf, CH:
S. 68/2

Bosch GmbH, Reutlingen:
S. 51/2; S. 63/2; S. 64/2,3; S. 73/1; S. 111/1; S. 153/2,3; S. 158/1-5; S. 159/1-3; S. 161/1-3; S. 162/1; 163/1

Brose Antriebstechnik GmbH und Co. KG, Berlin:
S. 55/2-3; S. 64/1; S. 109/3; S. 114/3

Busch & Müller KG, Meinerzhagen:
S. 17/1

Cannondale RTV – Zweirad-Vertriebs GmbH, Briedel:
S. 187/3

Citcar GmbH, Berlin:
S. 190/2-4

Derby Cycle, Cloppenburg:
S. 165/2-3

Enviolo, Zwolle, NL:
S. 160/1

eurorad Deutschland GmbH, Bulls, Köln:
S. 186/4

Flyer Bikes, Huttwill, CH:
S. 188/1-2

Gepida Deutschland GmbH, Köln:
S. 186/3

Go-Swissdrive AG, Gams, CH:
S. 114/2

Goped, Dargun:
S. 66/2

Govecs (Schwalbe), München:
S. 14/1

Harmonic Drive SE, Limburg:
S. 56/1-2

Hartje KG, Hoya:
S. 69/1

Hase Bikes e. K., Walttop:
S. 71/3; S. 72/1

Hidden Power, www.hiddenpower.de:
S. 66/3

HP Velotechnik GmbH & Co. KG, Kriftel:
S. 189/1

Kettler Alu-Rad GmbH, Köln:
S. 15/2; S. 186/1

KTM AG, Mattighofen, A:
S. 187/1

Maturo GmbH, Pfreimd:
S. 180/2

Medienhaus Müller GmbH & Co. KG, Hannover:
S. 73/1

Miweba GmbH, Breitengüßbach:
S. 23/2; S. 24/1

Müller, Stuttgart:
S. 7/1; S. 8/1; S. 9/1-2; S. 10/1-2; S. 12/1-4; S. 23/1; S. 61/2; S. 63/4; S. 68/1; S. 109/1; S. 152/2-3; S. 153/1; S. 157/2; S. 172/1

NCTE AG, Oberhaching:
S. 111/2

Nineboot, Ammerbruch:
S. 24/2

ONwheel, Feldkirchen, AUS:
S. 13/2

Panasonic Marketing Europe GmbH, Hamburg:
S. 61/1; S. 62/1; S. 63/1; S. 71/1; S. 95/1; S. 110/1

Pendix GmbH, Zwickau:
S. 68/3; S. 69/1; S. 98/1

Podbike (Fricar) AS, Stavanger, NOR:
S. 190/1

Pinion GmbH, Denkendorf:
S. 64/3, S. 65/1

RaceChip, Göttingen:
S. 73/2

Riese & Müller GmbH, Mühltal:
S. 186/2; S. 188/4

Rohloff AG, Fuldatal:
S. 166/1-4; S. 167/1-3; S. 168/1-3

Schaeffler AG, Nürnberg:
S. 32/3; S. 189/2

Segway, Bedford, USA:
S. 23/1

SFM Bikes Distribution GmbH, Nürnberg;
S. 13/2

Shimano Europa B.V., Nunspeet, NL:
S. 160/3

Specialized Germany GmbH,
Holzkirchen-Föching:
S. 188/3

SRAM Deutschland GmbH, Schweinfurt:
S. 160/2

Trafag GmbH, Unterensingen:
S. 112/1

Twike GmbH, Rosenthal:
S. 32/1-2

Velogical engineering, Köln-Mühlheim:
S. 66/2

Velo Solex, Neuried:
S. 66/1

Velotech.de GmbH, Schweinfurt:
S. 19/1; S. 119/1; S. 179/1, S. 218/1

Vivax, Mürzzuschlag, A:
S. 64/4; S. 65/1-2; S. 187/2

Weber Technik, Eichstätt:
S. 15/1

Weehoo, Beuron:
S. 14/3

Yamaha Motor Europa N.V., Niederlassung Deutschland, Neuss:
S. 63/3

Yorks GmbH, Leonberg:
S. 21/1

ZEG, Zweirad-Einkaufs-Genossenschaft eG,
Köln:
S. 152/2-3

Alle Bilder ohne Quellenangaben wurden von den Autoren oder vom Zeichenbüro des Verlag Europa-Lehrmittel, Ostfildern erstellt.

Sachwortverzeichnis